国防工业出版社

"十二五"国家重点出版规划项目

《航天器和导弹制导、导航与控制》丛书

Spacecraft Guided Missile

国防科技图书出版基金

任 章 著

智能自寻的导引技术

Intelligent Homing Guidance Technology

Introduction

Motion Model and Basic Characteristics of Missile

Classic Guidance Method

Intelligent Combined Guidance Technology

Intelligent Guidance Technology Based on Reinforcement Learning

Intelligent Guidance Technology Based on Predictive Control

Homing Guidance Technology Based on Direct Force Control

Intelligent Combined Guidance Law Based on Direct and Aerodynamic Force Composite Control

Intelligent Guidance Technology with Target's Motion Information

Summary and Outlook

国防工業出版社
National Defense Industry Press
·北京·

图书在版编目(CIP)数据

智能自寻的导引技术/任章著. —北京:国防工业出版社,2021.1

ISBN 978-7-118-12058-5

Ⅰ.①智… Ⅱ.①任… Ⅲ.①寻的制导 Ⅳ.①V448.133

中国版本图书馆 CIP 数据核字(2020)第 248600 号

智能自寻的导引技术

著　　者 任章
责任编辑 肖姝 王华
出版发行 国防工业出版社(010-88540717 010-88540777)
地址邮编 北京市海淀区紫竹院南路 23 号,100048
经　　售 新华书店
印　　刷 天津嘉恒印务有限公司
开　　本 710×1000 1/16
印　　张 22
印　　数 1-2000 册
字　　数 380 千字
版 印 次 2021 年 1 月第 1 版第 1 次印刷

定　　价 138.00 元　

致读者

本书由中央军委装备发展部**国防科技图书出版基金**资助出版。

为了促进国防科技和武器装备发展，加强社会主义物质文明和精神文明建设，培养优秀科技人才，确保国防科技优秀图书的出版，原国防科工委于1988年初决定每年拨出专款，设立国防科技图书出版基金，成立评审委员会，扶持、审定出版国防科技优秀图书。这是一项具有深远意义的创举。

国防科技图书出版基金资助的对象是：

1. 在国防科学技术领域中，学术水平高，内容有创见，在学科上居领先地位的基础科学理论图书；在工程技术理论方面有突破的应用科学专著。

2. 学术思想新颖，内容具体、实用，对国防科技和武器装备发展具有较大推动作用的专著；密切结合国防现代化和武器装备现代化需要的高新技术内容的专著。

3. 有重要发展前景和有重大开拓使用价值，密切结合国防现代化和武器装备现代化需要的新工艺、新材料内容的专著。

4. 填补目前我国科技领域空白并具有军事应用前景的薄弱学科和边缘学科的科技图书。

国防科技图书出版基金评审委员会在中央军委装备发展部的领导下开展工作，负责掌握出版基金的使用方向，评审受理的图书选题，决定资助的图书选题和资助金额，以及决定中断或取消资助等。经评审给予资助的图书，由中央军委装备发展部国防工业出版社出版发行。

国防科技和武器装备发展已经取得了举世瞩目的成就，国防科技图书承担着记载和弘扬这些成就，积累和传播科技知识的使命。开展好评审工作，使有限的基金发挥出巨大的效能，需要不断摸索、认真总结和及时改进，更需要国防科技和武器装备建设战线广大科技工作者、专家、教授，以及社会各界朋友的热情支持。

让我们携起手来，为祖国昌盛、科技腾飞、出版繁荣而共同奋斗！

国防科技图书出版基金

评审委员会

国防科技图书出版基金
2018年度评审委员会组成人员

《航天器和导弹制导、导航与控制》丛书编委会

陈祖贵	周　军	周东华	房建成*	孟执中*
段广仁	侯建文	姚　郁	秦子增	夏永江
徐世杰	殷兴良	高晓颖	郭　雷*	郭　雷
唐应恒	黄　琳*	黄培康*	黄瑞松*	曹喜滨
崔平远	梁晋才*	韩　潮	曾广商*	樊尚春
魏春岭				

常务委员　（按姓氏笔画排序）

任子西	孙柏林	吴　忠	吴宏鑫*	吴森堂
张天序	陈定昌*	周　军	房建成*	孟执中*
姚　郁	夏永江	高晓颖	郭　雷	黄瑞松*
魏春岭				

秘　书　全　伟　宁晓琳　崔培玲　孙津济　郑　丹

注：人名有*者均为院士。

总　序

航天器(Spacecraft)是指在地球大气层以外的宇宙空间(太空),按照天体力学的规律运行,执行探索、开发或利用太空及天体等特定任务的飞行器,例如人造地球卫星、飞船、深空探测器等。导弹(Guided Missile)是指携带有效载荷,依靠自身动力装置推进,由制导和导航系统导引控制飞行航迹,导向目标的飞行器,如战略/战术导弹、运载火箭等。

航天器和导弹技术是现代科学技术中发展最快,最引人注目的高新技术之一。它们的出现使人类的活动领域从地球扩展到太空,无论是从军事还是从和平利用空间的角度都使人类的认识发生了极其重大的变化。

制导、导航与控制(Guidance Navigation and Control,GNC)是实现航天器和导弹飞行性能的系统技术,是飞行器技术最复杂的核心技术之一,是集自动控制、计算机、精密机械、仪器仪表以及数学、力学、光学和电子学等多领域于一体的前沿交叉科学技术。

中国航天事业历经50多年的努力,在航天器和导弹的制导、导航与控制技术领域取得了辉煌的成就,达到了世界先进水平。这些成就不仅为增强国防实力和促进经济发展起了重大作用,而且也促进了相关领域科学技术的进步和发展。

1987年出版的《导弹与航天丛书》以工程应用为主,体现了工程的系统性和实用性,是我国航天科技队伍30年心血凝聚的精神和智慧成果,是多种专业技术工作者通力合作的产物。此后20余年,我国航天器和导弹的制导、导航与控制技术又有了突飞猛进的发展,取得了许多创新性成果,这些成果是航天器和导弹的制导、导航与控制领域的新理论、新方法和新技术的集中体现。为适应新形势的需要,我们决定组织撰写出版《航天器和导弹制导、导航与控制》丛书。本丛书以基础性、前瞻性和创新性研究成果为主，突出工程应用中的关键技术。这套丛书不仅是新理论、新方法、新技术的总结与提炼，而且希望推动这些理论、方法和技术在工程中推广应用，更希望通过“产、学、研、用”相结合的方式使我国制导、导航与控制技术研究取得更大进步。

本丛书分两个部分：第一部分是制导、导航与控制的理论和方法；第二部分是制导、导航与控制的系统和器部件技术。

本丛书的作者主要来自北京航空航天大学、哈尔滨工业大学、西北工业大学、国防科技大学、清华大学、北京理工大学、华中科技大学和南京航空航天大学等高等学校，中国航天科技集团公司和中国航天科工集团公司所属的研究院所，以及“宇航智能控制技术”“空间智能控制技术”“飞行控制一体化技术”“惯性技术”“航天飞行力学技术”等国家级重点实验室，而且大多为该领域的优秀中青年学术带头人及其创新团队的成员。他们根据丛书编委会总体设计要求，从不同角度将自己研究的创新成果，包括一批获国家和省部级发明奖与科技进步奖的成果撰写成书，每本书均具有鲜明的创新特色和前瞻性。本丛书既可为从事相关专业技术研究和应用领域的工程技术人员提供参考，也可作为相关专业的高年级本科生和研究生的教材及参考书。

为了撰写好本丛书，特别聘请了本领域德高望重的陆元九院士、屠善澄院士和梁思礼院士担任丛书编委会顾问。编委会由本领域各方面的知名专家和学者组成，编著人员在组织和技术工作上付出了很多心血。本丛书得到了中央军委装备发展部国防科技图书出版基金资助和国防工业出版社的大力支持。在此一并表示衷心感谢！

期望这套丛书能对我国航天器和导弹的制导、导航与控制技术的人才培养及创新性成果的工程应用发挥积极作用，进一步促进我国航天事业迈向新的更高的目标。

丛书编委会

2010 年 8 月

前　言

随着高新技术在军事领域中的广泛应用，未来战场环境日趋复杂，攻防双方对抗更加激烈。未来战争要求精确制导武器除了进一步增大射程，提高毁伤能力之外，还要求精确制导武器具有更高的命中精度、更高的作战效能和更强的智能制导能力。特别是对于防御性精确制导武器，随着被拦截目标的性能提高和作战模式改变，传统意义的防空反导任务越来越艰巨。大气层内高速大机动目标的法向过载机动能力已由原来的 4 ~ 6g 拓展到 9 ~ 11g，特别是未来的有人/无人混合编队中的无人作战飞机，可达 15 ~ 20g；弹道导弹弹头以超高的速度在大气层外飞行时，机动能力的提高已成为其突防的主要手段；随着高超声速飞行器技术的日渐成熟，长时间在临近空间飞行的高超声速武器成为一类飞行速度超高速、机动范围超大的新型目标，这些新型目标称为超高速、超机动目标。对超高速、超机动目标的有效拦截急需新的精确制导技术，其中先进自寻的导引技术，特别是智能自寻的导引技术是有效拦截超高速、超机动目标的关键技术。

导弹对高速大机动目标的有效拦截依赖于两个基本因素：一是导弹应具有足够大的可用过载，并且导引系统能够合理、有效地利用导弹的可用过载；二是导弹执行导引指令的时间要足够短，也就是说导弹的动态响应要足够快。对付一般的高速大机动目标，应用最为广泛的自寻的导引方法是比例导引法。对于采用比例导引律的导弹，当导弹攻击机动目标时的需用过载估算公式为 $n_m \geqslant 3n_t$（n_m 为导弹需用过载，n_t 为目标机动过载）。采用直接侧向力/气动力复合控制、推力矢量控制、大攻角飞行等技术可大大增加导弹的可用过载（法向过载能力可达 60g）。但在拦截超高速、超机动目标时，需用过载将大大高于目标法向过载的 3 倍。如果导弹的可用过载足够大,那么只有采用合适的比例导引律才能使导弹输出足够大的需用过载。目前广泛采用的比例导引方法,以及在比例导引方法的基础上,经改进、修正的多种改进型比例导引方法,虽然在工程中获得了不同程度的应用,但是都难以使导弹输出足够大的需用过载。加之超高速、超机动目标的机动往往具有“智能”成分,对拦截导弹来讲就是“恶意机动”,比例导引方法或改进型比例导引方法更难以对抗超高速、超机动目标的恶意机动。因此,智能自寻的导引技术将是精确制导武器高效拦截超高速、超机动目标的技术瓶颈,成为精确制导技术研究的新热点。

本书基于作者近10年来精确制导研究方向的科研成果,以先进自寻的导弹攻击超高速、超机动目标为背景,从经典自寻的导引律的设计与自寻的导引弹道特性分析入手,将人工智能技术引入自寻的导引律的设计中,系统深入地阐述了智能自寻的导引技术的基本原理、技术发展与最新的研究成果。从对经典自寻的导引方法中的追踪法和比例导引法组合导引方法研究起步,通过引入模糊智能技术,形成了智能追踪+比例导引智能组合导引方法;在深入研究微分对策导引方法的基础上,将增强学习方法与微分对策有机结合,形成了基于增强学习的智能导引方法;同时将预测控制理论引入导引律的设计中,形成了基于预测控制的智能导引方法;针对大气层外空间飞行器的拦截问题,根据动能杀伤武器(KKV)一类拦截器控制操纵的配置特点,研究了直接力控制下的自寻的智能导引方法;在气动操纵和直接力操纵下自寻的导引方法研究的基础上,研究了直接力/气动力复合控制下的自寻的导引方法,形成了适合复合控制模式的比例+开关型新型导引律,引入模糊智能控制直接力的开启和过渡,形成了比例+开关型智能导引律;针对打击超高速、超机动目标时对目标运动信息的迫切需求,研究了目标运动信息辅助的智能导引方法,采用先进的估计方法对目标运动信息进行估计,将估计得到的目标运动信息融入导引律设计,形成了目标运动信息辅助的智能导引方法。这些针对不同情况下智能自寻的导引方法的研究,展现了智能自寻的导引技术的最新研究成果。本书的研究成果对智能自寻的导引技术的深入研究具有重要的理论意义,对工程应用具有重要的指导意义和支撑作用。智能自寻的导引技术作为精确制导技术的重要分支方向,对提高精确制导武器技术性能与实战能力具有其他技术不可替代的作用。

本书是作者近10年来在精确制导方向科研成果的汇集。近年来作者以打击超高速、超机动目标为研究背景，获得了20余项科研课题的资助支持。先后有3名博士研究生（陈建，田源，易科）和5名硕士研究生（郭鹏飞，卢超群，魏高乐，孙月光，李奔）的论文以自寻的导引技术研究为主要研究内容，发表了60余篇与自寻的导引律设计相关的学术论文。书中的主要内容源于以上研究生论文。本书撰写过程中，陈建博士进行了素材整理，余瑛蓉博士进行了整篇校对、修正和部分图表绘制，在此一并致谢。

由于本书涉及的新概念、新技术、新方法较多，研究方向跨度较大，加之撰写时间紧，任务重。由于作者水平有限，书中缺点或不当之处在所难免，诚恳欢迎读者批评指正。请将宝贵意见发送至作者邮箱（renzhang@buaa. edu. cn），以便加以改进，修正。

任章

2020年9月

目　录
CONTENTS

第1章 绪　论

1.1 精确制导武器

制导武器:是以微电子、计算机和光电转换技术为核心的,以自动化技术为基础发展起来的高新技术武器。它是可按一定规律控制武器的飞行方向、姿态、高度和速度,引导战斗部准确攻击目标的各类武器的统称。制导武器通常包括制导导弹、制导炸弹、制导炮弹、攻击型无人机、鱼雷等武器。制导武器之所以能够准确攻击目标,主要是因为它有制导系统。

制导系统:能够获取被攻击目标及背景的相关信息,识别并跟踪目标;导引和控制武器飞向目标的仪器和设备的总称。制导系统一般由导引系统和控制系统组成。为将武器导向目标,导引系统一方面需要不断地测量武器实际运动状态与理论上所要求的运动状态之间的偏差,或者测量武器与目标的相对位置与偏差,根据“偏差”按一定规律形成修正偏差或跟踪目标的导引指令,并将导引指令发送给控制系统;控制系统执行导引指令并操纵武器按所需要的方向和轨迹飞行,从而准确命中目标。另一方面控制系统需要保证在整个飞行过程中武器能够稳定飞行。

精确制导武器:采用高精度制导系统,直接命中概率很高的制导导弹、制导炮弹和制导炸弹等制导武器的统称。通常采用非核弹头,用于打击坦克、装甲车、飞机、舰艇、雷达、指挥控制通信中心、桥梁和武器库等高价值点目标。“精确制导”是一个相对的概念,是指这些武器对射程内的点目标如飞机、指挥中心等有很高的直接命中概率。一般认为,直接命中概率高于50%的制导武器可称为精确制导武器。直接命中概率是指武器的圆概率误差(Circular Error Probable,CEP)小于弹头的杀伤半径。

精确制导武器是20世纪70年代提出的制导武器新概念,是现代高科技武器发展的新趋势,并且随着光电技术的迅速发展,精确制导武器相关技术也在迅猛发展,其应用范围越来越广。很多国家都把精确制导武器列为现代军事装备的发展重点。精确制导武器有以下主要特点:

(1) 命中精度高。精确制导武器的基本特征是命中精度高。为了达到较高的命中精度,射程远的精确制导武器多采用复合制导方式,飞行初始段和中段使用成本低、精度不高的制导系统,在飞行的末端采用高精度自寻的末制导系统。因此,精确制导武器的高精度主要是靠末制导保证的,没有性能良好的末段自寻的制导的武器不可能成为精确制导武器。

对于精确制导武器来讲,“精确”也是一个相对的概念。早些年,要求精确制导武器命中目标的CEP应在10m,甚至5m以内。近年来对精确制导武器提出了更高的要求,要求武器命中目标的CEP应在3m以内,甚至1m以内,有些情况下甚至要求精确制导武器实现“直接命中”,碰撞杀伤。如此精确地命中目标,一般来讲只有自寻的精确制导武器才能实现。

(2) 作战效能好。精确制导武器虽然比一般武器更加复杂,制造成本高,但由于精确制导武器具有较高的命中概率,因而它的作战效能好、经济效益高。与无制导的武器相比,精确制导武器在完成同一作战任务时,弹药消耗量小,所需作战费用远远低于常规武器。据国外相关部门统计,完成同一摧毁目标任务,精确制导武器的效费比为常规炸弹的25~30倍。

(3) 具有自主制导能力。随着电子技术、先进探测技术、现代控制技术、人工智能技术等高新技术发展及在精确制导武器上的广泛应用,使得精确制导武器不仅具有较高的命中概率,而且具有“发射后不管”的自主制导能力。特别是自寻的精确制导武器,它可完全依靠制导系统独立自主地捕获、跟踪和击中目标,不需要人工或其他辅助设备进行干预。由于采用了人工智能技术,精确制导武器还具有了初步的智能化特征。它可在复杂的背景中识别出是否是要攻击的目标,鉴别和判断所探测目标是真实目标还是背景或假目标。先进的自寻的精确制导武器还有再搜索功能,重新进行目标搜索直到发现要攻击的目标,实现对目标的自行锁定和稳定跟踪,导引武器精确命中目标。

1.2　精确制导技术

精确制导武器之所以具有命中精度高、作战效能好、自主制导能力强的优点,是因为其强有力的技术支撑。精确制导技术是一门涉及多个学科的综合性技术,至今没有一个确切的定义。其基本含义为:以高性能光、电等探测手段获取被攻击目标及背景的相关信息,识别并跟踪目标,并按照一定的导引律规划出导弹飞行的理想弹道,控制导弹按理想弹道飞向目标,使之高精度命中目标的综合性技术。精确制导技术主要应用于导弹、制导炸弹、攻击型无人机等制导武器系统。下面主要以精确制导导弹为对象研究精确制导技术。

随着高新技术的发展,精确制导技术有多种类型,按照不同制导方式可大致分为自主式、自寻的式、遥控式和复合式四种制导模式。

1. 自主制导

自主制导是指导引指令由弹上制导系统按照预先拟定的飞行方案制订,导弹按此导引指令控制导弹飞向目标。制导系统与目标、指挥站不发生任何联系。属于自主制导的主要有惯性制导、方案制导、地形匹配制导和星光制导等。自主制导隐蔽性好、抗干扰能力强,主要用于攻击固定目标或预定区域的弹道导弹、巡航导弹。

2. 自寻的制导

自寻的制导也称为寻的制导,或自动导引制导,是利用弹上的探测设备接收来自目标辐射或反射的能量,测量目标与导弹相对运动参数,并根据这些运动参数按一定规律将其变换成导引指令,导弹按导引指令信号控制导弹飞向目标。自寻的制导又分为如下三种制导:

(1) 主动自寻的制导。照射目标的探测设备(或称照射能源)在弹上,一般装在导引头上。当弹上导引头接收来自目标的反射信号时,自动跟踪并准确攻击目标。它具有“发射后不用管”的优点,缺点是易受干扰。

（2）半主动自寻的制导。照射目标的照射能源不在弹上而在发射点或其他（地面、水面、空中的）制导站上。导弹导引头可接收来自制导站的探测设备照射到目标上后折射或反射的信号，据此自动跟踪并攻击目标，这样可减少弹上设备，增大探测距离；但制导站在整个制导过程中不能撤离，易受敌人攻击。

（3）被动自寻的制导。它是靠感受来自目标辐射的能量来工作的。当弹上导引头接收来自目标的辐射信号时，自动跟踪并攻击目标。

3. 遥控制导

遥控制导是指由设在导弹本体以外的地面、水面或空中的制导站测量目标运动信息，按照一定的规律形成导引指令，控制导弹飞向目标的制导技术。根据导引指令在制导系统中形成的部位不同，遥控制导又分为如下两种制导：

（1）遥控波束制导：波束制导中，制导站发出波束（无线电波束、激光波束），导弹在波束内飞行，弹上的制导设备感受它偏离波束中心的方向和距离，并产生相应的导引指令，操纵导弹飞向目标。

（2）遥控指令制导：在遥控指令制导系统中，由制导站的导引设备同时测量目标、导弹的位置和其他运动参数，在制导站形成导引指令，并将该指令通过无线电波或传输线传送至弹上，弹上控制系统操纵导弹飞向目标。

遥控制导主要用于反坦克导弹、空地导弹、防空导弹、空空导弹等。

4. 复合制导

复合制导是指在一种武器中采用两种或两种以上制导方式复合而成的制导技术。先进的精确制导导弹往往采用复合制导技术，在导弹飞行的不同阶段、不同地理和气候条件下，采用不同的制导方式，实现更高的制导精度。根据导弹在整个飞行过程中不同飞行段或不同飞行环境下的需求，复合制导可分为如下三种制导：

（1）串联复合制导：在导弹飞行弹道的不同段上，采用不同的制导方法。

（2）并联复合制导：在导弹的整个飞行过程中，或者在弹道的某一段上，同时采用几种制导方式。

（3）串并联复合制导：在导弹的飞行过程中，既有串联又有并联的复合制导方式。

复合制导在不同制导方式转换过程中，能够实现两种制导方式的交接班，使精确制导武器的弹道能够平滑地衔接起来。

常用的复合制导技术有自主制导+自寻的制导、自主制导+指令制导、自主制导+指令制导+自寻的制导、指令制导+自寻的制导。以上复合制导技术在地空、空地、地地战术导弹中经常被采用。

随着高新技术在军事领域中的广泛应用,使得未来战场对抗将变得更加激烈,战场环境更加恶化,战斗节奏更加快捷。未来战争要求精确制导武器除了进一步增大射程,提高毁伤能力之外,更要求精确制导武器具有更高的命中精度,更好的作战效能,更强的自主制导能力。精确制导武器在如上三个方面的提高,更需要自寻的制导技术支撑。另外,未来战争要求精确制导武器系统缩短任务规划时间,增强攻击目标选择能力,提高抗干扰能力、突防能力和全天候作战能力,朝智能化、模块化和通用化方向发展,这些都与自寻的导引技术或人工智能技术的发展密切相关。自寻的导引技术的研究已成为精确制导技术研究的重要方向。

1.3 自寻的导引技术

自寻的导引技术是自寻的制导的核心技术。由于导引技术是影响导弹综合性能指标最重要和最直接的因素,导引技术的研究对精确制导导弹发展具有重要推动作用。因此,高精度自寻的导引技术的研究也是精确制导技术领域研究的热点。

自寻的导引技术主要研究自寻的导引律的设计方法和对应导引律的导引弹道特性。导引律是指描述导弹质心运动的准则。导引律设计即是确定导弹质心空间运动轨迹的准则,解决导弹攻击目标的飞行弹道问题。对于自寻的制导导弹来讲,根据导弹和目标的相对运动关系和目标运动特性,按照某种导引律将导弹导向目标的导弹质心运动轨迹即是自寻的导引弹道。自寻的导引弹道的特性主要取决于导引律和目标的运动特性。

自寻的导引律的研究是精确制导技术中最基本的研究,根据所应用的控制理论可以分为经典自寻的导引律和现代自寻的导引律。经典自寻的导引律是应用早期的飞行原理建立起来的,现代自寻的导引律是建立在现代控制理论基础上的导引律。

1. 经典自寻的导引律

基于线性定常系统、经典控制理论设计的经典自寻的导引律产生于20世纪四五十年代,可对付低速小机动目标。主要有追踪法导引、平行接近法导引和比例导引等。经典自寻的导引律设计不考虑导弹的控制过程,即在导引指令的执行可瞬时完成的假定下,采用某种方法求取导弹飞向目标过程中应满足的准则。由于其对制导系统的信息完备性要求不高,目前仍是工程中广泛应用的导引律。

在自寻的制导导弹上获得广泛应用的导引律主要有追踪法导引律和比例导引律。其中,比例导引律能有效对付机动目标,且容易在自寻的导弹上实现,因此被广泛应用于各种自寻的导弹。另外,在比例导引的基础上,经改进、修正,又出现了偏置比例导引、扩大比例导引、纯比例导引、扩展比例导引、真比例导引等比例导引的改进型导引律,也都在工程中获得了不同程度的应用。

追踪法导引律和比例导引律各有优、缺点,将二者有机组合可构成组合导引律。组合导引律可根据导弹攻击目标的不同阶段和目标的机动信息以及对导引弹道的特殊要求,协调追踪法导引和比例导引的权重关系,使导弹能够更大程度地发挥自身的优势,高精度命中目标。

但是随着科技的进步,对抗双方的性能,特别是目标的机动性能都有了很大提高。经典导引律已经不能满足打击大机动目标的要求,因而以打击高速大机动目标为背景,以对付目标的大机动,恶意机动行为为主要目标的现代导引理论应运而生。

2. 现代导引律

现代导引律是伴随着现代控制理论的产生和应用出现的。随着对大机动目标拦截需求和制导精度要求的日益提高,以及相关现代控制理论与技术的日趋成熟,人们探索将现代控制理论应用于自寻的导引律设计,形成了现代导引律。与经典导引律相比,现代导引律的研究有着更广泛和深刻的内容。目前现代导引律研究主要集中在最优导引律、微分对策导引律、模糊导引律、基于预测控制的导引律、自适应导引律、基于 H∞ 理论的导引律等。

(1) 最优导引律:基于最优控制理论,将最优导引问题转化为一类具有终端约束的最优控制问题,利用变分法、极大值原理和动态规划等求解最优控制问题的成熟方法,即可求得最优导引律。最优导引律与经典导引律相比具有许多优点:可在命中点引入攻击姿态约束,在终端考虑导引头盲区,可获得更小的脱靶量,可对付机动目标。但最优导引律设计中可供选择的指标函数形式有限,目前主要是二次型指标函数,且对制导系统信息的完备性要求高,同时需要对导弹的剩余飞行时间进行估计。

(2) 微分对策导引律:基于不同的思路,根据 R. Isaacs 提出的双方极值原理,将微分对策理论应用于导引律的求取,形成了微分对策导引律。与最优导引律不同,微分对策导引律不是假设目标的机动方式不确定,而是认为目标也在智能地运用自己的机动能力。因此,微分对策导引可对付随机机动目标,能够防止目标恶意突防对制导系统带来的影响。微分对策导引是一种智能导引方法,它力图能够模拟人的思维,通过过去和当前时刻的目标运动情况,精确合理地判断目标未来的走向,给出最佳导引决策。但由于目前难以找到合适的实时算法,微分对策导引律设计方法仍然处于"研究"状态,工程中应用还不多见。

(3) 模糊导引方律:模糊控制是以模糊集理论、模糊语言变量和模糊逻辑推理为基础的一种智能控制方法。基于模糊控制的智能导引律是将导弹、目标的某些当前运动参数模糊化,作为控制器输入,按照一定的模糊规则求取导引指令。它具有响应速度快、设计简单等优点,并且能够在一定程度上加入专家经验,实现比经典导引律更加科学的攻击。但是,模糊控制器很难完全地模拟人的思维,实现完整意义上的"智能化",通常只能对当前目标的状态做出反应,而不能对其他时段,尤其是未来目标运动情况做出合理的分析,且难以用于实现对具有大机动的目标的攻击。

(4) 基于预测控制的导引律:基于预测控制理论设计的智能导引律,首先预测未来时段的系统状态,然后据此进行最优控制决策,给出导引指令。该方法具有明显的预见性。基于预测控制理论的导引律研究主要有预测命中点导引和模型预测导引两种。

预测命中点导引依靠对命中点的提前预测以及最短时间控制理论给出最优控制量,但是对于具有恶意突防行为的目标来说,其命中点的预测准确性难以保证。基于模型预测控制的方法多数是将目标的所有运动状态完全当成已知量,作为系统建立的前提,虽然理论上可给出非常好的结果,但是在工程应用中困难重重,尚不具有实战性。

智能控制方法为寻求新的导引律研究开辟了一个新的领域,智能控制方法包括专家控制、机器学习控制、模糊控制、神经网络控制等,都为智能自寻的导引律的设计提供了新的工具,也大大促进了新型智能自寻的导引方法的研究。本书从研究经典自寻的导引律的设计与自寻的导引弹道特性分析入手,以先进自寻的导弹攻击高速大机动目标为背景,引入现代控制理论和人工智能技术,系统深入地研究智能自寻的导引律设计方法与相应的导引弹道特性,将为先进自寻的导弹制导系统设计提供有力的技术支撑。

本书在系统研究自寻的导弹动力学、运动学模型深入分析导弹特性的基础上,从分析包括追踪法、平行接近法、比例导引法等经典的自寻的导引方法及其相应的导引弹道特性入手,以对经典自寻的导引方法中的追踪法和比例导引法组合导引方法研究起步,通过引入模糊智能技术,形成了智能追踪 + 比例导引智能组合导引方法;在深入研究微分对策导引方法的基础上,将增强学习方法与微分对策有机结合,形成了基于增强学习的智能导引方法;同时将预测控制理论引入自寻的导引律设计中,形成了基于预测控制的智能导引方法;针对大气层外空间飞行器的拦截问题,根据 KKV 一类拦截器控制操纵的配置特点,研究了直接力控制下的自寻的智能导引方法;在分别研究气动操纵、直接力操纵下自寻的导引方法的基础上,研究了直接力/气动力复合控制下的自寻的导引方法,形成了适合复合控制模式的比例 + 开关型新型导引律,引入模糊智能控制直接力的开启和过渡,形成了比例 + 开关型智能导引律;针对打击高速大机动目标时对目标运动信息的迫切需求,研究了目标运动信息辅助的智能导引方法,采用先进的估计方法对目标运动信息进行估计,将估计得到的目标运动信息融入导引律设计,形成了目标运动信息辅助的智能导引方法。这些针对不同情况下智能自寻的导引方法的研究,展现了智能自寻的导引技术的最新研究成果。

第 2 章 导弹的运动模型与基本特性

2.1 导弹的运动模型

导弹的运动模型包括导弹动力学模型和运动学模型。一般来讲，导弹的运动是在三维空间中的六自由度运动。为了研究方便，将导弹的运动分解为导弹质心运动和绕质心的转动运动，即姿态运动。为了方便描述导弹复杂的六自由度运动，需要建立多种坐标系，通过各坐标系之间的转换才能建立导弹完整的导弹六自由度运动模型。在此基础上可研究导弹的基本特性，进而研究导引律的设计。

2.1.1 坐标系定义与转换关系

自寻的制导的导弹飞行时间较短，为简化建模与分析过程，提出如下假设：

(1) 弹体为刚体，忽略导弹弹性模态；

(2) 导弹为轴对称，弹体坐标系各轴均为惯量主轴；

(3) 由于飞行时间较短，飞行期间导弹的质量和转动惯量不变；

(4) 导弹在飞行过程中，忽略地球自转及其曲率，地平面水平且重力加速度为常值。

在上面的假设下，给出下面 5 种常用的坐标系：

(1) 地心惯性坐标系 $S_e - O_eX_eY_eZ_e$：研究惯性制导时常采用惯性坐标系，即原点不动，而又无转动的坐标系。取地球中心 O_e 作为该坐标系原点，O_eZ_e 轴垂直于地球赤道平面，指向北极；O_eX_e 轴在赤道平面内指向春分点方向，O_eY_e 轴与 O_eX_e 轴和 O_eZ_e 轴构成右手坐标系，且不与地球一起旋转。

(2) 地面坐标系 $S_g - O_gX_gY_gZ_g$(图 2.1.1)：地面坐标系与地球表面固连的坐标系，考虑到假设(4)忽略地球自转，认为地面坐标系即为地面惯性坐标系。地面坐标系原点 O_g 通常选取在导弹发射初始时刻质心位置上；O_gX_g 轴指向地平面任意选定方向；O_gY_g 轴在包含 O_gX_g 轴的铅垂面内，垂直于 O_gX_g 轴指向上方；O_gZ_g 轴与 O_gX_g 轴和 O_gY_g 轴构成右手坐标系。

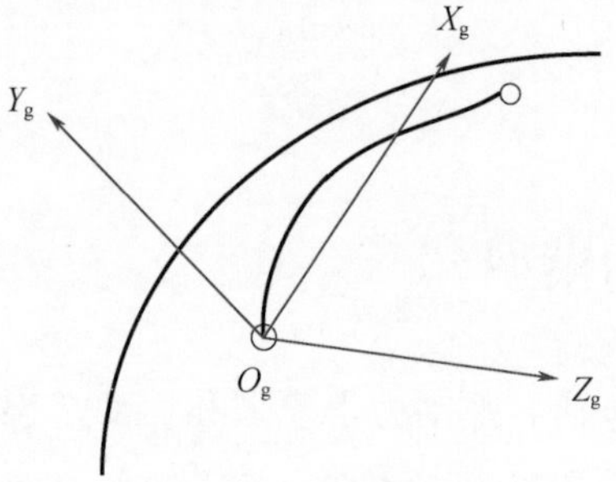

图 2.1.1　地面坐标系

(3) 弹体坐标系 $S_b - O_bX_bY_bZ_b$(图 2.1.2)：弹体坐标系固连于导弹上，随导弹一起在空间内移动和转动，为动坐标系。坐标原点 O_b 选取在导弹的质

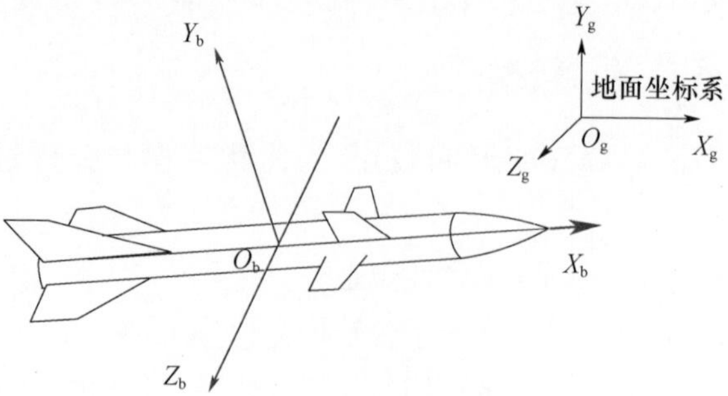

图 2.1.2　弹体坐标系

心，O_bX_b 轴沿着导弹的纵轴指向导弹头部；O_bY_b 轴在导弹纵向对称面内，垂直于 O_bX_b 指向上方；O_bZ_b 轴与 O_bX_b 轴和 O_bY_b 轴构成右手坐标系。

（4）弹道坐标系 $S_t-O_tX_tY_tZ_t$（图 2.1.3）：弹道坐标系原点 O_t 选取在导弹的质心上（与 O_b 重合），O_tX_t 轴与弹体质心速度矢量 $\boldsymbol{V}$ 重合；O_tY_t 轴在包含 O_tX_t 轴的铅垂面内，垂直于 O_tX_t 轴指向上方；O_tZ_t 轴与 O_tX_t 轴和 O_tY_t 轴构成右手坐标系。弹道坐标系与速度矢量固连，为动坐标系。

（5）速度坐标系 $S_v-O_vX_vY_vZ_v$：速度坐标系原点 O_v 选取在导弹的质心上（与 O_b 重合），O_vX_v 轴与弹体质心速度矢量 $\boldsymbol{V}$ 重合；O_vY_v 轴在包含 O_vX_v 轴的导弹纵向对称面内，垂直于 O_vX_v 轴指向上方；O_vZ_v 轴与 O_vX_v 轴和 O_vY_v 轴构成右手坐标系。速度坐标系与速度矢量固连，为动坐标系。

为了方便建模与分析，常需要建立几种坐标系之间的转换关系，并将其以方向余弦矩阵的形式给出。常用的坐标系转换关系（定义方向余弦矩阵 $\boldsymbol{C}_A^B$ 为坐标系 $S_A \rightarrow S_B$ 的转移矩阵）如下：

（1）地面坐标系 S_g 与弹体坐标系 S_b 之间的转换关系，如图 2.1.3 所示。

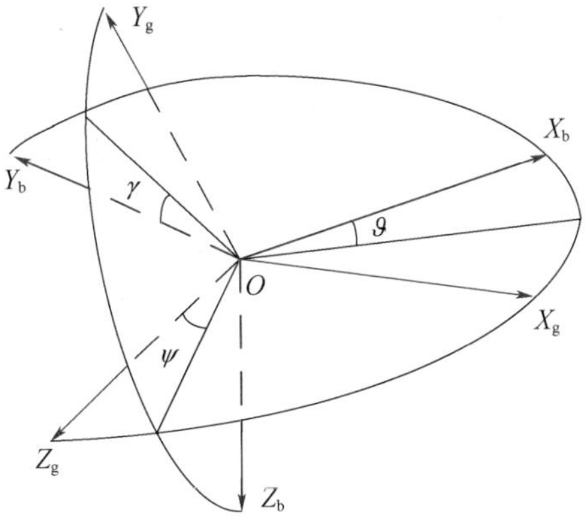

图 2.1.3　地面坐标系 S_g 与弹体坐标系 S_b 之间的转换关系

两个坐标系之间的关系由以下三个角度确定：

① 俯仰角 ϑ：弹体纵轴与 OX_gZ_g 平面的夹角，抬头为正。

② 偏航角 ψ：弹体纵轴 OX_b 在 OX_gZ_g 平面上的投影与 OX_g 间的夹角，弹头左偏为正。

③ 滚转角 γ：弹体纵轴 OY_b 与包含弹体纵轴 OX_b 的铅垂面间的夹角，弹体

向右倾斜为正。

地面坐标系到弹体坐标系的转换过程为 $S_g \xrightarrow[y]{\psi} \xrightarrow[z]{\vartheta} \xrightarrow[x]{\gamma} S_b$，从而得到地面坐标系到弹体坐标系的方向余弦矩阵如下：

$$\boldsymbol{C}_g^b = \boldsymbol{L}_x(\gamma)\boldsymbol{L}_z(\vartheta)\boldsymbol{L}_y(\psi)$$

$$= \begin{bmatrix} \cos\vartheta\cos\psi & \sin\vartheta & -\cos\vartheta\sin\psi \\ -\sin\vartheta\cos\psi\cos\gamma + \sin\psi\sin\gamma & \cos\vartheta\cos\gamma & \sin\vartheta\sin\psi\cos\gamma + \cos\psi\sin\gamma \\ \sin\vartheta\cos\psi\sin\gamma + \sin\psi\cos\gamma & -\cos\vartheta\sin\gamma & -\sin\vartheta\sin\psi\sin\gamma + \cos\psi\cos\gamma \end{bmatrix} \quad (2.1.1)$$

（2）地面坐标系 S_g 与弹道坐标系 S_t 之间的转换关系，如图 2.1.4 所示。

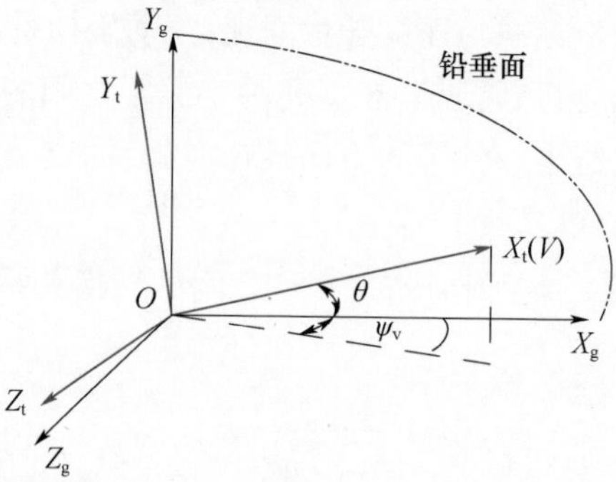

图 2.1.4　地面坐标系 S_g 与弹道坐标系 S_t 之间的转换关系

两个坐标系之间的关系由以下两个角度确定：

① 弹道倾角 θ：导弹速度矢量 $\boldsymbol{V}$ 与 OX_gZ_g 平面的夹角，以速度矢量指向水平面上方为正。

② 弹道偏角 ψ_v：导弹速度矢量 $\boldsymbol{V}$ 在 OX_gZ_g 平面上的投影与 OX_g 间的夹角，以速度矢量投影在 OX_g 左时为正。

地面坐标系到弹道坐标系的转换过程为 $S_g \xrightarrow[y]{\psi_v} \xrightarrow[z]{\theta} S_t$，从而得到地面坐标系到弹道坐标系的方向余弦矩阵如下：

$$\boldsymbol{C}_g^t = \boldsymbol{L}_z(\theta)\boldsymbol{L}_y(\psi_v)$$

$$= \begin{bmatrix} \cos\theta\cos\psi_v & \sin\theta & -\cos\theta\sin\psi_v \\ -\sin\theta\cos\psi_v & \cos\theta & \sin\theta\sin\psi_v \\ \sin\psi_v & 0 & \cos\psi_v \end{bmatrix} \quad (2.1.2)$$

(3) 速度坐标系 S_v 与弹体坐标系 S_b 之间的转换关系,如图 2.1.5 所示。

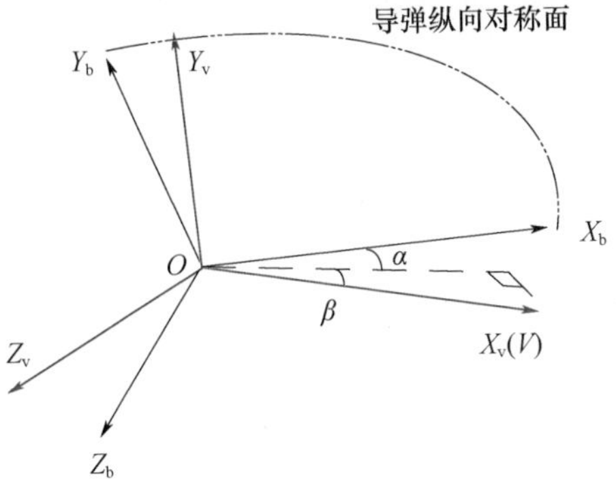

图 2.1.5 速度坐标系 S_v 与弹体坐标系 S_b 之间的转换关系

两个坐标系之间的关系由以下两个角度确定:

① 攻角 α:OX_v 轴在纵向对称面 OX_bY_b 上的投影与弹体纵轴 OX_b 的夹角,以投影在 OX_b 轴之下时为正。

② 侧滑角 β:OX_v 轴与纵向对称面 OX_bY_b 的夹角,以 OX_b 轴处于 OX_bY_b 的右侧时为正。

速度坐标系到弹体坐标系的转换过程为 $S_v \xrightarrow[y]{\beta} \xrightarrow[z]{\alpha} S_b$,从而得到速度坐标系到弹体坐标系的方向余弦矩阵如下:

$$
\begin{aligned}
\boldsymbol{C}_v^b &= \boldsymbol{L}_z(\alpha)\boldsymbol{L}_y(\beta) \\
&= \begin{bmatrix} \cos\alpha\cos\beta & \sin\alpha & -\cos\alpha\sin\beta \\ -\sin\alpha\cos\beta & \cos\alpha & \sin\alpha\sin\beta \\ \sin\beta & 0 & \cos\beta \end{bmatrix}
\end{aligned} \tag{2.1.3}
$$

(4) 弹道坐标系 S_t 与速度坐标系 S_v 之间的转换关系,如图 2.1.6 所示。

两个坐标系之间的关系由以下角度确定:

倾侧角 γ_v:位于导弹纵向对称平面内的 OY_v 轴与包含 OX_v 轴的铅垂面之间的夹角,从导弹尾部向前看,以纵向对称面右倾时为正。

弹道坐标系到速度坐标系的转换过程为 $S_t \xrightarrow[x]{\gamma_v} S_v$,从而得到弹道坐标系到速度坐标系的方向余弦矩阵如下:

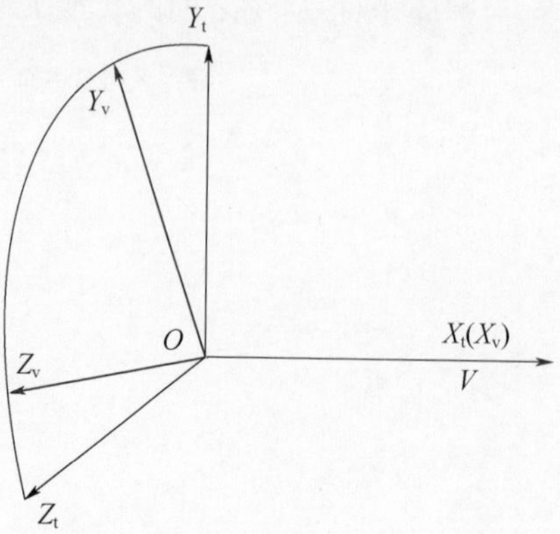

图 2.1.6　弹道坐标系 S_t 与速度坐标系 S_v 之间的转换关系

$$\boldsymbol{C}_t^v = \boldsymbol{L}_x(\gamma_v) = \begin{bmatrix} 1 & 0 & 0 \\ 0 & \cos\gamma_v & \sin\gamma_v \\ 0 & -\sin\gamma_v & \cos\gamma_v \end{bmatrix} \tag{2.1.4}$$

最后得到各坐标系之间的转换关系如图 2.1.7 所示。

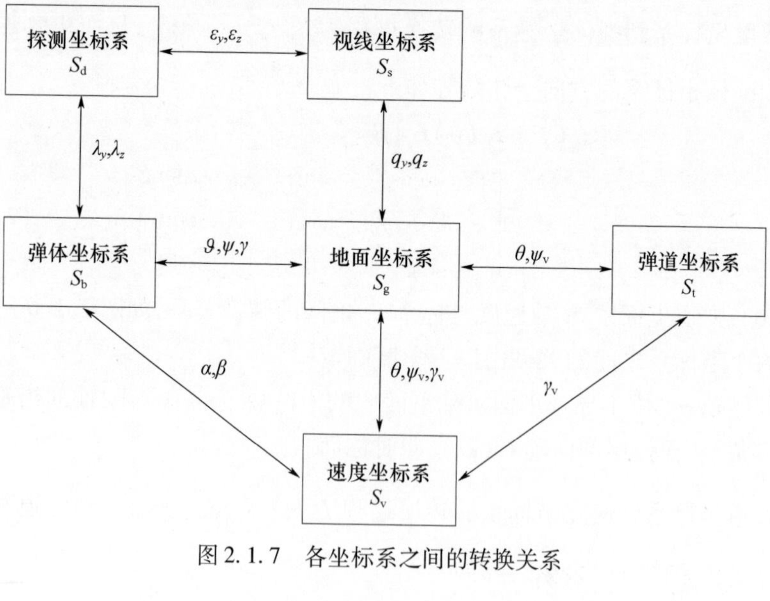

图 2.1.7　各坐标系之间的转换关系

2.1.2　作用在导弹上的力与力矩

导弹在飞行过程中受到的外力主要有空气动力、发动机推力和重力，空气动力为空气对在这一流体中运动物体的作用力，导弹的推力为发动机内的燃气流以高速喷出而产生的反作用力，重力为地球对导弹的万有引力。当作用在弹体上的空气动力作用线不通过导弹质心时，会形成对弹体的空气动力矩。空气动力定义在速度坐标系下，空气动力矩定义在弹体坐标系下。

1. 空气动力

弹体所受空气动力在速度坐标系下，分解为阻力 D、升力 L 和侧向力 Y：

$$\begin{cases} D = QSC_D \\ L = QSC_L \\ Y = QSC_Y \end{cases} \tag{2.1.5}$$

式中：Q 为动压，$Q=0.5\rho V^2$，ρ 为空气密度；S 为导弹参考面积；C_D、C_L、C_Y 分别为阻力系数、升力系数、侧向力系数，且有

$$\begin{cases} C_D = C_{D0} + C_D^{\alpha}|\alpha| + C_D^{\beta}|\beta| + C_D^{\alpha\beta}|\alpha\beta| + C_D^{\delta_x}|\delta_x| + C_D^{\delta_y}|\delta_y| + C_D^{\delta_z}|\delta_z| \\ C_L = C_L^{\alpha}\alpha + C_L^{\beta}\beta + C_L^{\delta_z}\delta_z \\ C_Y = C_Y^{\alpha}\alpha + C_Y^{\beta}\beta + C_Y^{\delta_y}\delta_y \end{cases} \tag{2.1.6}$$

式中：C_{D0} 为零升阻力系数；δ_x、δ_y、δ_z 分别为滚转通道等效舵偏角、偏航通道等效舵偏角、俯仰通道等效舵偏角；C_D^{α}、C_D^{β}、$C_D^{\delta_x}$、$C_D^{\delta_y}$、$C_D^{\delta_z}$ 分别为阻力系数相对于 α、β、δ_x、δ_y、δ_z 的偏导数；$C_D^{\alpha\beta}$ 为阻力系数相对于 α 和 β 的二阶混合偏导数；C_L^{α}、C_L^{β}、$C_L^{\delta_z}$ 分别为升力系数相对于 α、β、δ_z 的偏导数；C_Y^{α}、C_Y^{β}、$C_Y^{\delta_y}$ 分别为侧向力系数相对于 α、β、δ_y 的偏导数。

2. 空气动力矩

作用于弹体的空气动力矩在弹体坐标系下，分解为绕坐标轴转动的滚动力矩 M_x、偏航力矩 M_y、俯仰力矩 M_z：

$$\begin{cases} M_x = M_{x0} + QSL_r \cdot gm_x^{\delta_x}\delta_x \\ M_y = M_{y0} + QSL_r \cdot gm_y^{\delta_y}\delta_y \\ M_z = M_{z0} + QSL_r \cdot gm_z^{\delta_z}\delta_z \end{cases} \tag{2.1.7}$$

空气动力矩系数由静稳定力矩系数、阻尼力矩系数和操作力矩系数三部分组成,如下式所示:

$$\begin{cases} M_{x0} = QSL_r(m_x^{\alpha}\alpha + m_x^{\beta}\beta + m_x^{\bar{\omega}_x}\bar{\omega}_x) \\ M_{y0} = QSL_r(m_y^{\beta}\beta + m_y^{\bar{\omega}_y}\bar{\omega}_y) \\ M_{z0} = QSL_r(m_z^{\alpha}\alpha + m_z^{\bar{\omega}_z}\bar{\omega}_z) \end{cases} \tag{2.1.8}$$

式中:L_r 为导弹参考长度;m_x^{α}、m_x^{β}、$m_x^{\delta_x}$ 分别为滚转力矩系数相对于 α、β、δ_x 的偏导数;m_y^{β}、$m_y^{\delta_y}$ 分别为偏航力矩系数相对于 β、δ_y 的偏导数;m_z^{α}、$m_z^{\delta_z}$ 分别为俯仰力矩系数相对于 α、δ_z 的偏导数;$\bar{\omega}_x$、$\bar{\omega}_y$、$\bar{\omega}_z$ 为无量纲角速度,$\bar{\omega}_x = \omega_{mx}L_r/V$,$\bar{\omega}_y = \omega_{my}L_r/V$,$\bar{\omega}_z = \omega_{mz}L_r/V$;$m_x^{\bar{\omega}_x}$、$m_y^{\bar{\omega}_y}$、$m_z^{\bar{\omega}_z}$ 分别为滚转阻尼力矩系数、偏航阻尼力矩系数、俯仰阻尼力矩系数。

2.1.3 导弹质心运动的动力学方程和运动学方程

若将地面坐标系视为惯性坐标系,则弹道坐标系为动坐标系,它相对于地面坐标系既有位移运动(其速度为 $\boldsymbol{V}$),又有转动运动(其角速度为 $\boldsymbol{\Omega}$)。在弹道坐标系中建立导弹质心运动的动力学方程如下:

$$m\frac{\mathrm{d}\boldsymbol{V}}{\mathrm{d}t} = m\left(\frac{\delta \boldsymbol{V}}{\delta t} + \boldsymbol{\Omega}\times\boldsymbol{V}\right) = \sum \boldsymbol{F} \tag{2.1.9}$$

对式(2.1.9)展开并化简,可得

$$\begin{cases} m\dfrac{\mathrm{d}V}{\mathrm{d}t} = -D - mg\sin\theta \\ mV\dfrac{\mathrm{d}\theta}{\mathrm{d}t} = L\cos\gamma_v - Y\sin\gamma_v - mg\cos\theta \\ -mV\cos\theta\dfrac{\mathrm{d}\psi_v}{\mathrm{d}t} = L\sin\gamma_v + Y\cos\gamma_v \end{cases} \tag{2.1.10}$$

式中:$\mathrm{d}V/\mathrm{d}t$ 为质心加速度矢量在弹道切线 OX_t 上的投影,又称为切向加速度;$V\mathrm{d}\theta/\mathrm{d}t$ 为质心加速度矢量在弹道法线 OY_t 上的投影,又称为法向加速度;$-V\cos\theta\mathrm{d}\psi_v/\mathrm{d}t$ 为质心加速度矢量在弹道 OZ_t 上的投影,又称为侧向加速度。

导弹的过载定义为作用在导弹上的所有外力(包括重力)的合力对导弹重量的比值。导弹过载在弹道坐标系下的分量表示为

$$\begin{cases} n_x = (-D - mg\sin\theta)/mg \\ n_y = (L\cos\gamma_v - Y\sin\gamma_v - mg\cos\theta)/mg \\ n_z = (L\sin\gamma_v + Y\cos\gamma_v)/mg \end{cases} \tag{2.1.11}$$

式中：n_x、n_y、n_z 分别为导弹法向过载在弹道坐标系下沿 OX_t、OY_t、OZ_t 轴的分量。

若导弹机动方式为侧滑转弯（Skid to Turn，STT），此时 $\gamma_v = 0$，则式(2.1.11)可以简化为

$$\begin{cases} n_x = (-D - mg\sin\theta)/mg \\ n_y = (L - mg\cos\theta)/mg \\ n_z = Y/mg \end{cases} \tag{2.1.12}$$

由于假设导弹为轴对称布局，偏航通道与俯仰通道对称，在空气动力上的特点是俯仰通道的空气动力与偏航通道的空气动力完全一致。当导弹采用STT机动方式时，其滚转运动、偏航运动及俯仰运动三者之间的交叉影响很小，可视为纵向与侧向运动都与滚转运动无关，将三个通道近似解耦处理。下面以俯仰通道为例给出纵向过载与攻角之间的关系。

由式(2.1.12)可得

$$n_y = \frac{L}{mg} - \cos\theta = \frac{QSC_L}{mg} - \cos\theta \tag{2.1.13}$$

式中：Q 为动压；S 为导弹参考面积；C_L 为升力系数；m 为导弹质量；g 为重力加速度；θ 为弹道倾角。

考虑导弹升力主要由攻角产生，将侧滑角和舵偏产生的空气动力视为扰动。将式(2.1.5)代入式(2.1.13)中，化简得到

$$n_y = \frac{QSC_L^\alpha \alpha}{mg} - \cos\theta + \frac{d_y}{g} \tag{2.1.14}$$

式中：d_y 为俯仰通道过载的近似误差，且有

$$d_y = \frac{QS(C_L^\beta \beta + C_L^{\delta_z}\delta_z)}{m}$$

同理，侧向过载与侧滑角之间的关系为

$$n_z = \frac{V}{g} Z_\beta \beta + \frac{d_z}{g} \tag{2.1.15}$$

式中：d_z 为偏航通道过载的近似误差。

$$d_z = \frac{QS(C_Y^{\alpha}\alpha + C_Y^{\delta_y}\delta_y)}{m}$$

整理得到法向过载与攻角、侧滑角的关系为

$$\begin{cases} n_y = \dfrac{QSC_L^{\alpha}}{mg}\alpha - \cos\theta + \dfrac{d_y}{g} \\ n_z = \dfrac{QSC_Y^{\beta}}{mg}\beta + \dfrac{d_z}{g} \end{cases} \tag{2.1.16}$$

确定导弹质心相对于地面坐标系的运动轨迹（弹道），需要建立导弹质心相对于地面坐标系运动的运动学方程。

导弹速度的分量可以由下式表示：

$$\begin{bmatrix} V_x \\ V_y \\ V_z \end{bmatrix} = \begin{bmatrix} \dot{x} \\ \dot{y} \\ \dot{z} \end{bmatrix}$$

根据方向余弦矩阵 $\boldsymbol{C}_{\mathrm{g}}^{\mathrm{t}}$，可以得到速度矢量 $\boldsymbol{V}$ 在地面坐标系下的各分量：

$$\begin{bmatrix} V_x \\ V_y \\ V_z \end{bmatrix} = (\boldsymbol{C}_{\mathrm{g}}^{\mathrm{t}})^{\mathrm{T}} \begin{bmatrix} V \\ 0 \\ 0 \end{bmatrix} = \begin{bmatrix} V\cos\theta\cos\psi_{\mathrm{v}} \\ V\sin\theta \\ -V\cos\theta\sin\psi_{\mathrm{v}} \end{bmatrix} \tag{2.1.17}$$

比较上述两式，得到导弹质心运动学方程组：

$$\begin{bmatrix} \dot{x} \\ \dot{y} \\ \dot{z} \end{bmatrix} = \begin{bmatrix} V\cos\theta\cos\psi_{\mathrm{v}} \\ V\sin\theta \\ -V\cos\theta\sin\psi_{\mathrm{v}} \end{bmatrix} \tag{2.1.18}$$

2.1.4 导弹绕质心转动的动力学方程和运动学方程

定义导弹的姿态角速度为 $\boldsymbol{\omega}_{\mathrm{m}}$、动量矩为 $\boldsymbol{H}$，则在弹体坐标系上，绕质心转动的导弹动力学方程为

$$\frac{\mathrm{d}\boldsymbol{H}}{\mathrm{d}t} = \frac{\delta \boldsymbol{H}}{\delta t} + \boldsymbol{\omega}_{\mathrm{m}} \times \boldsymbol{H} = \boldsymbol{M} \tag{2.1.19}$$

由 2.1.1 节中假设（2）导弹轴对称得，弹体坐标系各轴的惯量积为零，即

$$\begin{cases} I_y = I_z \\ I_{xy} = I_{yz} = I_{xz} = 0 \end{cases}$$

则式(2.1.19)可化简为

$$\begin{cases} I_x \dfrac{\mathrm{d}\omega_{\mathrm{m}x}}{\mathrm{d}t} + (I_z - I_y)\omega_{\mathrm{m}y}\omega_{\mathrm{m}z} = M_x \\ I_y \dfrac{\mathrm{d}\omega_{\mathrm{m}y}}{\mathrm{d}t} + (I_x - I_z)\omega_{\mathrm{m}x}\omega_{\mathrm{m}z} = M_y \\ I_z \dfrac{\mathrm{d}\omega_{\mathrm{m}z}}{\mathrm{d}t} + (I_y - I_x)\omega_{\mathrm{m}x}\omega_{\mathrm{m}y} = M_z \end{cases} \tag{2.1.20}$$

式中：M_x、M_y、M_z 分别为滚转力矩、偏航力矩、俯仰力矩；$\omega_{\mathrm{m}x}$、$\omega_{\mathrm{m}y}$、$\omega_{\mathrm{m}z}$ 分别为弹体姿态的绝对角速度在弹体系下沿 OX_{b}、OY_{b}、OZ_{b} 轴的分量；I_x、I_y、I_z 分别为导弹在弹体系下沿着 OX_{b}、OY_{b}、OZ_{b} 轴的转动惯量。

把空气动力矩模型式(2.1.7)和式(2.1.8)代入式(2.1.20)，得到弹体姿态角速度微分方程为

$$\begin{bmatrix} \dot{\omega}_{\mathrm{m}x} \\ \dot{\omega}_{\mathrm{m}y} \\ \dot{\omega}_{\mathrm{m}z} \end{bmatrix} = \begin{bmatrix} \dfrac{M_{x0}}{I_x} - \dfrac{(I_z - I_y)\omega_{\mathrm{m}z}\omega_{\mathrm{m}y}}{I_x} \\ \dfrac{M_{y0}}{I_y} - \dfrac{(I_x - I_z)\omega_{\mathrm{m}x}\omega_{\mathrm{m}z}}{I_y} \\ \dfrac{M_{z0}}{I_z} - \dfrac{(I_y - I_x)\omega_{\mathrm{m}y}\omega_{\mathrm{m}x}}{I_z} \end{bmatrix} + \begin{bmatrix} \dfrac{QSL_{\mathrm{r}}m_x^{\delta_x}}{I_x} & 0 & 0 \\ 0 & \dfrac{QSL_{\mathrm{r}}m_y^{\delta_y}}{I_y} & 0 \\ 0 & 0 & \dfrac{QSL_{\mathrm{r}}m_z^{\delta_z}}{I_z} \end{bmatrix} \begin{bmatrix} \delta_x \\ \delta_y \\ \delta_z \end{bmatrix} \tag{2.1.21}$$

下面将不加证明地给出导弹质心转动的运动学方程：

$$\begin{cases} \dot{\vartheta} = \omega_y \sin\gamma + \omega_z \cos\gamma \\ \dot{\psi} = \dfrac{\omega_y \cos\gamma}{\cos\vartheta} - \dfrac{\omega_z \sin\gamma}{\cos\vartheta} \\ \dot{\gamma} = \omega_x - \tan\vartheta(\omega_y \cos\gamma - \omega_z \sin\gamma) \end{cases} \tag{2.1.22}$$

其主要目的是得到姿态角变化率。根据各坐标系间的几何关系，很容易得到 α、β、γ_{v} 与 ϑ、ψ、γ、θ、ψ_{v} 之间的几何关系方程为

$$\begin{cases} \sin\beta = \cos\theta[\cos\gamma\sin(\psi - \psi_{\mathrm{v}}) + \sin\vartheta\sin\gamma\cos(\psi - \psi_{\mathrm{v}})] - \sin\theta\cos\vartheta\sin\gamma \\ \sin\alpha = \{\cos\theta[\sin\vartheta\cos\gamma\cos(\psi - \psi_{\mathrm{v}}) - \sin\gamma\sin(\psi - \psi_{\mathrm{v}})] - \sin\theta\cos\vartheta\cos\gamma\}/\cos\beta \\ \sin\gamma_{\mathrm{v}} = (\cos\alpha\sin\beta\sin\vartheta - \sin\alpha\sin\beta\cos\gamma\cos\vartheta + \cos\beta\sin\gamma\cos\vartheta)/\cos\theta \end{cases} \tag{2.1.23}$$

由于空气动力和空气动力矩主要通过气流角建立，下面给出气流角的微分模型。

根据各坐标系间的角速度传递关系，有下式成立：

$$(\boldsymbol{\omega}_{\mathrm{v-g}})_{\mathrm{v}} + (\boldsymbol{\omega}_{\mathrm{g-e}})_{\mathrm{v}} = (\boldsymbol{\omega}_{\mathrm{v-b}})_{\mathrm{v}} + (\boldsymbol{\omega}_{\mathrm{b-e}})_{\mathrm{v}} \tag{2.1.24}$$

式中：$(\boldsymbol{\omega}_{\mathrm{v-g}})_{\mathrm{v}}$ 表示速度坐标系相对于地面坐标系旋转的角速度 $\boldsymbol{\omega}_{\mathrm{v-g}}$ 在速度坐标系下投影；$(\boldsymbol{\omega}_{\mathrm{g-e}})_{\mathrm{v}}$ 表示地面坐标系相对于地心惯性坐标系旋转的角速度 $\boldsymbol{\omega}_{\mathrm{g-e}}$ 在速度坐标系下投影；$(\boldsymbol{\omega}_{\mathrm{v-b}})_{\mathrm{v}}$ 表示速度坐标系相对于弹体坐标系旋转的角速度 $\boldsymbol{\omega}_{\mathrm{v-b}}$ 在速度坐标系下投影；$(\boldsymbol{\omega}_{\mathrm{b-e}})_{\mathrm{v}}$ 表示弹体坐标系相对于地心惯性坐标系旋转的角速度 $\boldsymbol{\omega}_{\mathrm{b-e}}$ 在速度坐标系下投影。

计算公式如下：

$$(\boldsymbol{\omega}_{\mathrm{v-g}})_{\mathrm{v}} = \begin{bmatrix} \dot{\gamma}_{\mathrm{v}} + \dot{\psi}_{\mathrm{v}}\sin\theta \\ \dot{\theta}\sin\gamma_{\mathrm{v}} + \dot{\psi}_{\mathrm{v}}\cos\theta\cos\psi_{\mathrm{v}} \\ \dot{\theta}\cos\gamma_{\mathrm{v}} - \dot{\psi}_{\mathrm{v}}\cos\theta\sin\psi_{\mathrm{v}} \end{bmatrix},\quad (\boldsymbol{\omega}_{\mathrm{g-e}})_{\mathrm{v}} = \boldsymbol{C}_{\mathrm{g}}^{\mathrm{v}} \begin{bmatrix} (\omega_{\mathrm{D}} + \dot{\lambda})\cos\phi \\ (\omega_{\mathrm{D}} + \dot{\lambda})\sin\phi \\ -\dot{\phi} \end{bmatrix}$$

$$(\boldsymbol{\omega}_{\mathrm{v-b}})_{\mathrm{v}} = \begin{bmatrix} -\dot{\alpha}\sin\beta \\ -\dot{\beta} \\ -\dot{\alpha}\cos\beta \end{bmatrix},\quad (\boldsymbol{\omega}_{\mathrm{b-e}})_{\mathrm{v}} = \boldsymbol{C}_{\mathrm{b}}^{\mathrm{v}} \begin{bmatrix} \omega_{mx} \\ \omega_{my} \\ \omega_{mz} \end{bmatrix}$$

在上述方程中，考虑到了地球的自转影响，以及地球的曲率问题，其中 ω_{D} 为地球自转角速度，λ 为纬度。

由 2.1.1 节中假设(4)忽略地球自转，即

$$\begin{cases} \omega_{\mathrm{D}} = 0 \\ \dot{\lambda} = 0 \end{cases} \tag{2.1.25}$$

式(2.1.24)化简可得

$$\begin{bmatrix} \dot{\alpha} \\ \dot{\beta} \\ \dot{\gamma}_v \end{bmatrix} = \begin{bmatrix} -\cos\alpha\tan\beta & \sin\alpha\tan\beta & 1 \\ \sin\alpha & \cos\alpha & 0 \\ \cos\alpha\sec\beta & -\sin\alpha\sec\beta & 0 \end{bmatrix} \begin{bmatrix} \omega_{mx} \\ \omega_{my} \\ \omega_{mz} \end{bmatrix} - \begin{bmatrix} 0 & \dfrac{\cos\gamma_{\mathrm{v}}}{\cos\beta} & -\dfrac{\cos\theta\sin\gamma_{\mathrm{v}}}{\cos\beta} \\ 0 & \sin\gamma_{\mathrm{v}} & \cos\theta\cos\gamma_{\mathrm{v}} \\ 0 & -\cos\gamma_{\mathrm{v}}\tan\beta & \sin\theta + \cos\theta\sin\gamma_{\mathrm{v}}\tan\beta \end{bmatrix} \begin{bmatrix} \dot{V} \\ \dot{\theta} \\ \dot{\psi}_v \end{bmatrix} \tag{2.1.26}$$

将式(2.1.9)代入式(2.1.26)并且整理,可得气流角的微分方程:

$$\begin{bmatrix}\dot{\alpha}\\ \dot{\beta}\\ \dot{\gamma}_{\mathrm{v}}\end{bmatrix}=\begin{bmatrix}\dfrac{mg\cos\gamma_{\mathrm{v}}\cos\theta-L}{mV\cos\beta}\\ \dfrac{mg\sin\gamma_{\mathrm{v}}\cos\theta+Y}{mV}\\ \dfrac{(L\sin\gamma_{\mathrm{v}}+Y\cos\gamma_{\mathrm{v}})\tan\theta-(mg\cos\gamma_{\mathrm{v}}\cos\theta-L)\tan\beta}{mV}\end{bmatrix}$$

$$+\begin{bmatrix}-\cos\alpha\tan\beta & \sin\alpha\tan\beta & 1\\ \sin\alpha & \cos\alpha & 0\\ \cos\alpha\sec\beta & -\sin\alpha\sec\beta & 0\end{bmatrix}\begin{bmatrix}\omega_{\mathrm{m}x}\\ \omega_{\mathrm{m}y}\\ \omega_{\mathrm{m}z}\end{bmatrix}\tag{2.1.27}$$

由于实际的气流角难以测量,u、v、w 需要利用惯性测量信息,经过导航解算得到

$$\begin{cases}\alpha=-\arctan\left(\dfrac{v}{u}\right)\\ \beta=\arcsin\left(\dfrac{w}{V}\right)\\ \gamma_{\mathrm{v}}=\arccos\left(\dfrac{\cos\gamma\cos(\psi-\psi_{\mathrm{v}})-\sin\vartheta\sin\gamma\sin(\psi-\psi_{\mathrm{v}})}{\cos\beta}\right)\end{cases}\tag{2.1.28}$$

其中

$$\begin{bmatrix}u\\ v\\ w\end{bmatrix}=\boldsymbol{C}_{\mathrm{g}}^{\mathrm{b}}\begin{bmatrix}V\cos\theta\cos\psi_{\mathrm{v}}\\ V\sin\theta\\ -V\sin\theta\sin\psi_{\mathrm{v}}\end{bmatrix}$$

式中:u、v、w 为导弹速度在弹体坐标系下的分量;$\boldsymbol{C}_{\mathrm{g}}^{\mathrm{b}}$ 为地面坐标系 S_{g} 到弹体坐标系 S_{b} 的转移矩阵。

2.1.5　导弹弹体小扰动线性化模型

2.1.4 节建立的导弹刚体动力学模型是非线性的,用来研究导弹制导控制系统设计很不方便。为使设计工作简便可靠,需要对导弹质心运动方程和绕质心转动方程进行简化。一般是在一定假设条件下,采用小扰动线性化方法得到导弹弹体的小扰动线性化模型。

小扰动线性化的假设条件如下:

(1) 采用固化原则,即取弹道上某一时刻 t 飞行速度 v 不变,飞行高度 H

不变，发动机推力 P 不变，导弹的质量 m 和转动惯量 J 不变。

（2）导弹采用轴对称布局形式。

（3）导弹在受到控制或干扰作用时，导弹的参数变化不大，且导弹的使用攻角较小。

（4）控制系统保证实现滚动角稳定，并具有足够的快速性。

在上述假设条件下可得到无耦合的、常系数导弹刚体动力学简化运动模型。

由于导弹采用轴对称布局，因此它的俯仰和偏航运动由两个形式完全相同的方程描述，此外仅给出俯仰通道的线性化动力学模型：

$$\begin{cases}\ddot{\vartheta} + a_1\dot{\vartheta} + a_2 + a_1'\dot{\alpha} - a_3\delta = 0 \\ \dot{\theta} - a_4\alpha - a_5\delta = 0 \\ \vartheta = \theta + \alpha\end{cases} \tag{2.1.29}$$

滚动通道动力学数学模型：

$$\ddot{\varphi} + c_1\dot{\varphi} + c_3\delta_x = 0 \tag{2.1.30}$$

上式中各个系数通常称为动力系数，下面分别介绍其物理意义。

① a_1 为导弹的空气动力阻尼系数：

$$a_1 = -\frac{M_z^{\omega_z}}{J_z} = -\frac{m_z^{\omega_z}qSL}{J_z}\frac{L}{v} \tag{2.1.31}$$

a_1 是以角速度增量为单位增量时所引起的导弹转动角加速度增量。因为 $M_z^{\omega_z}<0$，所以角加速度的方向永远与角速度增量 $\Delta\omega_z$ 的方向相反。由于角加速度 $a_1\dot{\vartheta}$ 的作用是阻碍导弹绕 OZ_1 轴的转动，所以它的作用称为阻尼作用，a_1 也称为阻尼系数。

② a_2 表征导弹的静稳定性：

$$a_2 = -\frac{M_z^a}{J_z} = -\frac{57.3m_z^{\alpha}qSL}{J_z} \tag{2.1.32}$$

③ a_3 为导弹的舵效率系数：

$$a_3 = -\frac{M_z^{\delta}}{J_z} = -\frac{57.3m_z^{\delta}qSL}{J_z} \tag{2.1.33}$$

a_3 是操纵面偏转一单位增量时所引起的导弹角加速度。

④ a_4 为弹道切线转动的角速度增量：

$$a_4 = -\frac{Y^{\alpha} + P}{mv} = \frac{57.3C_y^{\alpha}qS + P}{mv} \tag{2.1.34}$$

⑤ a_5 为当攻角不变时，由于操纵面作单位偏转所引起的弹道切线转动的角速度增量：

$$a_5 = \frac{Y^{\delta}}{mv} = \frac{57.3C_Y^{\delta}qS}{mv} \tag{2.1.35}$$

⑥a_1'为洗流延迟对于俯仰力矩的影响：

$$a_1' = -\frac{M_z^{\dot{\alpha}}}{J_z} = -\frac{m_z^{\dot{\alpha}}qSL}{J_z}\frac{L}{v} \tag{2.1.36}$$

⑦ c_1 为导弹滚动方向的空气动力阻尼系数：

$$c_1 = -\frac{M_x^{\omega_x}}{J_x} = -\frac{m_x^{\omega_x}qSL}{J_x}\frac{L}{2v} \tag{2.1.37}$$

⑧ c_3 为导弹的副翼效率：

$$c_3 = -\frac{M_x^{\delta_x}}{J_x} = -\frac{57.3m_x^{\delta_x}qSL}{J_x} \tag{2.1.38}$$

a_2 是表征导弹静稳定性的重要参数，其表达式可以写为

$$a_2 = -\frac{57.3C_N^{\alpha}qSL}{J_x}\frac{x_T - x_d}{L} \tag{2.1.39}$$

式中：x_T 为导弹质心到导弹头部的距离；x_d 为导弹压心到导弹头部的距离，也称为质心位置和压心位置。压心位置 x_d 是攻角的函数，因此 a_2 也是攻角 α 的函数。

令 $\Delta x = (x_T - x_d)/L$，若 C_N^{α} 不变，则：

(1) 当 $\Delta x > 0$ 时，$a_2 < 0$，即导弹处于不稳定状态；

(2) 当 $\Delta x = 0$ 时，$a_2 = 0$，即导弹处于中立不稳定状态；

(3) 当 $\Delta x < 0$ 时，$a_2 > 0$，即导弹处于静稳定状态。

因此，系数 a_2 的正或负和数值大小反映了导弹静稳定度的情况，同时，随着攻角的变化，导弹的静稳定度也发生变化。

式(2.1.29)、式(2.1.30)为导弹弹体的小扰动线性化模型，是以线性微分方程组的形式给出的。但是在进行导弹自动驾驶仪设计时，总希望能够给出弹体动力学传递函数。将式(2.1.29)和式(2.1.30)进行拉普拉斯变换，可得导弹纵向运动传递函数为

$$\frac{\dot{\vartheta}(s)}{\delta(s)} = \frac{(a_3 + a_1'a_5)s + (a_2a_5 + a_3a_4)}{s^2 + (a_1 + a_1' + a_4)s + (a_1a_4 + a_2)} \tag{2.1.40}$$

$$\frac{\dot{\theta}(s)}{\delta(s)}=\frac{a_5s^2+(a_1+a_1')a_5s+(a_2a_5+a_3a_4)}{s^2+(a_1+a_1'+a_4)s+(a_1a_4+a_2)} \tag{2.1.41}$$

忽略 a_1'及 a_5 的影响(对旋转弹翼式飞行器,a_5 不能忽略),有:

① 当 $a_2+a_1a_4>0$ 时,导弹纵向运动传递函数为

$$W_{\delta_z}^{\dot{\vartheta}}(s)=\frac{K_d(T_{1d}s+1)}{T_d^2s^2+2\xi_dT_ds+1} \tag{2.1.42}$$

$$W_{\delta_z}^{\alpha}(s)=\frac{K_dT_{1d}}{T_d^2s^2+2\xi_dT_ds+1} \tag{2.1.43}$$

其中,

$$T_d=\frac{1}{\sqrt{a_2+a_1a_4}},\quad K_d=-\frac{a_3a_4}{a_2+a_1a_4},\quad T_{1d}=\frac{1}{a_4},\quad \xi_d=\frac{a_1+a_4}{2\sqrt{a_2+a_1a_4}}$$

② 当 $a_2+a_1a_4<0$ 时,导弹纵向运动传递函数为

$$W_{\delta_z}^{\dot{\vartheta}}(s)=\frac{K_d(T_{1d}s+1)}{T_d^2s^2+2\xi_dT_ds-1} \tag{2.1.44}$$

$$W_{\delta_z}^{\alpha}(s)=\frac{K_dT_{1d}}{T_d^2s^2+2\xi_dT_ds-1} \tag{2.1.45}$$

其中,

$$T_d=\frac{1}{\sqrt{|a_2+a_1a_4|}},\quad K_d=-\frac{a_3a_4}{|a_2+a_1a_4|},\quad T_{1d}=\frac{1}{a_4},\quad \xi_d=\frac{a_1+a_4}{2\sqrt{|a_2+a_1a_4|}}$$

③ 当 $a_2+a_1a_4=0$ 时,导弹纵向运动传递函数为

$$W_{\delta_z}^{\dot{\vartheta}}(s)=\frac{K_d'(T_{1d}s+1)}{s(T_d's+1)} \tag{2.1.46}$$

$$W_{\delta_z}^{\alpha}(s)=\frac{K_d'T_{1d}}{s(T_d's+1)} \tag{2.1.47}$$

其中

$$T_d'=\frac{1}{a_1+a_4},\quad K_d'=\frac{a_3a_4}{a_1+a_4},\quad T_{1d}=\frac{1}{a_4}$$

导弹倾斜运动传递函数为

$$W_{\delta_x}^{\omega_x}(s)=\frac{K_{dx}}{T_{dx}s+1} \tag{2.1.48}$$

其中

$$K_{dx}=-c_3/c_1,\quad T_{dx}=1/c_1$$

以上的导弹弹体线性模型主要用于导弹制导控制系统的设计。

2.2　导弹的基本特性

导弹的特性在一定程度上确定了制导、控制系统的结构与特性，从制导控制系统设计的角度研究导弹的基本特性十分必要，这将使得所设计的制导控制系统组成更加合理，且整个制导和控制系统不会过于复杂。另外，导弹制导控制系统的设计必须适应导弹的特性，满足导弹对制导控制系统的约束和要求。本节从制导控制系统的角度研究导弹的基本特性，全面地考虑导弹和制导控制系统之间的相互约束和要求，为导弹制导控制系统的设计奠定基础。

2.2.1　导弹的速度特性

速度特性是导弹飞行速度随时间变化的规律 $v(t)$。导弹沿着不同的弹道飞行时，其 $v(t)$ 是不同的，但应满足下述共同要求。

1. 导弹平均飞行速度

导弹到达遭遇点的平均速度为

$$\bar{v} = \frac{1}{t}\int_0^t v(t)\,\mathrm{d}t \tag{2.2.1}$$

式中：t 为导弹到达遭遇点的飞行时间。

由于导弹沿确定的弹道飞行时，其可用过载取决于导弹速度和大气密度，导弹可用过载随速度的增加而增大，因此，为保证导弹可用过载水平，要求有较高的平均速度。

2. 导弹加速特性

制导控制系统总是希望有足够长的制导控制时间，但是受最小杀伤距离的限制，又总是希望提早对导弹进行制导控制。而影响导弹起控时间的因素之一就是导弹的飞行速度。若导弹发射后很快加速到一定速度，使导弹舵面的操纵效率尽快满足控制要求，就可达到提早对导弹进行制导控制的目的。引入推力矢量控制后，导弹在低速段也具有很好的操纵性，对导弹的加速性要求就可以适当放宽。

3. 导弹末速(导弹遭遇点附近的速度)

导弹被动段飞行时,在迎面阻力和重力作用下,其速度下降,可用过载也下降,而在攻击目标时,导弹需用过载还与导弹和目标的速度比 v/v_T 有关。v/v_T 越小,导弹付出的需用过载越大,这种影响在对机动目标射击时更为严重,一般要求遭遇点的 v/v_T 应大于1.3。

2.2.2 导弹的机动特性

机动性是指导弹在单位时间内改变飞行速度大小和方向的能力。如果要攻击活动目标,特别是攻击空中的高速大机动目标时,导弹必须具有良好的机动性。导弹的机动性可以用切向加速度和法向加速度来表征。但通常用法向过载的概念来评定导弹的机动性。

过载是指作用在导弹上除重力之外的所有外力的合力 N(控制力)与导弹重量 G 的比值,即

$$\boldsymbol{n}=\frac{N}{G} \tag{2.2.2}$$

由过载定义可知,过载是一个矢量,它的方向与控制力 N 的方向一致,其模值表示控制力大小为重量的多少倍。这就是说,过载矢量表征了控制力 N 的大小和方向。

过载的概念除用于研究导弹的运动之外,在弹体结构强度和控制系统设计中也常用到。因为过载矢量决定了弹上各个部件或仪表所承受的作用力。在弹体结构和制导控制系统设计中,常需要考虑导弹在飞行过程中能够承受的过载。根据战术技术要求的规定,飞行过程中过载不得超过某一数值。这个数值决定了弹体结构和弹上各部件能够承受的最大载荷。为保证导弹能正常飞行,飞行中的过载也必须小于这个数值。

在导弹和制导控制系统设计中,经常用到需用过载、极限过载和可用过载的概念。

1. 需用过载

需用过载是指导弹按给定的弹道飞行时所需要的法向过载,用 n_R 表示。导弹的需用过载是飞行弹道的一个重要特性。决定导弹需用过载的主要因素有如下方面:

(1) 目标的运动特性。在目标高速大机动的情况下,为使导弹准确飞向目标就应果断地改变自己的方向,付出相应的过载,这是导弹需用过载的主要成分,它主要取决于目标最大机动过载,也与导引方法有关。

(2) 目标信号起伏的影响。制导控制系统的雷达导引头或制导雷达对目标进行探测时,由于目标雷达反射截面或反射中心起伏变化,导致导引头测得的目标反射信号有大的起伏变化,这就是目标信号起伏。它总是伴随着目标真实的运动而发生。这就增大了对导弹需用过载的要求。

(3) 气动力干扰。气动力干扰可以由大气紊流、阵风等引起。导弹的制造误差、导弹飞行姿态的不对称变化也是产生气动力干扰的原因。气动力干扰造成导弹对目标的偏离运动,要克服干扰引起的偏差,导弹就要付出过载。

(4) 系统零位的影响。制导控制系统中各个组成设备均会产生一位误差,由这些零位误差构成系统的零位误差,它也使导弹产生偏离运动,要克服由系统零位引起的偏差,导弹也要付出过载。

(5) 热噪声的影响。制导控制系统中使用了大量的电子设备,它们会产生热噪声,热噪声引起的信号起伏会造成测量偏差,它与目标信号起伏的影响是相同的,只是两者的频谱不同。

(6) 初始散布的影响。导弹发射后,经过一段预定的时间,如助推器抛掉或导引头截获目标后,才进入制导控制飞行。在进入制导控制飞行的瞬间,导弹的速度矢量方向与要求的速度矢量方向存在偏差,通常将速度矢量的角度偏差称为初始散布(角)。初始散布的大小与发射误差及导弹在制导控制开始前的飞行状态有关,要克服初始散布的影响,导弹就要付出过载。

一般来讲,希望按照某种导引律导出的导引弹道上的需用过载尽量小,但需用过载还必须能够满足导弹的战术技术要求。例如,导弹要攻击空中高速大机动目标,则导弹按一定的导引规律飞行时必须具有较大的法向过载(需用过载)。另外,从设计和制造的观点来看,希望需用过载在满足导弹战术技术要求的前提下越小越好。因为需用过载越小,导弹在飞行过程中所承受的载荷越小,这对防止弹体结构破坏、保证弹上仪器和设备正常工作以及减小导引误差都是有利的。

2. 极限过载

在飞行速度和高度一定的情况下,导弹在飞行中所能产生的过载取决于

攻角 α、侧滑角 β 及操纵机构的偏转角。通过对导弹气动力分析可知,导弹在飞行中,当攻角达到临界值 α_L 时,对应的升力系数达到最大值 $C_{y\max}$,这是一种极限情况。若使攻角继续增大,则会出现"失速"现象。攻角或侧滑角达到临界值时的法向过载称为极限过载,用 n_L 表示。

以纵向运动为例,相应的极限过载可写为

$$n_L = \frac{1}{G}(P\sin\alpha_L + qSC_{y\max}) \tag{2.2.3}$$

3. 可用过载

当操纵面的偏转角为最大时,导弹所能产生的法向过载称为可用过载,用 n_p 表示。它表征着导弹产生法向控制力的实际能力。若要使导弹沿着导引规律所确定的弹道飞行,那么,在这条弹道的任一点上,导弹所能产生的可用过载都应大于需用过载。

最大可用过载的确定应考虑导弹在整个杀伤空域内的可用过载是否满足攻击目标的弹道上所要求的需用过载之和,即

$$n_{\max} \geqslant n_T + \sqrt{n_\omega^2 + n_g^2 + n_0^2 + n_s^2 + n_{\Delta\theta}^2} \tag{2.2.4}$$

式中:$n_{\max}$ 为最大可用过载;n_T 为目标最大机动引起的导弹需用过载;n_ω 为目标起伏引起的导弹需用过载;n_g 为干扰引起的导弹需用过载;n_0 为系统零位引起的导弹需用过载;n_s 为热噪声引起的导弹需用过载;$n_{\Delta\theta}$ 为初始散布引起的导弹需用过载。

在实际飞行过程中,各种干扰因素总是存在的,导弹不可能完全沿着理论弹道飞行,因此,在导弹设计时,必须留有一定的过载裕量,用以克服各种扰动因素导致的附加过载。然而,考虑到弹体结构、弹上仪器设备的承载能力,可用过载也不是越大越好。实际上,导弹的舵面偏转总会受到一定的限制,如操纵机构的输出限幅和舵面的机械限制等。

通过上面的分析不难发现,极限过载、可用过载和需用过载之间必须满足极限过载 > 可用过载 > 需用过载。

2.2.3 导弹的动力学特性

导弹的动力学特性和飞行速度与高度紧密相关,现代先进导弹的飞行速度和高度变化范围更大,以致表征导弹动力学特性的参数可变化 100 多倍。

导弹飞行速度及飞行高度的大范围变化，导致导弹动力学特性的大范围变化，增大了制订制导系统方案、设计制导控制系统的难度，要使导弹在任何飞行条件下都能满足所提出的技术要求，制导控制系统设计应着重考虑导弹的如下三个基本特性。

1. 导弹的阻尼特性

在一般情况下，战术导弹的过载和攻角的超调量不应超过某允许值，这些允许值取决于飞行器的强度、空气动力特性的线性化以及控制装置的工作能力。允许的超调量通常不超过 30%，这与飞行器的相对阻尼系数 $\xi=0.35$ 相对应。对于现代导弹的可能弹道的所有工作点来说，通常不可能保证相对阻尼系数具有这样高的数值。例如，在防空导弹 SA－2 的一个弹道上，ξ 从飞行开始的 0.35 变到飞行结束的 0.08。很多导弹的低阻尼特性是由于导弹通常具有小尾翼，同时有时其展长也小，而且常常是由在非常高的高度上飞行决定的。

对于高空作战的导弹，通过增加翼面和展长增加空气动力阻尼是不可能的，在这种情况下，通过改变导弹的空气动力布局简化飞行控制系统也常常无效。一般采用反馈控制的方法，简单地利用导弹的角速度反馈或角速度＋角加速度反馈的方法增大弹体闭环系统的阻尼系数。这种方法与空气动力方法相比较具有较大优越性。

2. 导弹的静稳定度

为简化导弹制导控制系统的设计，通常要求导弹弹体要有足够的静稳定度。静稳定度是指导弹压心和重心之间的距离的负值。静稳定度的极性和大小表示了导弹呈静稳定还是不稳定，以及稳定度的大小。早期的导弹一般按静稳定规范进行外形设计。静稳定规范的含义是，导弹在飞行中，静稳定度始终是负值，压心始终在重心的后面。

由于导弹的重心随着推进剂的消耗而向前移动，因此飞行过程中导弹的静稳定度会变得越来越大。而导弹静稳定度的增大会使得控制变得迟钝，也就是导弹机动性变差。为更有效地控制导弹，提高导弹的机动性，可将导弹的设计由静稳定状态扩展到静不稳定状态，即在飞行期间允许导弹的静稳定度大于零。为保证静不稳定导弹能够正常工作，可以采用包含有俯仰角（偏航角）或法向过载反馈的方法来实现对导弹的稳定。从导弹控制系统稳定性分析表明，导弹的自动驾驶仪结构和舵机系统的特性在一定程度上限制了允许的最大静不稳定度。

近年来,采用静不稳定设计的导弹日渐增多,主要是由两个原因造成的:一是现代战场对战术导弹的性能提出了非常高的要求,放宽稳定度设计能较大幅度提高导弹的机动性、飞行速度、飞行斜距,减少结构重量和翼展尺寸,是随控布局设计中的重要组成部分。二是大攻角飞行导弹设计方法的兴起。对导弹严格的翼展限制、高机动性要求和对飞行器大攻角空气动力特性的深入研究极大地促进了导弹大攻角飞行控制技术的应用。大攻角飞行导弹具有非常复杂的非线性空气动力特性,超声速导弹在跨声速段导弹的静稳定度与其飞行攻角有着十分密切的关系,随着攻角的增大,导弹可以从静稳定变化为静不稳定,所以在进行大攻角飞行导弹设计时无法回避静不稳定问题。

3. 导弹的固有频率

导弹的固有频率是导弹的重要动力学特性之一,可按下式简单地估算:

$$\omega_{\mathrm{n}} \approx \sqrt{a_2} = \sqrt{\frac{-57.3 m_z^{c_y} C_y^{\alpha} q S L}{J_z}} \tag{2.2.5}$$

从式(2.2.5)可以看出,固有频率主要取决于飞行器的尺寸、动压头以及静稳定度。当在相当稠密的大气层中飞行时,大型运输机的固有频率为1~2rad/s,小型飞机为3~4rad/s,超声速导弹为6~18rad/s。当在高空飞行时,飞行器的固有频率会大大降低,一般为0~1.5rad/s。

导弹的固有频率的大小对导弹制导系统和控制系统的设计有较大影响,设计过程中必须予以充分重视。在导弹制导系统和控制系统设计中,制导系统的通频带,即谐振频率或截止频率 ω_{H} 与控制系统的截止频率 ω_{CT} 不能离得太近,设计时必须将 ω_{H} 和 ω_{CT} 尽量分离开,一般要2个倍频程或更大。大体上认为,控制系统的截止频率满足 $\omega_{\mathrm{CT}} \geqslant 3\omega_{\mathrm{H}}$ 的条件,控制系统就可以比较好地执行制导指令。

2.2.4 导弹的操控特性

操纵机构是指舵机输出轴到推动舵面偏转的机构,它是舵伺服系统的组成部分,由于它是一个受力部件,它的弹性变形对舵伺服系统的特性有较大的影响,从而影响制导控制系统的性能。当舵面偏转时,受到空气动力载荷的作用,舵面会发生弯曲和挠曲弹性变形、这会引起导弹的纵向和横向产生交叉耦合作用，进而影响制导控制系统性能。因此，对操纵机构及舵面的刚度均有一定的要求。

1. 导弹的副翼效率

保证倾斜操纵机构必要效率的任务是由飞行器设计师完成的，然而对这些机构效率的要求是根据对制导和控制过程的分析，并考虑操纵机构的偏转或控制力矩受限而最后完成的。

操纵机构效率及最大偏角应当使由操纵机构产生的最大力矩等于或超过倾斜干扰力矩，且由阶跃干扰力矩所引起的在过渡过程中的倾斜角（或倾斜角速度）不应超过允许值。

倾斜操纵机构最大偏角的大小通常由结构及气动设想来确定。如果控制倾斜运动借助于气动力实现，显然最大高度的飞行是确定对操纵机构效率要求的设计情况。

2. 导弹的俯仰和偏航效率

俯仰和偏航操纵机构的效率由系数 a_3、b_3 的大小及操纵机构的最大力矩表征。对俯仰及偏航操纵机构效率要求取决于以下三个方面：

（1）在什么样的高度上飞行，是在气动力起作用的稠密的大气层内，还是在气动力相当小的稀薄的大气层内飞行。

（2）飞行器是静稳定的，临界稳定的还是不稳定的。

（3）控制系统的类型（是静差系统，还是非静差系统）。

在各种飞行弹道的所有点上的操纵机构最大偏角应大于理论弹道所需的操纵机构的偏角，且具有一定的储备偏角。此外，操纵机构最大偏角不可能任意选择，它受结构及气动的限制。

对俯仰和偏航操纵机构的最大偏转角以及效率的要求（这种要求导弹设计师应当满足）在控制和制导系统形成时就制订出来，这些要求取决于这些系统所担负的任务，也取决于其工作条件。

上面研究了导弹的基本特性，在导引方法研究中，有可能还会用到导弹的某些特性，到时再一一介绍。

第3章 经典自寻的导引方法

3.1 自寻的制导导弹和目标的相对运动模型

研究自寻的导引方法时，首先需要建立导弹 - 目标相对运动模型。导弹 - 目标相对运动可在极坐标系中表示，也可在直角坐标系下描述。一般来讲，研究经典导引方法时，在极坐标下比较方便，研究现代导引方法时，在直角坐标系下表示的导弹 - 目标相对运动模型比较合适。下面就分别建立导弹 - 目标相对运动模型，为导引方法的研究奠定基础。

3.1.1 极坐标下的导弹 - 目标相对运动模型

在自寻的制导系统中，建立导弹 - 目标相对运动方程时，常对导弹和目标的运动做如下假设：

（1）导弹和目标都视为几何质点；

（2）导弹和目标的速度是已知的；

（3）制导系统是理想的，控制系统执行制导指令是瞬时完成的。

对导引律和导引方法的研究首先从导弹和目标的运动学分析入手，而在研究导弹和目标的运动学时，为了分析和研究方便，对自寻的制导系统，常采用极坐标(r,q)来表示导弹和目标的相对位置和相对运动关系。下面以平面内导弹－目标相对运动为例，给出如图3.1.1所示的导弹和目标的相对运动关系。

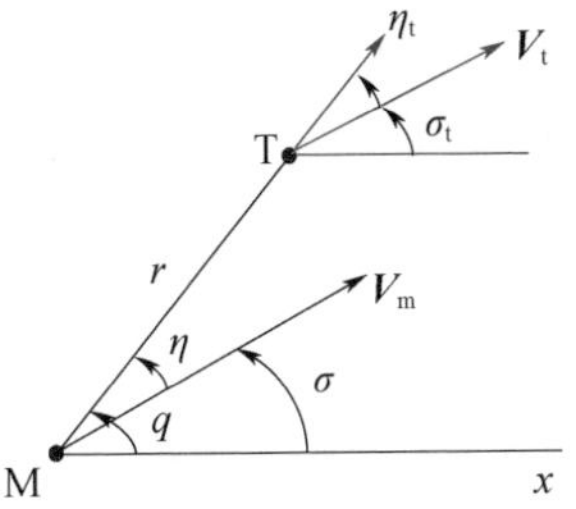

图3.1.1　导弹和目标的相对运动关系

图中：r 表示导弹M与目标T之间的相对距离，当导弹命中目标时，$r=0$。导弹和目标的连线$\overline{MT}$称为目标瞄准线，或目标视线（简称视线）。

q 表示目标视线与攻击平面内某一基准线$\overline{Mx}$之间的夹角，称为目标视线方位角（简称视角），从基准线逆时针转向目标视线为正。

$\boldsymbol{\sigma}_m$、$\boldsymbol{\sigma}_t$ 分别表示导弹速度矢量、目标速度矢量与基准线之间的夹角，从基准线逆时针转向速度矢量为正。当攻击平面为铅垂平面时，$\boldsymbol{\sigma}_m$ 就是弹道倾角 θ；当攻击平面是水平面时，$\boldsymbol{\sigma}_m$ 就是弹道偏角 ψ_V。

$\boldsymbol{\eta}_m$、$\boldsymbol{\eta}_t$ 分别表示导弹速度矢量、目标速度矢量与视线之间的夹角，称为导弹前置角和目标前置角。速度矢量逆时针转到视线时，前置角为正。

$\boldsymbol{\varphi}_m$ 表示导弹纵轴与目标视线之间的夹角，$\boldsymbol{\vartheta}_m$ 表示导弹纵轴与基准线之间的夹角，$\boldsymbol{\alpha}_m$ 表示导弹纵轴与导弹速度矢量之间的夹角。

由图3.1.1可见，导弹速度矢量 $\boldsymbol{V}_m$ 在目标视线上的分量为 $\boldsymbol{V}_m\cos\boldsymbol{\eta}_m$ 是指向目标的，它使相对距离 r 缩短；而目标速度矢量 $\boldsymbol{V}_t$，在目标视线上的分量为 $\boldsymbol{V}_t\cos\boldsymbol{\eta}_t$，它使 r 增大。$\dot{r}$ 为导弹到目标的相对距离变化率。显然，相对距离 r 的变化率 $\dot{r}$ 等于目标速度矢量和导弹速度矢量在视线上分量的代数和，即

$$\dot{r}=\boldsymbol{V}_t\cos\boldsymbol{\eta}_t-\boldsymbol{V}_m\cos\boldsymbol{\eta}_m$$

$\dot{q}$ 表示目标视线的旋转角速度。显然，导弹速度矢量 $\boldsymbol{V}_m$ 在垂直于目标视线方向上的分量为 $\boldsymbol{V}_m\sin\boldsymbol{\eta}_m$，使目标视线逆时针旋转，$q$ 角增大；而目标速度矢量 $\boldsymbol{V}_t$ 在垂直于目标视线方向上的分量为 $V_t\sin\boldsymbol{\eta}_t$，使目标顺时针旋转，$q$ 角减

小。由此可知，目标视线的旋转角速度 $\dot{q}$ 等于导弹速度矢量和目标速度矢量在垂直于目标视线方向上分量的代数和除以相对距离 r，即

$$\dot{q}=\frac{1}{r}(V_m\sin\eta_m-V_t\sin\eta_t)$$

或

$$r\dot{q}=V_m\sin\eta_m-V_t\sin\eta_t$$

再考虑图 3.1.1 所示的几何关系，即可推导出自寻的制导导弹–目标相对运动方程组为

$$\begin{cases}\dot{r}=V_t\cos\eta_t-V_m\cos\eta_m\\ r\dot{q}=V_m\sin\eta_m-V_t\sin\eta_t\\ q=\sigma_m+\eta_m\\ q=\sigma_t+\eta_t\\ \varepsilon=0\end{cases}\tag{3.1.1}$$

方程组(3.1.1)中包含 r、q、V_m、η_m、σ_m、V_t、η_t、σ_t 8 个参数，$\varepsilon=0$ 是导引关系式，也就是导引律的表达式。

由相对运动方程组(3.1.1)可以看出，导弹相对目标的运动特性由以下三个因素来决定：

(1) 目标的运动特性，如飞行高度、速度及机动性能；

(2) 导弹飞行速度的变化规律；

(3) 导弹所采用的导引律。

在导弹研制过程中，不能预先确定目标的运动特性，一般只能根据所要攻击的目标，在其性能范围内选择若干条典型航迹，如等速直线飞行或等速盘旋等。只要目标的典型航迹选得合适，导弹的导引特性大致可以估算出来。这样，在研究导弹的导引特性时，可认为目标运动的特性是已知的。

导弹的飞行速度大小取决于发动机特性、结构参数和气动外形，需求解通过包括动力学方程在内的导弹运动方程组得到。当只需要简单地确定导弹弹道特性来选择导引方法时，一般采用比较简单的运动学方程。可以用近似计算方法预先求出导弹速度的变化规律。因此，在研究导弹–目标的相对运动特性时，导弹和目标的速度可以作为时间的已知函数。这样，相对运动方程组中就可以不考虑动力学方程，而仅需单独求解相对运动方程组(3.1.1)。

显然,该方程组与作用在导弹上的力无关,称为运动学方程组。单独求解该方程组所得的轨迹,称为运动学弹道。运动学弹道的求解,也就是求解相对运动方程组(3.1.1),通常采用数值积分法、解析法或图解法等。

数值积分法的优点是可以获得运动参数随时间变化的函数,求得任何飞行情况下的轨迹。它的局限性在于,只能是给定一组初始条件得到相应的一组特解,而得不到包含任意待定常数的一般解。高速计算机的出现,使数值解可以得到较高的计算精度,而且大大提高了计算效率。

解析法即求取相对运动方程组(3.1.1)的解析表达式。相对运动方程组(3.1.1)是一个非线性方程,只有在特定条件下才可能得到满足一定初始条件的解析解,例如,假设导弹和目标在同一平面内运动,目标作等速直线飞行,导弹的速度大小是已知的等。这种解析法可以用于研究导引方法的一般性能。

采用图解法可以得到任意飞行情况下的飞行轨迹,简单直观,但是精确度不高。图解法也是在目标运动特性和导弹速度大小已知的条件下进行的,它所得到的轨迹是给定初始条件(r_0,q_0)下的运动学弹道。例如,假设目标作等速直线飞行,导弹的速度$\boldsymbol{V}_\mathrm{m}$为一常数,则可做出追踪法导引时的运动学弹道。

作图时,假设目标固定不动,按追踪法的导引关系,导弹速度矢量$\boldsymbol{V}_\mathrm{m}$应始终指向目标。首先求出起始点$(r_0,q_0)$上导弹的相对速度$\boldsymbol{V}_\mathrm{r}=\boldsymbol{V}_\mathrm{m}-\boldsymbol{V}_\mathrm{t}$,这样可以得到第一秒时导弹相对目标的位置1。然后,依次确定瞬时导弹相对目标的位置2,3,…。最后,光滑连接O,1,2,3,…各点,就得到追踪法导引时的相对弹道。显然,导弹相对速度的方向就是相对弹道的切线方向。

如图3.1.2所示,弹道是导弹相对于目标的运动轨迹,称为相对弹道。由图可以看出,按追踪法导引时,导弹的相对速度总是落后于视线,而且总要绕到目标正后方去攻击,因而它的轨迹比较弯曲,要求导弹具有较高的机动性,难以实现全向攻击。

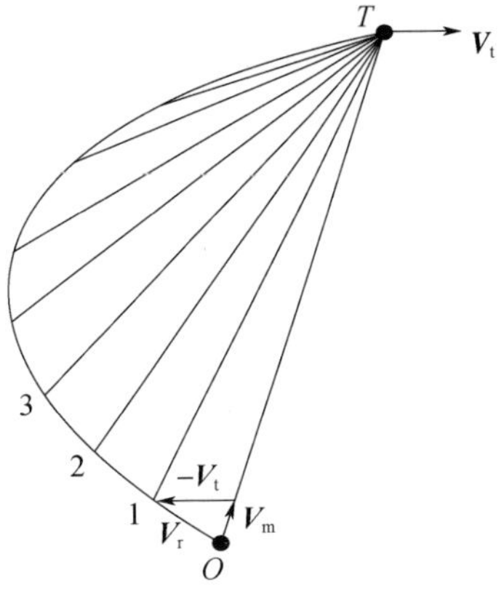

图3.1.2 追踪法导引的相对弹道

上面给出了极坐标系下自寻的制导导弹-目标的相对运动方程。在极坐标系下

描述导弹 - 目标的相对运动,可方便导引律的设计,易于相对运动方程求解。

方程组(3.1.1)中包含 r、q、V_m、η_m、σ_m、V_t、η_t、σ_t 8 个参数,其中主要运动参数是 r、q。但方程组(3.1.1)是一个非线性方程组,在某些情况下研究导引律设计时有些不便,更希望将其描述为线性形式。下面给出另一种极坐标系下描述导弹 - 目标的相对运动的另一种方法。

仍以平面内导弹 - 目标相对运动为例,目标 - 导弹相对运动关系仍在极坐标系中描述,导弹 - 目标相对运动关系如图 3.1.1 所示。

由图 3.1.1 可以导出如下方程:

$$\begin{cases} \dot{r} = V_t\cos(q-\sigma_t) - V_m\cos(q-\sigma_m) \\ r\dot{q} = -V_t\sin(q-\sigma_t) + V_m\sin(q-\sigma_m) \end{cases} \tag{3.1.2}$$

令 $V_r = \dot{r}$, $V_q = r\dot{q}$,并将其代入式(3.1.2)后对式(3.1.2)求一阶导数,可得

$$\begin{cases} \dot{V}_r = \dot{q}[-V_t\sin(q-\sigma_t) + V_m\sin(q-\sigma_m)] \\ \qquad + [\dot{V}_t\cos(q-\sigma_t) + V_t\dot{\varphi}_t\sin(q-\sigma_t)] \\ \qquad - [\dot{V}_m\cos(q-\sigma_m) + V_m\dot{\varphi}_m\sin(q-\sigma_m)] \\ \dot{V}_q = -\dot{q}[V_t\cos(q-\sigma_t) - V_m\cos(q-\sigma_m)] \\ \qquad + [V_t\dot{\varphi}_t\cos(q-\sigma_t) - \dot{V}_t\sin(q-\sigma_t)] \\ \qquad - [V_m\dot{\varphi}_m\cos(q-\sigma_m) - \dot{V}_m\sin(q-\sigma_m)] \end{cases} \tag{3.1.3}$$

令

$$\begin{cases} \omega_r = \dot{V}_t\cos(q-\sigma_t) + V_t\dot{\varphi}_t\sin(q-\sigma_t) \\ u_r = \dot{V}_m\cos(q-\sigma_m) + V_m\dot{\varphi}_m\sin(q-\sigma_m) \\ \omega_q = V_t\dot{\varphi}_t\cos(q-\sigma_t) - \dot{V}_t\sin(q-\sigma_t) \\ u_q = V_m\dot{\varphi}_m\cos(q-\sigma_m) - \dot{V}_m\sin(q-\sigma_m) \end{cases} \tag{3.1.4}$$

把式(3.1.4)代入式(3.1.3),并注意到式(3.1.2),得到

$$\begin{cases} \dot{V}_r = \dfrac{V_q^2}{r} + \omega_r - u_r \\ \dot{V}_q = \dfrac{V_r V_q}{r} + \omega_q - u_q \end{cases} \tag{3.1.5}$$

显然：ω_r 和 u_r 分别为目标加速度和导弹加速度在视线方向上的分量；ω_q 和 u_q 分别为目标加速度和导弹加速度在视线法向上的分量。

把 $V_q = r\dot{q}$，$V_r = \dot{r}$ 代入式(3.1.5)，得到

$$\ddot{q} = -\frac{2\dot{r}}{r}\dot{q} + \frac{1}{r}\omega_q - \frac{1}{r}u_q \tag{3.1.6}$$

在式(3.1.5)中，第一个式子研究的是目标加速度和导弹加速度在视线方向上的分量的综合，u_r 只需使得在视线稳定的情况下，相对速度 $V_r<0$ 即可。在一些迎头拦截等实例中，即可令 $u_r=0$。设计导引律的关键在于如何通过 u_q 控制视线角速率 $\dot{q}$。

取状态变量 $x=\dot{q}$，则式(3.1.5)可以化作一个一阶线性时变微分方程：

$$\dot{x} = -\frac{2\dot{r}}{r}x - \frac{1}{r}u_q + \frac{1}{r}\omega_q \tag{3.1.7}$$

式中：u_q 为控制量；ω_q 为干扰量。

这个以 $\dot{q}$ 为状态变量的一阶线性时变微分方程，可为用现代控制理论研究导引律提供方便。

3.1.2　直角坐标系下的弹目相对运动模型

在3.1.1节的讨论中，建立导弹－目标运动模型时，大都采用了极坐标系。这里改变导弹、目标运动模型的描述形式，采用直角坐标系形式。

视导弹、目标为质点，并假设导弹和目标在同一个固定平面内运动(图3.1.3)。

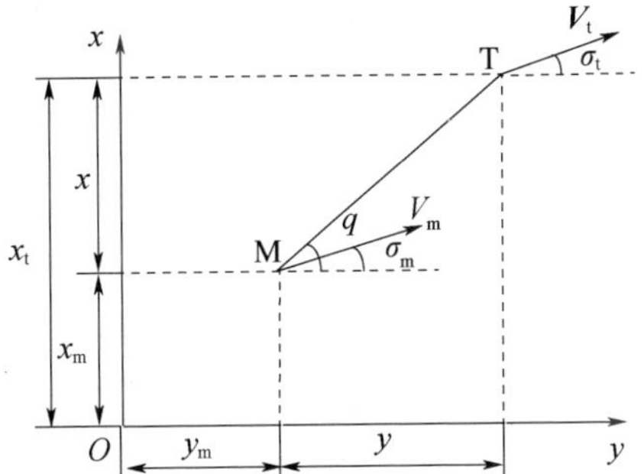

图3.1.3　导弹与目标运动关系

在导弹和目标运动的固定平面内任选固定坐标系 OXY，导弹速度矢量 $\boldsymbol{V}_{\mathrm{m}}$ 与 Oy 轴的夹角为 σ_{m}，目标速度矢量 $\boldsymbol{V}_{\mathrm{t}}$ 与 Oy 轴的夹角为 σ_{t}，V_{m}、V_{t} 为常值。导弹与目标的连线 $\overline{\mathrm{MT}}$ 与 Oy 轴的夹角为 q。设 σ_{m}、σ_{t} 和 q 都比较小，并且假定导弹和目标都做等速飞行，即设导弹与目标在 Ox 轴、Oy 轴方向上的距离偏差分别为

$$\begin{cases} x = x_{\mathrm{t}} - x_{\mathrm{m}} \\ y = y_{\mathrm{t}} - y_{\mathrm{m}} \end{cases} \tag{3.1.8}$$

式(3.1.8)对时间 t 求导，并根据导弹相对目标运动关系可得

$$\begin{cases} \dot{x} = \dot{x}_{\mathrm{t}} - \dot{x}_{\mathrm{m}} = V_{\mathrm{t}}\sin\sigma_{\mathrm{t}} - V_{\mathrm{m}}\sin\sigma_{\mathrm{m}} \\ \dot{y} = \dot{y}_{\mathrm{t}} - \dot{y}_{\mathrm{m}} = V_{\mathrm{t}}\cos\sigma_{\mathrm{t}} - V_{\mathrm{m}}\cos\sigma_{\mathrm{m}} \end{cases} \tag{3.1.9}$$

由于 σ_{m}、σ_{t} 很小，因此 $\sin\sigma_{\mathrm{m}} \approx \sigma_{\mathrm{m}}$，$\sin\sigma_{\mathrm{t}} \approx \sigma_{\mathrm{t}}$，$\cos\sigma_{\mathrm{m}} \approx 1$，$\cos\sigma_{\mathrm{t}} \approx 1$，于是

$$\begin{cases} \dot{x} = V_{\mathrm{t}}\sigma_{\mathrm{t}} - V_{\mathrm{m}}\sigma_{\mathrm{m}} \\ \dot{y} = V_{\mathrm{t}} - V_{\mathrm{m}} \end{cases} \tag{3.1.10}$$

以 x_1 表示 x，x_2 表示 $\dot{x}(\dot{x}_1)$，则

$$\begin{cases} \dot{x}_1 = x_2 \\ \dot{x}_2 = \ddot{x} = V_{\mathrm{t}}\dot{\sigma}_{\mathrm{t}} - V\dot{\sigma} \end{cases} \tag{3.1.11}$$

式中：$V_{\mathrm{t}}\dot{\sigma}_{\mathrm{t}}$、$V\dot{\sigma}$ 分别为目标、导弹的法向加速度。其以 a_{t}、a 表示，则有

$$\dot{x}_2 = a_{\mathrm{t}} - a \tag{3.1.12}$$

导弹的法向加速度 a 为控制量，一般作为控制信号加给控制系统，控制系统驱动舵面偏转后产生攻角 α，而后产生法向过载。如果忽略舵机的惯性及弹体的惯性，设控制量的量纲与加速度的量纲相同，则可用控制量 u 来表示 $-a$，即令 $u = -a$，于是式(3.1.12)变为

$$\dot{x}_2 = u + a_{\mathrm{t}} \tag{3.1.13}$$

这样，可得导弹－目标相对运动的状态方程为

$$\begin{cases} \dot{x}_1 = x_2 \\ \dot{x}_2 = u + a_{\mathrm{t}} \end{cases} \tag{3.1.14}$$

设目标不机动，则 $a_{\mathrm{t}} = 0$，那么导弹运动状态方程可简化为

$$\begin{cases} \dot{x}_1 = x_2 \\ \dot{x}_2 = u \end{cases} \tag{3.1.15}$$

用矩阵简明地表示为

$$\begin{bmatrix} \dot{x}_1 \\ \dot{x}_2 \end{bmatrix} = \begin{bmatrix} 0 & 1 \\ 0 & 0 \end{bmatrix} \begin{bmatrix} x_1 \\ x_2 \end{bmatrix} + \begin{bmatrix} 0 \\ 1 \end{bmatrix} u \tag{3.1.16}$$

令

$$\boldsymbol{X} = \begin{bmatrix} x_1 \\ x_2 \end{bmatrix}, \boldsymbol{A} = \begin{bmatrix} 0 & 1 \\ 0 & 0 \end{bmatrix}, \boldsymbol{B} = \begin{bmatrix} 0 \\ 1 \end{bmatrix}$$

则以 $\boldsymbol{X}$ 为状态变量，u 为控制变量的导弹运动状态方程为

$$\dot{\boldsymbol{X}} = \boldsymbol{AX} + \boldsymbol{B}u \tag{3.1.17}$$

这种状态方程形式简单，且为线性微分方程，可为用现代控制理论研究导引律，即研究现代导引律提供方便。

3.1.3　导引律设计中导引方法的选择

导引律设计过程中要用到导引方法，导引方法是在导弹接近目标的过程中决定导弹与目标之间运动关系的规则。不同的导引方法会设计出不同的导引律，从而导引导弹按不同的弹道接近目标。

对于自寻的制导，导引方法可分为以下两种类型：

（1）导弹纵轴相对于目标视线进行稳定的导引方法。

① 直线瞄准法，导引律为 $\varphi = 0$。

直线瞄准法的基本思想是在整个制导过程中制导的目的是使导弹的纵轴始终指向目标。工程上实现 $\varphi = 0$ 的导引律的导引头很简单，但导引弹道特性不好，特别是导引弹道的末端弹道非常弯曲，且越接近目标弹道曲率越大，可能由于攻角限制而脱离理论弹道，命中目标的准确度很低。因此这种导引方法极少在工程上获得应用。

② 常值方位角法，导引律为 $\varphi = C$，C 为常数。

相对于直线瞄准法的导引弹道，前置量法的导引弹道特性稍有改善，但是仍不能解决越接近目标弹道曲率越大的根本问题。

③ 变方位角法，导引律为 $\varphi = f(t)$。

变方位角法的基本思想是要克服直线瞄准法导引弹道弯曲的缺点，但如何确定 φ 的变化规律值得研究。如果取 $\dot{\varphi} = -K\dot{q}$，则其弹道特性与比例导引法的导引弹道特性相近。

（2）导弹速度矢量相对于目标视线进行稳定的导引方法。

① 追踪法，导引律为 $\eta_m=0$。

追踪法的基本思想是在整个制导过程中制导的目的是使导弹的速度矢量始终指向目标，即导弹速度矢量与视线重合。与直线瞄准法类似，工程上实现 $\eta_m=0$ 的导引律较为容易，但导引弹道弯曲，特别是追踪法导引时，在导引弹道的末端，也就是导弹命中目标的时候，导弹总是要从目标的后方接近目标，使得末段弹道非常弯曲，导致命中目标的准确度低。

② 常值前置角法，导引律为 $\eta_m=C$。

为了克服追踪法导引弹道弯曲的缺点，在常值前置角导引法中，在整个制导过程中，使导弹速度矢量总是超前视线一个常值角度。

③ 平行接近法，导引律为 $\dot{q}=0$。

平行接近法是按目标视线在空间的变化规律导引的一种方法。其基本思想是导引的效果要使目标视线角在整个制导过程中不变，也就是使目标视线角在空间平行移动。这种平行接近法是一种理想的导引方法，具有“理想”的弹道特性，但工程实现上存在较大困难。

④ 比例导引法，导引律为 $\dot{\sigma}_m=-K\dot{q}$。

比例导引法也是按目标视线在空间的变化规律导引的一种方法，在整个制导过程中，使导弹速度矢量的转动角速度与目标视线的转动角速度成比例。比例导引法是介于追踪法和平行接近法之间的一种导引方法，具有较好的弹道特性，工程实现上也比较容易，故是目前在自寻的制导系统中应用最广的导引方法。

目前，研究较为广泛的是导弹速度矢量相对于目标视线进行稳定的导引方法。研究的思路是，给定相对运动方程组(3.1.1)中的导引律表达式，在给定的条件下求解相对运动方程组(3.1.1)，进而研究导弹的导引弹道特性，或导弹相对目标的运动特性。

在研究某种导引方法时，必须考虑导引弹道的特性，表征弹道特性的主要参数包括需用过载、导弹飞行速度、飞行时间、射程和脱靶量等，这些参数将直接影响命中精度。导引弹道的特性主要取决于导引方法和目标运动特性。只有选择合适的导引方法设计出合适的导引律，才能导引导弹按导引律所确定的“理想弹道”接近目标，并最终命中目标。另外，导引方法选择得合适，还能改善导弹的飞行特性，充分发挥导弹武器系统的作战性能。因此，选择合适的导引方法，改进完善现有导引方法或研究新的导引方法是导弹设计的重要课题之一。

每种导引方法都有它产生和发展的过程，都具有各自的优点和缺点。那么，在实践中应该怎样来选用它们呢？一般而言，在选择导引方法时，需要从如下方面的要求进行综合考虑：

（1）弹道需用法向过载小，变化均匀，特别是在与目标相遇区，需用法向过载应趋近于零。需用法向过载小，一方面可以提高制导精度、缩短导弹攻击目标的航程和飞行时间，进而扩大导弹的作战空域；另一方面可用法向过载可以相应减小，从而降低对导弹结构强度、控制系统的设计要求。

（2）作战空域尽可能大。空中活动目标的飞行高度和速度可在相当大的范围内变化，因此，在选择导引方法时，应考虑目标运动参数的可能变化范围，尽量使导弹能在较大的作战空域内攻击目标。例如：对于空空导弹来说，所选导引方法应使导弹具有全向攻击能力；对于地空导弹来说，不仅能迎击目标，而且能尾追或侧击目标。

（3）目标机动对导弹弹道（特别是末段）的影响小。例如，半前置量法的命中点法向过载不受目标机动的影响，这将有利于提高导弹的命中精度。

（4）抗干扰能力强。空中目标为了逃避导弹的攻击，常施放干扰破坏导弹对目标的跟踪，因此，所选导引方法应能保证在目标施放干扰的情况下，使导弹能顺利攻击目标。

（5）技术实施简单可行。即使"理想"的导引方法，工程上也难以实施或根本不可能实施，研究这种导引方法就没有意义。从这个意义上讲，比例导引法比平行接近法好。

总之，各种导引方法都有自己的优、缺点，只有根据武器系统的主要矛盾，综合考虑各种因素，灵活机动地予以取舍，才能克敌制胜。现在采用较多的方法是根据导弹特点实行组合或复合导引。

3.2　经典自寻的导引方法

现代战争对精确制导武器提出了越来越高的要求，不仅要求精确制导武器具有较高的命中概率，而且还要求具有"发射后不管"的自主制导能力。具有“发射后不管”自主制导能力的精确制导武器称为自寻的精确制导武器。自寻的精确制导武器可完全依靠制导系统独立自主地捕获、跟踪和击中目标,不需要人工或其他辅助设备进行干预。它可在复杂的背景中识别出要攻击的目标,鉴别和判断所探测目标是真实目标还是背景或假目标。实现对目标的自行锁定和稳定跟踪,利用合适的导引律导引精确制导武器准确命中目标。这里的导引律称为自寻的导引律。

自寻的导引律设计过程中要用到自寻的导引方法,所谓自寻的导引方法就是在导弹接近目标的过程中,决定导弹与目标之间运动关系的规则。不同的自寻的导引方法会设计出不同的自寻的导引律,从而导引导弹按不同的弹道接近目标。

基于线性定常系统、经典控制理论设计自寻的导引律的方法主要有追踪法导引、平行接近法导引和比例导引等方法。经典自寻的导引律设计不考虑导弹的控制过程,即在导引指令的执行可瞬时完成的假定下,采用某种方法求取导弹飞向目标过程中应满足的准则。由于经典自寻的导引律设计对制导系统的信息完备性要求不高,目前仍是工程中广泛应用的导引律。但一般讲采用经典自寻的导引律导引的制导武器只能对付低速小机动目标。

在自寻的制导导弹上获得广泛应用的自寻的导引律主要有追踪法导引律和比例导引律。其中,比例导引律能有效对付机动目标,且容易在自寻的导弹上实现,因此广泛应用于各种自寻的导弹。另外,在比例导引的基础上,经改进、修正,又出现了偏置比例导引、扩大比例导引、纯比例导引、扩展比例导引、真比例导引等多种比例导引的改进型导引律,也都在工程中获得了不同程度的应用。因此,本节只对基本的自寻的导引方法,即追踪法导引、平行接近法导引和比例导引等自寻的导引方法展开研究,在此基础上对改进的比例导引方法也进行简单分析。

3.2.1 追踪法

追踪法是指导弹在攻击目标的导引过程中,导弹的速度矢量始终指向目标的一种导引方法。这种导引方法要求导弹速度矢量的前置角 η_m 始终等于0。因此,追踪法导引关系方程为 $\varepsilon=\eta_m=0$。

1. 弹道方程

在导弹－目标相对运动方程组(3.1.1)中,令 $\varepsilon=\eta_m=0$。如能求取该方程组的解析解，便可了解追踪法导引和导引弹道的重要特性。为此，假定：目标做等速直线运动，导弹做等速运动。取基准线$\overline{Ax}$平行于目标的运动轨迹。基于此假设，有 $\sigma_T=0, q=\eta_T$（由图 3.2.1 看出），则导弹与目标之间的相对运动关系可简化为如图 3.2.1 所示。

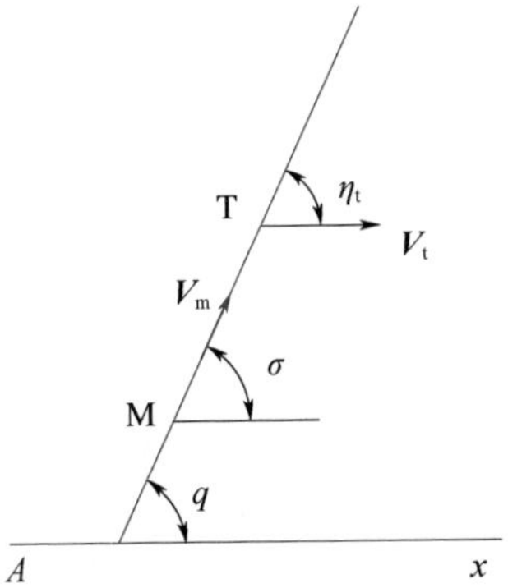

图 3.2.1　导弹与目标的相对运动

导弹与目标之间的相对运动方程组也相应地简化为

$$\begin{cases} \dot{r}=V_t\cos\eta_t-V_m \\ r\dot{q}=-V_t\sin\eta_t \\ q=\sigma_t+\eta_t \end{cases} \tag{3.2.1}$$

若 V_m、V_t 和 σ_t 为已知的时间函数，则方程组（3.2.1）还包含 r、q、η_t 三个未知参数。给出初始值 r_0、q_0 和 η_t，用数值积分法可以得到相应的特解。这里基于以上假设，给出式（3.2.1）所示方程组的解析解。

由于此种情况下 $q=\eta_t$，则方程组（3.2.1）可改写为

$$\begin{cases} \dot{r}=V_t\cos q-V_m \\ r\dot{q}=-V_t\sin q \end{cases} \tag{3.2.2}$$

由方程组（3.2.2）可以导出相对弹道方程 $r=f(q)$。用方程组（3.2.2）的第一式除以第二式可得

$$\frac{\mathrm{d}r}{r}=\frac{V_t\cos q-V_m}{-V_t\sin q}\mathrm{d}q \tag{3.2.3}$$

令 $p=V_m/V_t$，称为速度比。因为假设导弹和目标作等速运动，所以 p 为常值。于是

$$\frac{\mathrm{d}r}{r}=\frac{-\cos q+p}{\sin q}\mathrm{d}q \tag{3.2.4}$$

式(3.2.4)积分可得

$$r=r_0\frac{\tan^p\frac{q}{2}\sin q_0}{\tan^p\frac{q_0}{2}\sin q} \tag{3.2.5}$$

令

$$c=r_0\frac{\sin q_0}{\tan^p\frac{q_0}{2}} \tag{3.2.6}$$

式中:r_0,q_0 分别为开始导引时刻导弹相对目标的位置。

最后得到以目标为原点的极坐标形式的导弹相对弹道方程为

$$r=c\frac{\tan^p\frac{q}{2}}{\sin q}=c\frac{\sin^{p-1}\frac{q}{2}}{2\cos^{(p+1)}\frac{q}{2}} \tag{3.2.7}$$

由式(3.2.7)即可画出追踪法导引弹道(又称为追踪曲线)。其步骤如下:

(1) 求命中目标时的 q_f 值。命中目标时 $r_f=0$,当 $p>1$,由式(3.2.7)得到 $q_f=0$;

(2) 在 q_0 到 q_f 之间取一系列 q 值,由目标所在位置(T 点)相应引出射线;

(3) 将一系列 q 值分别代入式(3.2.7)中,求得相对应的 r 值,并在射线上截取相应线段长度,则可求得导弹的对应位置;

(4) 逐点描绘即可得到导弹的相对弹道。

2. 导引弹道特性分析

表征导引弹道特性的主要参数包括需用过载、导弹飞行速度要求、飞行时间、射程、脱靶量等。按追踪法导引时,导弹的相对速度总是落后于视线,造成导弹总要绕到目标正后方去攻击目标,因而导引弹道比较弯曲,弹道上的需用过载较大,这就要求导弹具有较好的机动性。下面从以下几个指标分析追踪法导引弹道特性。

1）直接命中目标的导弹速度要求

从方程组(3.2.2)的第二式可以看出 q 和 $\dot{q}$ 的符号总是相反的。这表明，不管导弹开始追踪时的 q_0 为何值，导弹在整个导引过程中 $|q|$ 是不断减小的，即导弹总是绕到目标的正后方去命中目标。因此，$q \to 0$。

由式(3.2.7)可以看出：

(1) 若 $p > 1$，且 $q \to 0$，则 $r \to 0$；

(2) 若 $p = 1$，且 $q \to 0$，则 $r \to r_0 \dfrac{\sin q_0}{2\tan\dfrac{q_0}{2}}$；

(3) 若 $p < 1$，且 $q \to 0$，则 $r \to \infty$。

显然，只有导弹的速度大于目标的速度才有可能直接命中目标；若导弹的速度等于或小于目标的速度，则导弹与目标最终将保持一定的距离或距离越来越远而不能直接命中目标。由此可见，导弹直接命中目标的必要条件是导弹的速度大于目标的速度($p > 1$)。

2）导弹命中目标需要的飞行时间

导弹命中目标所需要的飞行时间直接关系到制导控制系统及导弹总体参数的选择，它是导弹武器系统设计的重要数据。

方程组(3.2.2)中的第一式和第二式分别乘以 $\cos q$ 和 $\sin q$，然后相减，经整理可得

$$\dot{r}\cos q - \dot{q}r\sin q = V_t - V_m\cos q \tag{3.2.8}$$

方程组(3.2.2)中的第一式可改写为

$$\cos q = \frac{\dot{r} + V_m}{V_t}$$

将上式代入式(3.2.8)中，整理可得

$$\dot{r}(p + \cos q) - \dot{q}r\sin q = V_t - pV_m$$
$$\mathrm{d}[r(p + \cos q)] = (V_t - pV_m)\mathrm{d}t$$

上式积分可得

$$t = \frac{r_0(p + \cos q_0) - r(p + \cos q)}{pV_m - V_t} \tag{3.2.9}$$

将命中目标的条件($r \to 0$，$q \to 0$)代入式(3.2.9)中，可得导弹从开始追踪至命中目标所需要的飞行时间为

$$t_f = \frac{r_0(p+\cos q_0)}{pV_m - V_t} = \frac{r_0(p+\cos q_0)}{(V_m - V_t)(1+p)} \tag{3.2.10}$$

由式(3.2.10)可以看出：

(1) 当迎面攻击($q_0=\pi$)时，$t_f = \dfrac{r_0}{V_m + V_t}$；

(2) 当尾追攻击($q_0=0$)时，$t_f = \dfrac{r_0}{V_m - V_t}$；

(3) 当侧面攻击$\left(q_0 = \dfrac{\pi}{2}\right)$时，$t_f = \dfrac{r_0 p}{(V_m - V_t)(1+p)}$。

因此，在 r_0、V_m 和 V_t 相同的条件下，q_0 在 $0\sim\pi$ 范围内，随着 q_0 的增加，命中目标所需的飞行时间将缩短。当迎面攻击($q_0=\pi$)时，所需飞行时间最短。

3) 导引弹道的需用过载

导引弹道的需用过载特性是评定导引方法优劣的重要指标之一。需用过载的大小直接影响制导系统的工作条件和导引误差。沿导引弹道飞行的需用过载必须小于可用过载；否则，导弹的飞行将脱离追踪曲线，是不可能命中目标的。

沿导引弹道飞行的需用过载是指沿导引弹道飞行的需用法向过载，定义为作用在导弹上所有外力(包括重力)的合力在导引弹道法向的投影与导弹重量的比值，即法向加速度与重力加速度(大小)之比：

$$n = \frac{a_n}{g} \tag{3.2.11}$$

式中：a_n 为作用在导弹上所有外力(包括重力)的合力在导引弹道法向的投影所产生的法向加速度。

据此定义，追踪法导引弹道上的法向加速度为

$$a_n = V_m \frac{d\sigma_m}{dt} = V_m \dot{q} = -\frac{V_m V_t \sin q}{r} \tag{3.2.12}$$

将式(3.2.5)代入式(3.2.12)可得

$$a_n = -\frac{V_m V_t \sin q}{r_0 \dfrac{\tan^p \dfrac{q}{2} \sin q_0}{\tan^p \dfrac{q_0}{2} \sin q}} = -\left(\frac{V_m V_t \tan^p \dfrac{q_0}{2}}{r_0 \sin q_0}\right) \frac{4\cos^p \dfrac{q}{2} \sin^2 \dfrac{q}{2} \cos^2 \dfrac{q}{2}}{\sin^p \dfrac{q}{2}}$$

$$= -\frac{4V_mV_t}{r_0}\frac{\tan^p\frac{q_0}{2}}{\sin q_0}\cos^{(p+2)}\frac{q}{2}\sin^{(2-p)}\frac{q}{2} \tag{3.2.13}$$

将式(3.2.13)代入式(3.2.11)中,且法向过载只考虑其绝对值,则有

$$n = \frac{4V_mV_t}{gr_0}\left|\frac{\tan^p\frac{q_0}{2}}{\sin q_0}\cos^{(p+2)}\frac{q}{2}\sin^{(2-p)}\frac{q}{2}\right| \tag{3.2.14}$$

导弹命中目标时,$q\to 0$,由式(3.2.14)可以看出:

(1) 当 $p>2$ 时,$\lim\limits_{q\to 0} n=\infty$;

(2) 当 $p=2$ 时,$\lim\limits_{q\to 0} n=\frac{4V_mV_t}{gr_0}\left|\frac{\tan^p\frac{q}{2}}{\sin q_0}\right|$;

(3) 当 $p<2$ 时,$\lim\limits_{q\to 0} n=0$。

由此可见:对于追踪法导引,考虑到命中点的法向过载,只有当速度比满足 $1<p\leqslant 2$ 时,导弹才有可能直接命中目标。

4) 允许攻击区

允许攻击区是指导弹在此区域内按追踪法导引飞行,其导引弹道上的需用法向过载均不超过可用法向过载。

由式(3.2.12)可得

$$r = -\frac{V_mV_t\sin q}{a_n}$$

将式(3.2.11)代入上式,如果只考虑其绝对值,则可得

$$r = \frac{V_mV_t}{gn}|\sin q| \tag{3.2.15}$$

在 V_m、V_t 和 n 给定的条件下,由 r、q 所组成的极坐标系中,式(3.2.15)是一个圆的方程,即追踪曲线上过载相同点的连线(简称等过载曲线)是一个圆。圆心在($V_mV_t/(2gn)$, $\pm\pi/2$)上,圆的半径为 $V_mV_t/(2gn)$。在 V_m、V_t 一定时,给出不同的 n 值,就可以绘出圆心在 $q=\pm\pi/2$ 上,半径大小不同的圆族,且 n 越大,等过载圆半径越小。这族圆正通过目标,与目标的速度相切(图3.2.2)。

假设可用法向过载为 n_p,相应地有一等过载圆。现在要确定追踪法导引起始时刻导弹-目标相对距离 r_0 为某一给定值的允许攻击区。

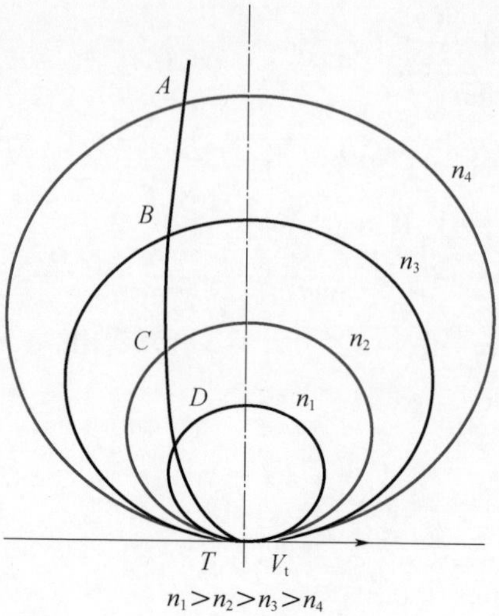

图 3.2.2　等过载圆族

设导弹的初始位置分别在 M_{01}、M_{02}、M_{03}点。各自对应的追踪曲线为 1、2、3（图 3.2.3）。追踪曲线 1 不与 n_p 决定的圆相交，因而追踪曲线 1 上的任意一点的法向过载 $n<n_p$；追踪曲线 3 与 n_p 决定的圆相交，因而追踪曲线 3 上有一段的法向过载 $n>n_p$，显然，导弹从 M_{03}点开始追踪导引是不允许的，因为它不能直接命中目标；追踪曲线 2 与 n_p 决定的圆正好相切，切点 E 的过载最大，且 $n=n_p$，追踪曲线 2 上任意一点均满足 $n\leqslant n_p$。因此，M_{02}点是追踪法导引的极限初始位置，它由 r_0、q_0 确定。于是 r_0 值给定时，允许攻击区必须满足 $|q_0|\leqslant|q_0^*|$。

(r_0,q_0^*)对应的追踪曲线 2 把攻击平面分成两个区域，$|q_0|\leqslant|q_0^*|$的区域是由导弹可用法向过载决定的允许攻击区，如图 3.2.4 中阴影线所示的区域。因此，要确定允许攻击区，在 r_0 值给定时，首先必须确定 q_0^* 值。

追踪曲线 2 上，E 点过载最大，此点所对应的坐标为(r^*,q^*)。q^* 值可以由 $\mathrm{d}n/\mathrm{d}q=0$ 求得。

由式(3.2.14)可得

$$\frac{\mathrm{d}n}{\mathrm{d}q}=\frac{2V_mV_t}{r_0g\dfrac{\sin q_0}{\tan^p\dfrac{q_0}{2}}}\left[(2-p)\sin^{(1-p)}\frac{q}{2}\cos^{(p+3)}\frac{q}{2}-(2+p)\sin^{(3-p)}\frac{q}{2}\cos^{(p+1)}\frac{q}{2}\right]=0$$

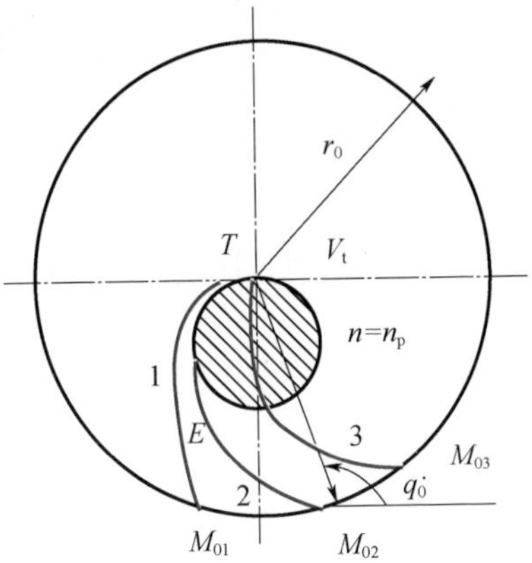

图3.2.3　确定极限起始位置

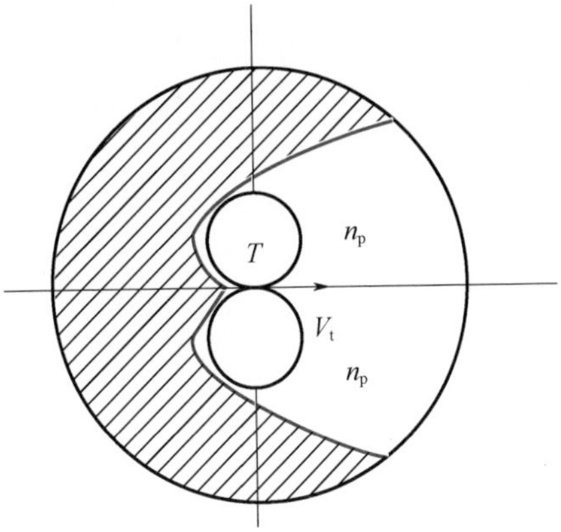

图3.2.4　追踪法导引的允许攻击区

即

$$\left[(2-p)\sin^{(1-p)}\frac{q}{2}\cos^{(p+3)}\frac{q}{2}-(2+p)\sin^{(3-p)}\frac{q}{2}\cos^{(p+1)}\frac{q}{2}\right]=0$$

整理后可得

$$(2-p)\cos^2\frac{q^*}{2}=(2+p)\sin^2\frac{q^*}{2}$$

又可写成

$$2\left(\cos^2\frac{q^*}{2}-\sin^2\frac{q^*}{2}\right)=p\left(\sin^2\frac{q^*}{2}+\cos^2\frac{q^*}{2}\right)$$

于是

$$\cos q^*=\frac{p}{2} \tag{3.2.16}$$

由式(3.2.16)可知,追踪曲线上法向过载最大的视线角 q^* 仅取决于速度比 p 的大小。

因 E 点在 n_p 的等过载圆上,且所对应的 r^* 值满足式(3.2.15),于是

$$r^*=\frac{V_m V_t}{g n_p}|\sin q^*| \tag{3.2.17}$$

因为 $\sin q^*=\sqrt{1-\frac{p^2}{4}}$,所以

$$r^* = \frac{V_m V_t}{g n_p}\left(1 - \frac{p^2}{4}\right)^{\frac{1}{2}} \tag{3.2.18}$$

E 点在追踪曲线 2 上,所以 r^* 同时满足式(3.2.15),于是有

$$r^* = r_0 \frac{\tan^p \frac{q^*}{2} \sin q_0^*}{\tan^p \frac{q_0^*}{2} \sin q^*} = \frac{r_0 \sin q_0^* 2\ (2-p)^{\frac{p-1}{2}}}{\tan^p \frac{q_0^*}{2} (2+p)^{(\frac{p+1}{2})}} \tag{3.2.19}$$

显然,r^* 同时满足式(3.2.18)和式(3.2.19),于是有

$$\frac{V_m V_t}{g n_p}\left(1 - \frac{p}{2}\right)^{\frac{1}{2}}\left(1 + \frac{p}{2}\right)^{\frac{1}{2}} = \frac{r_0 \sin q_0^* 2\ (2-p)^{\frac{p-1}{2}}}{\tan^p \frac{q_0^*}{2} (2+p)^{\frac{p+1}{2}}} \tag{3.2.20}$$

显然,当 V_m、V_t、n_p 和 r_0 给定时,由式(3.2.20)解出 q_0^* 值,也就相应地确定了允许攻击区。如果导弹从发射时刻开始实施追踪法导引,那么 $|q_0| \leqslant |q_0^*|$ 所确定的范围也就是允许发射区。

通过以上分析可知,追踪法导引弹道特性存在着严重的缺点。因为导弹的绝对速度始终指向目标,相对速度则总落后于视线,不管从哪个方向发射,导弹总是绕到目标的后面去攻击目标,这样导致导弹的弹道较弯曲(特别在命中点附近),需用过载较大,要求导弹有较好的机动性。由于受到可用法向过载的限制,导弹的允许攻击区较小,不能实现全向攻击。同时,考虑追踪法导引命中点的法向过载,速度比受到严格的限制,$1 < p \leqslant 2$。因此,追踪法目前应用较少。

3.2.2 平行接近法

追踪法的根本缺点在于它的相对速度落后于视线,总要绕到目标正后方去攻击。如果能使相对速度指向目标,就能克服追踪法的这一缺点,这就是平行接近导引方法。

平行接近法是指在整个导引过程中,视线在空间保持平行移动的一种导引方法。其导引关系式为

$$\varepsilon = \dot{q} = 0 \text{ 或 } \varepsilon = q - q_0 = 0 \tag{3.2.21}$$

式(3.2.21)代入方程组(3.2.1)的第二式,可得

$$r\dot{q} = V_m \sin\eta_m - V_t \sin\eta_t = 0 \tag{3.2.22}$$

即

$$\sin\eta_m = \frac{V_t}{V_m}\sin\eta_t = \frac{1}{p}\sin\eta_t \tag{3.2.23}$$

式(3.2.22)表示,不管目标做何种机动飞行,导弹速度矢量 $\boldsymbol{V}_m$ 和目标速度矢量 $\boldsymbol{V}_t$ 在垂直于目标视线方向上的分量保持相等。因此,导弹的相对速度 V_r 正好在目标视线上,它的方向始终指向目标(图3.2.5)。

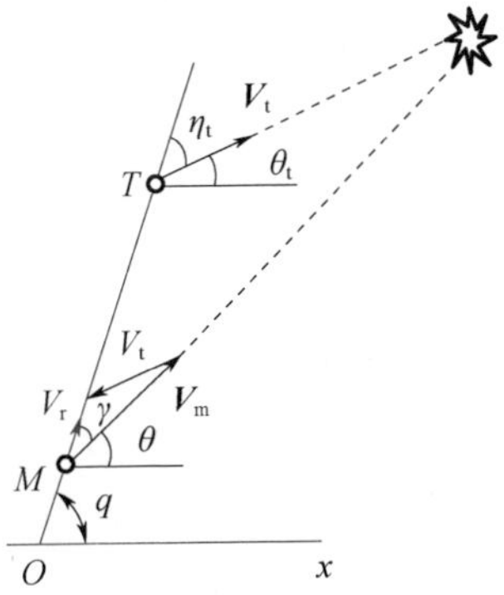

图3.2.5　平行接近法相对运动关系

在铅垂平面内,按平行接近法导引时,导弹与目标的相对运动方程组为

$$\begin{cases} \dot{r} = V_t\cos\eta_t - V_m\cos\eta_m \\ r\dot{q} = V_m\sin\eta_m - V_t\sin\eta_t \\ q = \eta_m + \theta_m \\ q = \eta_t + \theta_t \\ \varepsilon = \dot{q} = 0 \end{cases} \tag{3.2.24}$$

下面简单分析平行接近导引弹道。

1. 直线弹道问题

按平行接近法导引时,在整个导引过程中视线角 q 为常值,因此,如果导弹速度的前置角 η_m 保持不变,则导弹弹道倾角(或弹道偏角)为常值,导弹的飞行轨迹(绝对弹道)就是一条直线弹道。由式(3.2.23)可以看出,只要满足 p 和 η_t 为常值,η_m 就为常值,此时导弹沿着直线弹道飞行。因此,对于平行接近法导引,在目标直线飞行情况下,只要速度比保持为常数,且 $p>1$,那么导弹无论从什么方向攻击目标,它的飞行弹道都是直线弹道。

2. 导引弹道的需用法向过载

当目标做机动飞行，且导弹速度也不断变化时，如果速度比 $p=V_m/V_t=$ 常数，且 $p>1$，则导弹按平行接近法导引的需用法向过载总是比目标的机动过载小。证明如下：

将式（3.2.23）对时间求导，在 p 为常数时，有

$$\dot{\eta}_m\cos\eta_m=\frac{1}{p}\dot{\eta}_t\cos\eta_t \text{ 或 } V_m\dot{\eta}_m\cos\eta_m=V_t\dot{\eta}_t\cos\eta_t \tag{3.2.25}$$

设攻击平面为铅垂面，则 $q=\eta_m+\theta_m=\eta_t+\theta_t=$ 常数。因此，$\dot{\eta}_m=-\dot{\theta}_m$，$\dot{\eta}_t=-\dot{\theta}_t$。

用 $\dot{\theta}_m$、$\dot{\theta}_t$ 置换 $\dot{\eta}_m$、$\dot{\eta}_t$，改写式（3.2.25）可得

$$\frac{V_m\dot{\theta}_m}{V_t\dot{\theta}_t}=\frac{\cos\eta_t}{\cos\eta_m} \tag{3.2.26}$$

由于 $p>1$，即 $V_m>V_t$，因此，由式（3.2.23）可得 $\eta_t>\eta_m$，于是有

$$\cos\eta_t<\cos\eta_m$$

从式（3.2.26）显然可得

$$V_m\dot{\theta}_m<V_t\dot{\theta}_t \tag{3.2.27}$$

为了保持 q 值为某一常数，在 $\eta_t>\eta_m$ 时，必须有 $\theta_m>\theta_t$，因此有不等式：

$$\cos\theta_m<\cos\theta_t \tag{3.2.28}$$

导弹和目标的需用法向过载可表示为

$$\begin{cases} n_{ym}=\dfrac{V_m\theta_m}{g}+\cos\theta_m \\ n_{yt}=\dfrac{V_t\dot{\theta}_t}{g}+\cos\theta_t \end{cases} \tag{3.2.29}$$

注意到式（3.2.26）和式（3.2.27），比较式（3.2.29）右端可知

$$n_{ym}<n_{yt} \tag{3.2.30}$$

由此可以得到结论：无论目标做何种机动飞行，采用平行接近法导引时，导弹的需用法向过载总是小于目标的法向过载，即导引弹道的弯曲程度比目标航迹弯曲的程度小。因此，导弹的机动性可以小于目标的机动性。

由以上讨论可以看出，当目标机动时，按平行接近法导引的弹道需用过载

将小于目标的机动过载。进一步的分析表明，与其他导引方法相比，用平行接近法导引的弹道最为平直，还可实现全向攻击。因此，从这个意义上说，平行接近法是最好的导引方法。但是，到目前为止，平行接近法并未得到应用。其主要原因是，这种导引方法对制导系统提出了严格的要求，使制导系统复杂化。它要求制导系统在每一瞬时都要精确地测量目标及导弹的速度和前置角，并严格保持平行接近法的导引关系。而实际上，由于存在发射偏差或干扰，不可能绝对保证导弹的相对速度 V_r 始终指向目标，因此平行接近法很难实现。

3.2.3　比例导引法

比例导引法是指导弹飞行过程中速度矢量 $\boldsymbol{V}_m$ 的转动角速度与视线的转动角速度成比例的一种导引方法。其导引关系式为

$$\varepsilon = \frac{d\sigma_m}{dt} - K\dot{q} = 0 \text{ 或 } \frac{d\sigma_m}{dt} = K\dot{q} \tag{3.2.31}$$

式中：K 为比例系数，称为导航比。

假定 K 为常数，对式(3.2.31)积分，可得比例导引关系式的另一种形式：

$$\varepsilon = (\sigma - \sigma_0) - K(q - q_0) = 0 \tag{3.2.32}$$

由式(3.2.32)不难看出：

(1) 如果比例系数 $K=1$，且 $q_0 = \sigma_0$ 时，则导弹前置角 $\eta_m = 0$，这就是追踪法；

(2) 如果比例系数 $K=1$，且 $q_0 = \sigma_{m0} + \eta_0$ 时，则 $q = \sigma_m + \eta_0$，即导弹前置角 $\eta_m = \eta_0 = C$ 为常值，这就是常值前置角法(显然，追踪法是常值前置角法的一个特例)。

(3) 当比例系数 $K \to \infty$ 时，由式(3.2.32)可知：$\dot{q} \to 0$，$q = q_0 =$ 常值，说明目标视线只是平行移动，这就是平行接近法。

由此不难得出结论：追踪法、常值前置角法和平行接近法都可看作是比例导引法的特殊情况。由于比例导引法的比例系数 K 在$(1,\infty)$范围内，它是介于追踪法和平行接近法之间的一种导引方法。它的弹道特性也介于追踪法和平行接近法的弹道性质之间。

按比例导引法导引时，导弹与目标的相对运动方程组为

$$\begin{cases}\dot{r} = V_t\cos\eta_t - V_m\cos\eta_m \\ r\dot{q} = V_m\sin\eta_m - V_t\sin\eta_t \\ q = \eta_m + \sigma_m \\ q = \eta_t + \sigma_t \\ \dfrac{d\sigma_m}{dt} = K\dot{q}\end{cases} \tag{3.2.33}$$

如果已知 V_m、V_t、σ_t 的变化规律以及初始条件 r_0、q_0、σ_0（或 η_0），就可以用数值积分法解算这组方程。采用解析法解此方程组则比较困难，只有当比例系数 $K=2$，且目标等速直线飞行、导弹等速飞行时，才有可能得到解析解。根据解析解，可进行导引弹道特性的讨论。

解算运动方程组(3.2.33)，可以获得导弹的运动特性。下面着重讨论采用比例导引法时，导弹的直线弹道和需用法向过载。

1. 直线弹道

对导弹－目标的相对运动方程组(3.2.33)的第三式求导可得

$$\dot{q} = \dot{\eta}_m + \dot{\sigma}_m$$

将导引关系式代入上式可得

$$\dot{\eta}_m = (1-K)\dot{q} \tag{3.2.34}$$

直线弹道的条件是 $\dot{\sigma}=0$，即

$$\dot{q} = \dot{\eta}_m \tag{3.2.35}$$

在 $K\neq(0,1)$ 的条件下，式(3.2.34)和式(3.2.35)若要同时成立，必须满足

$$\dot{q}=0,\dot{\eta}=0 \tag{3.2.36}$$

即

$$\begin{cases} q = q_0 = 常数 \\ \eta_m = \eta_0 = 常数 \end{cases} \tag{3.2.37}$$

考虑到相对运动方程组(3.2.33)中的第二式，导弹直线飞行的条件可写为

$$\begin{cases} V_m\sin\eta_m - V_t\sin\eta_t = 0 \\ \eta_0 = \arcsin\left(\dfrac{V_t}{V_m}\sin\eta_t\right)\Big|_{t=t_0} \end{cases} \tag{3.2.38}$$

式(3.2.38)表明，导弹和目标的速度矢量在垂直于视线方向上的分量相等，即导弹的相对速度要始终指向目标。

直线弹道要求导弹速度矢量的前置角始终保持其初始值 η_0，而前置角的起始值 η_0 有两种情况：一种是导弹发射装置不能调整的情况，此时 η_0 为确定值；另一种是 η_0 可以调整的，发射装置可根据需要改变 η_0 的数值。

第一种情况下（η_0 为确定值），由直线弹道条件式(3.2.38)解得

$$\eta_t = \arcsin\frac{V_m\sin\eta_0}{V_t} \text{或} \eta_t = \pi - \arcsin\frac{V_m\sin\eta_0}{V_t} \tag{3.2.39}$$

将 $q_0 = \sigma_t + \eta_t$ 代入式(3.2.39)，可得发射时目标视线的方位角为

$$\begin{cases} q_{01} = \sigma_t + \arcsin\dfrac{V_m\sin\eta_0}{V_t} \\ q_{02} = \sigma_t + \pi - \arcsin\dfrac{V_m\sin\eta_0}{V_t} \end{cases} \tag{3.2.40}$$

式(3.2.40)说明，只有在两个方向发射导弹才能得到直线弹道，即只有两条直线弹道。

在第二种情况下，η_0 可以根据 q_0 的大小加以调整，此时只要满足条件

$$\eta_0 = \arcsin\frac{V_t\sin(q_0 - \sigma_t)}{V_m} \tag{3.2.41}$$

导弹沿任何方向发射都可以得到直线弹道。

当

$$\eta_0 = \pi - \arcsin\frac{V_t\sin(q_0 - \sigma_t)}{V_m}$$

时，也可以满足式(3.2.38)，但此时 $|\eta_0| > 90°$，表示导弹背向目标，因而没有实际意义。

2. 需用法向过载

比例导引法要求导弹的转弯角速度 $\dot{\sigma}_m$ 与目标视线旋转角速度 $\dot{q}$ 成正比，因而导弹的需用法向过载也与 $\dot{q}$ 成正比，即

$$n = \frac{V_m}{g}\dot{\theta} = \frac{V_m K}{g}\dot{q} \tag{3.2.42}$$

因此，要了解导引弹道上各点上的需用法向过载的变化规律，只需讨论 $\dot{q}$ 的变化规律。

相对运动方程组(3.2.33)的第二式对时间求导，可得

$$\dot{r}\dot{q} + r\ddot{q} = \dot{V}_m\sin\eta_m + V_m\dot{\eta}_m\cos\eta_m - \dot{V}_t\sin\eta_t - V_t\dot{\eta}_t\cos\eta_t$$

将

$$\begin{cases}\dot{\eta}_m=\dot{q}-\dot{\sigma}_m=(1-K)\dot{q}\\ \dot{\eta}_t=\dot{q}-\dot{\sigma}_t\\ \dot{r}=V_t\cos\eta_t-V_m\cos\eta_m\end{cases}$$

代入上式并整理,可得

$$r\ddot{q}=-(KV_m\cos\eta_m+2\dot{r})(\dot{q}-\dot{q}^*) \tag{3.2.43}$$

式中

$$\dot{q}^*=\frac{\dot{V}_m\sin\eta_m-\dot{V}_t\sin\eta_t+V_t\dot{\sigma}_t\cos\eta_t}{KV_m\cos\eta_m+2\dot{r}} \tag{3.2.44}$$

分两种情况讨论:

(1) 目标等速直线飞行,导弹等速飞行。

此时,由式(3.2.44)可知 $\dot{q}^*=0$,于是,式(3.2.43)可写为

$$\ddot{q}=-\frac{1}{r}(KV_m\cos\eta_m+2\dot{r})\dot{q} \tag{3.2.45}$$

由式(3.2.45)可知,如果 $KV_m\cos\eta_m+2\dot{r}>0$,那么 $\ddot{q}$ 的符号总是与 $\dot{q}$ 相反。当 $\dot{q}>0$ 时,$\ddot{q}<0$,即 $\dot{q}$ 值将减小;当 $\dot{q}<0$ 时,$\ddot{q}>0$,即 $\dot{q}$ 值将增大。总之,$|\dot{q}|$ 总是减小的(图3.2.6)。$\dot{q}$ 随时间的变化规律是向横坐标接近,导引弹道的需用法向过载随 $|\dot{q}|$ 不断减小而减小,弹道变得平直,这种情况称为 $\dot{q}$“收敛”。

当 $KV_m\cos\eta_m+2\dot{r}<0$ 时,$\ddot{q}$ 与 $\dot{q}$ 同号,$|\dot{q}|$ 将不断增大,弹道的需用法向过载随 $|\dot{q}|$ 的不断增大而增大,弹道变得弯曲,这种情况称为 $\dot{q}$“发散”(图3.2.7)。

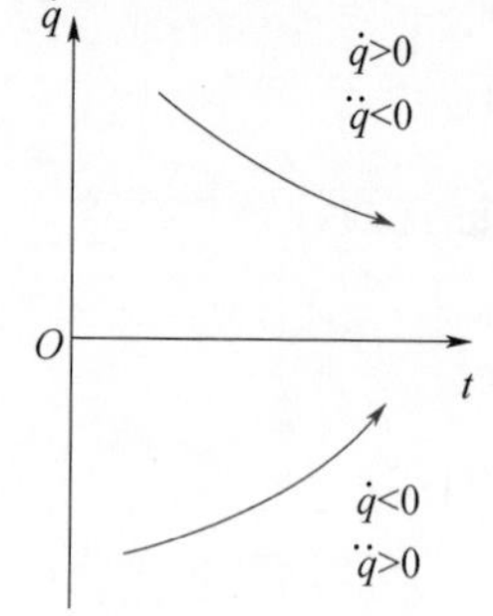

图3.2.6 $KV_m\cos\eta_m+2\dot{r}>0$ 时 $\dot{q}$ 的变化趋势

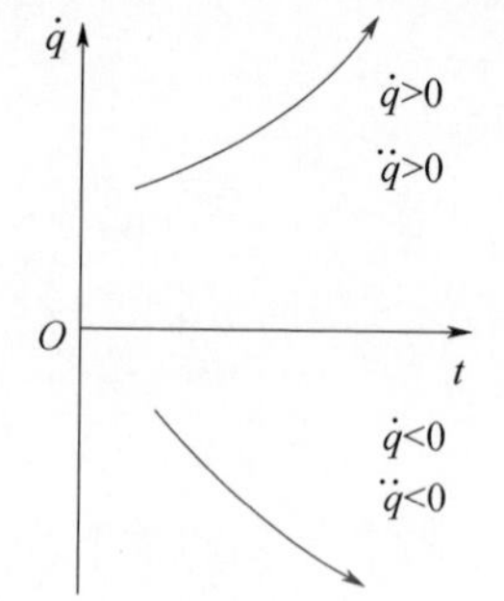

图3.2.7 $KV_m\cos\eta_m+2\dot{r}<0$ 时 $\dot{q}$ 的变化趋势

显然,要使导弹转弯较为平缓,就必须使 $\dot{q}$ 收敛,这时应满足条件

$$K > \frac{2|\dot{r}|}{V_{\mathrm{m}}\cos\eta_{\mathrm{m}}} \tag{3.2.46}$$

由此得出结论:只要比例系数 K 得足够大,使其满足式(3.2.46),$|\dot{q}|$就可逐渐减小而趋向于零;相反,如不能满足式(3.2.46),则$|\dot{q}|$将逐渐增大,在接近目标时,导弹要以无穷大的速率转弯,这实际上是无法实现的,最终将导致脱靶。

(2) 目标机动飞行,导弹变速飞行。

由式(3.2.44)可知:$\dot{q}^*$ 与目标的切向加速度 $\dot{V}_{\mathrm{t}}$,法向加速度 $V_{\mathrm{t}}\dot{\sigma}_{\mathrm{t}}$ 和导弹的切向加速度 $\dot{V}_{\mathrm{m}}$ 有关,$\dot{q}^*$ 不再为0。当 $KV_{\mathrm{m}}\cos\eta_{\mathrm{m}}+2\dot{r}\neq 0$ 时,$\dot{q}^*$ 是有限值。

由式(3.2.43)可见,当 $KV_{\mathrm{m}}\cos\eta_{\mathrm{m}}+2\dot{r}>0$ 时,若 $\dot{q}<\dot{q}^*$,则 $\ddot{q}>0$,这时 $\dot{q}$ 将不断增大;若 $\dot{q}>\dot{q}^*$,则 $\ddot{q}<0$,此时 $\dot{q}$ 将不断减小。总之,$\dot{q}$ 有接近 $\dot{q}^*$ 的趋势。

当 $KV_{\mathrm{m}}\cos\eta_{\mathrm{m}}+2\dot{r}<0$ 时,$\dot{q}$ 有逐渐离开 $\dot{q}^*$ 的趋势,弹道变得弯曲。在接近目标时,导弹要以极大的速率转弯。

3. 命中点的需用法向过载

前面已经提到,如果 $KV_{\mathrm{m}}\cos\eta_{\mathrm{m}}+2\dot{r}>0$,那么 $\dot{q}^*$ 是有限值。由式(3.2.44)可以看出,在命中点,$r=0$,因此

$$\dot{q}_{\mathrm{f}}=\dot{q}_{\mathrm{f}}^*=\left.\frac{\dot{V}_{\mathrm{m}}\sin\eta_{\mathrm{m}}-\dot{V}_{\mathrm{t}}\sin\eta_{\mathrm{t}}+V_{\mathrm{t}}\dot{\sigma}_{\mathrm{t}}\cos\eta_{\mathrm{t}}}{KV_{\mathrm{m}}\cos\eta_{\mathrm{m}}+2\dot{r}}\right|_{t=t_{\mathrm{f}}} \tag{3.2.47}$$

导弹的需用法向过载为

$$n_{\mathrm{f}}=\frac{V_{\mathrm{f}}\dot{\sigma}_{\mathrm{f}}}{g}=\frac{KV_{\mathrm{f}}\dot{q}_{\mathrm{f}}}{g}=\frac{1}{g}\left[\frac{\dot{V}_{\mathrm{m}}\sin\eta_{\mathrm{m}}-\dot{V}_{\mathrm{t}}\sin\eta_{\mathrm{t}}+V_{\mathrm{t}}\dot{\sigma}_{\mathrm{t}}\cos\eta_{\mathrm{t}}}{\cos\eta-\dfrac{2|\dot{r}|}{KV_{\mathrm{m}}}}\right]_{t=t_{\mathrm{f}}} \tag{3.2.48}$$

由式(3.2.48)可知,导弹命中目标时的需用法向过载与命中点的导弹速度 V_{f} 和导弹接近速度$|\dot{r}|_{\mathrm{f}}$ 有直接关系。如果命中点导弹的速度较小,则需用法向过载将增大。如空空导弹通常在被动段攻击目标,因此,很有可能出现上述情况。值得注意的是,导弹从不同方向攻击目标,$|\dot{r}|$的值是不同的。例如:迎面攻击时,$|\dot{r}|=V_{\mathrm{m}}+V_{\mathrm{t}}$;尾追攻击时,$|\dot{r}|=V_{\mathrm{m}}-V_{\mathrm{t}}$。

另外,从式(3.2.48)还可看出,目标机动($\dot{V}_{\mathrm{t}}$,$\dot{\sigma}_{\mathrm{t}}$)对命中点导弹的需用法向过载也是有影响的。

当 $KV_{\mathrm{m}}\cos\eta_{\mathrm{m}}+2\dot{r}<0$ 时，$\dot{q}$ 是发散的，$|\dot{q}|$ 不断增大，因此 $\dot{q}_{\mathrm{f}}\to\infty$。这意味着，$K$ 较小时，在接近目标的瞬间，导弹要以无穷大的速率转弯，命中点的需用法向过载也趋于无穷大。所以，当 $K<2|\dot{r}|/V_{\mathrm{m}}\cos\eta_{\mathrm{m}}$ 时，导弹不能直接命中目标。

由上述讨论可知，比例系数 K 的大小，直接影响弹道特性，以及导弹能否命中目标。因此，如何选择合适的 K 值是需要研究的一个重要问题。K 值的选择不仅考虑弹道特性，而且考虑导弹结构强度所允许承受的过载，以及制导系统能否稳定工作等因素。

1）$\dot{q}$ 收敛的限制

$\dot{q}$ 收敛使导弹在接近目标的过程中目标视线的旋转角速度 $|\dot{q}|$ 不断减小，弹道各点的需用法向过载也不断减小，$\dot{q}$ 收敛的条件为

$$K>2|\dot{r}|/V_{\mathrm{m}}\cos\eta_{\mathrm{m}} \tag{3.2.49}$$

式(3.2.49)给出了 K 的下限。由于导弹从不同的方向攻击目标时，$|\dot{r}|$ 是不同的，因此 K 的下限也是变化的。这就要求根据具体情况选择适当的 K 值，使导弹从各个方向攻击的性能都能兼顾，不至于优劣悬殊；或者重点考虑导弹在主攻方向上的性能。

2）可用过载的限制

式(3.2.49)限制了比例系数 K 的下限。但是，这并不是意味着 K 值可以取任意大。如果 K 取得过大，则由 $n=V_{\mathrm{m}}K\dot{q}/g$ 可知，即使 $\dot{q}$ 值不大，也可能使需用法向过载值很大。导弹在飞行中的可用过载受到最大舵偏角的限制，若需用过载超过可用过载，则导弹便不能沿比例导引弹道飞行。因此，可用过载限制了 K 的最大(上限)值。

3）制导系统的要求

如果比例系数 K 选得过大，那么外界干扰信号的作用会被放大，这将影响导弹的正常飞行。由于 $\dot{q}$ 的微小变化将会引起 $\dot{\sigma}_{\mathrm{m}}$ 的很大变化，因此，从制导系统稳定工作的角度出发，K 值的上限值也不能选得太大。

综合考虑上述因素，才能选择出一个合适的 K 值。它可以是一个常数，也可以是一个变数，K 通常为 3～6。

比例导引法的优点：导引弹道较为平直；在满足 $K>2|\dot{r}|/V_{\mathrm{m}}\cos\eta_{\mathrm{m}}$ 的条件下，$|\dot{q}|$ 逐渐减小；导引弹道前段较弯曲，充分利用了导弹的机动能力；弹道后

段较为平直,导弹具有较充裕的机动能力;只要 K、η_0、q_0、p 等参数组合适当,就可以使导引弹道上的需用过载均小于可用过载,从而实现全向攻击。另外,与平行接近法相比,它对发射瞄准时的初始条件要求不严,在技术实施上是可行的,因为只需测量 $\dot{q}$、$\dot{\sigma}_m$。因此,比例导引法得到了广泛应用。

比例导引法还存在明显的缺点,由式(3.2.48)不难发现,命中点导弹需用法向过载受导弹速度和攻击方向的影响。为了克服这一缺点,多年来人们一直致力于比例导引法的改进,研究出了很多形式的改进比例导引方法。例如,需用法向过载与目标视线旋转角速度成比例的广义比例导引法,其导引关系式为

$$n = K_1 \dot{q} \tag{3.2.50}$$

式中:K_1 为比例系数。

考虑了导弹 - 目标相对速度,或称导弹接近速度的扩展比例导引法,其导引关系式为

$$n = K_2 |\dot{r}| \dot{q} \tag{3.2.51}$$

式中:K_2 为比例系数;$|\dot{r}|$为导弹接近速度。

3.3　比例导引的演化及其分析

比例导引法是指导弹速度矢量的转动角速度正比于目标视线转动角速度的一种导引方法。比例导引律写成 $\dot{\theta} = K\dot{q}$。制导指令实际上是导弹机动的法向加速度,所以也称为指令加速度,也是矢量。比例导引律只是表明法向加速度的大小与目标视线转动速率成比例,并没有说明指令加速度的方向指向何方。因此,根据比例导引制导指令加速度作用方向的不同,比例导引演化出了纯比例导引(Pure Propotinal Navigation, PPN)、真比例导引(True Propotinal Navigation, TPN)方法、广义比例导引(Generalized Propotinal Navigation, GPN)和理想比例导引(Ideal Propotinal Navigation, IPN)。这四种比例导引,主要区别是指令加速度指向的参考方向不同。纯比例导引中指令加速度以导弹速度矢量为参考基准,作用在垂直于导弹速度的方向上;真比例导引中指令加速度以视线为参考基准,作用在垂直于视线的方向上;广义比例导引中指令加速度也是以视线为参考基准,但作用在相对视线垂直方向具有一个固定偏角的方

向上；理想比例导引中指令加速度以导弹－目标的相对速度矢量为参考基准，作用在垂直于弹－目标相对速度的方向上。下面对四种演化比例导引律深入研究。

3.3.1 导弹－目标相对运动和指令加速度描述形式

为了描述导弹运动、目标运动和它们之间的相对运动关系，需要建立一个参考基准，为此，设原点位于目标 T，定义 $\boldsymbol{e}_r$ 为沿视线方向的单位矢量，$\boldsymbol{e}_k$ 为与目标速度矢量平面垂直的单位矢量，$\boldsymbol{e}_q$ 为与 e_r、e_k 平面垂直的单位矢量，且符合右手定则；惯性参考线取为目标的初始运动方向。

图 3.3.1 是这四种比例导引方法的拦截几何图。

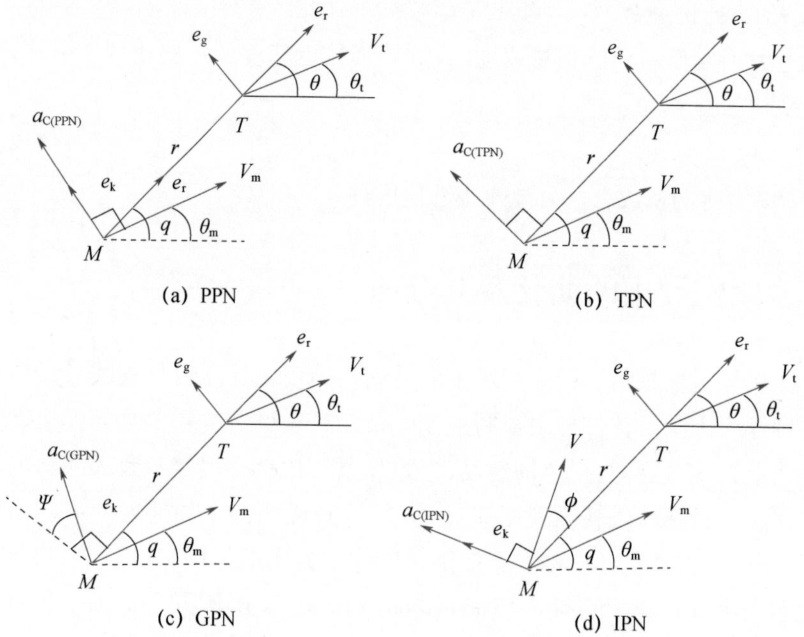

图 3.3.1 拦截几何图

图 3.3.1 中：q 为视线角；V_t 为目标速度；V_m 为导弹速度；r 为导弹、目标间的相对距离；θ_m 为导弹弹道倾角；θ_t 为目标弹道倾角；ϕ 为前置角；ψ 为指令加速度偏离视线垂直方向固定角；$\boldsymbol{e}_\psi$ 为指令加速度偏离视线垂直方向的单位矢量。则 e_r、e_q、e_k 相对于惯性参考线的旋转矢量为

$$\boldsymbol{\Omega} = \dot{q}e_{\mathrm{k}} \tag{3.3.1}$$

在上述旋转结构下,由质点运动学可知

$$\begin{cases} \boldsymbol{r} = re_{\mathrm{r}} \\ \mathrm{d}\boldsymbol{r}/\mathrm{d}t = \dot{r}e_{\mathrm{r}} + r\dot{q}e_{\mathrm{q}} \\ \mathrm{d}^2\boldsymbol{r}/\mathrm{d}t^2 = (\ddot{r} - r\dot{q}^2)e_{\mathrm{r}} + (r\ddot{q} + 2\dot{r}\dot{q})e_{\mathrm{q}} \end{cases} \tag{3.3.2}$$

导弹和目标的速度矢量可分别分解为

$$\begin{cases} \boldsymbol{V}_{\mathrm{m}} = \boldsymbol{V}_{\mathrm{m}}\cos(q - \theta_{\mathrm{m}})e_{\mathrm{r}} - \boldsymbol{V}_{\mathrm{m}}\sin(q - \theta_{\mathrm{m}})e_{\mathrm{q}} \\ \boldsymbol{V}_{\mathrm{t}} = V_{\mathrm{t}}\cos(q - \theta_{\mathrm{t}})e_{\mathrm{r}} - \boldsymbol{V}_{\mathrm{t}}\sin(q - \theta_{\mathrm{t}})e_{\mathrm{q}} \end{cases} \tag{3.3.3}$$

设导弹相对目标的相对速度矢量为

$$\boldsymbol{V} = V_{\mathrm{r}}e_{\mathrm{r}} + V_{\mathrm{q}}e_{\mathrm{q}} = \mathrm{d}\boldsymbol{r}/\mathrm{d}t = \dot{r}e_{\mathrm{r}} + r\dot{q}e_{\mathrm{q}}$$

相对速度矢量 $\boldsymbol{V}$ 与 $\boldsymbol{V}_{\mathrm{m}}$ 和 $\boldsymbol{V}_{\mathrm{t}}$ 的关系为

$$\begin{aligned} \boldsymbol{V} = \boldsymbol{V}_{\mathrm{t}} - \boldsymbol{V}_{\mathrm{m}} = {} & [\boldsymbol{V}_{\mathrm{t}}\cos(q - \theta_{\mathrm{t}}) - \boldsymbol{V}_{\mathrm{m}}\cos(q - \theta_{\mathrm{m}})]e_{\mathrm{r}} + \\ & [-\boldsymbol{V}_{\mathrm{t}}\sin(q - \theta_{\mathrm{t}}) + \boldsymbol{V}_{\mathrm{m}}\sin(q - \theta_{\mathrm{m}})]e_{\mathrm{q}} \end{aligned} \tag{3.3.4}$$

则相对速度分量关系为

$$\begin{cases} \boldsymbol{V}_{\mathrm{r}} = \dot{r} = \boldsymbol{V}_{\mathrm{t}}\cos(q - \theta_{\mathrm{t}}) - \boldsymbol{V}_{\mathrm{m}}\cos(q - \theta_{\mathrm{m}}) \\ \boldsymbol{V}_{\mathrm{q}} = r\dot{q} = -\boldsymbol{V}_{\mathrm{t}}\sin(q - \theta_{\mathrm{t}}) + \boldsymbol{V}_{\mathrm{m}}\sin(q - \theta_{\mathrm{m}}) \end{cases} \tag{3.3.5}$$

设导弹和目标加速度分别为 a_{m}、a_{t},把它们沿视线方向 e_{r} 和视线垂直方向 e_{q} 分解,并且把 a_{m} 按照比例导引形式可表示为

$$\begin{cases} \boldsymbol{a}_{\mathrm{m}} = k_{\mathrm{r}}\dot{\theta}e_{\mathrm{r}} + k_{\mathrm{q}}\dot{q}e_{\mathrm{q}} \\ \boldsymbol{a}_{\mathrm{t}} = a_{t_{\mathrm{r}}}e_{\mathrm{r}} + a_{t_{\mathrm{q}}}e_{\mathrm{q}} \end{cases} \tag{3.3.6}$$

由基本运动学关系,可得相对运动方程为

$$\mathrm{d}^2\boldsymbol{r}/\mathrm{d}t^2 = \boldsymbol{a}_{\mathrm{t}} - \boldsymbol{a}_{\mathrm{m}}$$

因此,相对运动方程的分量表达式为

$$\begin{cases} \ddot{r} - r\dot{q}^2 = a_{t_{\mathrm{r}}} - k_{\mathrm{r}}\dot{q} \\ r\ddot{q} + 2\dot{r}\dot{q} = a_{\mathrm{tq}} - k_{\mathrm{q}}\dot{q} \end{cases} \tag{3.3.7}$$

按照以上指令加速度的描述形式,以指令加速度不同作用方向定义的各种比例导引律实质上对应于比例系数 k_{r} 和 k_{q} 的不同组成参量,由于这种组成参量不同使得这些制导规律具有各自不同的特点和要求。下面考查 PPN、TPN、GPN、IPN 四种 PN 规律的指令加速度要求及特点。

1. 纯比例导引

在纯比例导引中，指令加速度作用在导弹速度的垂直方向，幅值与视线旋转角速率成正比。设 $\boldsymbol{e}_{\mathrm{v}}$ 为导弹速度方向的单位矢量，$\boldsymbol{e}_{\alpha}$ 为速度垂直方向的单位矢量，根据纯比例导引定义的指令加速度为

$$\boldsymbol{a}_{\mathrm{C(PPN)}} = NV_{\mathrm{m}}\dot{\theta}\boldsymbol{e}_{\alpha} \tag{3.3.8}$$

导弹与目标之间的相对运动学关系，通常是按视线方向和视线垂直方向来分析的，因此需要把指令加速度沿 e_{r} 和 e_{q} 方向分解，可得

$$\boldsymbol{a}_{\mathrm{C(PPN)}} = NV_{\mathrm{m}}\dot{q}[\cos(q-\theta_{\mathrm{m}})e_{\mathrm{q}} + \sin(q-\theta_{\mathrm{m}})e_{\mathrm{r}}] \tag{3.3.9}$$

因此，$k_{\mathrm{r}} = NV_{\mathrm{m}}q\sin(q-\theta_{\mathrm{m}})$，$k = NV_{\mathrm{m}}\dot{q}\cos(q-\theta_{\mathrm{m}})$。

由 k_{r} 和 k_{q} 的关系式可知，求解这种导引律的闭合形式解析解是很困难的。

2. 真比例导引

在真比例导引中，指令加速度作用在视线垂直方向，而幅值仅与视线角速率成正比。当幅值与视线角速度和接近速度的乘积成正比时，称为实际真比例导引（RTPN）。由于 RTPN 更具有普遍意义，下面以这种定义为基础进行讨论。

$$\boldsymbol{a}_{\mathrm{C(RTPN)}} = -NV_{\mathrm{r}}\dot{q}e \tag{3.3.10}$$

因此，$k_{\mathrm{r}} = 0$，$k = -NV_{\mathrm{r}}$。

可以看到，由于比例系数 k_{r} 和 k 具有简单的变量组成形式，因而对于非机动目标或特殊的机动目标形式经过简单推导即可得到精确的闭合形式解。

把指令加速度沿 e_{α} 和 e_{v} 方向分解，可得

$$\boldsymbol{a}_{\mathrm{C(RTPN)}} = -NV_{\mathrm{r}}\dot{q}[\cos(q-\theta_{\mathrm{m}})e_{\alpha} + \sin(q-\theta_{\mathrm{m}})e_{v}] \tag{3.3.11}$$

因此，为了实现 RTPN，需要对这两个方向都进行控制。

3. 广义比例导引

在广义比例导引中，指令加速度作用在偏离视线垂直方向固定角 ψ 的方向，设这个方向的单位矢量为 $\boldsymbol{e}_{\psi}$，其幅值也与视线角速率成正比。而在实际广义比例导引（RGPN）中，指令加速度幅值与视线角速率和接近速度的乘积成正比。由于 RGPN 更具一般性，下面讨论 RGPN。

$$\begin{aligned}\boldsymbol{a}_{\mathrm{C(RCPN)}} &= -NV_{\mathrm{r}}\dot{q}e_{\psi} = -NV_{\mathrm{r}}\dot{q}(\cos\psi e_{\mathrm{q}} + \sin\psi e_{\mathrm{r}}) \\ &= -NV_{\mathrm{r}}\dot{q}[\cos(\psi - q + \theta_{\mathrm{m}})e_{\alpha} + \sin(\psi - q + \theta_{\mathrm{m}})e_{v}]\end{aligned} \tag{3.3.12}$$

因此，$k_r = -NV_r\dot{q}\sin\psi$，$k_q = -NV_r\dot{q}\cos\psi$。

这种比例系数也存在闭合解。

为了实现 RGPN，需要对这两个方向都进行控制。寻的导弹比例导引的基本概念就是尽快地用控制指令把导弹的前置角转到某一期望的方向，而控制指令与这个方向的旋转角速率成正比。因此，需要寻找偏置角 ψ 的最优值。

4.理想比例导引

在理想比例导引中，指令加速度作用在相对速度的垂直方向，幅值和视线角速率与相对速度的乘积成正比。设相对速度垂直方向的单位矢量为 $\boldsymbol{e}_\phi$，根据正理想比例导引定义的指令加速度为

$$\begin{aligned}\boldsymbol{a}_{C(IPN)} &= NV_r\dot{q}e_\phi = -NV_r\dot{q}e_\theta - NV_q\dot{q}e_r \\ &= NV_r\dot{q}[\cos(\phi+q-\theta_m)e_\alpha - \sin(\phi+q-\theta_m)e_v]\end{aligned} \tag{3.3.13}$$

式中：$V=\sqrt{V_r^{\ 2}+V_q^2}$；$\phi=\arctan(V_q/V_r)$。

因此，$k_r = -NV_q$，$k_q = -NV_r$。

根据指令加速度组成的简单性，使得 IPN 对于非机动或特殊的机动目标存在准确的闭合形式解。为了实现这种规律，也需要对速度方向及其垂直方向施加控制。

上面分别介绍了 PPN、RTPN、RGPN 和 IPN 四种制导规律的新定义，指令加速度组成及关于分析的控制的矢量分解。由于后三种规律对应比例系数 k_r 和 k 组成参量的特殊性，使得它们都有准确的闭合形式解，即 $\dot{q}$、$\dot{r}$、q、r 等都有准确的解析表达式。根据这些解析解，可以方便地分析这些制导规律的有关性能。而且由于指令加速度同时从两个方向作用，因此具有较高的制导精度。但是，由于 PPN 的比例系数具有完全不同的结构，很难求得精确的解析解，且因为这种区别，使得上面三种导引律成熟的分析方法并不能应用在 PPN 中。

另外，后三种导引律需要从两个方向上对导弹施加控制。为了实现这些导引律，导弹必须相应提供这些指令加速度，也就是说导弹必须提供速度方向和速度垂直方向的加速度。然而，对于在大气层内作战，由空气动力控制机动运动的战术导弹，作用在导弹速度方向的外力是很难调节的，而自动驾驶仪舵面只能根据控制指令要求进行适当偏转，以产生速度垂直方向的空气动力。

这就是说对导弹速度方向不能施加控制，而只能对速度的垂直方向进行控制。在这种情况下，只有 PPN 制导规律是可实现的。对于飞行在大气层外的空间拦截器，对这两个方向均可实行控制，但要以消耗能量为代价。

3.3.2 真比例导引律的解析求解与分析

3.3.1 节根据 PPN、RTPN、RGPN 和 IPN 四种导引律的定义，分析了指令加速度组成及控制的矢量分解。由于后三种规律对应比例系数 k_r 和 k 组成参量的特殊性，使它们都有准确的闭合形式解，即 $\dot{q}$、$\dot{r}$、q、r 等都有准确的解析表达式。根据这些解析解，可以方便地分析这些导引规律的相关性能。曾有学者研究了真比例导引律和纯比例导引律的完整解析解，采用捕获域的方法定性地分析了各自的性能。下面引入单位角动量的概念，将捕获区域转化为捕获长度问题，对真比例导引律和对应捕获长度求解，并与纯比例导引律进行比较。

1. 真比例导引律的解析求解

根据前面的定义，导弹和目标之间距离 $\boldsymbol{r}$ 和相对运动速度 $\boldsymbol{V}$ 可以表示为

$$\boldsymbol{r} = r\boldsymbol{e}_r \tag{3.3.14}$$

$$\boldsymbol{V} = \dot{\boldsymbol{r}} = \dot{r}\boldsymbol{e}_r + r\dot{\boldsymbol{e}}_r \tag{3.3.15}$$

对相对速度求导可得相对加速度为

$$\dot{\boldsymbol{V}} = \ddot{r}\boldsymbol{e}_r + \dot{r}\dot{\boldsymbol{e}}_r + r\ddot{\boldsymbol{e}}_r \tag{3.3.16}$$

其中 $\boldsymbol{e}_r$、$\boldsymbol{e}_q$ 的导数可由下式求得：

$$\dot{\boldsymbol{e}}_r = \dot{\boldsymbol{q}} \times \boldsymbol{e}_r, \quad \dot{\boldsymbol{e}}_q = \dot{\boldsymbol{q}} \times \boldsymbol{e}_q \tag{3.3.17}$$

$\dot{\boldsymbol{q}}$ 为目标视线的旋转角速度，即

$$\dot{\boldsymbol{q}} = \dot{q}(\boldsymbol{e}_r \times \boldsymbol{e}_q) \tag{3.3.18}$$

将式(3.3.17)、式(3.3.18)代入式(3.3.15)、式(3.3.16)并整理，可得

$$\boldsymbol{V} = \dot{\boldsymbol{r}} = \dot{r}\boldsymbol{e}_r + r\dot{q}\boldsymbol{e}_q \tag{3.3.19}$$

$$\dot{\boldsymbol{V}} = (\ddot{r} - r\dot{q}^2)\boldsymbol{e}_r + (r\ddot{q} + 2\dot{r}\dot{q})\boldsymbol{e}_q \tag{3.3.20}$$

如果目标不机动，则相对运动加速度和导弹指令加速度相等，比例导引律中，导弹指令加速度可以表示为

$$\boldsymbol{a}_m = K\boldsymbol{L} \times \dot{\boldsymbol{q}} \tag{3.3.21}$$

式中：K 为导航比；$\boldsymbol{L}$ 为与导引律相关的矢量，其形式为

$$L = u(q)e_r + w(q)e_q \tag{3.3.22}$$

根据导引律的不同，$u(q)$、$w(q)$取不同的函数。

由式(3.3.20)、式(3.3.21)可得

$$\begin{cases} \ddot{r} - r\dot{q}^2 = -K\dot{q}w(q) \\ r\ddot{q} + 2\dot{r}\dot{q} = K\dot{q}u(q) \end{cases} \tag{3.3.23}$$

令 $V_r = \dot{r}, V_q = r\dot{q}$，根据式(3.3.23)可得

$$\begin{cases} \dfrac{\mathrm{d}V_r}{\mathrm{d}q} = V'_r = V_q - Kw(q) \\ \dfrac{\mathrm{d}V_q}{\mathrm{d}q} = V'_q = -V_r + Ku(q) \end{cases} \tag{3.3.24}$$

至此得到一组关于 q 的微分方程组(3.3.24)，为了便于分析与求解，方程两边同除以 $V_0 = \sqrt{V_r^2(0) + V_q^2(0)}$，其中 $V_r(0) = \dot{r}_0$，$V_q(0) = r_0\dot{q}$，则式(3.3.24)变为

$$\begin{cases} V'_r - V_q = Kw(q) \\ V'_q + V_r = Ku(q) \end{cases} \tag{3.3.25}$$

在满足初始条件

$V_r(0) = \dot{r}_0/V_0 = -\sin R_0, R_0 = \arccos(r_0\dot{q}_0/V_0), V_q(0) = r_0\dot{q}_0/V_0 = \cos R_0$

情况下，可求出 V_r, V_q 的解析解，进而可求得导引律：

$$\begin{aligned} \boldsymbol{a}_M &= K\boldsymbol{L} \times \dot{\boldsymbol{q}} = K(u(q)e_r + Kw(q)e_q) \times \dot{\boldsymbol{q}} \\ &= (V'_q + V_r)e_r + (V'_r - V_q)e_q \end{aligned} \tag{3.3.26}$$

2. 真比例导引律的捕获长度和拦截时间

令 $\boldsymbol{l} = \boldsymbol{r} \times \dot{\boldsymbol{r}} = r^2\dot{q}(e_r + e_q)$ 表示相对速度的角进动量。如果 $\boldsymbol{l} = \boldsymbol{0}$，则表示 $\boldsymbol{r}$ 的方向不变，导弹弹道为直线。如果 $\boldsymbol{r}$、$\dot{\boldsymbol{r}}$ 在一个平面内变化，则 $\boldsymbol{l}$ 的方向不会变化。

将 $\boldsymbol{l}$ 无量纲化，$\boldsymbol{l}_0 = \boldsymbol{l}/r_0V_0$，并称 $\boldsymbol{l}_0$ 为捕获长度。

对 $\boldsymbol{l}$ 求导，可得

$$\dot{\boldsymbol{l}} = \boldsymbol{r} \times \ddot{r} \tag{3.3.27}$$

将式(3.3.24)、式(3.3.20)代入式(3.3.27)，可得

$$\frac{\mathrm{d}\boldsymbol{l}}{\boldsymbol{l}} = \frac{V'_q + V'_r}{\bar{l}_q}\mathrm{d}q \tag{3.3.28}$$

对式(3.3.28)积分,可得

$$\boldsymbol{l}(q) = \boldsymbol{l}_0 e_{\mathrm{q}}^{-q(q)} \tag{3.3.29}$$

式中

$$\boldsymbol{l}_0 = \cos R_0, q(q) = -\int_0^H \frac{V'_{\mathrm{q}}(k) + V'_{\mathrm{r}}(k)}{\boldsymbol{V}_{\mathrm{q}}(k)} \mathrm{d}k$$

又

$$\dot{q} = \frac{r^2 \dot{q}^2}{r^2 \dot{q}} = \frac{V_{\mathrm{q}}^2}{\boldsymbol{l}} = \frac{r_{\mathrm{q}}}{V_0} \frac{V_{\mathrm{q}}^2}{\boldsymbol{l}_0} \tag{3.3.30}$$

对式(3.3.30)积分,求得命中目标所需时间为

$$t = \frac{r_0}{v_0} \boldsymbol{l}_0 \int_0^{q_{\mathrm{f}}} \frac{e^{-q(q)}}{V_{\mathrm{q}}^2(q)} \mathrm{d}q \tag{3.3.31}$$

式中:q_{f} 为命中目标时的视线角。

根据真比例导引律的定义可知,$\boldsymbol{L} = \dot{r}_0 e_{\mathrm{r}}$,即 $u(q) = \dot{r}_0, w(q) = 0$,将其代入式(3.3.25),求解可得

$$\begin{cases} V_{\mathrm{r}}(q) = R\sin(q + \lambda) - K\sin R_0 \\ V_{\mathrm{q}}(q) = R\cos(q + \lambda) \end{cases} \tag{3.3.32}$$

式中

$$R = \sqrt{(K-1)^2 \sin^2 R_0 + \cos^2 R_0}, \tan\lambda = (K-1)\tan R_0$$

根据命中条件的定义,有 $V_{\mathrm{q}}(q) = 0, V_{\mathrm{r}}(q) \leqslant 0$

由式(3.3.32)可解得

$$q_{\mathrm{f}} = \frac{P}{2} - \lambda = \arccos[(K-1)\tan R_0] \tag{3.3.33}$$

$$0 \leqslant \boldsymbol{l}_0 \leqslant \sqrt{1 - \frac{1}{2K}} \tag{3.3.34}$$

从式(3.3.34)看出,导航比影响 $\boldsymbol{l}_0$ 的取值区间。$\boldsymbol{l}_0$ 的自然长度应该为[0,1],在导航比为 1 时,$\boldsymbol{l}_0$ 的长度为$\left[0, \frac{\sqrt{2}}{2}\right]$,换句话说,在随机的初始条件下,导弹命中目标的概率为$\frac{\sqrt{2}}{2}$。因此导航比越大,命中概率越高。

将式(3.3.31)、式(3.3.33)联立求解,得遭遇时间为

$$t = \frac{r_0}{v_0} \frac{\boldsymbol{l}_0}{2R} \left[\frac{\cot(\lambda/2 + P/4)}{K\sin R_0 + R} + \frac{\tan(\lambda/2 + P/4)}{K\sin R_0 - R} \right] \tag{3.3.35}$$

3. 纯比例导引律的捕获长度和拦截时间

纯比例导引律的指令加速度垂直于导弹的速度,从而可得

$$\begin{cases} V_{\mathrm{r}}(q)=V_{\mathrm{t}}\cos(B-q)-V_{\mathrm{m}}\cos(q-A) \\ V_{\mathrm{q}}(q)=V_{\mathrm{t}}\sin(B-q)+V_{\mathrm{m}}\sin(q-A) \end{cases} \tag{3.3.36}$$

令 $p=V_{\mathrm{m}}/V_{\mathrm{t}}$ 为弹目速度比,假设弹目速度为常值,$A_0=B_0$,则式(3.3.36)可写为

$$\begin{cases} V_{\mathrm{r}}(q)=\dfrac{-1}{p-1}\sin(q-T_0)+\dfrac{-p}{p-1}\sin[(K-1)q+T_0] \\ V_{\mathrm{q}}(q)=\dfrac{-1}{p-1}\cos(q-T_0)+\dfrac{p}{p-1}\cos[(K-1)q+T_0] \end{cases} \tag{3.3.37}$$

式中:$T_0=\dfrac{P}{2}+A_0$。

同理,按命中条件 $V_{\mathrm{q}}(q_{\mathrm{f}})=0$,$V_{\mathrm{r}}(q_{\mathrm{f}})\leqslant 0$,可求得

$$\cos(q_{\mathrm{f}}-T_0)=p\cos[(K-1)q_{\mathrm{f}}+T_0] \tag{3.3.38}$$

在导航比 $K>2$,弹目速度比 $p>1$ 时,$V_{\mathrm{r}}(q_{\mathrm{f}})$在任何初始条件下总是小于0的,即 $\boldsymbol{l}_0$ 的长度为[0,1]。

参考式(3.3.31)求得遭遇时间为

$$t=\frac{r_0}{v_0}\boldsymbol{l}_0\,(p-1)^2\int_0^{q_{\mathrm{f}}}\frac{e^{-q(q)}}{[-\cos(q-W_0)+p\cos((K-1)q+T_0)]^2}\mathrm{d}q \tag{3.3.39}$$

从式(3.3.34)可以明显地看出真比例导引律的捕获长度受到导航比影响,导航比 $K<1/2$ 时,捕获长度为0,不能捕获目标。导航比越大,捕获长度越宽,考虑到系统的稳定性,导航比一般 $K\leqslant 6$。纯比例导引律在导航比 $K>2$,弹目速度比大于1的情况下,总能命中目标。在导航比 $K<2$ 时,命中率和弹目的初始速度方向有关。因此,在导航比 $K>2$ 时,纯比例导引律的性能优于真比例导引律。

上面对二维真比例导引律进行了分析。通过坐标系的变换和引入相对角动量获得了解析的捕获域和捕获时间。采用的捕获长度描述方法比($v_{\mathrm{r}}(0)$,$v_{\mathrm{H}}(0)$)平面域的方法简单方便。

对于其他形式的比例导引律也可采用类似的方法求解,在此不再赘述。

3.4 经典自寻的导引方法分析

本章对经典自寻的导引方法，主要包括追踪法、平行接近法、比例导引法等导引方法进行了研究，对相应的导引律及其导引弹道特性进行了深入分析，这些导引方法各有特点。

1. 追踪法导引

追踪法是最简单的一种导引方法。其主要优点是需要的制导信息少，对制导信息的精度要求不高，故工程实现非常容易；但追踪法导引的缺点也很明显，主要是在攻击目标的过程中，总是要使导弹的速度矢量始终指向目标，或者说要求导弹速度矢量总是与目标视线重合，就意味着相对速度矢量总是滞后于目标视线，因而导致不管从哪个方向发射，导弹总是绕到目标后方去攻击，造成导引弹道曲率较大（尤其是前半球攻击或攻击近距高速目标时），需用过载增大。也就要求导弹有较好的机动性，受可用过载限制，很难实现全向攻击。尤其在命中点附件，导引弹道更为弯曲，过载需求成为整个导引弹道上需用过载最大的阶段，往往造成脱靶量增大，甚至造成脱靶。另外，追踪法导引还要求导弹与目标的速度比 p 必须在 1 ~ 2 的范围内，这样命中点法向过载才能趋近于0，大大限制了导弹攻击目标的适用范围。

2. 平行接近导引

平行接近法力图使目标视线在供给目标的过程中始终保持某一给定的方向，也就是目标视线不旋转，$\dot{q}=0$。其主要优点是在攻击过程中，导弹攻击目标的需用过载可比目标的机动过载小，导引弹道较为平直，需用法向过载小，并可实现全向攻击等。但按平行接近法导引，对制导系统提出很高的要求，要求每一时刻都能精确地测得目标与导弹的速度和前置角，使得制导系统复杂化，难于实现。截至目前，还没有任一种导弹具有“每一时刻都能精确地测得目标与导弹的速度和前置角”的功能，也就没有采用平行接近导引的导弹。尽管平行接近导引无法应用于工程，但它给导引方法的研究者提供了一种设计“好导引律”思路，也就是说要想使“好导引律”相应的导引弹道更为平直，需用过载更小，导引的根本任务是要抑制目标视线旋转，也就是要使

$\dot{q}$ 尽量小,最好等于0。即使不能使 $\dot{q}\equiv 0$,"好导引律"也要使 $\dot{q}$ 维持在较小的水平上。

3. 比例导引

比例导引是介于追踪法和平行接近法之间的一种导引方法,其弹道弯曲程度介于两者之间。比例导引法的优点是导引弹道前段比较弯曲,能充分利用导弹的机动能力,导引弹道后段较为平直,需用过载较小,更利于减小脱靶量;并且比例导引可实现全向攻击,需要的制导信息少,易于工程实现,因而得到了广泛的工程应用。但是,比例导引抗干扰性能较差,$\dot{q}$ 的测量噪声等系统噪声会使其导引性能大大降低。特别是在命中点附近,由于比例导引指令的作用也是要抑制目标视线旋转,此时 $\dot{q}$ 已经比较小, $\dot{q}$ 信噪比变得更小,给出来的导引指令很可能是与噪声的大小成比例,而不是与 $\dot{q}$ 成比例。另外,在命中点附近,比例导引的需用法向过载还与导弹速度和导弹的攻击方向有关,尽管可改进成其他形式的比例导引,如扩展比例导引,但仍不能解决比例导引抗干扰性能差的问题。

比例导引的导航比 K 的大小直接影响导引弹道特性,不能任意选取,要考虑到导弹的结构强度所允许承受的过载,以及导弹的动态特性,一般取3~6。研究表明,采用比例导引的自寻的导弹制导大系统(包含导引与控制系统)的开环增益近似等于比例导引的导航比。由于导航比一般取3~6,故当导弹攻击机动目标时的需用过载估算公式为 $n_m \geqslant 3n_t$(n_m 为导弹需用过载,n_t 为目标机动过载)。一般来讲,$n_m \geqslant 3n_t$ 的真实含义是 $n_m \approx (3.x)n_t$,而不是 $n_m = 4n_t$ 或 $n_m = 5n_t$。从另一个角度讲,比例导引能够"导出"的自寻的导弹的最大过载,也可以说是导弹的最大过载能力大约是目标机动过载的$(3.x)$倍。最近的研究表明,当自寻的导弹攻击大机动目标(目标机动过载 $n_t \geqslant 5g \sim 10g$ 时,导弹的机动过载在 $n_m \geqslant 30g \sim 60g$ 时才有可能成功拦截这种大机动目标。若采用比例导引律的导弹去攻击机动过载 $n_t \geqslant 5g \sim 10g$ 的大机动目标,显然是难以成功拦截这种大机动目标的。故下面几章将在深入研究经典自寻的导引律及其导引弹道特性的基础上,面向未来战争中打击高速大机动目标对的自寻的导引技术的强烈需求,通过引入人工智能技术,重点开展智能自寻的导引律设计的理论、方法,以及导引弹道特性、打击效果等方面的研究,以及相应研究成果在空空、地空导弹,反导武器、临近空间拦截弹,大气层外动能拦截器等先进精确制导武器中的应用。为我国从事精确制导武器总体设计,制导与控制技术研究,特别是自寻的导引技术研究,乃至从事精确制导武器研制、改造的各类技术人员提供强有力的理论指导和技术支撑。

第 4 章 智能组合导引技术

4.1 概述

第 3 章研究了经典自寻的导引方法,主要包括追踪法导引、平行接近法导引和比例导引,除了这三种自寻的导引方法外,还有常值前置角导引方法。

常值前置角法又称为固定提前角法。它主要是为了克服追踪法导引总是使速度矢量指向目标,从而总是绕到目标的后方实施攻击,导致导引弹道弯曲的缺点。常值前置角法导引使导弹速度矢量提前目标视线一个角度,并保持提前角为恒定。这种方法对导引弹道特性稍许有些改善,但它只是改变了导弹的攻击区域,使一个方向的法向加速度禁区扩大,另一个方向的法向加速度禁区缩小,不能从根本上消除追踪法的缺陷。另外,常值前置角法导引对速度比的限制更加苛刻。因此它只限于攻击低速目标的导弹或其他特殊场合(地空导弹从目标下方接近目标),不利于导弹实现全向攻击,从各个方向上接近目标。

第 3 章对追踪法导引、平行接近法导引、比例导引的特点进行了总结分析,此处不再赘述。

在经典导引方法中,应用广泛的是追踪导引和比例导引。两者各有所长,在对付高速目标大机动时,总是期望导引弹道尽量平直,需用法向过载越小越好;特别是在命中点附近,希望能够尽量降低需用过载,减小脱靶量,同时希望提高抗干扰能力。追踪法导引时导弹速度矢量始终指向目标,但相对速度矢量滞后于目标视线,导致总是绕到目标后方去攻击目标,造成末弹道较为弯曲,需用过载增大,但追踪法导引具有抗干扰能力强的优点。固定提前角法保持导弹速度矢量提前角为恒定,但只适用于攻击低速目标的导弹。比例导引法的优点是弹道前段较弯曲,能充分利用导弹的机动能力,弹道后段较为平直,机动能力富裕,且易于工程实现;但其抗干扰性能较差,且命中目标的需用法向过载与命中点的导弹速度和导弹的攻击方向有关。可以想象,如果能采用某种机制把两种导引方法有机结合形成优势互补,将得到更好的导引效果。即将比例导引法和追踪法相结合、比例导引法和固定前置角导引法相结合都可构成相应的组合导引方法。这种组合导引方法充分利用了比例导引、追踪法导引和固定前置角导引的优点,可有效地降低导引末端导弹的需用过载,使末段弹道平直,脱靶量更小。同时,组合导引方法不仅使导引弹道特性优良,而且不需要更多的制导信息,易于工程实现。

4.2 组合自寻的导引方法

为方便起见,这里重述自寻的导弹-目标(弹-目)相对运动方程。导弹和目标的相对运动关系如图4.2.1所示。

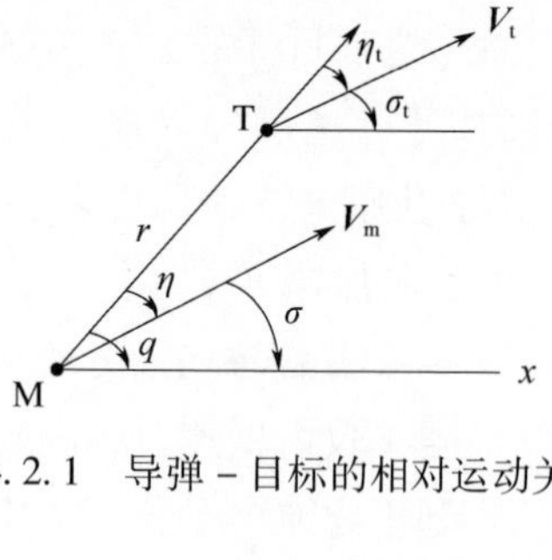

图4.2.1 导弹-目标的相对运动关系

图中:r 表示导弹(M)与目标(T)之间的相对距离,当导弹命中目标时,$r=0$。导弹和目标的连线$\overline{MT}$称为目标瞄准线,或目标视线(简称视线)。

q 表示目标视线与攻击平面内某一基准线$\overline{Mx}$之间的夹角,称为目标视线方位角(简称视角),从基准线逆时针转向目标视线为正。

σ_m、σ_t 分别表示导弹速度矢量、目标速度矢量与基准线之间的夹角，从基准线逆时针转向速度矢量为正。当攻击平面为铅垂平面时，σ_m 就是弹道倾角 θ；当攻击平面是水平面时，σ_m 就是弹道偏角 ψ_V。

η_m、η_t 分别表示导弹速度矢量、目标速度矢量与视线之间的夹角，称为导弹前置角和目标前置角。速度矢量逆时针转到视线时，前置角为正。

在极坐标系下，导弹和目标的相对运动方程组如下：

$$\begin{cases} \dot{r} = V_t\cos\eta_t - V_m\cos\eta_m \\ r\dot{q} = V_m\sin\eta_m - V_t\sin\eta_t \\ q = \sigma_m + \eta_m \\ q = \sigma_t + \eta_t \\ \varepsilon = 0 \end{cases} \tag{4.2.1}$$

为在现有的经典导引律基础上提高导引性能，美国密西根大学的 Takehira 提出了一种比例 + 追踪的组合导引律，如在纵平面内，导引关系式 $\varepsilon = 0$ 可表示为如下组合形式：

$$\dot{\sigma}_m = K_1\dot{q} + K_2\sin\eta_m \tag{4.2.2}$$

它在形式上分为两部分：第一部分相当于比例导引；第二部分相当于追踪法导引，通过系数 K_1、K_2 调节导引律中比例导引和追踪法导引的权重。这种方法力图综合追踪法导引和比例导引的优点，期望在保持追踪法导引效率的同时，通过增加比例导引项把末段需用过载降低到可接受的程度。下面简要分析这种组合导引方法的特性。

为了将相对运动方程化为标准形式，定义下列无量纲变量和参数：

$$s = (V_t/r_0)t,\ r_1 = r/r_0,\ p = V_m/V_t,\ a = k_1,\ b = (r_0/V_t)k_2$$

式中：r_0 为初始相对距离。

将上述变换代入弹 - 目相对运动方程，经化简可得

$$\begin{cases} \dfrac{dr_1}{ds} = \cos\eta_t - p\cos\eta_m \\ \dfrac{dq}{ds} = \dfrac{1}{r_1}(\sin\eta_t - p\sin\eta_m) \\ \dfrac{d\sigma_m}{ds} = a\dfrac{dq}{ds} + b\sin\eta_m \end{cases} \tag{4.2.3}$$

在 s 域中，导弹、目标的法向加速度为

$$\begin{cases} a_{\mathrm{m}}(s)=p\dfrac{\mathrm{d}\sigma_{\mathrm{t}}}{\mathrm{d}s} \\ a_{\mathrm{t}}(s)=\dfrac{\mathrm{d}\sigma_{\mathrm{t}}}{\mathrm{d}s} \end{cases} \tag{4.2.4}$$

导弹、目标的法向加速度在时域和 s 域中的转换关系为

$$\begin{cases} a_{\mathrm{m}}(t)=\dfrac{V_{\mathrm{t}}^2}{r_0}a_{\mathrm{m}}(s) \\ a_{\mathrm{t}}(t)=\dfrac{V_{\mathrm{t}}^2}{r_0}a_{\mathrm{t}}(s) \end{cases} \tag{4.2.5}$$

从而得到 s 域中导引律为

$$a_{\mathrm{m}}(s)=p\left(a\frac{\mathrm{d}q}{\mathrm{d}s}+b\sin\eta_{\mathrm{m}}\right)=p\left(a\frac{1}{r_1}(\sin\eta_{\mathrm{t}}-p\sin\eta_{\mathrm{m}})+b\sin\eta_{\mathrm{m}}\right) \tag{4.2.6}$$

$$r_1a_{\mathrm{m}}(s)=p(a(\sin\eta_{\mathrm{t}}-p\sin\eta_{\mathrm{m}})+r_1b\sin\eta_{\mathrm{m}}) \tag{4.2.7}$$

假设 p 为常值,方程两端对 s 求导可得

$$\begin{aligned} & r_1\frac{\mathrm{d}a_{\mathrm{m}}(s)}{\mathrm{d}s}+\frac{\mathrm{d}r_1}{\mathrm{d}s}a_{\mathrm{m}}(s) \\ & =p\left(a\left(\cos\eta_{\mathrm{t}}\frac{\mathrm{d}\eta_{\mathrm{t}}}{\mathrm{d}s}-p\cos\eta_{\mathrm{m}}\frac{\mathrm{d}\eta_{\mathrm{m}}}{\mathrm{d}s}\right)+b\sin\eta_{\mathrm{m}}\frac{\mathrm{d}r_1}{\mathrm{d}s}+r_1b\cos\eta_{\mathrm{m}}\frac{\mathrm{d}\eta_{\mathrm{m}}}{\mathrm{d}s}\right) \end{aligned} \tag{4.2.8}$$

又因为 $\sigma_{\mathrm{m}}=\eta_{\mathrm{m}}+q$,故在 s 域中有

$$\begin{cases} \dfrac{\mathrm{d}\eta_{\mathrm{m}}}{\mathrm{d}s}=\dfrac{\mathrm{d}\sigma_{\mathrm{m}}}{\mathrm{d}s}-\dfrac{\mathrm{d}q}{\mathrm{d}s}=\left(1-\dfrac{1}{a}\right)\dfrac{\mathrm{d}\sigma_{\mathrm{m}}}{\mathrm{d}s}+\dfrac{b}{a}\sin\eta_{\mathrm{m}} \\ \dfrac{\mathrm{d}\eta_{\mathrm{t}}}{\mathrm{d}s}=\dfrac{\mathrm{d}\sigma_{\mathrm{t}}}{\mathrm{d}s}-\dfrac{\mathrm{d}q}{\mathrm{d}s}=\dfrac{\mathrm{d}\sigma_{\mathrm{t}}}{\mathrm{d}s}-\dfrac{1}{a}\dfrac{\mathrm{d}\sigma_{\mathrm{m}}}{\mathrm{d}s}+\dfrac{b}{a}\sin\eta_{\mathrm{m}} \end{cases} \tag{4.2.9}$$

将式(4.2.6)两边对 s 求导数并进行变换,可得

$$\begin{aligned} \frac{\mathrm{d}a_{\mathrm{m}}(s)}{\mathrm{d}s}= & -\frac{1}{r_1}a_{\mathrm{m}}(s)\frac{\mathrm{d}r_1}{\mathrm{d}s}+\frac{p}{r_1}(r_1b-ap)\left(\left(1-\frac{1}{a}\right)\frac{\mathrm{d}\sigma_{\mathrm{m}}}{\mathrm{d}s}+\frac{b}{a}\sin\eta_{\mathrm{m}}\right)\cos\eta_{\mathrm{m}} \\ & +\frac{p}{r_1}a\left(a_{\mathrm{t}}(s)-\frac{1}{a_{\mathrm{n}}}a_{\mathrm{m}}(s)+\frac{b}{a}\sin\eta_{\mathrm{m}}\right)\cos\eta_{\mathrm{t}}+\frac{pb}{r_1}\frac{\mathrm{d}r_1}{\mathrm{d}s}\sin\eta_{\mathrm{m}} \end{aligned} \tag{4.2.10}$$

式(4.2.3)、式(4.2.5)、式(4.2.9)和式(4.2.10)构成了组合末制导导引律的解析解。

分析可知,这种组合导引律在尾追情形下,保持了追踪法导引固有优点(抗干扰性强),同时能在一定程度上降低末端导引弹道的需用过载。但在

对付大机动目标时,它的需用过载一般比比例导引的需用过载大得多,甚至在某些情况下追踪项会大大恶化末端弹道,期望进一步对这种导引效果进行改善。

由于在攻击末端,导弹速度矢量和目标视线的夹角不总为0(通常呈一定夹角,在目标大机动逃逸时最为明显),则组合导引律中的追踪项也就经常不为0,这是末端需用过载大的主要原因。因此,期望通过对上述组合导引律的改进,使得在攻击末端追踪项产生的需用过载能保持和比例项相平衡的程度。为此,将式(4.2.2)所示的组合导引律改进为如下式所示的组合导引律:

$$\dot{\sigma}_{\mathrm{m}}=K_1\dot{q}+K_2\sin(\eta_{\mathrm{m}}-\eta^*) \tag{4.2.11}$$

式中:η^*可以是一个确定的角度,它代表了在目标大机动情况下的最佳接近角度(下面会讨论η^*的选取)。

组合导引律中比例导引部分的特点是,导弹跟踪目标时发现目标视线的任何旋转,总是使导弹朝着减小视线角速度方向运动,抑制视线的旋转,力图使导弹相对速度对准目标,迫使导弹以直线弹道飞向目标。另外,在导引末段,目标为了破解导弹攻击而采取的机动策略为在通常情况下以尽可能大的坡度做圆周运动。这样会导致越到攻击末段,视线角速度会保持在一定的水平而降不下来。也就是说,比例导引反映了目标的运动,但没有提前抑制其机动的能力。然而在攻击末段,当导弹速度与目标速度方向呈一定的夹角时,可能会取得更好的攻击效果。

η^*的选取原则是在攻击末段使$\dot{q}$尽可能小,最好能接近于0,并且$\ddot{q}$也接近于0(这样$\dot{q}$变化缓慢)。即可使末弹道更为平直,需用过载更小,从而使脱靶量也更小。

根据方程组(4.2.2)中的第二式,当$\dot{q}=0$时,有

$$V_{\mathrm{t}}\sin(\sigma_{\mathrm{t}}-q)=V_{\mathrm{m}}\sin(\sigma_{\mathrm{m}}-q) \tag{4.2.12}$$

对方程组(4.2.2)中的第二式两边求导,可得

$$\begin{aligned} r\ddot{q}+\dot{r}\dot{q}= & -\dot{V}_{\mathrm{t}}\sin(\sigma_{\mathrm{t}}-q)-V_{\mathrm{t}}\cos(\sigma_{\mathrm{t}}-q)(\dot{\sigma}_{\mathrm{t}}-\dot{q}) \\ & +\dot{V}_{\mathrm{m}}\sin(\sigma_{\mathrm{m}}-q)+V_{\mathrm{m}}\cos(\sigma_{\mathrm{m}}-q)(\dot{\sigma}_{\mathrm{m}}-\dot{q}) \end{aligned} \tag{4.2.13}$$

将式(4.2.11)代入式(4.2.13)可得

$$
\begin{aligned}
r\ddot{q} &+ V_t\cos(\sigma_t - q)\dot{q} - V_m\cos(\sigma_m - q)\dot{q} \\
&= -\dot{V}_t\sin(\sigma_t - q) - V_t\cos(\sigma_t - q)(\dot{\sigma}_t - \dot{q}) \\
&\quad + \dot{V}_m\sin(\sigma_m - q) + V_m\cos(\sigma_m - q)(\sigma_m - \dot{q})
\end{aligned} \tag{4.2.14}
$$

整理可得

$$
\begin{aligned}
r\ddot{q} &= -\dot{V}_t\sin(\sigma_t - q) - V_t\cos(\sigma_t - q)\dot{\sigma}_t \\
&\quad + \dot{V}_m\sin(\sigma_m - q) + V_m\cos(\sigma_m - q)\dot{\sigma}_m
\end{aligned} \tag{4.2.15}
$$

不失一般性,假设导弹和目标速度的大小为恒定,式(4.2.15)简化为

$$
r\ddot{q} = -V_t\cos(\sigma_t - q)\dot{\sigma}_t + V_m\cos(\sigma_m - q)\dot{\sigma}_m \tag{4.2.16}
$$

为保持 $\ddot{q}$ 接近于0,应有

$$
V_t\cos(\sigma_t - q)\dot{\sigma}_t = V_m\cos(\sigma_m - q)\dot{\sigma}_m \tag{4.2.17}
$$

由式(4.2.17)可看出,此时导弹和目标需用法向加速度大小的关系,当目标的提前角 $\sigma_t - q$ 接近90°时,即使目标的法向加速度很大,式(4.2.17)左边是趋近于零的。这样,相应导弹的法向加速度不用太大,就可维持左边项与右边的平衡,即维持 $\ddot{q}$ 接近于零。

式(4.2.12)可化为

$$
\eta_m = \arcsin\left(\frac{V_t}{V_m}\sin\eta_t\right) \tag{4.2.18}
$$

将 $\eta_t = 90°$代入式(4.2.18)可得

$$
\eta = \eta^* = \arcsin\left(\frac{V_t}{V_m}\right) \tag{4.2.19}
$$

这样就可以假设在目标进行大坡度圆周规避时,式(4.2.11)中的导弹最佳提前角的大小由式(4.2.19)来确定。

下面对改进的组合导引律的导引弹道特性进行分析。

1. 脱靶量分析

自寻的导引弹道的根本任务是将导弹导引到目标附近的规定范围内,这由导引准确度来衡量。而导引准确度由导引误差来表示,它是指导弹飞行过程中实际弹道和理论弹道的瞬时误差。其中最主要的是动态误差,它是由制导系统的盲区造成的。到达盲区时,导引头停止工作,此后导弹飞行绕过目标的最小距离便定义为脱靶量。盲区产生的主要原因如下:

1）自动跟踪系统饱和

在遭遇点区域内，目标视线的转动角速度很大，制导系统的自动跟踪系统跟不上目标的运动，使跟踪系统产生饱和。自动跟踪系统能够跟踪目标的条件是：

（1）目标视线角速度小于导引头跟踪目标的最大角速度；

（2）目标的视线角小于导引头跟踪目标的最大视场角。

2）导引头的“盲视”现象

当导弹离目标很近时，导引头会对目标“视而不见”，出现“盲视”现象，无法确定目标的位置。产生“盲视”的原因与导引头的结构特点有关。对于雷达导引头，具体说是雷达回波的“角闪烁”效应，即近距离时，复杂目标在角度上已不能当作一个点目标，当导弹和目标之间存在相对运动时，目标各反射部位之间产生“干涉”现象，导致目标角度测量值的扰动，使导弹的瞄准线超出目标轮廓范围之外，造成脱靶。

假定导弹进入盲区（通常为50～500m）后，导弹因不可控而按惯性飞行，导弹弹道将与直线十分接近；同时认为目标的航迹近似直线。那么从制导系统中断工作的时刻起到导弹的战斗部启爆时刻止的短暂时间内（几分之一秒）导弹与目标均在做等速直线运动。

综合上述因素，定义脱靶量为导引头停止工作后导弹飞行过程中绕过目标的最小距离，用来表征导弹拦截目标的终端导引准确度。影响脱靶量的因素主要有导引规律、导弹机动性、控制惯性、仪器设备误差、目标机动等。这里给出一个计算脱靶量的估计公式，主要用于评判导引律的优劣。

设导引头停止工作时刻为 t_b，相对距离为 r_b，视线角速度为 q_b。考虑导弹任意机动，执行机构处于任意位置情况，在平面情况下，脱靶量由横向偏差（垂直于视线方向）和纵向偏差（沿视线方向）两部分组成。

（1）导弹与目标均作匀速飞行。当导弹与目标均做匀速飞行时，据余弦定理可得

$$\langle \boldsymbol{r}_f, \boldsymbol{r}_f \rangle = \langle \boldsymbol{r}, \boldsymbol{r} \rangle + \langle \boldsymbol{V}_r t_{go}, \boldsymbol{V}_r t_{go} \rangle - 2\langle \boldsymbol{r}, \boldsymbol{V}_r t_{go} \rangle \tag{4.2.20}$$

式中：t_{go} 为剩余飞行时间，$t_{go} = t_f - t$；且 $t > t_b$；$<\cdot,\cdot>$ 为二矢量内积。

由于 $r_f = |\boldsymbol{r}_f| = \min\{|\boldsymbol{r}|\}$，由式(4.2.20)可得

$$t_{go} = \frac{\langle \boldsymbol{r}, \boldsymbol{V}_r \rangle}{\langle \boldsymbol{V}_r, \boldsymbol{V}_r \rangle} = \frac{r\cos\eta}{V_r} \tag{4.2.21}$$

可以看出 $r_f = r\sin\eta$，$r\dot{q} = V_r\sin\eta$，故有

$$r_f = \frac{r^2}{V_r}\dot{q} \tag{4.2.22}$$

$$t_{go} = \frac{r\cos\eta}{V_r} \tag{4.2.23}$$

一般来说,径向速度远大于法向速度,即$|r| >> |r\dot{q}|$。于是

$$V_r = \sqrt{(\dot{r})^2 + (r\dot{q})^2} \approx |\dot{r}|, \eta \approx 0 \tag{4.2.24}$$

故可得

$$r_f \approx r^2\dot{q}/|\dot{r}| \tag{4.2.25}$$

此时 $t_{go} = r/|\dot{r}|$。

当导引头进入盲区时脱靶量估计式为

$$r_f = r_b^2\dot{q}_b/|\dot{r}_b| \tag{4.2.26}$$

(2)导弹目标变速运动。以上是关于脱靶量的基本分析,在实际中,导弹和目标均做变速飞行,且有横向机动,可以近似认为脱靶量为

$$r_f = \frac{r^2}{|\dot{r}|}\dot{q} + \frac{1}{2}t_{go}^2(a_{ty} - a_{my}) \tag{4.2.27}$$

式中:a_{my}、a_{ty}分别为导弹和目标的加速度在视线法向的投影,且有

$$\begin{cases} a_{my} = V_m\dot{\sigma}_m\cos\eta_m \\ a_{ty} = V_t\dot{\sigma}_t\cos\eta_t + \dot{V}_t\sin\eta_t - \dot{V}_m\sin\eta_m \end{cases} \tag{4.2.28}$$

进入盲区后,导弹保持原有舵机的偏转,即保持末端加速度不变,横向机动,目标也做横向机动,则可近似地认为脱靶量为

$$r_f = r_b{}^2\dot{q}_b/|\dot{r}_b| + \frac{1}{2}\left(\frac{r_b}{\dot{r}_b}\right)^2(V_t\dot{\sigma}_{tb}\cos\eta_{tb} - V\dot{\sigma}_b\cos\eta_b) \tag{4.2.29}$$

2. 脱靶量与导引弹道仿真分析

选取下面的四种情况对组合导引律进行脱靶量与导引弹道仿真分析。

情况 1:目标正横机动飞行,$V_m = 800\text{m/s}$,$V_t = 340\text{m/s}$,$a_t = 800\text{m/s}^2$,$r_0 = 3000\text{m}$,$\eta_t = -90°$,$\eta_m = -38°$,$\sigma_t = 17°$,$\sigma_m = 70°$,$a = 3$,b 取不同值。

情况 2:$a_t = 150\text{m/s}^2$,其余条件同情况 1。

情况 3:$a_t = 0$,其余条件同情况 1。

情况 4:$b = 3$,a 取不同值,其余条件同情况 1。

针对上面的四种情况,组合导引律的脱靶量仿真结果如表 4.2.1 所列。

表 4.2.1　脱靶量仿真结果　　　　单位:m

情况 \ a/b	0	1	2	3	4
1	19.68	11.76	20.33	4.38	14.61
2	16.55	16.01	6.88	5.77	17.03
3	2.88	4.78	4.92	2.02	6.10
4	*	*	30.08	4.38	22.91

注:情况 1 ~3 是 a 值固定,b 取不同值;情况 4 则是 b 值固定,而 a 取不同值,“ * ”表示结果发散

对于情况 1,当 $b=3$ 时,目标加速度分别取不同值,导弹采用比例导引和组合导引的脱靶量比较如表 4.2.2 所列。

表 4.2.2　比例导引和组合导引仿真结果比较　　单位:m

导引律 \ $a_t/(m/s^2)$	0	40	150
PHG	24.28	40.09	30.27
CHG	2.02	2.99	5.77

对于情况 1,当 $b=3$ 时,采用组合导引律,导弹拦截目标的导引弹道如图 4.2.2 所示,导弹采用不同的导引律拦截目标时的需用过载曲线如图 4.2.3 所示。

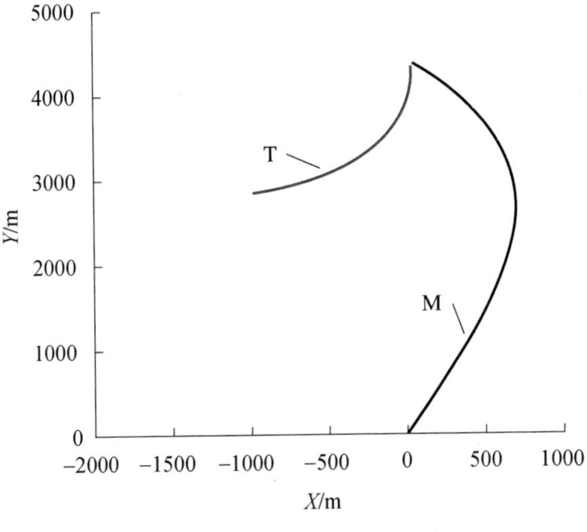

图 4.2.2　导弹拦截弹道

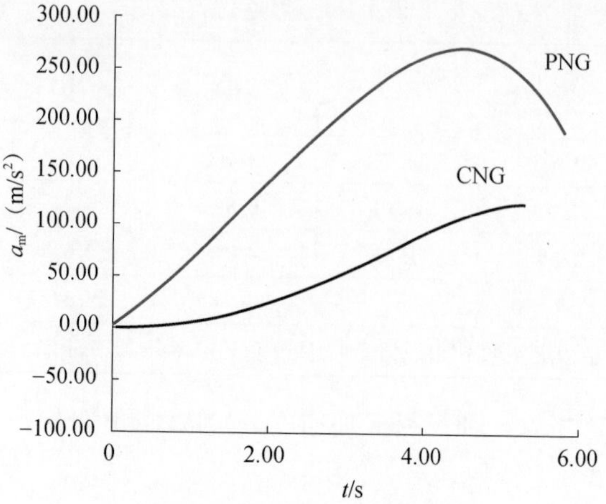

图 4.2.3　需用过载曲线

通过仿真结果可以看出:采用组合导引律的脱靶量小于采用比例导引;在对付大机动目标时,组合导引律可以大大降低导弹的平均过载和峰值过载,组合导引律优于比例导引方法。

进一步,给定初始假设:目标横向机动,$V_m=800\text{m/s}$,$V_t=340\text{m/s}$,$r_0=3000\text{m}$,$\eta_t=-90°$,$\eta_m=-38°$,$\sigma_t=17°$,$\sigma_m=70°$,盲区距离为200m。

分别对比例+前置角组合导引律、比例+追踪组合导引律和比例导引法的导引效果进行仿真比较;比例+前置角组合导引律中的参数选取为$K_1=3.5$、$K_2=0.3$,对比例导引律的导引导航系数$K=3.5$。在假定初始条件下,对$a_t=100\text{m/s}^2$的大机动规避进行仿真,导弹采用不同导引律时视线角速度和导弹法向加速度和平面导引弹道对比曲线如图4.2.4~图4.2.6所示。

从仿真结果可以看出,比例+前置角组合导引律在大多数情况下可取得比另外两种导引律更好的末段导引效果。然而,组合导引律的良好效果还有赖于导航系数K_1、K_2的选择,导航系数的改变将直接影响导引性能。

下面在初始假设条件下,采用比例+前置角组合导引律,$K_1=3.5$,K_2分别取0.1、0.2、0.3,目标采取a_t为50m/s^2、100m/s^2两种目标加速度机动规避。通过仿真分析可知,导引系数不同时,脱靶量也会有所变化。导引系数对脱靶量的影响比较如表4.2.3所列。

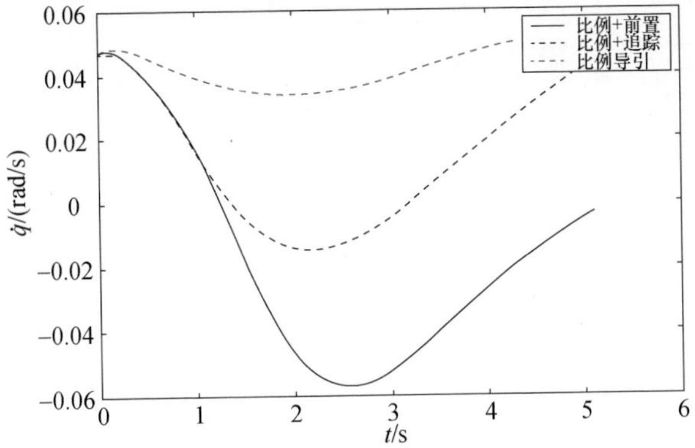

图 4.2.4　视线角速度对比曲线

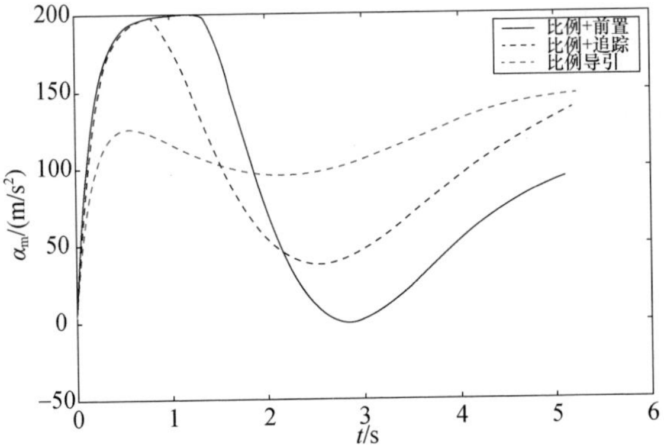

图 4.2.5　导弹法向加速度对比曲线

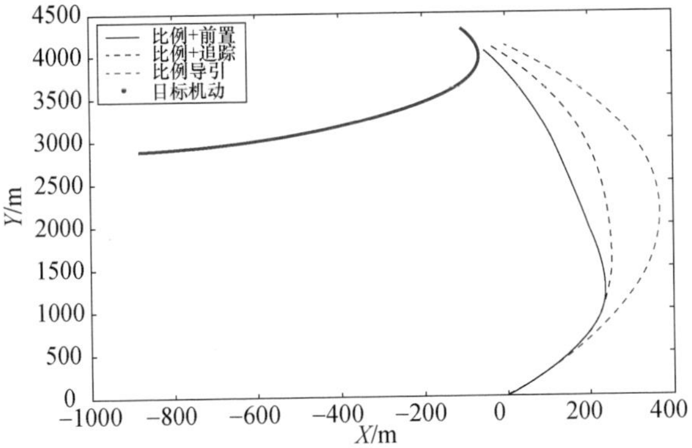

图 4.2.6　导引弹道对比曲线

表4.2.3　导引系数对脱靶量的影响比较　　单位:m

$K_1=3.5$(K_2 变化)	$K_2=0.1$	$K_2=0.2$	$K_2=0.3$
$a_t=50\mathrm{m/s^2}$	1.28	3.53	5.10
$a_t=100\mathrm{m/s^2}$	1.59	0.64	0.14

由表4.2.3可以看出,导引系数对脱靶量有较大影响,且在不同的目标机动情况下对脱靶量的影响不尽相同。换言之,很难找到一组特定的导引系数,在各种目标机动情况下的脱靶量都达到最小。

另外,在上面的仿真例子中,选择的攻击阵位仅为一例,如果在更为普遍情况下,即在所有的攻击阵位上,组合导引律都具有良好的性能,其中比例系数 K_1、K_2 应该选择为一组自适应时变参数,而且 η^* 的选取也应对应不同初始阵位取不同的值。因此,根据不同的情况自适应地选取比例系数 K_1、K_2 还是颇有难度的。

式(4.2.11)所示的组合导引律是一种直接相加的组合形式,导致必须合理选择比例系数 K_1、K_2。如果能找到一种更为合理的组合形式,合理选择比例系数 K_1、K_2 或许会变得更加容易。人工智能技术,特别是模糊智能技术在这种需要综合考虑多种因素进行决策的情况下显示出突出的优势。4.3节将引入模糊控制技术,研究一种新的基于模糊控制的组合导引律,同时研究如何更为合理地选择组合导引律中比例系数 K_1、K_2。

4.3　基于模糊控制的智能组合导引律

4.3.1　模糊控制基本理论

通过4.2节对组合导引律的深入研究,发现导引系数 K_1、K_2 的取值不同对脱靶量有着很大影响,且在不同的目标机动情况下对脱靶量的影响不尽相同。要想在普遍情况下使组合导引律都具有良好的性能,比例系数 K_1、K_2 应该为一组自适应时变参数。而自适应的选取比例系数 K_1、K_2 又较为困难,要找到更为普遍意义下的比例系数 K_1、K_2 自适应律缺乏相应的理论工具。

4.2节的理论研究和仿真分析表明,比例系数 K_1、K_2 的选择主要是考虑不同的攻击阵位、不同的目标机动、不同的导弹和目标的速比($p=V_m/V_t$)等因素。而需要考虑的这些因素中大都包含有不确定性。如攻击阵位、目标机动等因素很难用某一量值来明确定界。综合考虑多种因素,合理选择 K_1、K_2 在一定程度上依赖于设计者的经验。处理这种综合考虑多种因素,且又依赖于专家经验的场景,研究表明,利用日益成熟的模糊控制理论是一个明智的选择。

模糊控制是一种智能控制方法,它不依赖于被控制对象的模型,主要是以人的控制经验作为控制的知识模型,通过模糊推理给出控制指令,具备一定的智能行为。美国加利福尼亚大学的 Zandeh 教授于 1965 年首先创立了模糊数学理论。1974 年英国伦敦大学的 Mamdani 教授首先用模糊控制语句组成模糊控制器,并把它成功地运用于锅炉和蒸汽机的控制,标志着模糊控制技术的诞生。

模糊控制器主要由四部分组成(图 4.3.1):

(1) 模糊化接口:其作用是将输入的精确量转换成模糊量,包括两方面内容:一是量程转换,把输入信号的数值映射到相应的论域上;二是模糊化,把映射到论域上的精确量转化为模糊量,并用相应的模糊子集来表示。

(2) 知识库:知识库中包含了具体应用领域方面的知识和要求的控制目标,主要由数据库和规则库组成。

数据库存放所有必要的定义,如各语言变量的隶属度函数、尺度变换因子和模糊空间的分级数等。

规则库存放模糊控制规则。模糊控制规则基于手动操作人员长期积累的控制经验和领域专家的有关知识,它是对被控对象进行控制的一个知识模型,它的准确与否,直接决定模糊控制器性能的好坏。

控制规则的表达通常具有如下形式:

IF(满足一组条件)THEN(可以推出一组结论)

这样的多条规则组成了模糊控制规则表。

(3) 推理机:模糊推理是模糊控制器的核心。它基于模糊逻辑中的蕴含关系和推理规则,采用某种推理方法,由采样时刻的输入和模糊控制规则推导出模糊控制器的控制输出。

(4) 解模糊接口:将推理机得到的控制输出(模糊量)变换为执行机构所

能接受的精确量,包括两个功能:一是解模糊,将模糊控制输出转化为论域内一个精确的控制量;二是量程转换,将论域内精确量经尺度变换成实际的控制物理量。

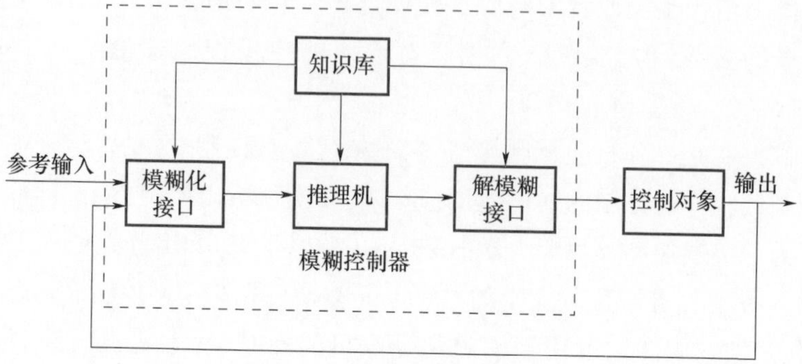

图 4.3.1　模糊控制器结构

一般来讲,一个模糊控制器的设计主要包括如下五个部分:

(1) 数据库设计:

① 论域的离散化:如果是在离散的论域上设计,则需要把输入输出离散化,离散点多少的选取直接影响到控制器的细腻程度和精度。

② I/O 空间模糊划分:指输入输出变量的论域上定义多少个模糊子集,或者说每个语言变量的辞集定义多少个语言值。例如,一般工业生产过程控制可划分 7 个等级,分别为正大(PB)、正中(PM)、正小(PS)、零(ZO)、负小(NS)、负中(NM)和负大(NB)。家电行业中可简单划分 5 个等级,分别为正大(PB)、正小(PS)、零(ZO)、负小(NS)和负大(NB)。

③ 模糊子集隶属度函数定义:当用函数定义时,常用的有三角形、倒钟形和梯形等。

(2) 模糊化策略:

① 把论域中某一精确点模糊化为一个模糊单点。

② 把论域中的某一精确点模糊化为在论域上占据一定宽度的模糊子集。

(3) 规则库设计:

① 模糊控制规则的前件和后件变量的选择:模糊控制器输入和输出的选择。输入量选什么以及选几个主要依靠经验和工程知识,一般选取为误差 e、

误差的导数 $\dot{e}$，甚至包括误差的积分 $\int e\mathrm{d}t$ 或 $\dot{e}$ 的变化率 $\ddot{e}$。

② 模糊控制规则的建立：可以通过总结专家的经验和控制工程师的知识建立，或从操作人员的长期操作实践中总结，还有基于过程的模糊模型来建立，或者通过自组织学习修改规则。

(4) 模糊推理机制。模糊推理算法与模糊蕴涵规则、推理合成规则、模糊条件语句的连接词的不同定义有关。常用的推理算法有 Mamdani 模糊推理算法、Larsen 模糊推理算法、Tsukamoto 推理算法和简易推理算法。

(5) 解模糊策略。有最大隶属度法、平均最大隶属度法、重心法和取中位数法。其中重心法具有较好的稳态性能，应用最为广泛。

常见的模糊逻辑系统主要有以下三类：

① 纯模糊逻辑系统：这类系统中，其输入和输出均为模糊集合。

假设输入论域 $U\subset\mathbf{R}^n$，输出论域 $V\subset\mathbf{R}$，模糊规则具有如下形式：

$$R^{(l)}:\text{IF}\quad x_1 \text{ is } F_1^l,\text{and},\cdots,\text{and } x_n \text{ is } F_n^l,\text{THEN}\quad y=G^l \tag{4.3.1}$$

式中：F_i^l 和 G^l 为模糊集合；$\boldsymbol{x}=(x_1,\cdots,x_n)^{\mathrm{T}}\in U$；$y\in V$；$l=1,2,\cdots,M$。

② Takag - Sugeno 模糊逻辑系统：此类系统的特点是，前件部分是模糊的，后件部分是确定的。

模糊规则具有如下形式：

$$L^{(l)}:\text{IF } x_1 \text{ is } F_1^l,\text{and},\cdots,\text{and } x_n \text{ is } F_n^l,\text{THEN } y^{(l)}=c_0^l+c_1^lx_1+\cdots+c_n^lx_n \tag{4.3.2}$$

式中：F_i^l 为模糊集合；c_i 为真值参数；$l=1,2,\cdots,M$。

最后得到的输出为各个输入变量的线性组合，最终的系统输出为各个规则输出的加权平均。

③ 具有模糊产生和消除器的模糊逻辑系统：特点是其输入与输出均为真值。这类系统是 Mamdani 首先提出的，也称为 Mamdani 类型，在许多工业过程和商业产品中得到广泛应用。

4.3.2　二变量模糊智能组合导引律

组合导引律的设计中综合考虑多种因素，且又依赖于设计者的经验，研究表明，利用模糊控制理论可很好地处理这种综合考虑多种因素，且又依赖于专家经验的场景。也就是说，将组合导引律设计成一个模糊控制器。按照 4.3.1

节给出的模糊控制理论，首先需要进行语言变量的设计，然后进行模糊化设计等，完成一个模糊导引律的设计。

1. 语言变量设计

对于自寻的组合导引律设计来讲，一般需要设计一个二维模糊控制器，有两个输入量。例如：追踪法采用导弹速度和视线方向的夹角作为误差输入量，误差变化率作为第二输入量；比例导引法采用视线角速度及其导数作为两个输入量。事实上，这些输入量容易受干扰，且含有噪声，尤其是视线角速度，将其导数作为模糊控制器的输入不太可行。因为其视线角速度的值通常很小，但信号中噪声很大，几乎要将真实信号淹没。将其导数作为模糊控制器的输入容易恶化导引效果，甚至造成脱靶。

对于模糊组合导引律的设计来讲，必须让输入变量同时包含能够表征比例导引和固定前置角导引的变量。视线角速度能够表征比例导引，可作为模糊控制器的一个输入量。理论上讲，第二个输入量应该是导弹速度和目标速度的夹角，但由于目标速度方向难于获得，采用导弹速度和目标视线的夹角作为第二个输入。同样，为了进行超前调整，给第二变量一个固定最佳提前角。

模糊控制器的输入为

$$\begin{cases} e_1 = \dot{q} \\ e_2 = \eta_{\mathrm{m}} - \eta^* \end{cases} \tag{4.3.3}$$

输出变量为导弹的角加速度指令 $\dot{\sigma}_{\mathrm{mc}}$。

2. 模糊化设计

采用 Takag - Sugeno 类型的模糊控制器，目的是使规则库的规则输出具有明确的物理意义，也分为比例导引部分和固定前置角部分，以便于根据控制效果来调节规则库。

输入变量 e_1、e_2 在论域上均设置了 7 个模糊子集，分别记作 NL、NM、NS、ZE、PS、PM、PL。为了简单和调参的方便，NM、NS、ZE、PS、PM 的隶属度函数取为三角函数，NL、PL 的隶属度函数取为梯形函数，相邻基本模糊子集的交集最大隶属度函数不小于 0.5，即完备性参数 $\varepsilon = 0.5$，如图 4.3.2 和图 4.3.3 所示。

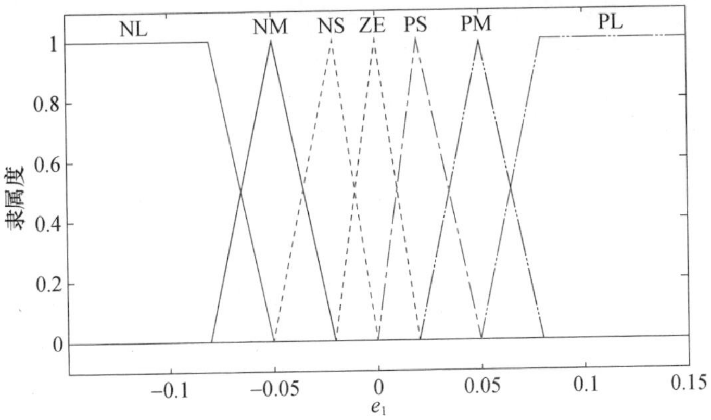

图 4.3.2 e_1 的隶属度函数

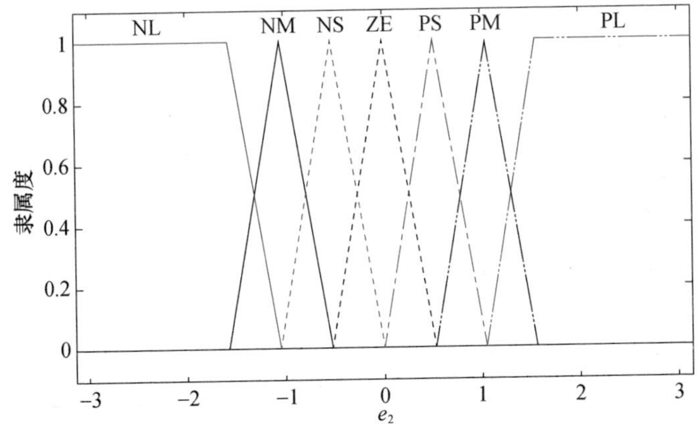

图 4.3.3 e_2 的隶属度函数

与 e_1 和 e_2 分别对应的隶属度函数 $\mu(e_1)$ 和 $\mu(e_2)$ 的中心点 C，如表 4.3.1 所列，宽度 δ 为相邻两个中心点之间的距离。

表 4.3.1 隶属度函数的中心点

i		1	2	3	4	5	6	7
$\mu(e_1)$	$C_{e_1}^i$	−0.08	−0.05	−0.02	0	0.02	0.05	0.08
$\mu(e_2)$	$C_{e_2}^i$	−Pi/2	−Pi/3	−Pi/6	0	Pi/6	Pi/3	Pi/2

模糊输出变量 $\dot{\sigma}_{mc}$ 为单点集合，其值选为关于 e_1 和 e_2 的线性函数，根据 e_1 和 e_2 的顶点个数，$\dot{\sigma}_{mc}$ 有 49 个单点。线性函数的固定值取为零。

根据式(4.2.11)可得

$$\dot{\sigma}_{mc} = K_1 e_1 + K_2 \sin e_2 \tag{4.3.4}$$

这里的 η^* 暂取为 $\eta^* = \arcsin(V_t/V_m)$,$K_1 = 3.5$,$K_2 = 0.3$,可以得到 T-S 模糊控制器的规则,如表 4.3.2 所列。

表 4.3.2　二变量模糊组合导引律规则

$\dot{\sigma}_{mc}$		e_1						
		NL	NM	NS	ZE	PS	PM	PL
e_2	NL	-0.5800	-0.4750	-0.3700	-0.3000	-0.2300	-0.1250	-0.0200
	NM	-0.5398	-0.4348	-0.3298	-0.2598	-0.1898	-0.0848	0.0202
	NS	-0.4300	-0.3250	-0.2200	-0.1500	-0.0800	0.0250	0.1300
	ZE	-0.2800	-0.1750	-0.0700	0.0000	0.0700	0.1750	0.280
	PS	-0.1300	-0.0250	0.0800	0.1500	0.2200	0.3250	0.4300
	PM	-0.0202	0.0848	0.1898	0.2598	0.3298	0.4348	0.5398
	PL	0.0200	0.1250	0.2300	0.3000	0.3700	0.4750	0.5800

根据表 4.3.2 可得到相应的模糊输出曲面如图 4.3.4 所示。

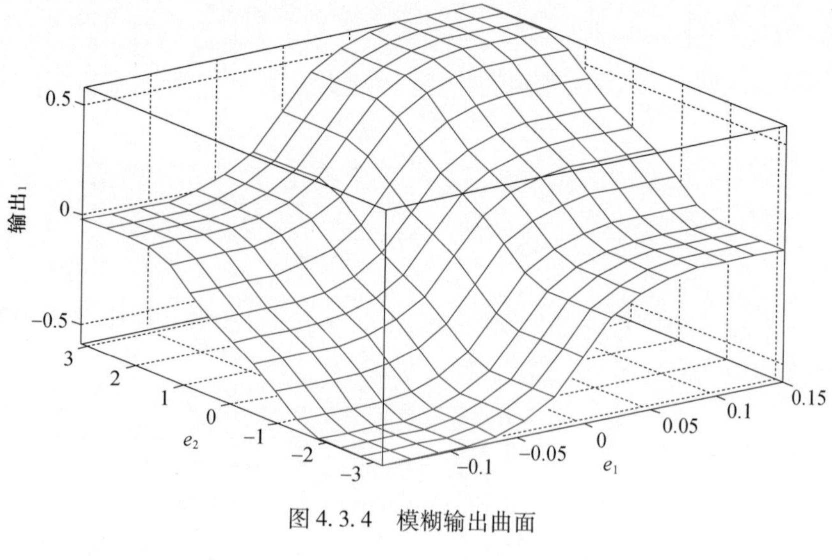

图 4.3.4　模糊输出曲面

上面给出的模糊规则表应该说是一个初步设定的规则,还需要根据实际情况进行调节。在初步研究阶段,限于实验条件,只能根据仿真结果对模糊控制律进行调整。即在不改变输入变量的隶属度函数的前提下，对每条规则对应的规则输出进行调节。主要是通过调节图 4.3.4 上对应的 49 个点上各自的 K_1、K_2 来改变规则输出（各个点的高度）。具体调整原则如下（保持比例系数 K_1 不变，只调整固定前置角系数 K_2）：

（1）对于 $\dot{q}$ 较小的情况，当 $\eta_m - \eta^*$ 也较小时，认为此时已到达最佳攻击阵位，组合导引律中保持合理的比例导引成分和固定前置角成分，取 $K_1 = 3.5$，$K_2 = 0.3$；当 $\eta_m - \eta^*$ 较大时，认为此时未到达最佳攻击阵位，组合导引中比例导引成分减小，固定前置角成分增大，取 $K_1 = 3.5$，$K_2 = 0.4$。

（2）对于 $\dot{q}$ 较大的情况，当 $\eta_m - \eta^*$ 较小时，认为此时在末制导末段，增加比例导引成分，减少固定前置角导引成分，取 $K_1 = 3.5$，$K_2 = 0.2$；当 $\eta_m - \eta^*$ 较大时，认为此时在末制导初段，应以消除误差为主，增加比例导引成分，减少固定前置角导引成分，取 $K_1 = 3.5$，$K_2 = 0.15$。

（3）对于 $\dot{q}$ 中等的情况，当 $\eta_m - \eta^*$ 较大时，认为此时在末制导中段，此时初始误差已基本消除，还未进入弹道末段，保持合理的比例导引成分和固定前置角成分，取 $K_1 = 3.5$，$K_2 = 0.3$；当 $\eta_m - \eta^*$ 较小时，认为将进入弹道末段，基本进入最佳攻击阵位，以减小视线角速度为主，增加比例导引成分，减少固定前置角成分，取 $K_1 = 3.5$，$K_2 = 0.2$。

按上面的方法调节后的规则如表 4.3.3 所列。

表 4.3.3　调整后模糊组合导引律规则

$\dot{\sigma}_{mc}$		e_1						
		NL	NM	NS	ZE	PS	PM	PL
e_2	NL	−0.4300	−0.4750	−0.4700	−0.4000	−0.3300	−0.1250	0.1300
	NM	−0.4099	−0.4348	−0.4164	−0.3464	−0.2764	−0.0848	0.1501
	NS	−0.3800	−0.2750	−0.2200	−0.1500	−0.0800	0.0750	0.1800
	ZE	−0.2800	−0.1750	−0.0700	0.0000	0.0700	0.1750	0.2800
	PS	−0.1800	−0.0750	0.080	0.1500	0.2200	0.2750	0.3800
	PM	−0.1501	0.0848	0.2764	0.3464	0.4164	0.4348	0.4099
	PL	−0.1300	0.1250	0.3300	0.4000	0.4700	0.4750	0.4300

调整后模糊输出曲面如图 4.3.5 所示。

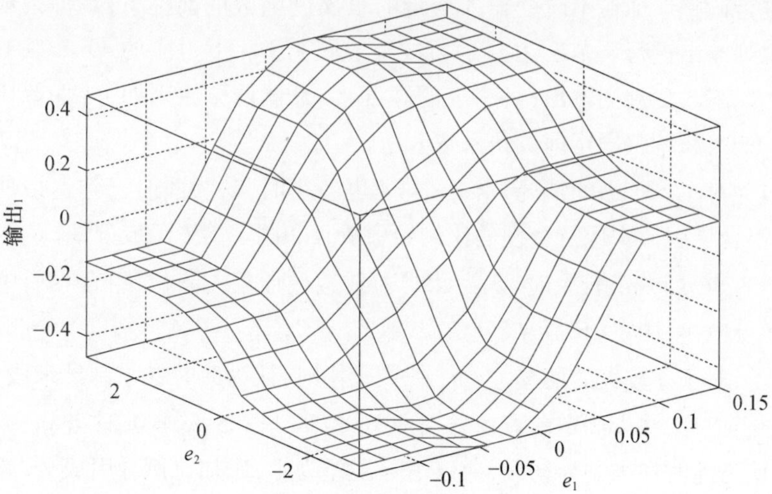

图 4.3.5　调整后模糊输出曲面

仿真结果对比：

假定导弹、目标均在垂直平面内飞行，$\sigma_m \to \theta_m$ 为导弹飞行航迹角，$\sigma_t \to \theta_t$ 为目标航迹角。导弹、目标参数的选取同 4.2 节，假设 $a_t = 100\text{m/s}^2$，选取不同的攻击阵位，比较模糊组合导引律和比例导引（$K = 3.5$）各方面的性能（图 4.3.6 ~ 图 4.3.9）：

阵位 1：$\theta_m = 0°, \theta_t = 0°, q = 0°, r = 3000\text{m}$。

阵位 2：$\theta_m = 20°, \theta_t = 0°, q = 60°, r = 3000\text{m}$。

阵位 3：$\theta_m = 50°, \theta_t = 0°, q = 90°, r = 3000\text{m}$。

阵位 4：$\theta_m = 80°, \theta_t = 0°, q = 120°, r = 4000\text{m}$。

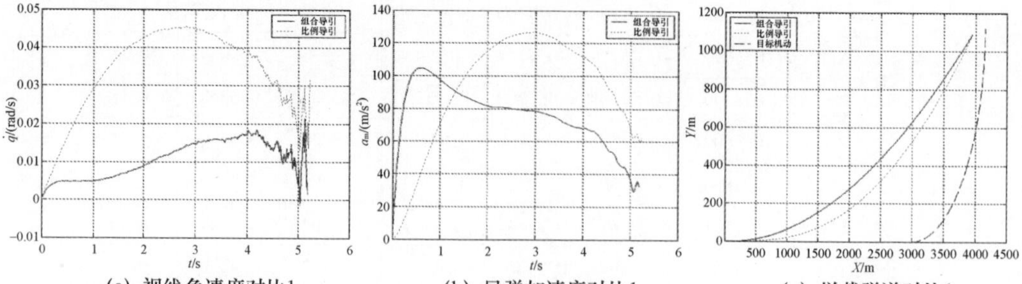

(a) 视线角速度对比1　(b) 导弹加速度对比1　(c) 拦截弹道对比1

图 4.3.6　阵位 1 的对比

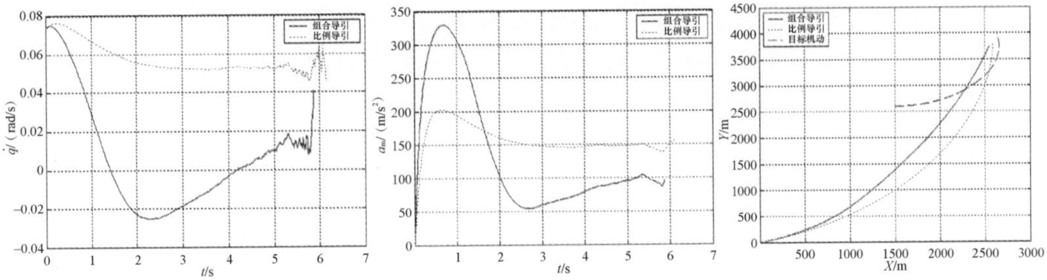

(a) 视线角速度对比2　　(b) 导弹加速度对比2　　(c) 拦截弹道对比2

图 4.3.7　阵位 2 的对比

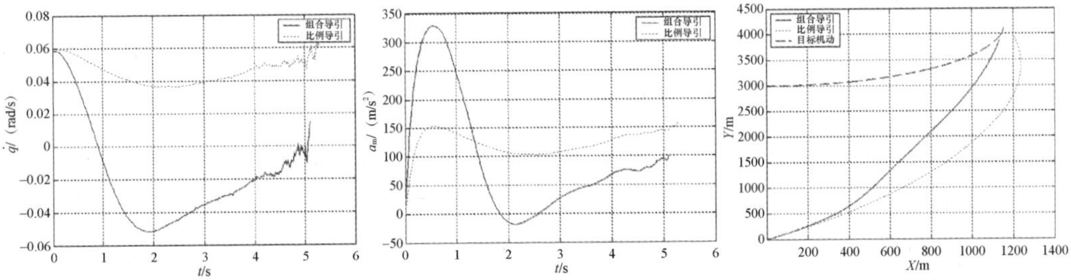

(a) 视线角速度对比3　　(b) 导弹加速度对比3　　(c) 拦截弹道对比3

图 4.3.8　阵位 3 的对比

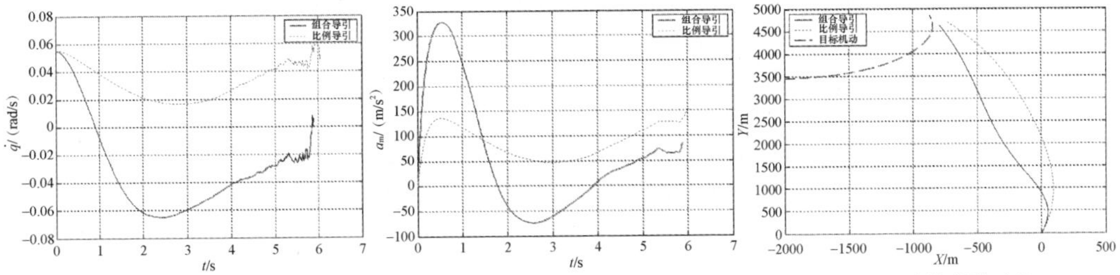

(a) 视线角速度对比4　　(b) 导弹加速度对比4　　(c) 拦截弹道对比4

图 4.3.9　阵位 4 的对比

表 4.3.4 给出了四种阵位上两种导引方法的脱靶量对比。

表 4.3.4　脱靶量对比　　　　单位：m

脱靶量/m	1	2	3	4
比例导引	0.51	0.53	1.51	0.18
模糊组合导引	0.28	1.39	0.71	0.81

仿真结果表明:从拦截弹道来看,模糊组合导引的弹道末段更加平直,应该说模糊组合导引改善了导引性能,优于比例导引;从脱靶量来看,模糊组合导引与比例导引的脱靶量基本在同一量级上,但在不同的阵位上各有差异。主要原因是在不同的阵位上,模糊组合导引中的导引系数还不是最优的,也就是说还需要优化模糊输出曲面。

4.4 基于神经网络的模糊智能组合导引律优化

4.4 节研究了模糊组合导引律,仿真结果表明,模糊组合导引方法在多数情况下(尤其是目标大机动躲避时)的导引性能优于比例导引,且在某种程度上讲具有"智能"行为,能够根据不同的阵位、不同的速比等情况下"智能"地调整导引参数 K_1、K_2,使这种组合更为合理,具有更为优越的导引性能。但这种模糊组合导引律在对付不同的目标机动时(特别是对付目标小机动情况时),模糊组合导引的效果尚不理想(有时甚至比比例导引差一些)。如果对导引弹道提出更高的要求、对需用过载更加严格地限制,以及考虑如何对目标机动的预测,则需要更好的方法来设计模糊组合导引律。

模糊组合导引律的意义在于,面对不同的情况,主动采用不同的导引方式或不同的导引律(不断"智能"地调节比例项和前置项的比例),力图使导弹在攻击目标的整个过程中弹道更为平缓,尤其是末段弹道更为平直。

影响导引效果的因素是多方面的,考虑制导系统的可实现性和结构简单,4.3 节选取了两个输入变量,这样,各语言变量的模糊化,在其论域中设置多少个语言值,覆盖多宽的论域,以及模糊逻辑系统的构成形式,隶属度函数的选取,解模糊规则,满足实时性要求对推理算法快速性带来的要求,都是影响模糊组合导引系统最终效果需要考虑的问题。

4.3 节已经提到,用一定的规则优化调节三维输出曲面的形状,使其趋向于张成表征样本输入与输出关系的曲面,从而达到期望的导引性能。对于模糊组合导引律,调节的方法就有两种,一种是调节输入变量的隶属度函数(三角函数的顶点位置),另一种是调节输出变量的值(规则输出),且第二种方法的效果更佳。

另外,模糊控制需要借鉴专家的经验来帮助选择控制器的参数和结构,但经验只起到一个指导作用,参数的确定需要不断反复调整。为了提高模糊控制系统的性能，使其具有自主优化能力，目前模糊控制发展的趋向是和其他智能控制方法的融合，神经网络、遗传算法等智能方法常用来实现和调节模糊逻辑控制器全部或部分，其中借助于神经网络就是一个卓有成效的途径。下面研究基于神经网络的模糊组合导引律设计。

4.4.1　模糊神经网络

神经网络（Neural Networks，NW）是人工神经网络的简称，它具有很好的适应能力和学习能力。神经网络本质上是一种不依赖于模型的自适应函数估计器，给定一个输入，可以得到一个输出。它是由许多神经元（也称为处理单元）为节点以一定方式连接在一起构成的网络，往往具有分层的结构。神经网络的基本工作原理是先提供给它足够的典型的学习样本，这些样本必须能完美地描述所希望达到的系统的性能。在神经网络的学习阶段，输入样本数据，按一定的学习算法调整网络连接权重。在学习过程中，网络各权重收敛到一确定的数值，使每个样本都产生一个符合要求的输出，即所有的样本都被网络学会。在一个未知的新的数据输入后，一个训练好的神经网络就能做出符合样本数据所体现的输入与输出关系的正确响应，即具有插值功能或适应功能。

神经网络具有并行计算、分布式信息存储、容错能力强以及具备自适应学习功能等一系列优点。但神经网络不适于表达基于规则的知识，因此在对神经网络进行训练时，不能很好地利用已有的经验知识，常常只能将初始权值取为零或随机数，从而增加了网络的训练时间或者陷入非要求的局部极值，这是神经网络的不足。

另外，模糊逻辑也是一种处理不确定性、非线性和其他不确定问题的有力工具。但模糊系统缺乏自学习和自适应能力。

将模糊逻辑和神经网络有机结合起来可以构成模糊神经网络，则可得到比单独模糊控制系统更好的性能，智能化程度更高。常规的模糊神经网络主要有两种结构：一种是局部网络化结构，用神经网络来实现模糊控制规则，即模糊推理，模糊化、解模糊仍由模糊处理来实现；另一种是全网络化结构，模糊控制器的全部功能由神经网络来实现。

这里将采用一种新型模糊神经控制器结构，它是在现有的模糊神经控制器基础上的发展。它既克服了神经网络和模糊逻辑各自独立的缺点，也克服了模糊逻辑控制器的不可解释性。这个结构的创新在于把模糊控制器本身解释为一个神经网络。这样一来,控制输出的任何误差都可以追溯到控制规则上,而一般的控制器中神经网络只是作为一个黑箱子来优化权值的。还可以得到一个快速训练算法,利用误差来直接调节模糊子集的隶属度函数,从而提高模糊控制器的质量。

首先设计一个二输入一输出的 Takag – Sugeno 型模糊逻辑控制器,输入变量都采用7个子集,为了使后面的调节算法简单,每个子集的隶属度函数均为三角形,且其宽度为相邻两子集顶点之间的距离,即完备性参数为0.5,输出变量为单点集,可得到如表4.4.1所列的模糊控制规则。

表4.4.1　二输入一输出模糊控制规则

输入2

		A_1'	A_2'	A_3'	A_4'	A_5'	A_6'	A_7'
	A_1	B_{11}	B_{12}	B_{13}	B_{14}	B_{15}	B_{16}	B_{17}
输入1	A_2	B_{21}	…	…	…	…	…	B_{27}
	⋮	⋮	…	…	… 规则库	…	…	⋮
	A_7	B_{71}	B_{72}	B_{73}	B_{74}	B_{75}	B_{76}	B_{77}

规则库=Rule Base

控制器输入和输出的关系可以表示为一个三维曲面。如图4.4.1所示,两个输入变量的模糊子集的顶点分别相交,其中一些交点用黑点来区别。在这些点上,规则库的值直接可以确定控制器的输出;而在曲面的其他点上,控制器的输出将通过类似于插值的过程得到。

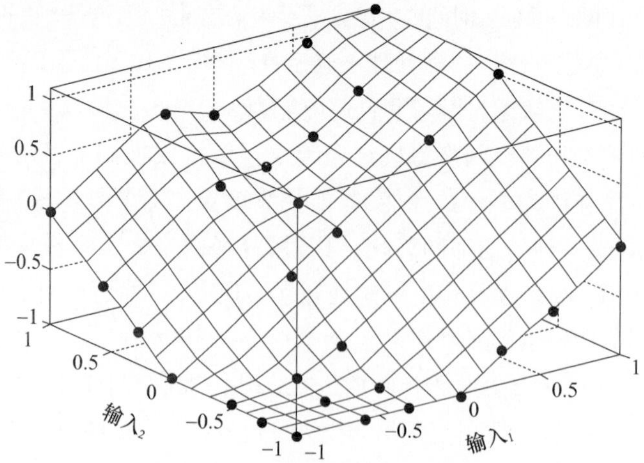

图4.4.1　模糊控制器输出曲面

上面的模糊控制器可以用图4.4.2所示的结构来实现，它可以理解为类似神经网络的结构，同时作为模糊控制器而存在。

X模块表示模糊控制器的两个输入变量，它把输入值传给各自的隶属度函数模块——u模块，它包含了隶属度函数参数（如三角函数的顶点值），对输入进行模糊化处理。与u模块连接的是R模块，它表示控制器的规则库。每个u模块向与它相连的R模块传递输入变量在其模糊子集上的隶属度函数值$u(X)$。R模块对其输入运用取小运算或乘法运算，把结果送给v模块。v模块表示输出变量的模糊子集，它把被改变的模糊子集传递给C模块，进行解模糊来得到最终的控制输出。

这个结构可以理解为一个三层前向神经网络。X、R、C模块可视为各层的神经元，u、v可视为可调节的权重。这样X模块层就是神经网络的输入层，C模块层为输出层，R模块层为隐层。这样得到的神经网络称为模糊神经网络，它完全保留了模糊控制器结构上的完整性。

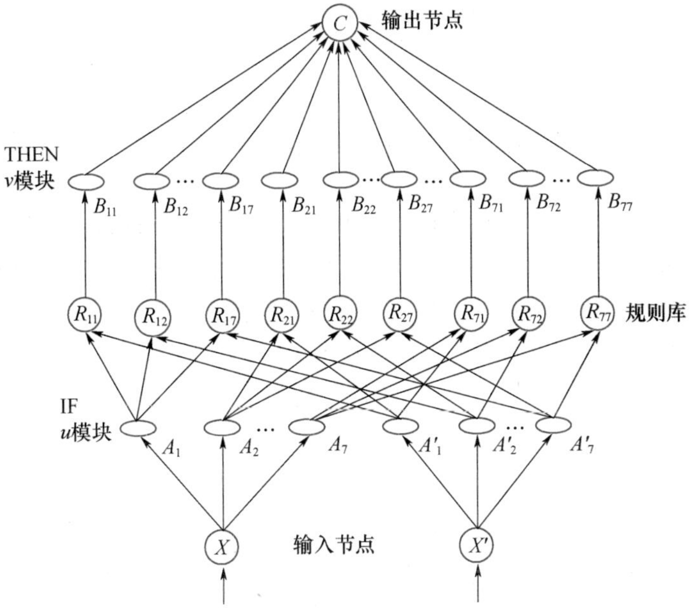

图4.4.2　模糊神经网络控制器的结构

4.4.2 模糊神经网络的训练

对模糊神经网络进行训练，首先需要一批能体现出模糊神经网络控制器良好性能的输入与输出数据作为训练样本，通过训练，调整模糊神经网络控制器的输入输出性能达到最佳。离线训练过程如图 4.4.3 所示。对于给定的一组输入，模糊神经网络控制器的输出 C_a 总与理想输出 C_d 之间存在误差，而且误差有大有小，这就需要根据一定的规则，调节模糊神经网络控制器的参数，使其性能达到最佳。

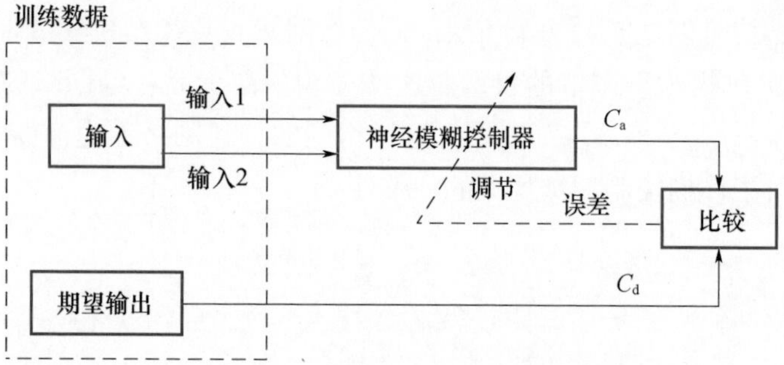

图 4.4.3　神经模糊控制器训练过程

这里调节的方法主要有两种：一种是调节输入变量模糊子集的隶属度函数（三角函数顶点的位置）；另一种是调节规则库的值（调整图 4.4.3 中黑点的高度）。无论是哪种调节方法，都是为了最终使图 4.4.3 所示三维图形最终的输入输出特性能最接近期望的控制器性能。这里选用第二种方法。

如图 4.4.4 所示，来说明一个单点区域的误差调节过程。从样本取出一对理想的输入与输出关系，对于输入，从图 4.4.1 所示的曲面中经过插值，可得到模糊神经网络控制器的实际输出 C_a（如图 4.4.1 中黑点所示），同时对于这对输入，有理想的输出 C_d，两者之间存在着误差，需要调整模糊规则输出来消除。显然，控制器输出是由此点在曲面内临近的四条规则输出直接插值得到，需要调整的是这四条规则，即图中四边形四个顶点的高度来改变实际输出。

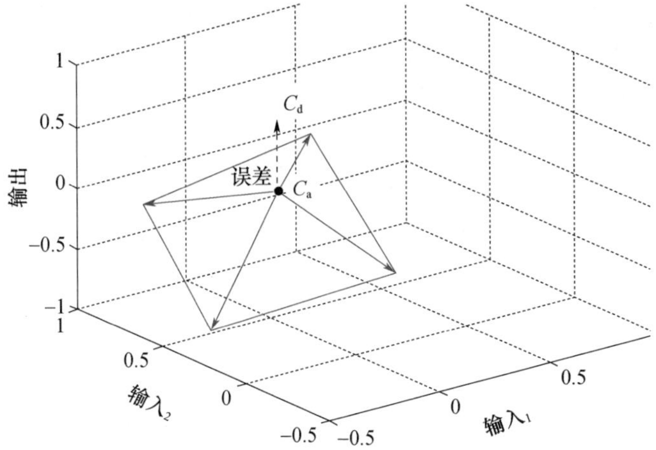

图 4.4.4 模糊控制曲面的单点误差调节

这里采用一个简便的算法,使每条规则的调整量首先与误差成正比,其次与二维输入平面中它到此点的距离成反比。可以想象,如果距离越远,则影响力越弱,需调整量越小;反之亦然。这样,可以消除大部分的误差。

通常在期望的输入与输出曲线上选取多组数据,调整规则输出,然后是第二条曲线,直到所有的曲线都被训练。这个过程重复几次后,就可以看到训练取得显著成效。

下面举例说明。如在 4.4.1 节得到的模糊控制器的基础上,通过在不同情况下调节最佳前置角 β^* 的大小,得到更好的导引性能,来获取这组样本。

考虑在下面几种典型阵位情况下(不考虑噪声的影响),调节最佳前置角 β^* 的大小。

假定导弹、目标均在垂直平面内飞行,$\sigma_m \to \theta_m$ 为导弹飞行航迹角,$\sigma_t \to \theta_t$ 为目标航迹角。导弹、目标的其它参数的选取同上节:

(1) $\theta_m = 0°, \theta_t = 0°, q = 0°, a_t = 100\text{m/s}^2, r = 3000\text{m}$;

(2) $\theta_m = 20°, \theta_t = 0°, q = 60°, a_t = 100\text{m/s}^2, r = 3000\text{m}$;

(3) $\theta_m = 50°, \theta_t = 0°, q = 90°, a_t = 100\text{m/s}^2, r = 3000\text{m}$;

(4) $\theta_m = 80°, \theta_t = 0°, q = 120°, a_t = 100\text{m/s}^2, r = 4000\text{m}$;

(5) $\theta_m = 0°, \theta_t = 0°, q = 0°, a_t = 50\text{m/s}^2, r = 3000\text{m}$;

(6) $\theta_m = 20°, \theta_t = 0°, q = 60°, a_t = 50\text{m/s}^2, r = 3000\text{m}$;

(7) $\theta_m = 50°, \theta_t = 0°, q = 90°, a_t = 50\text{m/s}^2, r = 3000\text{m}$;

(8) $\theta_m = 80°, \theta_t = 0°, q = 120°, a_t = 50\text{m/s}^2, r = 4000\text{m}$。

按照上面的方法调节得到的最佳前置角 η^* 的大小如表 4.4.2 所列。

表 4.4.2 最佳前置角

情形	1	2	3	4	5	6	7	8
$\eta^*/(°)$	27	26	30	26	29	26	10	0

三维空间内,8 组期望的输入与输出曲线如图 4.4.5 所示。

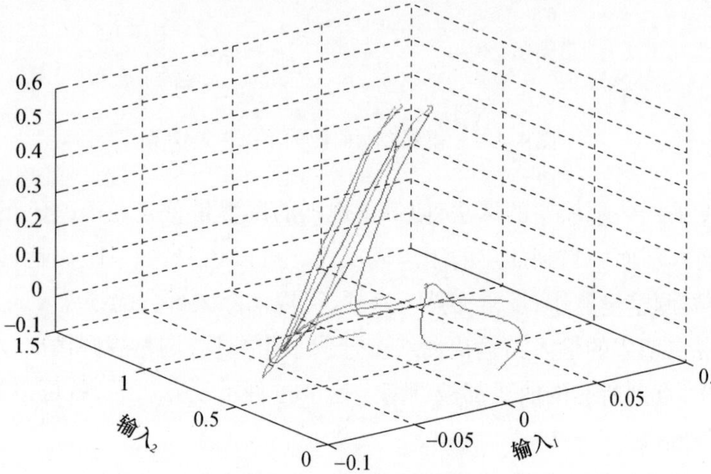

图 4.4.5 期望输入输出曲线

4.4.3 基于模糊神经网络的智能组合导引律

4.3 节研究了模糊组合导引律的设计,本节将模糊控制器用神经网络来实现,构成了模糊神经网络控制器。这种模糊神经网络控制器保留了模糊控制器结构上的完整性,又可通过训练来优化模糊控制器的参数。当然,也可以用这个模糊神经网络控制器构成组合导引律。要用如图 4.4.2 所示的模糊神经网络控制器来描述组合导引律,主要有下面两步:

(1) 需要确定隐层到输出层的权值矩阵,它表示的是 49 条规则输出。这里采用表 4.3.2 的规则表来为其赋初值。而神经网络训练的过程就是不断调整并刷新这个权值矩阵。

(2) 根据得到的样本,利用前面所述的调节算法,在每条曲线上取约 60 个点,每次调节的修正量很小,逐条训练,逐次更新权值矩阵,反复训练多遍,就可得到最佳的结果。

以表 4.3.2 所列的规则为模糊神经网络组合导引律规则赋初值,利用上面的方法获取足够的训练样本,经过训练可得到如表 4.4.3 所列的训练后的模糊神经网络组合导引律规则。

表 4.4.3　训练后的模糊神经网络组合导引律规则

a_{mc}		e_1						
		NL	NM	NS	ZE	PS	PM	PL
e_2	NL	−0.4300	−0.4750	−0.4700	−0.4000	−0.3300	−0.1250	0.1300
	NM	−0.4099	−0.4348	−0.4164	−0.3464	−0.2764	−0.0848	0.1501
	NS	−0.3800	−0.2750	−0.2200	−0.1500	−0.0800	0.0750	0.1800
	ZE	−0.2800	−0.1751	−0.0496	0.0149	0.0716	0.1750	0.2800
	PS	−0.1505	−0.0258	0.0895	0.1535	0.2165	0.2823	0.3802
	PM	−0.1350	−0.1082	0.1315	0.2696	0.3389	0.3866	0.4222
	PL	−0.1300	0.1250	0.3300	0.4000	0.4699	0.4650	0.4303

而期望的输入与输出曲线和模糊神经网络控制器得到的曲线比较如图 4.4.6和图 4.4.7 所示。

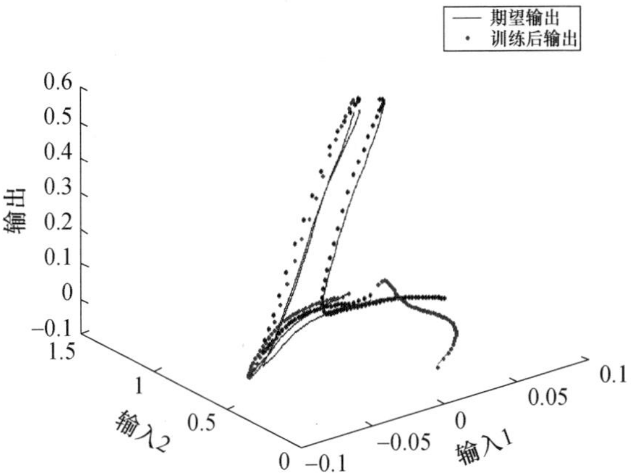

图 4.4.6　输入与输出曲线对比 1

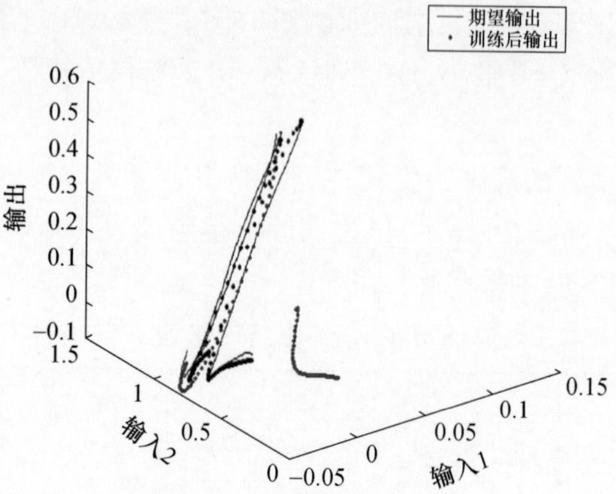

图 4.4.7　输入与输出曲线对比 2

经过仿真,分别比较神经网络调节前和神经网络调节后模糊组合导引律,发现调整后的导引效果更好,最大过载更小一些,视线变化率更平缓一些,而且保持了模糊控制器在各种情况下较好的性能。

图 4.4.8 和图 4.4.9 是在典型攻击情形下神经网络调节前和神经网络调节后模糊组合导引律的仿真对比。

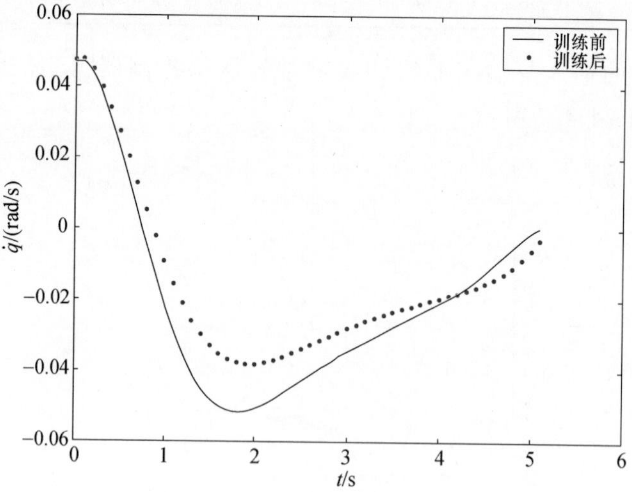

图 4.4.8　视线变化率对比

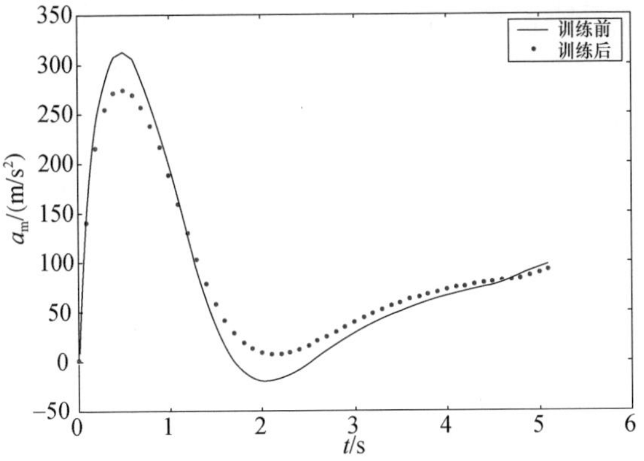

图 4.4.9　导弹加速度对比

结果表明,如果取得的样本能反映出导引律在不同情况下的控制效果,经过神经网络训练后,总的效果势必要比不训练的更好一些。

同样,对于模糊神经网络组合导引律,利用上面提到的 8 组模糊神经网络控制器训练需要的样本,通过训练得到最佳前置角 η^* 的大小,如表 4.4.4 所列。

表 4.4.4　最佳前置角

情形	1	2	3	4	5	6	7	8
η^*/(°)	26	30	25	20	26	16	20	14

采用最佳前置角构成修正模糊神经网络组合导引律。同样,以表 4.3.2 所列的规则为修正模糊神经网络组合导引律规则赋初值,获取足够的训练样本,经过训练可得到如表 4.4.5 所列的训练后的修正模糊神经网络组合导引律规则。

表 4.4.5　训练后的修正模糊神经网络组合导引律规则

a_{mc}		e_1						
		NL	NM	NS	ZE	PS	PM	PL
e_2	NL	−0.4300	−0.4750	−0.4700	−0.4000	−0.3300	−0.1250	0.1300
	NM	−0.4099	−0.4348	−0.4164	−0.3464	−0.2764	−0.0848	0.1501
	NS	−0.3800	−0.2750	−0.2200	−0.1500	−0.0800	0.0750	0.1800
	ZE	−0.2800	−0.1750	−0.0513	0.0047	0.0636	0.1750	0.2800
	PS	−0.1839	−0.1311	0.0549	0.1548	0.2250	0.2894	0.3864
	PM	−0.1537	0.0360	0.2046	0.2748	0.3476	0.4051	0.4093
	PL	−0.1300	0.1250	0.3300	0.4000	0.4698	0.4770	0.4309

期望的输入与输出曲线和模糊神经网络控制器得到的曲线比较如图4.4.10所示。

取样本中的第四种阵位情况，在典型攻击情形下，训练优化前后的修正模糊神经网络组合导引律仿真对比如图4.4.11所示。

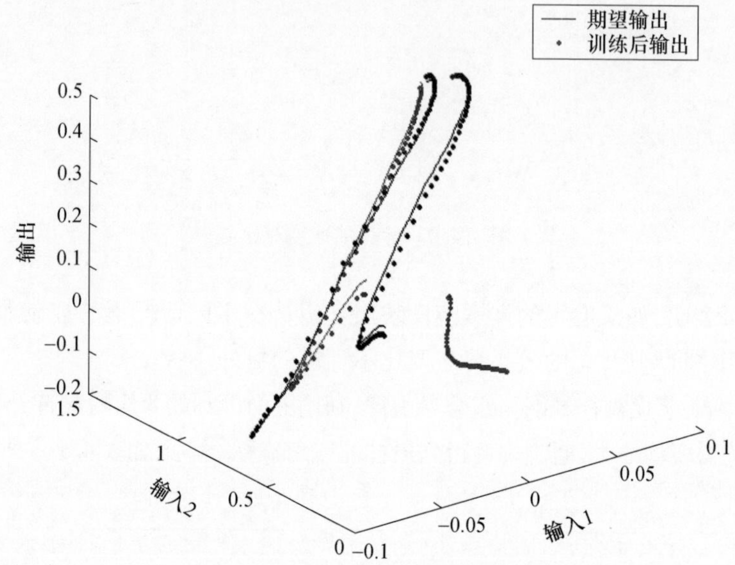

图4.4.10　输入与输出曲线对比

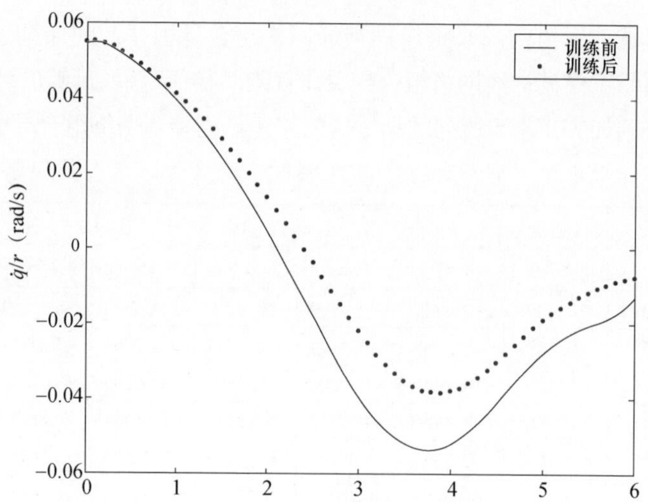

图4.4.11　视线变化率对比

仿真结果表明，模糊神经网络组合导引律经过训练优化后，在大多数情况下的导引性能确实取得了改善，且这个优化是在尽量不降低其他情况下的导引性能前提下取得的。这样，利用神经网络的训练方法，在不同的情况下获取更多的样本对模糊神经网络组合导引律进行“优化”，可使模糊神经网络组合导引律得性能变得更好，且在各种情况下都具有接近最优的导引性能。

第5章 基于增强学习的智能导引技术

5.1 概述

随着现代控制理论、计算机技术及人工智能技术的发展,控制界学者开始将人工智能技术与方法应用于控制系统设计。智能控制方法与传统控制方法相比并不是基于模型的控制。面对高度复杂和不确定的被控对象,它把控制理论的分析和洞察力与人工智能的灵活框架结合起来,使得设计的控制系统在处理高度复杂和高度灵活的任务时具有拟人的智能。智能控制方法为寻求新的导引律开辟了一个新的领域。智能控制方法包括专家控制、机器学习控制、模糊控制、神经网络控制等。模糊控制吸取了人的思维具有模糊性的特点,因而它不需要精确的数学模型,为解决不确定系统控制设计开辟了一条有效的途径。与模糊控制直接利用人的经验相反,机器学习则是从仿真模型中学习知识或规则,然后应用于实际的目标环境。它使得知识的获取过程自动化,并可扩展所能得到的知识资源范围。

机器学习的目标是实现知识的自动获取,以便不断提高学习系统或学习算法的性能。目前,机器学习方法按照与环境交互的模式,可分为监督学习、无监督学习和增强学习三类。其中,增强学习方法发展较快,并已经在自动化领域的机器人路径规划等方面得到了广泛的应用[1]。也有人将其应用在高速飞行器攻击导引问题中[2],利用增强学习在知识获取方面所具有的优势,为新型智能导引律的设计增添了一个有力工具。将增强学习和自寻的导引律设计相结合来研究新的智能导引律已成为一个重要的自寻的导引技术研究方向。

基于对经典导引律的认识,对其研究停留在将导弹视为质点,寻求"保证导弹飞向目标的动力学准则"的水平上,已远远不能满足精确导引的要求,现代导引理论应运而生。现代导引理论力图将导引和飞行控制两部分融为一体,力图求出"将导弹逼向目标的飞行控制系统的综合控制算法"。现代导引律可获得更小的脱靶量,并可在命中点引入攻击姿态约束,在终端考虑导引头盲区。但现代导引律结构复杂,对导引信息完备性要求高;且往往弹道弯曲,需用过载大。

增强学习在机器人领域中得到了广泛应用,采用增强学习方法不需要外部的数学模型,而是把控制系统的性能指标直接转化为一种评价指标,当系统性能指标满足要求时,所施控制动作得到奖励,否则得到惩罚。控制器通过自身学习,最终得到最优的控制动作[3]。对于导弹拦截攻击目标问题,经常被描述为攻防双方的一个动态决策问题。有学者将增强学习应用于高速导弹拦截导引问题中,并采用离线方式学习,作为反馈控制器在线应用,已取得初步成效。在研究将增强学习应用于导弹拦截导引问题时,采用增强学习中Q-学习方法来实现精确导引是一个合理的选择。本章将在深入研究增强学习基本理论和Q-学习算法的基础上,将基于Q-学习的增强学习理论应用于智能自寻的导引律的设计,从而形成基于增强学习的智能自寻的导引方法。

5.2 增强学习基本理论与Q-学习算法

5.2.1 增强学习的定义

增强学习以动物学习心理学的"试错法"原理为基础,强调与环境的交互,根据学习系统的输出获得环境的评价性反馈信号来引导学习过程,但不需要给出各种输入状态下的期望输出。与监督学习和无监督学习相比,增强学习强调在与环境的交互中学习,学习系统不需要获得各种状态下的期望输出信号,而仅根据从环境中获得的评价性反馈信号来实现学习目标。这种评价性反馈信号在实际中往往易于获得,因此增强学习能够在不确定和复杂环境中得以应用。增强学习的学习目标以极大化或极小化增强信号的泛函性能指标为学习目标,而监督学习通常以极小化学习系统输出与期望教师信号的误差函数为学习目标,无监督学习则以极小化模式分类性能指标函数为目标。

增强学习是一种重要的机器学习方法,增强学习一词来源于行为心理学,根据动物(人类)行为来建立一些模型,这些模型的基本特征是把行为的学习看成反复试验或试错的过程,从而形成对动作的映射,以便对每个特定的环境都会产生一个适当的动作。将这一概念引入机器人学习及其它的控制系统中,把具有学习能力的机器人称为 Agent。增强学习就是 Agent 从环境到行为映射的学习,以使奖励信号最大[4]。一个典型的与环境交互的 Agent 如图 5.2.1 所示。

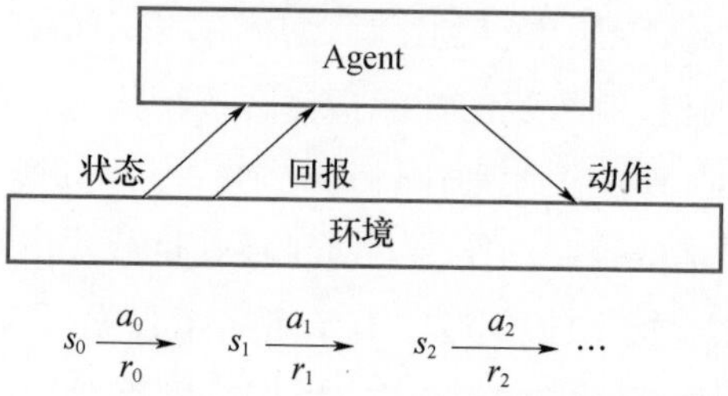

图 5.2.1　一个与环境交互的 Agent

在增强学习中,Agent 的目标被定义为一个回报函数,它对 Agent 从不同的状态中选取不同的动作赋予一个数字值。通常 Agent 的生存环境被描述为某可能的状态集合 S。它可以执行任意的可能的动作集合 A。每次在某状态 s_t 下执行一动作 a_t,此时 Agent 会收到一个实值回报 r_t,它表示状态 - 动作转换的立即值。如此产生了一系列的状态 s_i,动作 a_i 和立即回报 r_i 的集合。Agent 的任务是学习控制策略 $\pi:S\rightarrow A$,它使这些回报的和的期望值变化最大,其中后面的回报值随着它们的延迟指数而减小。

增强学习也可以看成一类监督学习,因为其从环境中接受反馈。增强学习是以极大化环境的增强信号为目标,并在这一过程中学会如何匹配状态行动对。与其他机器学习不同,学习者没有被告知应采取的动作,而是通过"试错法"来寻找能够产生最大化的增强信号的动作。一般情况下,所采取的动作不仅能影响立即增强信号,还能影响下一状态的增强信号,甚至是随后的所有增强信号。增强学习和其他的函数逼近问题相比有自己的特点：

（1）延迟回报。Agent 的任务是学习一个目标函数 π，它把当前状态 s 映射到最优动作 $a=\pi(s)$。执行动作过程中，施教者只在 Agent 执行其序列动作时提供一个序列立即回报值，因此 Agent 面临一个时间信用分配问题。确定最终回报的生成应归功于其序列中的哪个动作。

（2）探索。在增强学习中，Agent 通过其选择的动作序列影响训练样例的分布。这样产生了一个问题：哪种实验策略可产生最有效的学习。学习器面临的是一个权衡过程：是选择探索未知的状态和动作，还是选择利用已经学习过、会产生高回报的状态和动作。

（3）部分可观察状态。为了方便可以假定 Agent 传感器在每一步可感知到的环境的全部状态，但在实际情况下传感器只能提供部分信息，在此情况下可能需要结合考虑其以前的观察以及当前的传感器数据以选择动作，而最佳的策略有可能是选择特定的动作以改进环境的可观察性。

（4）终生学习。增强学习不像分离的函数逼近问题，例如在机器人学习问题中经常要求此机器人在相同的环境下使用相同的传感器学习多个任务，这使得有可能使用先前获得的经验或知识在学习新任务时减小样本复杂度。

近年来，增强学习在理论和算法上都取得了大量的研究成果，学术界已提出了多种增强学习方法。根据学习系统与环境交互类型的不同，增强学习算法可分为非联想增强学习方法和联想增强学习方法两大类。非联想增强学习系统仅从环境获得回报，而不区分环境的状态；联想增强学习系统则在获得回报的同时，具有环境的状态信息反馈，其结构类似于反馈控制系统。

由于大量的实际问题都具有延迟回报的特点，因此用于求解延迟回报问题的序贯决策增强学习算法和理论成为增强学习领域研究的重点。在序贯决策增强学习算法研究中，采用了运筹学中的马尔可夫决策过程（Markov Decision Processes，MDP）模型，增强学习系统也类似于动态规划将学习目标分为折扣型回报指标和平均回报指标两种。同时，根据 MDP 行为选择策略的平稳性，增强学习算法可以分为求解平稳策略 MDP 值函数的学习预测方法和求解 MDP 最优值函数和最优策略的学习控制方法。下面按照优化指标的不同，分别对折扣型回报指标增强学习和平均回报增强学习在算法与理论方面的概况进行研究。

5.2.2 增强学习的结构

增强学习是以“试错法”原理为基础，强调与环境的交互，根据学习系统的输出获得环境的评价性反馈信号来引导系统的学习过程，但是这种方法不需要给出各种输入状态下的期望输出。

1. 增强学习的基本框架

图 5.2.2 示出了一个增强学习的基本框架。

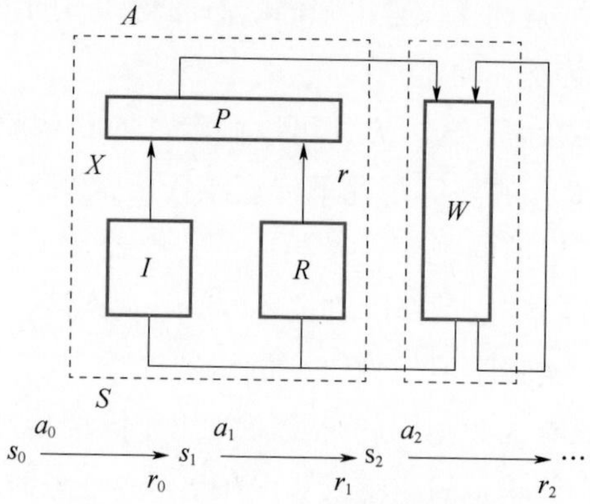

图 5.2.2 增强学习框架图

增强学习的基本框架主要有环境和 Agent 两部分。可把环境看成一个动态系统，Agent 产生的动作使其状态发生变化。Agent 包括输入模块 I、强化模块 R 及策略模块 P 三个部分。输入模块把描述环境的状态变成 Agent 的输入形式；强化模块 R 给环境的每一个状态赋一个值；策略模块 P 更新 Agent 的知识，同时使 Agent 根据某种策略选择一个动作并作用于环境。强化模块决定了 Agent 的目标，Agent 的目标是使它接受的长期奖励最大。强化模块定义了对 Agent 来说什么是好的事件，什么是坏的事件。强化信号是立即得到的，它体现了 Agent 所面临的问题的特征。这样，强化模块一定是固定不变的，它是改变策略的基础。策略模块是 Agent 的决策模块，决定在遇到的每个状态时应采取什么样的动作。它是强化 Agent 的核心，可以单独决定一个 Agent 的完整行为，其他部分仅起到改进策略的作用。

增强学习的目的是构造一个控制策略，使得 Agent 行为性能达到最大。因此需要定义一个目标函数来表明从长期的观点确定什么是好的动作。通常以状态的 V 值函数或状态–动作对应的 Q 值函数体现此目标函数，其目标函数的形式有

$$V^{\pi}(s_t) = r_t + \gamma r_{t+1} + \gamma^2 r_{t+2} + \cdots = \sum_{i=0}^{\infty} \gamma^i r_{t+i} \tag{5.2.1}$$

$$V = \sum_{t=0}^{h} r_t \tag{5.2.2}$$

$$V = \lim_{x \to \infty}\left(\frac{1}{h}\sum_{t=0}^{h} r_t\right) \tag{5.2.3}$$

式中：γ 为折扣因子，$0 < \gamma < 1$；r_t 为从 $t \sim t+1$ 状态转移后 Agent 接收到的奖赏信号值，这里奖赏信号值可以是正、负或零。

式(5.2.1)为无限折扣奖赏模型，Agent 考虑未来的奖赏，并以某种形式的折扣加在值函数中；式(5.2.3)为有限模型，Agent 只考虑未来 h 步的奖赏之和。

2. 输入模块的实现方法

输入模块的作用是把环境的状态转换成适应 Agent 所能接受的状态，为策略模块提供输入。输入模块可用线性函数、模糊集合及神经网络等方法实现。实现输入模块的方法主要有 Box 结构方法、模糊方法和神经元网络方法。Box 结构方法、模糊方法存在量化空间太大的问题，不仅占用大量的内存，而且计算量大，可采用自组织神经网络进行数据压缩，其学习结果能体现输入样本的情况。把状态信息作为网络的输入，通过学习，神经网络每个输出神经元的状态就可以表示状态空间的压缩结果。

3. 强化模块实现方法

在增强学习系统中，Agent 的目标被形式化为一个特定信号，称为奖励信号，一般是一个标量。用奖励信号表示要实现的目标是强化学习最鲜明的特征。如在智能机器人的避碰行为学习中，可以在每一个时间步里，测量机器人与障碍物之间的距离，一旦该距离小于某一域值，奖励信号为 −1，其他时间为 0。强化信号可以从环境的状态直接得到，也可以从环境的状态间接得到，强化信号不但来自环境的状态，而且与主观的目标紧密相连。因此，实现强化模块的方法有许多种，如神经网络方法、模糊逻辑方法以及一些简单的函数方法等。采用神经网络方法时，可把环境的状态作为网络的输入，将强化信号作为

网络的输出,通过训练使神经网络记忆一些评价的准则。采用模糊方法是根据环境的一些模糊变量,并通过模糊推理来确定强化信号。采用神经网络(BP网络和CMAC网络)进行泛化是本书中将要采用的方法。

4. 策略模块实现方法

增强学习系统中最为关键的部分是策略模块。策略模块的实现有多种方法,最为常用的是玻耳兹曼分布方法、伪随机法和伪耗进方法。

玻耳兹曼分布方法通过一个分布函数对状态-动作对进行选择。伪随机法是指给定状态 s,具有最高值的动作被选择的初始概率为 P_s,如果该动作没有被选中,则Agent在所有可能的动作中随机地选择下一个动作。伪耗进方法是指给定状态 s,具有最高值的动作被选择的初始概率为 P_s,如果该动作没有被选中,则Agent执行上一次相同状态下被选中的动作。

另外,为了加速收敛,还有以上几种方法的改进方法:如贪婪策略,即每次选择具有最高值的动作;衰减搜索 ε-greed 的方法,随机选取动作的概率随着训练的进行不断减小,最后变成贪婪学习策略。

在强化学习中,Agent是根据环境的状态进行决策的,从理想角度看,希望一个状态能够概括以往的信息,并且能保持所有的有用信息。一般来说,需要瞬时的感知信号,不需要过多的以往信号。能够保持所有相关信息的状态称为具有马尔可夫特性的状态。一般情况下,强化学习问题中的马尔可夫特性是指在 $t+1$ 时刻环境的动态特性可以根据以前所有的状态信号来确定。

马尔可夫决策过程的决策优化目标函数主要有折扣总回报目标和平均期望回报目标两种类型。

MDP折扣总回报目标:

$$J_{\mathrm{d}} = E[\sum_{t=0}^{\infty} \gamma^t r_t] \tag{5.2.4}$$

MDP平均期望回报目标:

$$J_{\mathrm{a}} = \limsup_{N\to\infty} \frac{1}{N} E[\sum_{t=0}^{N-1} r_t] \tag{5.2.5}$$

以上两种决策优化目标函数在动态规划领域都得到了广泛的研究和应用。在增强学习算法的研究中,主要针对折扣总回报目标函数进行了大量研究。近年来,针对平均期望回报目标的增强学习方法也取得了一定的研究进展[5-6]。文献[6]对两种目标函数的性能差异进行了深入分析,指出折扣总回报目标函数可以在性能方面近似于平均期望回报目标。对于有限阶段的马尔可夫决策问题，当折扣因子 $\gamma=1$ 时，两种目标函数等价。因此，下面将以具有折扣总回报目标函数的马尔可夫决策问题为研究对象。

为优化马尔可夫决策过程的性能目标函数，在动态规划和增强学习方法中都定义了马尔可夫决策过程的策略和值函数来确定行为决策。下面分别介绍马尔可夫决策过程的策略和状态值函数的定义。

定义 5.1　马尔可夫决策过程的一般随机策略：记 S_n 和 A_n 分别为马尔可夫决策过程在时刻 n 的状态集和行为集，集合 $\Gamma_n=\{(s,a):s\in S_n,a\in A_n\}$。则称测度序列 $\pi=(\pi_0,\pi_1,\pi_2,\cdots)$ 为马尔可夫决策过程的随机策略，若对于任意 $n\geqslant0$，π_n 为 $\Gamma_0\times\Gamma_1\times\cdots\times\Gamma_{n-1}\times S_n$ 到 A_n 的转移概率。且满足

$$\pi(A_n(s_n)\mid s_n,a_{n-1},s_{n-1},\cdots,a_0,s_0)=1 \tag{5.2.6}$$

定义 5.1 给出了一般随机策略的严格数学定义，从概念上讲，时刻 n 的策略 π_n 确定了在该时刻选择行为的规则。

在定义了马尔可夫决策过程的策略后，可以对状态的值函数进行如下定义。

定义 5.2　马尔可夫决策过程的状态值函数。设 π 为平稳策略，则马尔可夫决策过程的状态值函数定义为

$$V^{\pi}(s)=E\left[\sum_{t=0}^{\infty}\gamma^t r_t\mid s_0=s\right] \tag{5.2.7}$$

式中：数学期望是定义在状态转移概率 P 和平稳策略分布上的。

马尔可夫决策过程的状态值函数确定了从某一状态出发按照策略选择行为所获得的期望总回报的大小。类似于状态值函数，马尔可夫决策过程的行为值函数确定了从某一状态－行为对出发，按照策略选择行为所获得的期望总回报的大小。在增强学习算法中，为便于进行策略的更新，通常对行为值函数进行估计。

下面给出马尔可夫决策过程行为值函数的定义。

定义 5.3　马尔可夫决策过程的行为值函数。设 π 为二维平稳策略，则马尔可夫决策过程的行为值函数定义为

$$Q^{\pi}(s,a)=E^{\pi}\left[\sum_{t=0}^{\infty}\gamma^t r_t\mid s_0=s,a_0=a\right] \tag{5.2.8}$$

根据动态规划的有关理论，状态值函数和行为值函数分别满足如下的贝

尔曼(Bellman)方程：

$$V^{\pi}(s_t)=E[r(s_t,a_t)+\gamma V^{\pi}(s_{t+1})] \tag{5.2.9}$$

$$Q^{\pi}(s_t)=E[r(s_t,a_t)+\gamma V^{\pi}(s_{t+1})] \tag{5.2.10}$$

式中：数学期望是定义在状态转移概率的分布上；s_t 和 s_{t+1} 分别为时刻 t 和 $t+1$ 的状态；a_t 为时刻 t 的行为。

在定义了马尔可夫决策过程的状态值函数和行为值函数后，优化目标函数 $V=\lim\limits_{x\to\infty}\left(\frac{1}{h}\sum\limits_{t=0}^{h}r_t\right)$ 的最优平稳策略 π^* 由下式确定：

$$\pi^*=\arg\max_{\pi}V^{\pi}(s) \tag{5.2.11}$$

对应最优平稳策略 π^* 的最优状态值函数和最优行为值函数分别记为 $V^*(s)$ 和 $Q^*(s)$，则有如下的关系式成立：

$$V^{\pi}(s_t)=\max_{a}Q^*(s,a) \tag{5.2.12}$$

最优状态值函数和行为值函数分别满足

$$V^*(s_t)=\max_{a_t}E[r(s_t,a_t)+\gamma V^*(s_{t+1})] \tag{5.2.13}$$

$$Q^*(s_t,a_t)=E[r(s_t,a_t)+\max_{a_{t+1}}\gamma Q^*(s_{t+1},a_{t+1})] \tag{5.2.14}$$

对于模型已知的马尔可夫决策过程，利用动态规划的值迭代和策略迭代等算法可以求解最优值函数和最优策略。而当马尔可夫决策过程的模型未知时，传统的动态规划方法无法进行求解，而增强学习算法则成为一种有效的求解手段[4]。

5.2.3 Q－学习基本算法

Q－学习是一种模型无关的增强学习算法，它的思想是不去学习每个状态的评价函数 V，而是学习每个状态－动作对的评价值 $Q(s,a)$，$Q(s,a)$ 的值是从状态 s 执行动作 a 后获得的累计回报值。评价函数直接根据 Agent 实际经历的状态来学习，不需要知道状态转移函数，因而和环境模型无关。

1. Q－学习算法描述

定义 5.4 评价函数 $Q(s,a)$ 定义：它的值是状态 s 开始并使用 a 作为第一个动作时的最大折算累积回报。即 Q 的值为从状态 s 执行动作 a 的立即回报加上以后遵循最优策略的值（γ 折算）[1]：

$$Q(s,a)=r(s,a)+\gamma V^*(\delta(s,a)) \tag{5.2.15}$$

式中：$Q(s,a)$ 正是式(5.2.13)中选择状态 s 上的最优动作 a 对应的最大量。

因此，可以将式(5.2.15)写成 $Q(s,a)$ 函数的形式：

$$\pi^*(s) = \arg\max_a Q(s,a) \tag{5.2.16}$$

从式(5.2.15)可以看出，Agent 对环境的作用是通过 Q 函数实现的，而不是 V^* 函数。即使缺少函数 r 和 σ 的知识时，Agent 也能选择最优的动作。从式(5.2.16)可以看出，Agent 只须考虑当前的状态 s 下每个可用的动作 a，并选择其中使 $Q(s,a)$ 最大化的动作。由于 Q 函数和 V^* 函数存在关系

$$V^*(s) = \max_{a'} Q(s,a') \tag{5.2.17}$$

因此可以将 Q－学习表达式写为

$$Q(s,a) = r(s,a) + \gamma \max_{a'} Q(\delta(s,a),a') \tag{5.2.18}$$

这个 Q 函数的递归定义提供了迭代逼近 Q－学习算法的基础。

在此算法中用一个值表来存储其假设的值，其中每个状态－动作对 $<s,a>$ 有一表项。用 $\hat{Q}$ 表示 Q 函数的估计。状态－动作对的表项中先存储 $\hat{Q}(s,a)$ 的值。在学习开始时，先将表初始化，一般赋予随机数。学习过程中 Agent 重复地观察其当前的状态 s，选择某个动作 a。执行此动作后观察结果回报 $r(s,a)$，以及新状态 $s'=\delta(s,a)$。则可根据

$$\hat{Q}(s,a) \leftarrow r + \gamma \max_{a'} \hat{Q}(s',a') \tag{5.2.19}$$

对 Q 值表进行更新。

Q－学习是一种无需环境模型的强化学习方法，也被认为是一个增量式的动态规划方法。它用一步方式来决定策略，并希望找到一个策略(动作序列)使评价总和得到最大。Q－学习的思想是不去估计环境模型，而是直接优化一个可迭代计算的 Q 函数，此 Q 函数为在状态 s_t 时执行动作 a_t，且此后按最优动作序列执行时的折扣累计强化值。通过以上分析可以得到 Q－学习的基本算法如下：

对每个状态－动作对 $<s,a>$ 初始化表项 $\hat{Q}(s,a)$，观察当前状态 s，一直重复做：

(1) 选择一个动作 a 并执行它。

(2) 接收到立即回报 r。

(3) 观察新状态 s'。

(4) 对 $\hat{Q}(s,a)$ 按照式(5.2.19)进行更新表项。

Q 函数的实现主要采用表格方法，在学习过程中，只要 $\hat{Q}(s,a)$ 的值都是 0，Agent 就不会改变任意 $\hat{Q}(s,a)$ 表项，直到它刚好到达目标状态并且收敛到非零的回报值。这样只有通向目标状态的转换的 $\hat{Q}$ 值被精确化。在下一个动作中，当经过与目标相邻的状态时，非 0 的 $\hat{Q}$ 值会导致与目标相差两步的状态中的 $\hat{Q}$ 值的变化。因此当给定足够数量的训练情节时，信息会从非零回报的转换向后传播到整个状态－动作空间，最终得到一个 $\hat{Q}$ 表。在表格法中，当环境的状态集合 S、Agent 可能的动作集合 A 较大时，需要占用大量的内存空间，而且不具有泛化能力。为了克服上述缺陷，可以采用神经网络实现 Q－学习，网络的输出对应每个动作的 Q 值，网络的输入对应描述环境的状态，这将在下节 Q－学习的实现中具体描述。

由于 Q－学习在每次迭代循环中都考查 Agent 的每一个行为，因而从本质上来说 Q－学习是不需要特殊的搜索策略的。在一定条件下 Q－学习只需要采用贪心策略就可以保证算法的收敛。正是由于这个原因，尽管 Q－学习需要提高收敛速度，但它始终被认为是最有效的模型无关强化学习算法之一，同时也是目前应用最为广泛的算法之一。

2. Q－学习算法的收敛性

在 Q－学习算法中，只有系统满足以下的条件时，才能保证采用 $\hat{Q}$ 值来对实际的 Q 进行估计：

（1）系统为一确定的 MDP。

（2）必须假定立即回报值都是有界的。

（3）Agent 选择动作的方式为它频繁访问所有可能的状态－动作对。

对于确定性马尔可夫决策过程中的 Q－学习的收敛性，有如下结论：考虑一个 Q－学习 Agent，在一个有界回报（$\forall s,a$）$|r(s,a)|\leqslant c$ 的确定性 MDP 中，Q－学习 Agent 使用式（5.2.19）的训练规则，将 $\hat{Q}(s,a)$ 初始化为任意有限值，并且使得折算因子 $\gamma, 0\leqslant\lambda<1$。令 $\hat{Q}(s,a)$ 代表在第 n 次更新后的 Agent 的 $Q(s,a)$ 的估计值，如果每个状态－动作对都被无限频繁的访问，那么对所有 s 和 a，当 $n\to\infty$ 时，$\hat{Q}(s,a)$ 收敛到 $Q(s,a)$。

3. Q－学习算法的实验策略

在Q－学习算法中，一个最为常用的实验策略是，对于在状态 s 的Agent选择 $\hat{Q}(s,a)$ 最大化动作，从而使用其当前的近似 $\hat{Q}$。然而使用此策略存在风险，Agent可能过度地约束到在早期训练中有高 $\hat{Q}$ 值的动作，而不能探索到其他可能有更高值的动作。因此，在Q－学习中通常使用概率的途径来选择动作。有较高 $\hat{Q}$ 值的动作被赋予较高的概率，但所有动作的概率都非0。赋予这种概率的一种方法是

$$P(a_i|s)=\frac{k^{\hat{Q}(s,a_i)}}{\sum_j k^{\hat{Q}(s,a_j)}} \tag{5.2.20}$$

式中：$P(a_i|s)$ 为Agent在状态 s 时选择动作 a_i 的概率；$k>0$ 为常量，它确定此选择优先考虑高 $\hat{Q}$ 值的动作。较大的 k 值会将较高的概率赋予超出平均 $\hat{Q}$ 的动作，致使Agent利用它所学到的知识来选择它认为会使回报最大的动作；相反，较小的 k 值会使其他动作有较高的概率，导致Agent探索当前 $\hat{Q}$ 值还不高的动作[7-9]。

5.2.4　基于前向神经网络的Q－学习算法

各种增强学习算法都是针对有限状态MDP的表格型学习算法，即对每个状态或状态－动作对进行计算和存储值函数。也就是利用表格（Lookup）来表示值函数。设 $Q(s,a)$，$s\in S$，$a\in A$ 为Lookup表格，S、A 为有限集合。$Q(s,a)$ 代表 s 状态下执行动作 a 的 Q 值。表的大小等于 $S\times A$ 的笛卡儿乘积中元素的个数。当环境的状态集合 S 以及可能的动作集合 A 较大时，$Q(s,a)$ 需要占用大量的内存空间，而且不具有泛化能力。因此，对于大规模MDP和连续状态空间MDP，增强学习算法也面临着类似于动态规划的“维数灾难”。由于实际的优化和控制问题往往具有大规模和连续状态空间的特点，因此必须在上述表格型算法的基础上研究增强学习的泛化方法，以克服“维数灾难”。

因此，下面将采用BP网络和CMAC网络为非线性函数逼近器来近似Q－学习中的评价函数。这里采用神经网络实现Q－学习[10-11]，网络的输入对应环境的状态，网络的输出对应每个状态－动作对的 Q 值[10-11]。

前向神经网络是一类重要的人工神经网络，其中包括熟知的BP网络。前

向神经网络一般由输入层、隐层和输出层组成。网络的输入可以是任意的离散或连续量,输出则根据输入矢量和网络中各层神经元之间的连接权值来计算。前向神经网络的优点是:具有良好的泛化性能,能够根据少量的学习样本获得未知输入与输出之间的映射关系;网络所需要的存储空间有限,存储空间的大小仅和连接权的个数相关。前向网络可以用于逼近多维的非线性函数,逼近的过程采用误差 BP 算法来调整网络的连接权值的大小,目标是获得最小误差的输出。

基于前向神经网络的 Q－学习采用前向神经网络来存储 Q 值函数,当网络的输入是状态 s 时,输出则是在状态 s 下选择某一个动作 a 的评价值 $Q(s,a)$。在学习过程中,Agent 根据神经网络的输出选择动作执行,并根据下一个状态和回报更新上一个状态和动作的 Q 值,神经网络将重新学习新的 Q 值。基于 BP 网络的 Q－学习框图如图 5.2.3 所示。

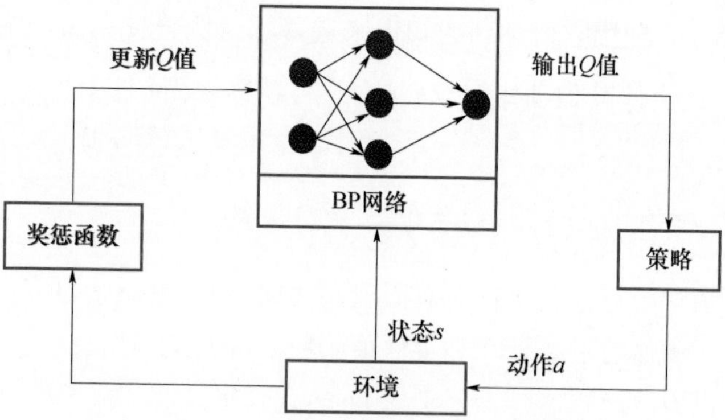

图 5.2.3 基于 BP 网络的 Q－学习框图

采用前向神经网络存储 Q 值函数的方法和采用 Lookup 表格方法相比有以下优势:首先从空间代价来看,当状态空间较大时,前者占用的存储空间大大小于后者,原因是神经网络所需的存储空间只与网络的连接权个数相关,而连接权的个数一般远小于状态的个数;其次从时间代价来看,前者的学习速度明显快于后者,原因是神经网络具有一定的泛化特性,也就是说神经网络只需要学习部分状态－动作对的 Q 值,就可以获得其他状态－动作对的 Q 值。

基于前向神经网络的 Q－学习实际上包括前向神经网络的学习和系统的 Q－学习两个学习过程。

1. 前向神经网络的学习

前向神经网络的学习过程采用 BP 算法,BP 算法的基本思想是向根据正向传播计算网络的实际输出,然后将实际输出和期望输出之间的误差信号反向传播,并修改各层神经元的权值,重复这一过程直至误差信号小于一个设定值。

假设对于某一个输入,网络的实际输出为 y,期望输出为 $\hat{y}$,网络的权矢量 $\boldsymbol{W}=[w_1,w_2,\cdots,w_n]$,定义的误差函数为

$$E=\frac{1}{2}\times(y-\hat{y})^2 \tag{5.2.21}$$

由于 $\hat{y}$ 由权值矢量 $\boldsymbol{W}$ 计算得到,因此是一个函数。即在反向传播过程中,BP 算法沿梯度下降的方向修改权矢量 $\boldsymbol{W}$,W 的修正值为

$$\Delta W=-\eta\frac{\partial E(W)}{\partial W} \tag{5.2.22}$$

具体表述为

$$\begin{aligned}\Delta W_n &= -\alpha\{\eta[r(s_n,a_n)+\gamma\max_{a_{n+1}}Q(s_{n+1},a_{n+1})]+(1-\eta)\max_{a_n}Q(s_n,a_n)-Q(s_n,a_n)\}\\ &\quad\times\{\eta\frac{\gamma\partial\max\limits_{a_{n+1}}Q(s_{n+1},a_{n+1})}{\partial W_n}+(1-\eta)\frac{\partial\max\limits_{a_n}Q(s_n,a_n)}{\partial W_n}-\frac{\partial Q(s_n,a_n)}{\partial W_n}\}\end{aligned} \tag{5.2.23}$$

式中:η 为正的学习速率,它决定了梯度下降搜索的步长。

BP 的训练法则为

$$W\leftarrow W+\alpha\Delta W \tag{5.2.24}$$

式中:α 为学习速率。

2. 基于前向神经网络的 Q－学习算法

基于前向神经网络的 Q－学习虽然对状态空间具有泛化能力,但对动作空间不具备泛化能力,网络的一个输出只能对应一个动作的 Q 值。虽然可以设计一个多输出的前向神经网络来保存多个动作的 Q 值,但是考虑每个动作的 Q 值函数是相互独立的,如果只采用一个神经网络,那么权值的更新可能会影响多个动作的 Q 值函数,使得它们之间不再独立。因此,一种合适的方法是采用多个神经网络来保存不同动作的 Q 值函数。

假设 Agent 的动作集中包含 n 个动作,即 $A=\{a_1,a_2,\cdots,a_n\}$,则构造 n 个神经网络保存相应的 Q 值函数,动作 a_i 对应的 Q 值函数为 Q_i。注意网络的权值调整除对被选中的动作 a_i 以外,其他对应的网络权值不进行调整。学习算法如下:

(1) 初始化所有行为状态值函数 $Q(s,a)$,并且对神经网络的权值矢量 $\boldsymbol{W}_i$ 进行随机赋值;

(2) 观察 t 时刻的环境状态 s_t;

(3) 计算每个动作的 $Q(s_t,a_t)$;

(4) 根据 $Q(s_t,a_t)$,选择下一个动作 a_t;

(5) 执行动作 a_t,得到新的状态 s_{t+1},以及立即回报 r_t;

(6) 计算

$$Q'(s_t,a_i)=(1-\alpha)Q(s_t,a_i)+\alpha(r_t+r\max_{a\in A})Q(s_t,a_t) \tag{5.2.25}$$

(7) 调整神经元网络 Q_i 的权值矢量 $\boldsymbol{W}_i$,使得误差 ΔQ_i 最小,即

$$\Delta Q_i=Q'(s_t,a_i)-Q(s_t,a_i) \tag{5.2.26}$$

(8) 返回(2)。

由于前向神经网络存在学习速度慢,局部泛化性能差的局限性,并且当网络步长太小时还有可能不收敛,因此基于前向神经网络的 Q-学习在实际应用中效果并不理想。小脑模型关节控制器(Cerebellar Model Articulation Controller,CMAC)在学习速度和局部泛化性能上均优于前向神经网络,更适合 Q-学习中的状态泛化。

5.2.5 基于 CMAC 的 Q-学习算法

1. CMAC 的基本结构和原理

CMAC 是一种基于联想记忆方式的神经网络。每个输入矢量激活记忆空间中特定数目的单元[10],网络输出为所有被激活单元所对应权值的代数和。

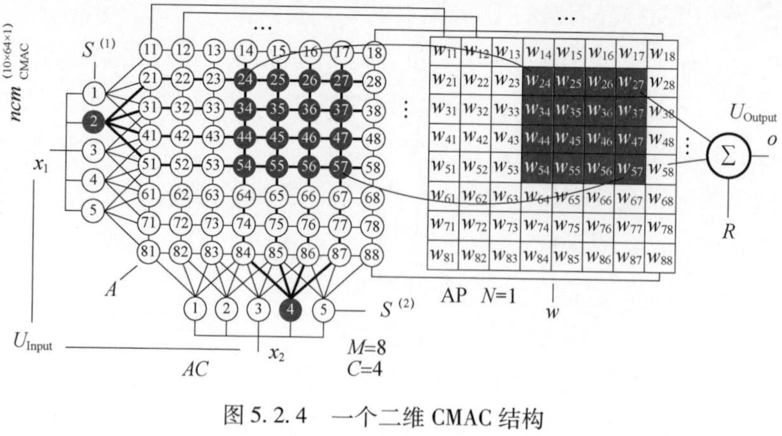

图 5.2.4 一个二维 CMAC 结构

二维 CMAC 结构如图 5.2.4 所示，包括网络输入 U、概念映射 $U \to$ AC、实际映射 AC→AP 和网络输出四个基本组成部分。输入 U 为多维空间（图 5.2.4 所示网络输入 U 为二维），经过零到 M 区间量化后得到离散的输入矢量（图 5.2.4 中 $M=8$）。每个输入矢量激活 AC 中 C 个单元（图 5.2.4 中 $C=4$），C 称为泛化参数，其大小决定泛化能力。实际映射中，为解决 CMAC 模型虚拟存储空间过大的问题将引入杂散编码技术，通常采用除留余数法进行 CMAC 的实际映射，实现空间压缩。即以元素值 $U+i$ 除以某数 $N(N \leqslant M)$ 后所得余数加一作为杂凑地址。实际存储器 AP 的 C 个单元的权值和即为网络输出。

其具体算法实现如下：

（1）$U \to$ AC。概念映射 $U \to$ AC 是从输入空间 U 至概念存储器 AC 的映射，设输入空间的矢量 $\boldsymbol{u}_p = [u_{1p}, u_{2p}, \cdots, u_{np}]^{\mathrm{T}}$，量化码为 $[u_p]$，输入空间映射至 AC 中 C 个存储单元，映射后的矢量可用下式表示：

$$\boldsymbol{R}_p = S([u_p]) = [s_1(u_p), s_2(u_p), \cdots, s_c(u_p)]^{\mathrm{T}} \tag{5.2.27}$$

式中：$s_j([u_p]) = 1, j = 1, 2, \cdots, c$。

利用下式实现概念映射：

$$S = \mathrm{round}\left((U - x_{\min})\frac{M}{x_{\max} - x_{\min}}\right) \tag{5.2.28}$$

式中：$x_{\min}$、$x_{\max}$ 分别为输入的最小、最大值；M 为 $x_{\max}$ 量化后所对应的最大值；round( )为四舍五入的 Matlab 函数。

（2）AC→AP。采用除留余数法来实现 CMAC 的实际映射。设杂凑表长为 M（正整数），以元素值 $U+i$ 除以某数 $N(N \leqslant M)$ 后所得余数 +1 作为杂凑地址，实现实际映射，即

$$\mathrm{ad} = (U+i) \bmod N + 1, i = 1, 2, \cdots, c \tag{5.2.29}$$

实际映射是由概念存储器 AC 中的 C 个单元，用编码技术映射至实际存储器 AP 的 C 个单元，C 个单元中存放着相应的权值，网络的输出为 AP 中 C 个单元的权值的和。若只考虑单输出，则输出为

$$y = \sum_{j=1}^{c} \omega_j s_j([u_p]) \tag{5.2.30}$$

CMAC 算法结构如图 5.2.5 所示。

CMAC 与目前应用广泛的 BP 网络相比具有以下优点：CMAC 接受实际输入，给出实际输出；具有局部泛化能力；可适应训练多种函数，其输出空间服从

叠加原理;其逻辑元阵列易于硬件实现。

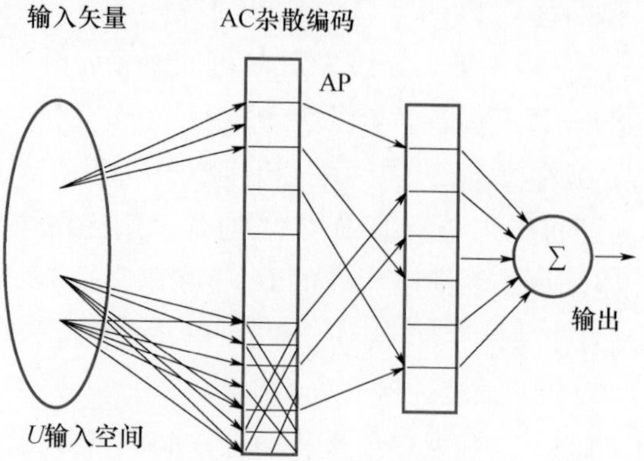

图 5.2.5　CMAC 算法结构

值得注意的是,图 5.2.5 中 $N=1$,未引入编码技术,即概念映射与实际映射的数据一样庞大。而在实际应用中,为了缩减运算量和存储量,实际映射空间通常都要远小于前者,即 $N>1$。因而利用杂散编码将虚拟存储空间压缩为物理存储空间是多对少的映射,故存在数据冲撞现象。

如果虚拟存储器有两个不同的存储单元通过映射后在物理存储器地址相同,就发生了数据冲撞。在 CMAC 中一般忽略这种冲撞,因为选择适当的 M、N、C 时冲撞不强烈,可将其看作一种随机扰动。通过学习算法的迭代过程可逐步将影响减小,不影响输出结果[10]。另外在实际应用中,也可以利用 M、N、C 的取值计算出现数据冲撞的概率,据此优化 CMAC 的结构。

2. CMAC 的学习算法

CMAC 网络的学习过程是不断对记忆空间中的单元权值进行调整的过程。该网络采用误差反向传播算法,通过调整网络的连接权值的大小,能够逼近任何多维的非线性函数;而且较其他神经网络需要修正的权值很少,能够在保证函数非线性逼近性能的前提下,维持较快的学习速度。在 CMAC 中,为完成所要求的非线性映射,需要对网络权值进行训练,使其分布代表所要求的非线性关系。CMAC 的训练采用的是有监督的 δ 学习算法:每学习一个样本,将网络的输出误差平摊到样本所对应的 C 个实际的记忆单元上。

CMAC 采用 δ 学习规则调整权值,权值调整指标为

$$E=\frac{1}{2c}e(t)^2$$

式中：$e(t)=r(t)-y(t)$。

由梯度下降法权值按下式调整：

$$\Delta\omega_j(t)=-\eta\frac{\partial E}{\partial\omega_j}=\eta\frac{(r(t)-y(t))}{c}\frac{\partial y}{\partial\omega_j}=\eta\frac{e(t)}{c} \tag{5.2.31}$$

$$\omega_j(t)=\omega_j(t-1)+\Delta\omega_j(t)+\alpha(\omega_j(t-1)-\omega_j(t-2)) \tag{5.2.32}$$

$$\boldsymbol{\omega}_p=[\omega_1\quad\omega_2\quad\cdots\quad\omega_c]^{\mathrm{T}} \tag{5.2.33}$$

式中：$\boldsymbol{\omega}_p$ 为输入样本对应的 C 个记忆单元的权值矢量，$\boldsymbol{\omega}_p=[w_1\quad w_2\quad\cdots\quad w_c]$；$\eta$ 为学习步长；α 为惯性系数；y 为网络的实际输出。

总结上面的分析，CMAC 网络的学习算法如下：

(1) 依据式(5.2.28)对 X_i 进行量化，并计算相应的逻辑地址 A_i。

(2) 通过式(5.2.29)将逻辑地址 A_i 映射到物理地址 A'_i 上，即 C 个实际的记忆单元，每个单元的权值为 $W_{ik}(k=1,2,\cdots,c)$。

(3) 计算网络输出

$$y=\sum_{k=1}^{c}w_k\boldsymbol{V}_k(x)$$

式中：$\boldsymbol{V}_k(x)$ 为输入层非线性映射后相联空间矢量。

(4) 计算期望输出和网络输出间的误差 $e(t)=r(t)-y(t)$，如果小于给定误差阈值 ε，则训练结束；否则，到(5)。

(5) 根据权值调整式(5.2.32)重新计算权值，返回(3)。

CMAC 网络通过以上算法循环，能够在较短的时间内实现对任何多维函数的逼近，且误差很小。

3. 基于 CMAC 网络的 Q－学习算法

鉴于 CMAC 能够迅速准确地逼近复杂的多维函数特性，采用 CMAC 网络存储 Q－学习过程中每个状态－动作对 (s,a) 的 Q 值表。假设状态空间为 S，有限离散动作集 $\mathbf{A}=\{a_1,a_2,\cdots,a_n\}$，每个动作 $a_i\in\mathbf{A}$ 对应一个结构相同的 CMAC 网络，用来保存任意状态 $s\in S$ 下动作 a_i 的 $Q(s,a_i)$。基于 CMAC 网络的 Q－学习虽然对状态空间具有泛化能力，但对动作空间不具备泛化能力。而且每个动作的 Q 值函数是相互独立的，如果只采用一个网络，一次权值更新就可能会影响到多个动作的 Q 值函数，使得它们之间不再独立。因此，采用多个 CMAC 网络分别保存不同动作的 Q 值函数。一个网络输出只能对应一个动作的 Q 值。

假设 Agent 的动作集中包含 n 个动作，即 $A=\{a_1,a_2,\cdots,a_n\}$，则构造 n 个神经网络分别保存对应在不同环境下的 Q 值，即学习动作 a 决策下 Q 值与环境的函数关系。每步决策后，网络只对被选中的动作 a 的权值进行调整（图 5.2.6）。

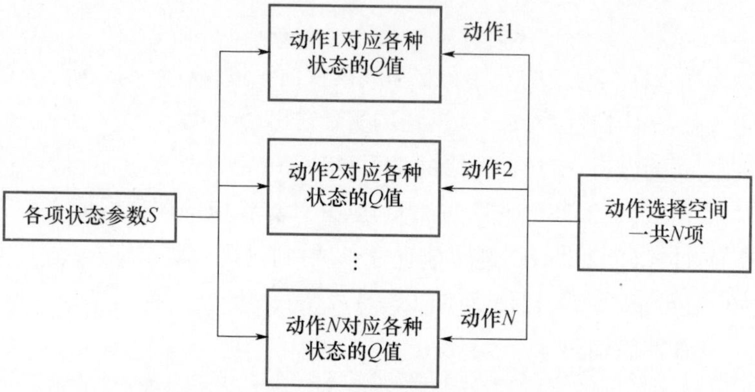

图 5.2.6　基于 CMAC 的增强学习网络结构

采用 CMAC 网络存储 Q 值函数的方法较采用 Lookup 表格方法有以下优势：

（1）从空间代价来看，当状态空间较大时，前者占用的存储空间远小于后者；其所需存储空间只与 CMAC 的连接权个数相关，而连接权的个数一般远远小于状态的个数。

（2）从时间代价来看，前者的学习速度明显快于后者；CMAC 具有一定的泛化特性，只需学习部分状态 - 动作对的 Q 值，就能获得所有状态 - 动作对的 Q 值。

CMAC 通过不断对记忆空间中的单元权值进行调整，实现对整个庞大的 Q 值表进行学习和存储。分别通过 n 个 CMAC 网络实现 n 个动作对应所有可能的环境参数矢量的 Q 值的学习和存储，并据此进行 Q - 学习，形成基于 CMAC 网络的 Q - 学习算法如下：

（1）初始化每个动作 $a_i\in\mathbf{A}$ 所对应的 CMAC 网络的权值矢量 $\boldsymbol{W}_{a_i}$ 和有关的权值参数；

（2）根据 t 时刻的环境状态 s_t，计算每个动作的 $Q(s_t,a_i)$；

（3）根据 Q 值选择一个动作 a_i；

(4) 执行动作 a_i,得到下一个状态 s_{t+1} 和立即回报 r_t;

(5) 利用 Q 值迭代式(5.2.19)计算 $Q(s_t, a_i)$;

(6) 调整动作 a_i 所对应的 Q 网络的权值,使得误差 ΔQ 最小,其中

$$\boldsymbol{W}_{a_k} = \begin{cases} \boldsymbol{W}_{a_k} + \alpha \Delta Q^* \Delta \boldsymbol{W}_{a_k}, k = i \\ \boldsymbol{W}_{a_k}, k \neq i \end{cases} \tag{5.2.34}$$

(7) 如果结果已经收敛,则令 $t = t + 1$,进入下一周期;否则返回(6)。

基于 CMAC 网络的 Q－学习算法框图如图 5.2.7 所示。

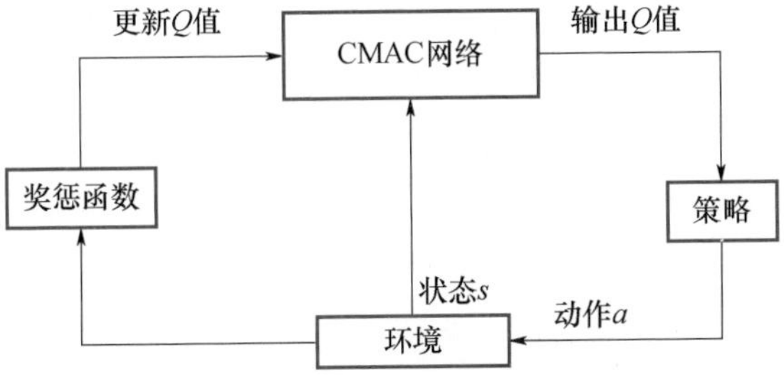

图 5.2.7　基于 CMAC 网络的 Q－学习算法框图

与基于前向神经网络的 Q－学习算法相比,CMAC 具有明显的优势。CMAC 网络采用一组记忆单元来保存输入到输出的映射关系。在实现 Q－学习的过程中,其对应的是状态 s 到 Q 值的映射关系。不同的输入状态将激活不同的记忆单元,因而不同状态下的 Q 值更新互不影响。与基于前向神经网络的 Q－学习算法相比,基于 CMAC 网络的 Q－学习算法主要具有以下两个优势:

(1)学习速度快。由于 CMAC 网络和前向神经网络相比,具有学习速度快的优势,因而基于 CMAC 网络的 Q－学习在更新 Q 值函数上的时间开销相对较小。考虑到两种 Q－学习算法都能实现状态的泛化,Q 值函数在更新上的时间开销将决定算法的学习速度。

(2) 学习准确度高。CMAC 网络采用一组记忆单元来保存输入到输出的映射关系,在 Q－学习中对应的是状态到 Q 值的映射关系。不同的状态将激活不同的记忆单元,因而不同状态下的 Q 值更新互不影响。而采用前向神经网络保存 Q 函数时,Q 值的更新通过调整相同的一组权值矢量来完成,因而不同状态下的 Q 值更新会相互影响。与前向神经网络相比,CMAC 网络虽然需要更多的存储空间,但却具有更好的局部泛化能力,学习的准确度较高。

5.3 基于 Q-学习的智能导引律

5.3.1 交战对策准则的建立

导弹的作战环境越来越恶劣，要对付的目标也具有更多、更先进的突防手段。往往要求导弹具有对付大机动目标和进行全方位攻击的能力，并且能克服各种干扰，导弹就必须具有更好的导引性能。基于微分对策的导引律理论上能够防止目标恶意突防对制导系统带来的影响。通过对策理论的引入，使导弹能够模拟人的思维，通过过去和当前时刻的目标运动情况[12]，能够合理地判断目标未来的走向，并给出最佳控制决策。

将微分对策理论应用于导引律的求取，就形成了微分对策导引方法。与最优导引不同的是，微分对策导引不是假设目标的机动方式不确定，而是认为目标也在智能地运用自己的机动能力，因此，微分对策导引可对付随机机动目标。

微分对策导引下的导弹控制，是根据战术技术指标要求，构造性能指标泛函，求得最优导引律。它充分考虑如何获取最小脱靶量和导弹为完成拦截任务所消耗的控制能量为最小，其结果势必使导弹尽量按平直弹道飞行，而最终减小脱靶量。理论上，微分对策导引律属于有约束条件的泛函极值问题。将泛函求极值归结为求解非线性两点边值问题，即求解两组非线性变系数的常微分方程组。其中一组是具有初值条件的微分方程组，而另一组是具有终值条件的伴随微分方程组。由于两点边值问题的求解十分困难，除了一些简单的问题外，一般难以求得解析解，因此目前仍难得到实际的应用。研究表明，采用增强学习算法可实现两点边值问题的计算过程。因此，可采用增强学习的方法来研究微分对策导引律的设计。

在用增强学习研究微分对策导引时必须确定对策准则，即选取哪些参数作为被考虑的对象，通过它们能够确定控制参数和控制方式。传统微分对策方法一般采用解析法，很少涉及人的经验在其中的作用。而解析法通常要对两点边值问题进行求解，此过程是非常复杂和费时的。在采用增强学习的方法研究微分对策导引律的设计中，将以“视线法”为基础，利用人的经验建立交战对策准则，以达到战术决策的自动化、智能化，而且计算时间大大减小，很容易满足实时性要求。但它的性能还要取决于交战知识的多少和质量。

此外，Q-学习自身还面临着一些需要解决的问题，其中之一是探索和扩张之间的平衡问题。扩张依据当前状态动作值选择最优动作，以此来修正状态—行动对表中的项，像所有优化问题一样，一味地进行贪心扩张往往陷入局部最优而无法得到全局的最优解；探索采用当前看来非最优的动作，它更有利于智能体获得更多的知识，从而跳出局部优化的陷阱，最终寻找到最优解。但是过多的探索将降低学习算法的性能，而且在某些情况下会对学习的结果产生不良的影响。

因为增强学习是一种在线学习方式，探索较多将影响实际得到的回报。而制定交战对策准则可以将状态空间离散化，且每个状态空间对应一个动作子空间，这样就可以减少探索，提高学习的效率。

在下面的研究中，将以二维平面上的（空空）导弹拦截目标（飞机）的导引问题为例。假设导弹和目标的航迹角分别为θ_m、θ_t，导弹和目标的速度分别为V_m、V_t，其中导弹具有速度优势，即$V_m > V_t$。其他交战双方的相关变量和参数的定义如前。选取视线角q以及空中拦截双方的航向角θ_m、θ_t作为被选取的参数，根据对策准则生成飞行器的动作空间。由于双方在机动策略的选择上均以回报函数为目标，而回报函数是依据双方的相对距离及其变化率，这样根据“视线法”的原则，对策准则如下：

（1）对于拦截导弹选取策略$u^* \in U$目的是：一是应使θ_t尽量落在和θ_m同一象限内；二是应使$|q-\theta_m|$尽快减小，即沿着视线距缩短的方向。

（2）对于目标来说正好相反，选取策略$v^* \in V$目的是：一是应使$|\theta_t-\theta_m|$以最快的速度增加；二是应使$|q-\theta_m|$尽快增加，也就是避免视线距缩短。

在建立交战对策准则时，相应的控制变量简化为机动过载，即双方只对其航迹角进行控制。这样，导弹具有速度优势，飞机具有机动优势。这一对策过程反映在Q-学习算法中就是导弹极小化强化函数，飞机要极大化强化函数，这样演变成一个“双方极值问题”，因此这是一个微分对策问题[13]。

5.3.2 基于BP网络的Q-学习导引律设计

在微分对策导引下，弹-目追逃系统的作战过程实际上是一个双方交战对抗过程。微分对策导引下的导弹,充分考虑如何获取最小脱靶量,以及导弹为完成拦截任务所消耗的控制能量最小,其结果势必使导弹尽量按平直弹道飞行,而最终减小脱靶量构造性能指标泛函,求得最优导引律。而目标遭受导弹拦截,将以更快的飞行速度和机动能力摆脱导弹的追击。目标将以最短的时间,以极大地增加导弹的脱靶量为目标进行"智能"机动,使对抗导弹的能力尽可能增大。在双方交战对抗过程中,双方采用微分对策导引律计算控制量,属于有约束条件的求泛函极值问题。将泛函求极值归结为求解非线性两点边值问题。即求解两组非线性变系数的常微分方程组:其中一组为具有初值条件的微分方程组;而另一组为具有终值条件的伴随微分方程组。

1. 交战对抗过程的描述

假设交战对抗过程的运动方程为

$$\dot{x}=f(\boldsymbol{x},u,v,t) \tag{5.3.1}$$

式中:$\boldsymbol{x}$ 为交战双方的运动状态矢量;u 为拦截策略;v 为目标采取的策略。

根据最优控制理论可以得到系统的性能指标泛函为

$$J(u,v)=\varphi(x(t_1),t_1)+\int_{t_0}^{t_1}L(\boldsymbol{x},u,v,t)\mathrm{d}t \tag{5.3.2}$$

交战对抗过程中,导弹在微分对策导引下将力图使性能指标 $J(u,v)$ 趋向最小,而目标则相反地促使 $J(u,v)$ 达到最大。经过对抗与反对抗,双方均可求出最优策略,使得

$$J(u^*,v)\leqslant J(u^*,v^*)\leqslant J(u,v^*) \tag{5.3.3}$$

这样就将导弹拦截目标的问题转化为完全信息的二人零和微分对策问题。

以上泛函的鞍点即是满足最优控制律的最优点(u^*,v^*),其中,u^*、v^* 分别是导弹和目标采取的最优策略。根据交战的要求可以得到鞍点满足的条件为

$$J(u^*,v)\leqslant J(u^*,v^*)\leqslant J(u,v^*) \tag{5.3.4}$$

利用哈密顿函数求解最优控制策略 u^*、v^*,哈密顿函数如下:

$$H(\boldsymbol{\lambda},\boldsymbol{x},u,v,t)=L(\boldsymbol{x},u,v,t)+\boldsymbol{\lambda}^{\mathrm{T}}f(\boldsymbol{x},u,v,t) \tag{5.3.5}$$

然后,根据双方极值原理可以得到最优策略 u^*、v^*。

根据双方极值原理可知,最优策略(u^*,v^*)达到最优的条件是 $u^*(t)$、$v^*(t)$ 对于一切 $t\in[t_0,t_1]$满足:

$$\max_{u\in u}\min_{v\in V} H(\boldsymbol{\lambda},\boldsymbol{x}^*,u,v,t)=\min_{v\in V}\max_{u\in u} H(\boldsymbol{\lambda},\boldsymbol{x}^*,u,v,t)$$
$$=H(\boldsymbol{\lambda},\boldsymbol{x}^*,u^*,v^*,t) \tag{5.3.6}$$

在Q-学习算法中，根据每个状态-行为对(s,a)，利用与环境交互获得的信息来对各个Q函数进行迭代，以得到最优状态-动作值函数的估计。在交战对抗中双方的性能指标定义为：双方在一系列控制作用下，从某一状态开始进行到末端状态的过程中所接受到的激励总和，即

$$V(s_n)=\sum_{k=0}^{\infty}\gamma^k r_{n+k+1}=r_{n+1}+\gamma V(s_{n+1}) \tag{5.3.7}$$

因此可知，在机动过程中，导弹选择机动策略目的是极小化回报函数，而目标选择机动策略的目的是极大化回报函数。这样，双方各自的评价函数和Q函数分别定义为

拦截导弹

$$V^*(s_n)=\max_n Q^*(s_n,u_n) \tag{5.3.8}$$

$$Q^*(s_n,u_n)=V^*(s_n)+\boldsymbol{\eta}\{[r(s_n,u_n)+\gamma V^*(s_{n+1})]-V*(s_n)\} \tag{5.3.9}$$

目标

$$V^*(s_n)=\min_n Q^*(s_n,u_n) \tag{5.3.10}$$

$$Q^*(s_n,v_n)=V^*(s_n)+\boldsymbol{\eta}\{[r(s_n,v_n)+\gamma V^*(s_{n+1})]-V*(s_n)\} \tag{5.3.11}$$

由以上可以得到将两者结合的微分方程为

$$Q^*(s_n,u_n,v_n)=\max_u\min_v Q(s_n,u_n,v_n)+\boldsymbol{\eta}[r(s_n,u_n,v_n)$$
$$+\gamma\max_u\min_v Q(s_{n+1},u_n,v_n)-\max_u\min_v Q(s_n,u_n,v_n)] \tag{5.3.12}$$

2. 回报函数[11,14]

在增强学习系统中，定义回报函数的目的是定义一个目标，即将所感知环境的状态（或状态-行动对）映射为一个单一数值。对于增强学习系统来说，它的唯一目的是极大化期望长期总回报。

回报信号可以从环境状态直接得到，也可以从环境状态信息中间接地得到，当环境状态值达不到预定的要求时，也可以认为产生一个失败回报信号。因此，回报信号不但来自于环境状态，而且与主观的目标紧密相连。

在增强学习系统中，采用一个回报函数来定义一个目标，也就是将感知环境的状态映射为单一的数值。在此，将回报函数$r(s,a)$定义为导弹和目标之间相对距离d_{mt}的变化律的函数，即

$$r_n(s,a)=\begin{cases}1,d_{\mathrm{tm}}>d_1\cap\dot{d}_{\mathrm{tm}}>0\\0.2,d_{\mathrm{tm}}>d_1\cap\dot{d}_{\mathrm{tm}}<0\\-0.2,d_{\mathrm{tm}}<d_2\cap\dot{d}_{\mathrm{tm}}>0\\-1,d_{\mathrm{tm}}>d_2\cap\dot{d}_{\mathrm{tm}}<0\\0,d_1<d_{\mathrm{tm}}<d_2\end{cases}\tag{5.3.13}$$

式中：d_{tm}为导弹和目标的相对距离；d_1 为飞机安全逃逸的距离，d_2 为导弹有效拦截距离。

3. 强化函数

针对表格型的 Q－学习算法在状态－动作对次数大和学习次数多时存储 Q 值需要占用非常大的空间。如 5.2.1 节所论，可以利用 BP 神经网络具有的任意逼近、容错、泛化等能力来近似强化函数。既可存储所学习过的经验和信息，也可对没有学习到的状态进行推广。但是，对于状态空间比较大的增强学习系统来说，一个神经网络可能只对某一状态子空间具有较好的学习和推广性能，而对其他状态子空间的推广能力较差。因此，下面采用 BP 神经网络结构来近似强化函数时，每个神经网络对应某一个状态子空间。

用 BP 神经网络作为非线性函数逼近器来近似 Q－学习中的强化函数，网络的输入对应环境的状态，网络的输出对应每个状态－动作对的 Q 值，其具体算法在 5.2.4 节中有详细的描述，此处不再赘述。

据上所述，可得基于 BP 神经网络的 Q－学习导引律设计方法如下：

(1) 初始化所有行为状态值函数 $Q(s,a)$，并且对神经网络的权值矢量 W_i 进行随机赋值。

(2) 观察 t 时刻的环境状态 s_t，并判断如果 R 小于盲区距离，则拦截成功；否则，进行动作选择。

(3) 计算每个动作的 $Q(s_t,a_t)$。

(4) 根据 $Q(s_t,a_t)$ 选择下一个动作 a_t。

(5) 执行动作 a_t，得到新的状态 s_{t+1}，以及立即回报 r_t，并且依据微分对策按点条件选择双方动作

$$a_{n+1}=\arg\{\max_{t}\min_{m}Q_{n-1}(s_{n+1},b)\},b\in A\tag{5.3.14}$$

(6) 计算

$$Q'(s_t,a_i)=(1-\alpha)Q(s_t,a_i)+\alpha(r_t+r\max_{a\in A})Q(s_t,a_t) \tag{5.3.15}$$

(7) 调整神经元网络 Q_i 的权值矢量 $\boldsymbol{W}_i$,使得误差 ΔQ_i 最小,即

$$\Delta Q_i=Q'(s_t,a_i)-Q(s_t,a_i) \tag{5.3.16}$$

(8) 更新学习因子,如果循环次数大于最大值,则结束本次学习,返回(2)。

(9) 结束。

以上9步构成了基于BP神经网络的Q－学习导引律设计方法。Q－学习导引方法是一种“智能”导引方法,优势之一是设计过程中可以融入设计者或领域专家的经验,这样一方面可考虑更多影响因素,以达到战术决策的自动化、智能化;另一方面可减小动作空间,避免解析法的繁琐计算,使得计算时间大大缩短,容易满足实时在线应用的要求。同时为了防止单方向搜索造成进入局部极小点,将人的经验控制和Q－学习算法选择相结合,通过建立控制量选择库,实现控制量矩阵的合理选择。

依据交战的对策准则,导弹、目标的控制量仅为法向过载,即对交战双方的飞行方向进行控制,故相应的控制策略可分为如下类型:

(1) 向左大过载转弯($u_1=1$);

(2) 向左小过载转弯($u_2=0.5$);

(3) 直飞($u_1=0$);

(4) 向右小过载转弯($u_1=-0.5$);

(5) 向右大过载转弯($u_1=-1$)。

双方交战中,目标总是选择使自己脱离导弹方向的动作,导弹总是选择追上目标的动作,直到击中目标。对于Q－学习的评价函数,采用BP神经网络来学习和推广,网络的输入为状态量和控制量的组合[$x_{\mathrm{m}},y_{\mathrm{m}},x_{\mathrm{t}},y_{\mathrm{t}},\Delta\theta_{\mathrm{mt}},\Delta\theta_{\mathrm{tt}}$],网络的输出为状态－动作对的 Q 值。

从控制量选择矩阵中任选一组矢量作为控制量,当时的飞行器位置状况作为输入矢量,用得到的神经网络进行估值。选择使网络值最大的 $\Delta\theta_{\mathrm{mt}}$ 作为实际的对导弹的控制量;选择使网络值最小的 $\Delta\theta_{\mathrm{tt}}$ 作为实际的目标的控制量。

5.3.3　基于CMAC的Q－学习导引律设计

微分对策导引律设计中将泛函求极值归结为求解非线性两点边值问题,

由于两点边值问题的求解十分困难，研究表明，采用增强学习算法可实现两点边值问题的计算过程。5.3.2 节将微分对策导引律与基于 BP 神经网络的 Q－学习算法相结合，研究了基于 BP 神经网络的 Q－学习导引律设计。和基于 BP 神经网络的 Q－学习算法相比，基于 CMAC 网络的 Q－学习算法具有学习速度快、精度高两大优势。下面将微分对策理论与基于 CMAC 的 Q－学习算法相结合，在 Q－学习算法中利用与环境交互获得的信息针对每个状态－行为对(s,a)的各个 Q 值进行迭代，以得到最优状态－动作值函数的估计，形成一种新的基于 CMAC 的 Q－学习导引律设计方法。

1. 交战对抗过程的描述

在交战拦截中双方的性能指标定义为双方在一系列控制作用下，从某一状态开始进行到末端状态的过程中所接受到的激励的总和，即

$$V(s_n) = \sum_{k=0}^{\infty} \gamma^k r_{n+k+1} = r_{n+1} + \gamma V(s_{n+1}) \tag{5.3.17}$$

因此可知，拦截过程中导弹选择机动策略目的是极大化回报函数，而目标选择机动策略的目的是极小化回报函数。双方各自的强化函数和 Q 函数分别定义如下：

导弹

$$V^*(s_n) = \max_n Q^*(s_n, u_n) \tag{5.3.18}$$

$$Q^*(s_n, u_n) = V^*(s_n) + \eta\{[r(s_n, u_n) + \gamma V^*(s_{n+1})] - V*(s_n)\} \tag{5.3.19}$$

目标

$$V^*(s_n) = \min_n Q^*(s_n, v_n) \tag{5.3.20}$$

$$Q^*(s_n, v_n) = V^*(s_n) + \eta\{[r(s_n, v_n) + \gamma V^*(s_{n+1})] - V*(s_n)\} \tag{5.3.21}$$

将以上两者结合可得

$$\begin{aligned} Q^*(s_n, u_n, v_n) = & \max_u \min_v Q(s_n, u_n, v_n) + \eta[r(s_n, u_n, v_n) \\ & + \gamma \max_u \min_v Q(s_{n+1}, u_n, v_n) - \max_u \min_v Q(s_n, u_n, v_n)] \end{aligned} \tag{5.3.22}$$

对策双方在交战中通过式(5.3.22)进行决策：令导弹倾向于 Q 值大的决策，目标则倾向于 Q 值小的决策。根据微分对策理论，双向最优结果为导弹选择逃逸目标所有可能决策对应 Q 值中最小值最大的决策；反之，目标选择对应所有导弹可能决策最大 Q 值最小的决策，如下式所示：

$$Q(s,u,v^*) \leqslant Q(s,u^*,v^*) \leqslant Q(s,u^*,v) \tag{5.3.23}$$

即用式(5.3.23)代替式(5.3.1)实现双向最优的决策计算。

2. 基于模糊逻辑创建动作选择空间

动作选择空间是增强学习算法中一个非常重要的因素，直接关系控制器的执行效果，它的优化对提高系统的性能起着关键性作用[1]。利用模糊控制的决策结果设计、形成增强学习的动作选择空间。

模糊控制是以模糊集理论、模糊语言变量和模糊逻辑推理为基础的一种智能控制方法。它从行为上模仿人的模糊推理和决策过程。该方法首先将操作人员或专家经验编成模糊规则，然后将来自传感器的实时信号模糊化，将模糊化后的信号作为模糊规则的输入，完成模糊推理，将推理后得到的输出量加到执行器上。

利用第 4 章中的模糊组合导引律设计增强学习的动作选择空间。模糊控制器的两个输入分别为导弹的视线角变化率 $\dot{q}$ 和导弹速度方向与目标视线方向的夹角 η，取 $\dot{\theta} = k_1\dot{q} + k_2\eta$。

控制量 $\dot{\theta}$ 为导弹速度矢量旋转角速度。根据仿真结果和专家经验，对不同的 $\dot{q}$、η 输入量分别确定适当的 k_1、k_2 大小，从而形成优化的模糊规则库。模糊逻辑部分将定性分析和定量优化进行了综合集成，既具有比例导引的简易性，又具有最优导引的高性能，是一种具有自适应可变比例导航系数的比例导引律，因而具有较高的导引性能、鲁棒性和智能化程度，且在接近目标时视线角速率和法向加速度都很小。

该方法运算速度快，能以平直的弹道、较短的拦截时间完成低速无机动行为目标的拦截。因而选用模糊映射为增强学习算法提供动作选择空间。其算法结构如图 5.3.1 所示。

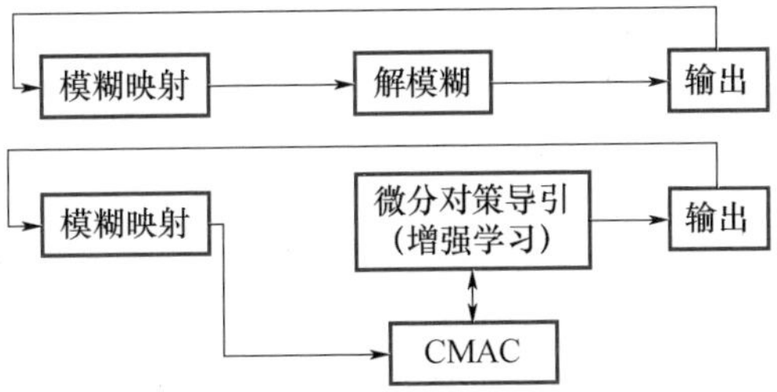

图 5.3.1　利用模糊映射为增强学习提供动作选择空间

首先,将模糊映射控制器中的解模糊过程除去,直接把模糊推理结果中隶属度大于0的所有决策量作为备选决策组成微分对策的动作选择空间;其次,利用增强学习方法基于微分对策理论对模糊映射提供的备选动作进行分析、计算,即用增强学习过程代替模糊映射的解模糊过程获得决策量,进而实现基于模糊映射与增强学习的微分对策导引律。

3. 基于 CMAC 的微分对策导引算法

1) 评价函数

表格型Q－学习算法的状态－动作对数量大或学习次数多时,存储 Q 值所需空间非常大。基于 CMAC 具有任意逼近、容错和泛化等特点,用其逼近评价函数即可存储所学习的经验和信息的 Q 值表。本系统的 CMAC 网络作为非线性函数逼近器,用于近似Q－学习中的评价函数。每个 CMAC 对应一个固定的控制量,网络的输入对应环境的状态,网络的输出对应每个状态－动作对的 Q 值,其具体算法在5.2.4节基于 CMAC 网络的Q－学习算法中有详细描述,此处不再赘述。

在导引律学习过程中,CMAC 首先计算当前状态 s_t 执行每个弹－目动作对 (u,v) 对应的 Q 值,并进行双向最优决策寻找鞍点 $Q(s_t,u^*,v^*)$ 执行 u^*,随后根据回报 r 和所得下一步状态 s_{t+1},依据式(5.2.19)重新计算前一状态 s_t 决策的最优动作对应的 Q 值 $Q'(s_t,u^*,v^*)$,及其误差 ΔQ_t 为

$$\Delta Q_t = Q'(s_t,u^*,v^*) - Q(s_t,u^*,v^*) \tag{5.3.24}$$

然后调整权值使误差减小到允许范围内,进入下一个周期。

CMAC 的输入为 $[r,\theta_{\mathrm{t}},\theta_{\mathrm{m}},\dot{\theta}_{\mathrm{t}},\dot{\theta}_{\mathrm{m}}]$,其中 r 为弹目相对距离,θ_{t}、θ_{m} 分别为目标和导弹的飞行航迹角,令

$$\dot{\theta}_{\mathrm{m}} = u_i,\dot{\theta}_{\mathrm{t}} = v_j(i=1,2,\cdots,M;j=1,2\cdots,N)$$

来自动作选择空间。输出为状态－动作对的 Q 值。基于 CMAC 的Q－学习算法如下:

(1) 初始化 CMAC 网络。

(2) 根据环境状态 s_t 计算每个动作对的 $Q(s_t,u_i,v_j)$,如果 r 小于盲区距离,则拦截成功,进入(6)。

(3) 根据鞍点条件选择最优动作对 (u^*,v^*),执行动作 u^* 进入状态 s_{t+1},获得回报 r_t。

(4) 依据式(5.2.34)、式(5.3.18)计算 $Q'(s_t,u^*,v^*)$ 及其误差 ΔQ_t，调整动作所对应的权值，使得误差减小。

(5) 如果误差小于给定阈值，则令 $t=t+1$，转(2)；否则，返回(4)。

(6) 结束。

2) 回报函数

在增强学习系统中，回报函数的目的是定义一个目标，即将所感知环境的状态(或状态-行动对)映射为一个单一数值[15-16]。增强学习系统的唯一目的是极大化期望总回报。回报信号既可以从环境的状态直接得到，也可以从环境的状态信息中间接地得到，当环境的状态值达不到预定的要求时，也可以认为产生一个失败回报信号。因此，回报信号不但来自于环境的状态，而且与主观的目标紧密相连。在上述算法中的立即回报 r_t 定义为导弹-目标相对距离变化率 Δd 的函数：

$$r_{\mathrm{t}}(s,u,v)=\begin{cases}0,\Delta d<\Delta d_1\\-0.5,\Delta d_1<\Delta d<\Delta d_2\\-1,\text{其他}\end{cases}\tag{5.3.25}$$

式中：Δd_1、Δd_2 为距离变化率的阈值，且有 $\Delta d_1<\Delta d_2<0$。

3) 数据冲撞的影响

上述算法程序中，若取 $M=20, N=10, C=3$。鉴于输入为5维，可计算一个映射了的物理存储单位再一次被重复映射的期望次数仅为

$$\frac{1}{10^5}+\frac{2}{10^5}+\frac{3}{10^5}+\cdots+\frac{3^5-1}{10^5}=0.295$$

数据冲撞对计算结果可忽略。基于CMAC的Q-学习导引方法，采用CMAC来计算Q-学习的强化函数，当网络的输入是状态 s 时，输出则是在状态 s 下选择某一个动作 a 的评价值 $Q(s,a)$。在学习过程中，Agent根据神经网络的输出选择动作执行，并根据下一个状态和回报更新上一个状态-动作对的 Q 值，神经网络将重新学习新的 Q 值[4]。

网络的输入为状态量和控制量的组合，即 $[x_{\mathrm{m}},y_{\mathrm{m}},x_{\mathrm{t}},y_{\mathrm{t}},\Delta\theta_{\mathrm{mt}},\Delta\theta_{\mathrm{tt}}]$，网络的输出为状态-动作对的 Q 值。由于一般讲控制量 $[\Delta\theta_{\mathrm{mt}},\Delta\theta_{\mathrm{tt}}]$ 值较小，为了提高控制量对网络学习的影响，在系统中使用放大系数 ε 将控制量值放大，即输入为 $[x_{\mathrm{m}},y_{\mathrm{m}},x_{\mathrm{t}},y_{\mathrm{t}},\varepsilon\Delta\theta_{\mathrm{mt}},\varepsilon\Delta\theta_{\mathrm{tt}}]$。输出对应每个状态-动作对的 Q 值，计算

公式如下:

$$Q(s,a) = \frac{1}{c}\sum_{t=1}^{c} W(\mathrm{ad}(i),a) \tag{5.3.26}$$

式中:ad(i)表示被状态 s 激活的地址单元;a 表示动作;$W(\mathrm{ab}(i),a)$代表CMAC 的网络权值。

根据以上理论可以得到基于 CMAC 的 Q－学习导引算法如下:

(1) 初始化每个动作 $a_i \in A$ 所对应的 CMAC 网络的权值矢量 $\boldsymbol{W}_{ai}$和所有状态－动作值函数。

(2) 根据 t 时刻的环境状态 s_t,计算每个动作的 $Q(s_t,a_i)$,并判断如果 R 小于盲区距离,则拦截成功;否则,进行动作选择。

(3) 根据随机策略,选择一个动作 a_i。

(4) 执行动作 a_i,得到下一个状态 s_{t+1}和立即回报 r_t,并根据微分对策鞍点条件选择双方动作,

$$a_{n+1} = \arg\{\max_m \min_t Q_{n-1}(s_{n+1},b)\},b \in \mathbf{A} \tag{5.3.27}$$

(5) 计算 $Q(s_t,a_i)$和 ΔQ

$$Q'(s_t,a_i) = r_n + \gamma * \max_m \min_t Q_{n-1}(s_{n+1},a_{n+1}) \tag{5.3.28}$$

$$\Delta Q = Q'(s_t,a_i) - Q(s_t,a_i) \tag{5.3.29}$$

(6) 调整动作 a_i 所对应的 Q 网络的权值,使得误差 ΔQ 最小,其中权值调整公式为

$$W_{l+1}^k = W_l^k + \{[(P_k^* - \sum_1^n \alpha_j^k W_j^k)/N] \times m_k\} \tag{5.3.30}$$

$$\Delta W^k = W_{l+1}^k - W_l^k \tag{5.3.31}$$

(7) 更新学习因子,如果循环次数大于最大循环,则结束本次循环;如果结果已经收敛,则转(8),否则转(2)。

(8) 算法结束。

5.3.4 仿真结果分析与比较

上面研究了基于 BP 神经网络的 Q－学习导引律设计方法和基于 CMAC 网络的 Q－学习导引律设计方法。采用这两种方法设计的导引律没有本质的差别,只不过与基于 BP 神经网络的 Q－学习算法相比,基于 CMAC 网络的 Q－学习算法具有学习速度快、精度高两大优势,更易于工程实现。这两种方法设计的

导引律均可称为基于Q－学习的导引律。基于Q－学习的导引律主要在拦截大机动目标时相对于传统的比例导引有较大优势。

下面在典型作战态势下，对三种导引方法进行仿真研究：

方法1：基于Q－学习导引方法（基于BP网络的Q－学习导引和基于CMAC网络的Q－学习导引）。

方法2：比例导引方法。

方法3：组合导引方法。

根据仿真结果分析比较三种导引方法的导引特性和导引弹道特性。

考虑二维平面上的导弹拦截目标的导引问题。导弹和目标的航向角分别为 θ_m、θ_t，速度分别为 V_m、V_t（$V_m > V_t$，即导弹具有速度优势）。

假设导弹速度 $V_m = 900$m/s，目标 $V_t = 500$m/s，作战态势其他参数设定见表5.3.1。

表5.3.1　作战态势参数设定

序号	初始条件			
	r/km	θ_m/(°)	θ_t/(°)	q/(°)
态势1	3	0	0	60
态势2	3	20	0	60
态势3	4	20	0	60

假定导弹的导引盲距为100m（在距离目标100m时导弹的导引头停机），Q－学习算法的学习因子中，参数 $\beta = 0.85$，折扣因子 $\gamma = 0.95$。BP网络的最大循环次数为1000，学习速率为0.001，期望误差最小值为0.005。

比例导引律：$\dot{\theta} = 3.5\dot{q}$

组合导引律：$\dot{\theta} = 3\dot{q} + 0.1\sin\eta_m$

仿真中为了体现目标机动的多样性和大机动性，目标机动的角速度在 $-157 \sim 157\text{m/s}^2$ 选择。

1. 基于BP网络的Q－学习导引律的导引特性和导引弹道

下面是用基于BP网络的Q－学习导引律的导引特性和导引弹道，以及相同条件下，和比例导引律与组合导引律的对比。

态势1：如图5.3.2～图5.3.6所示。

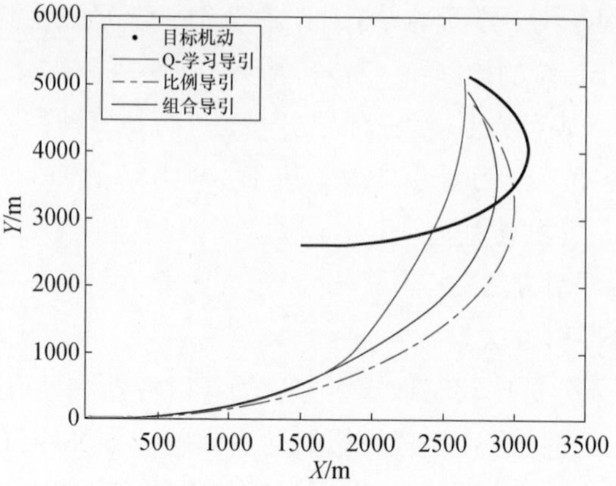

图 5.3.2　导引弹道比较

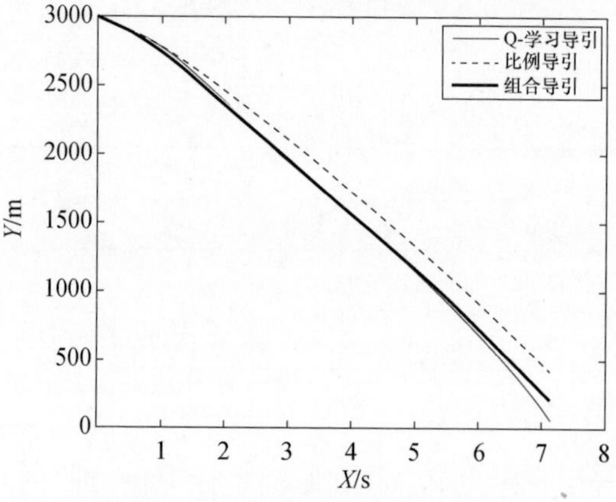

图 5.3.3　相对距离变化比较

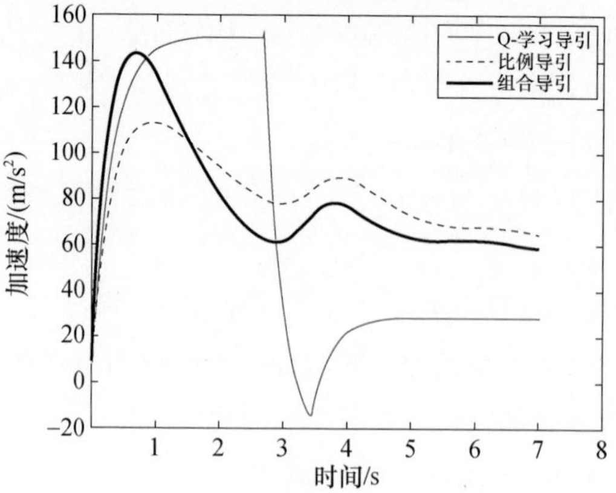

图 5.3.4　导弹加速度变化比较

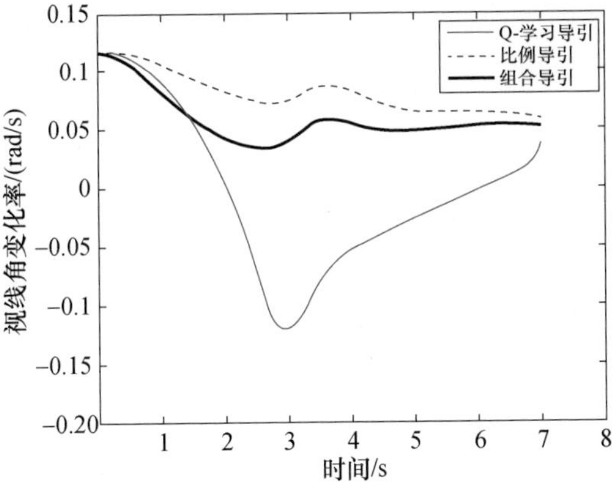

图 5. 3. 5　视线角变化率比较

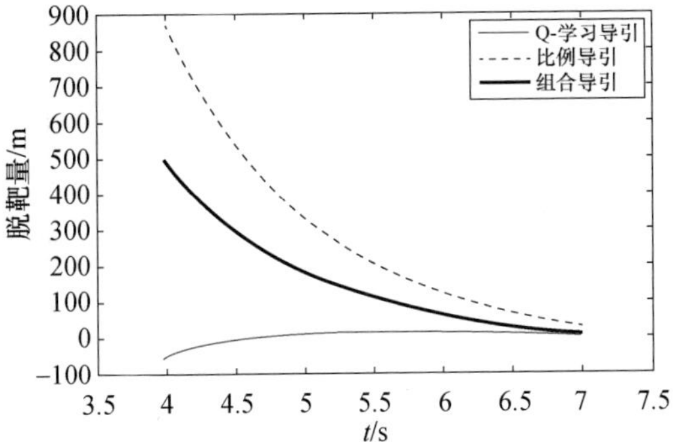

图 5. 3. 6　脱靶量比较

态势 2:如图 5. 3. 7 ~ 图 5. 3. 11 所示。

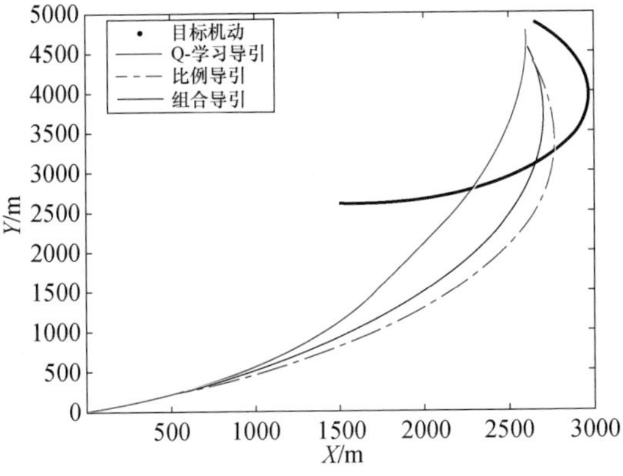

图 5. 3. 7　导引弹道比较

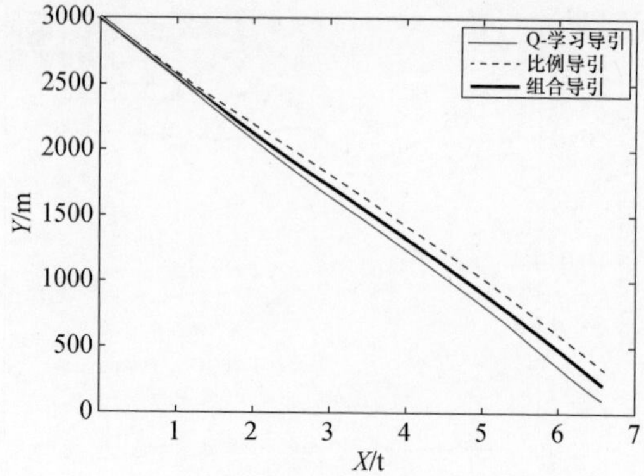

图 5.3.8　相对距离变化比较

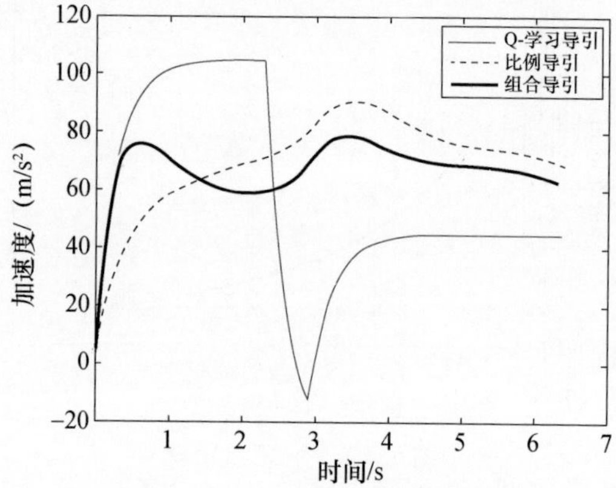

图 5.3.9　导弹加速度比较

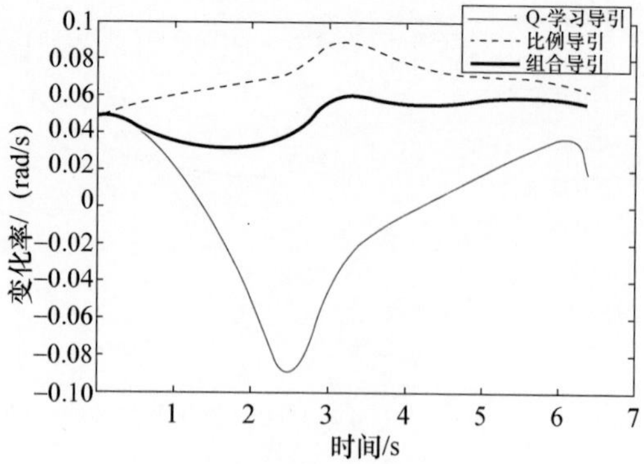

图 5.3.10　视线角变化率比较

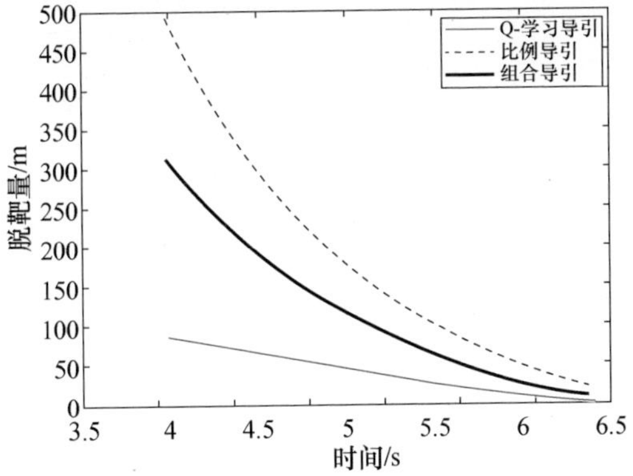

图 5.3.11　脱靶量比较

态势 3:如图 5.3.12 ~ 图 5.3.16 所示。

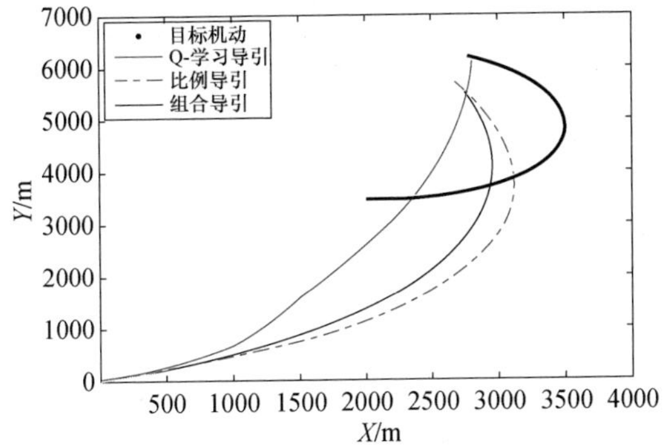

图 5.3.12　导引弹道比较

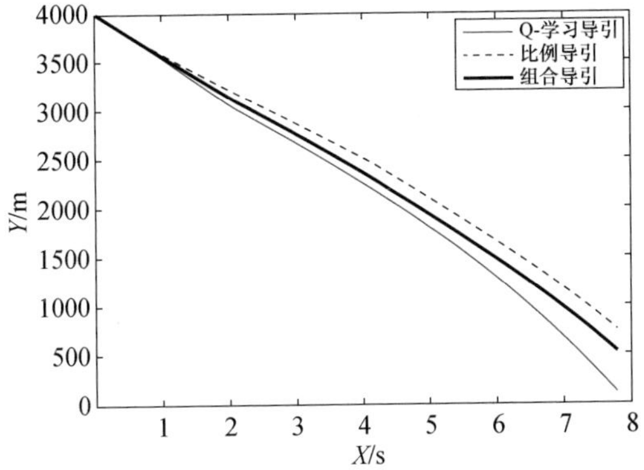

图 5.3.13　相对距离变化比较

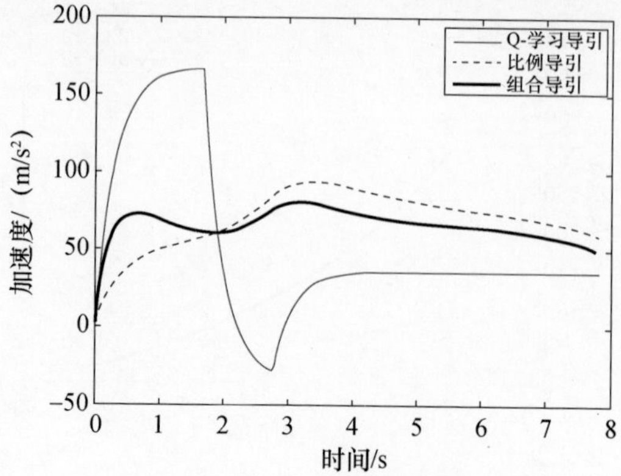

图 5.3.14　导弹加速度比较

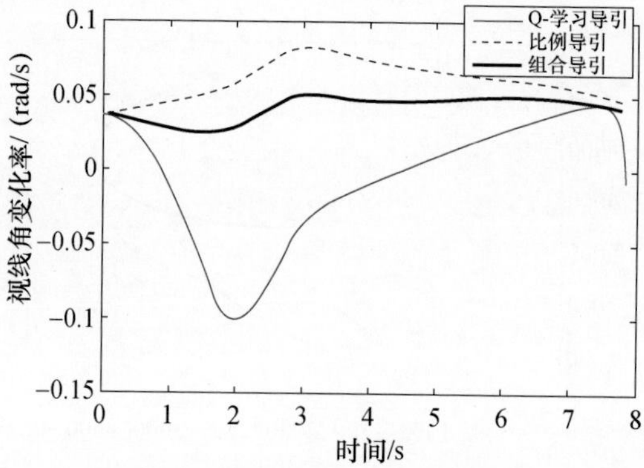

图 5.3.15　视线角变化率比较

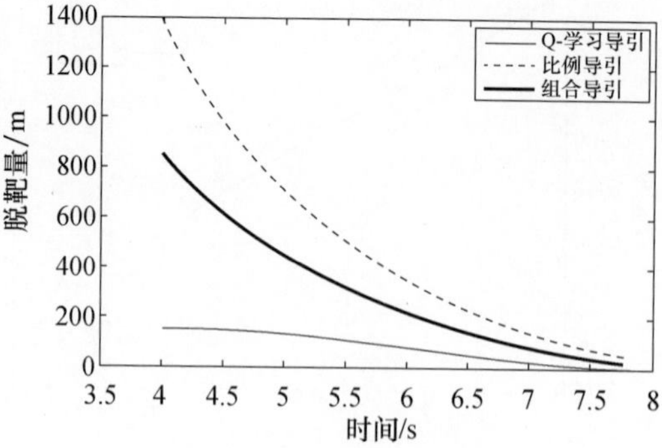

图 5.3.16　脱靶量比较

通过仿真实验对以上三种初始条件下,导引性能分别考虑末段最大加速度、攻击时间、脱靶量三个参数进行导引性能分析,具体参数如表5.3.2所列。

表5.3.2 末段最大加速度、攻击时间和脱靶量对比

态势 \ 方法		方法1	方法2	方法3
态势1	末段最大加速度/(m/s^2)	26.39	62.35	59.23
	攻击时间/s	7.15	失败	7.10
	脱靶量/m	0.4841	25.4946	6.2145
态势2	末段最大加速度/(m/s^2)	43.26	86.61	74.25
	攻击时间/s	6.63	失败	失败
	脱靶量/m	0.4588	19.1915	7.3002
态势3	末段最大加速度/(m/s^2)	35.08	90.45	73.91
	攻击时间/s	7.82	失败	失败
	脱靶量/m	0.1943	45.1996	18.1288

从仿真结果可以看出,在拦截大机动目标时,Q-学习导引律性能明显高于比例导引和组合导引律,并且在Q-学习有效拦截目标所用的时间内,其他两种导引方法并不一定能对目标进行有效拦截,这可以从图5.3.2、图5.3.7、图5.3.12中明显看出。

在导引的初始阶段,由于Q-学习导引律要对状态信息进行学习,因此Q-学习导引律在初始阶段的飞行轨迹、过载以及脱靶量都比较大。但是当跟踪上目标后,导弹能够"咬"住目标的飞行,并且末段弹道平直,过载小。

从表5.3.2可以看出,在导引末阶段,Q-学习导引律最大加速度小于比例导引律和组合导引律,也就是说该导引律可以有效地降低导弹的需用过载。这可以从图5.3.4、图5.3.9、图5.3.14中明显看出。

Q-学习导引弹道需用过载变化比较小,更有利于导弹飞行中使导弹沿着近似直线飞行。比例导引弹道随着目标的大机动需用过载随时间变化比较大,特别是导弹在拦截目标的末段,因目标大机动飞行已避开导弹的拦截,从而产生导弹飞行速度损失和脱靶量增大。这从飞行轨迹图和脱靶量图也可以看出。

在三种不同初始状态下,Q-学习导引律的导引导弹平直,而其他两种导引律比较弯曲。采用Q-学习导引律,其所需攻击时间也比使用比例导引律

和组合导引律要短；在末导引阶段，Q－学习导引律的脱靶量也达到了更高的精度。因此，Q－学习导引律可提高导引性能，能够有效应对目标大机动，实现对大机动目标的有效拦截。

2. 基于 CMAC 网络的 Q－学习导引律

与基于 BP 神经网络的 Q－学习算法相比，基于 CMAC 网络的 Q－学习算法具有学习速度快、精度高两大优势，更易于工程实现。但采用基于 BP 神经网络的 Q－学习导引律设计方法和基于 CMAC 网络的 Q－学习导引律设计方法设计的导引律并没有本质上的差别。下面在与上面相同的假设条件下，对基于 CMAC 的 Q－学习导引律进行了仿真，并与相应的比例导引律和组合导引律进行了比较。

态势 1：如图 5.3.17 ~ 图 5.3.21 所示。

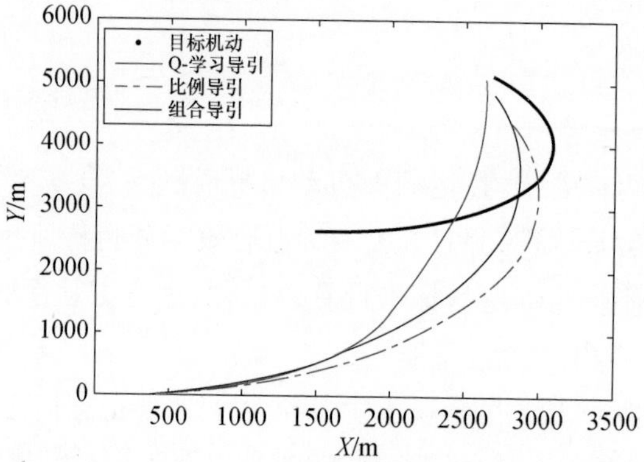

图 5.3.17　导引弹道比较

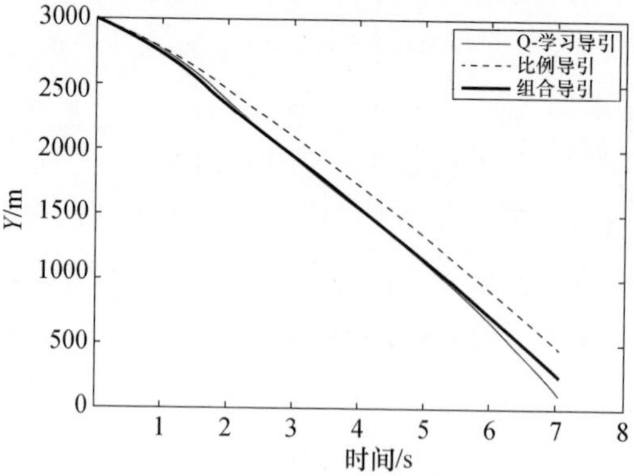

图 5.3.18　相对距离变化比较

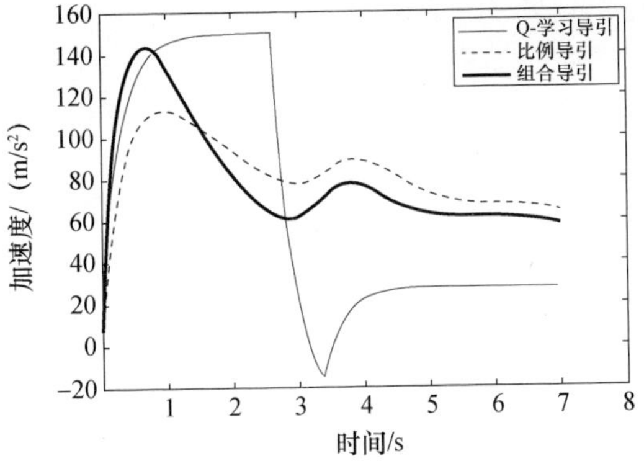

图 5.3.19　导弹加速度比较

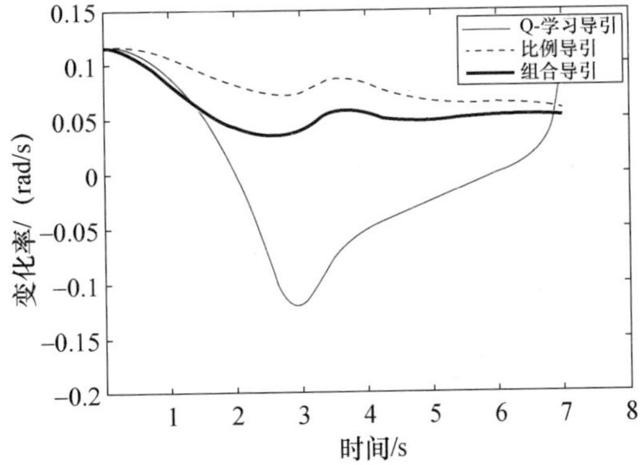

图 5.3.20　视线角变化率比较

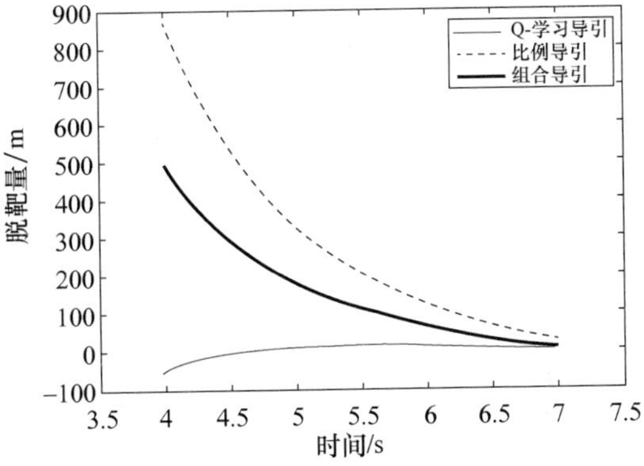

图 5.3.21　脱靶量比较

态势 2:如图 5.3.23 ~ 图 5.3.27 所示。

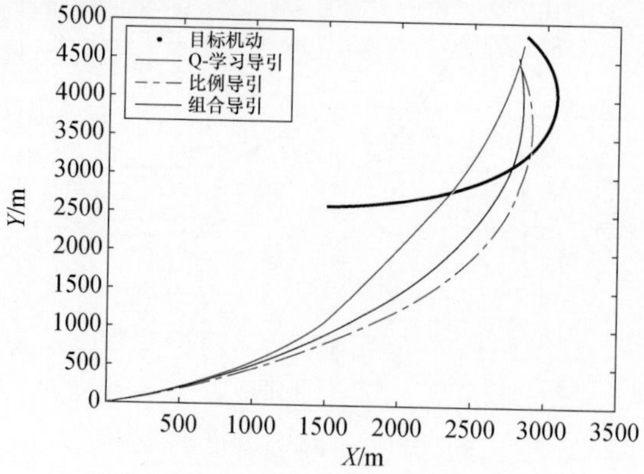

图 5.3.22　导引弹道比较

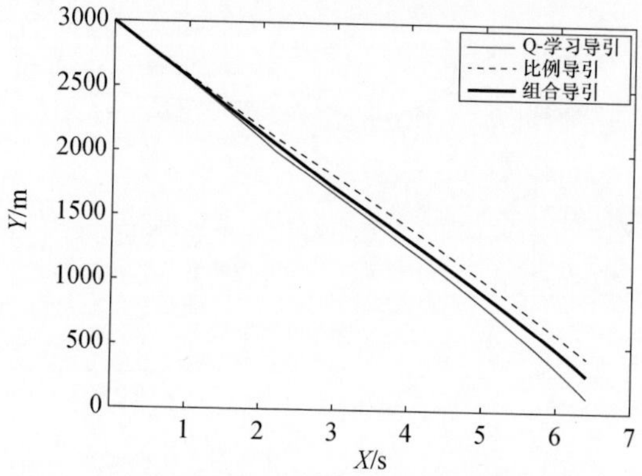

图 5.3.23　相对距离变化比较

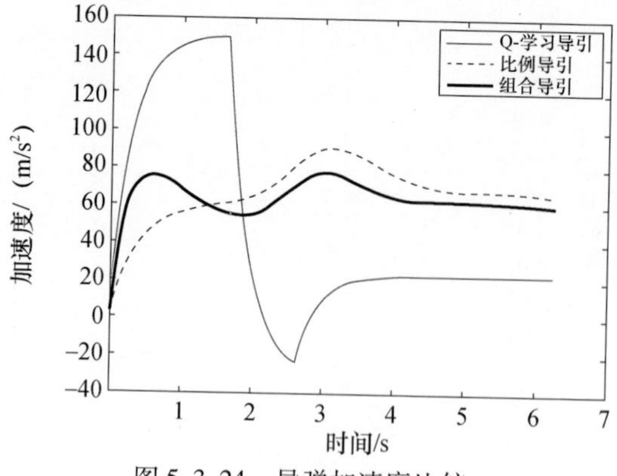

图 5.3.24　导弹加速度比较

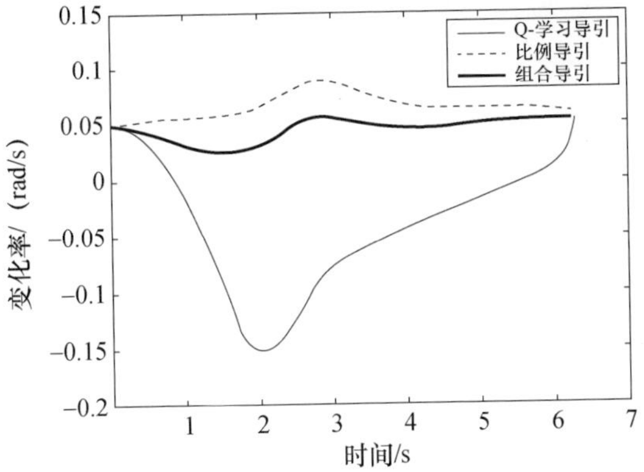

图 5. 3. 25　视线角变化率比较

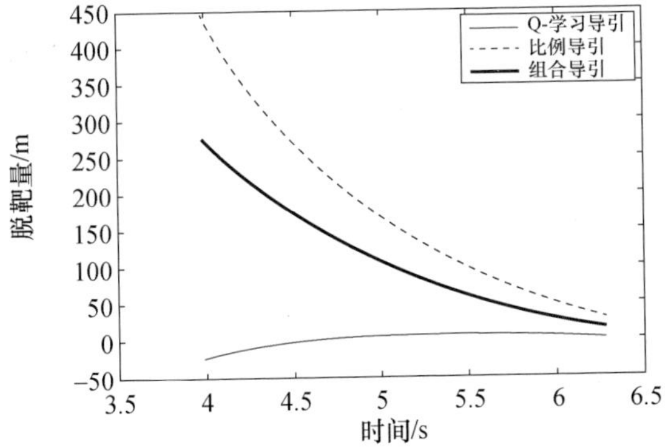

图 5. 3. 26　脱靶量比较

态势 3：如图 5. 3. 27 ~ 图 5. 3. 31 所示。

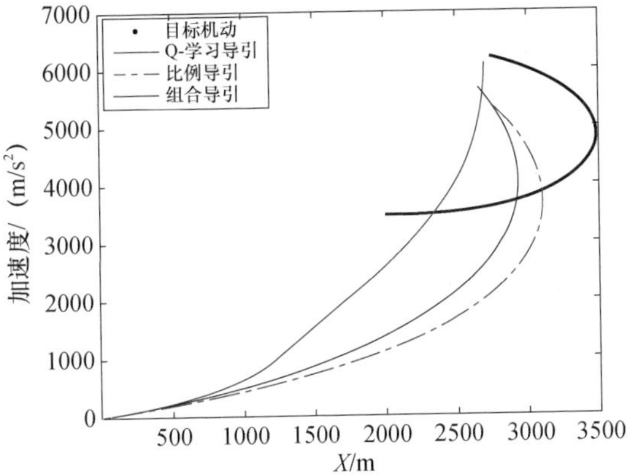

图 5. 3. 27　导引弹道比较

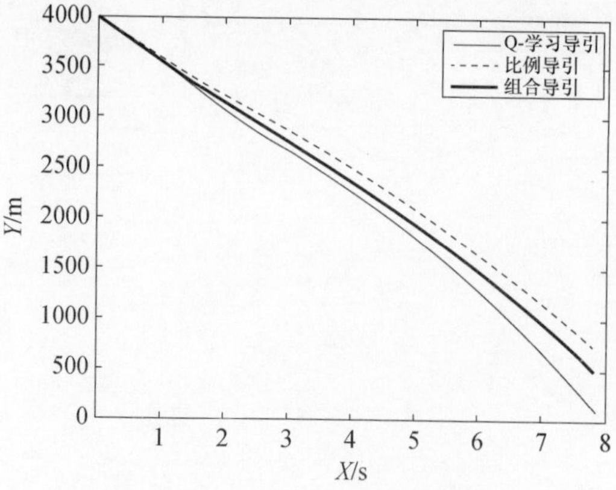

图 5.3.28　相对距离变化比较

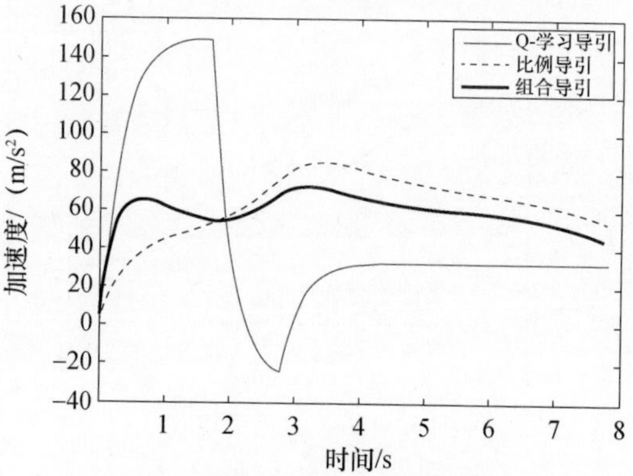

图 5.3.29　导弹加速度比较

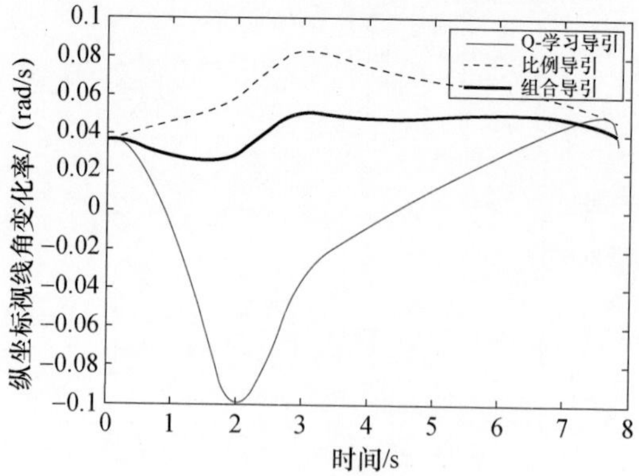

图 5.3.30　视线角变化率比较

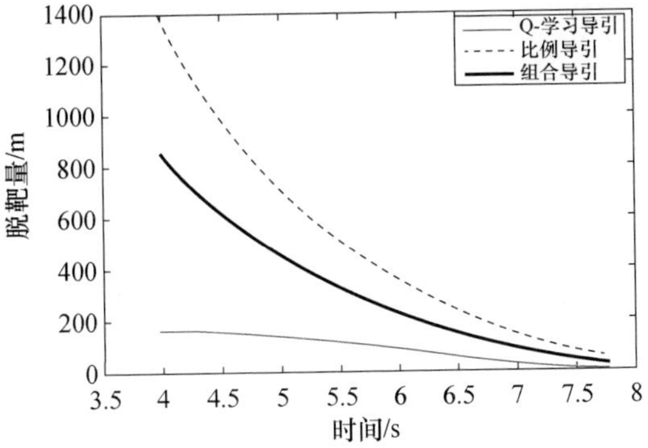

图 5.3.31　脱靶量比较

同样,分别考虑最大加速度、攻击时间、脱靶量三个参数,分别对初始条件下三种导引方法的导引性能进行了对比分析,具体参数如表 5.3.3 所列。

表 5.3.3　末段最大加速度、攻击时间和脱靶量对比

态势＼方法		方法1	方法2	方法3
态势1	末段最大加速度/(m/s^2)	29.35	87.52	76.23
	攻击时间/s	7.05	失败	失败
	脱靶量	1.0084	26.0650	2.8127
态势2	末段最大加速度/(m/s^2)	22.44	77.04	64.86
	攻击时间/s	6.30	失败	失败
	脱靶量	0.6163	27.5254	12.2005
态势3	末段最大加速度/(m/s^2)	32.13	81.48	66.69
	攻击时间/s	7.83	失败	失败
	脱靶量	0.5111	45.897	18.455

从仿真结果看出, Q-学习导引律在导引系统经过足够的训练以后,导弹能够紧紧地“咬”住目标,直到击中目标。导弹在拦截大机动目标时,采用比例导引很难跟踪目标的飞行,难以对目标进行有效拦截。并且在导引的末阶段Q-学习导引律的弹道比较平直、加速度和脱靶量小,从这些参数可以看出,采用这种导引方法可以提高导引精度,能够有效拦截具有“恶意突防”能力的大机动目标。

从上面的对比中还可以看出，在收敛的情况下，基于 BP 网络和基于 CMAC 网络的泛化状态空间的效果差不多，但 BP 网络时的收敛速度比较慢，甚至有不收敛的情况，而采用 CMAC 网络时的收敛速度比较快，在相同初始条件下基于 CMAC 网络的 Q－学习导引律的拦截时间更短。因此，基于 CMAC 网络的 Q－学习导引律具有更易工程实现、更高导引精度的优势。

参考文献

[1] Mitchell R M. 机器学习[M]. 曾华军，张银奎，译. 北京：机械工业出版社，2003.

[2] 徐成，沈如松，周卿吉. 基于神经网络和微分对策理论的导引律[J]. 系统工程与电子技术，1998，20(1)：1－4.

[3] Anderson C W，Hittle D C. Synthesis of Reinforcement Learning Neural Network and PI Control Applied to a Simulated Heating Coil. [J]. Artificial Intelligence Engineering，1997(11)：421－429.

[4] 郭锐，彭军，吴敏. 增强 Q－学习在非确定马尔可夫系统寻优问题中的应用[J]. 计算机工程与应用，2005(13)：36－38.

[5] Ghose D. True Proportional Navigation with Maneuvering Targets[J]，IEEE Transactions on AES，1994，30(1)：229－237.

[6] 郭鹏飞. 基于模糊逻辑的精确末导引律研究[D]. 西安：西北工业大学，2003.

[7] 徐昕，贺汉根. 神经网络增强学习的梯度算法研究[J]. 计算机学报，2003，26(2)：227－233.

[8] 陈春林，陈宗海，卓睿，等. 基于分层式强化学习的移动机器人导航控制[J]. 南京航空航天大学学报，2006，38(1)：70－75.

[9] 李红娜，姚分喜，黄鸿. 分层增强学习在足球机器人比赛中的应用[J]. 计算机仿真，2005(6)：145－147.

[10] Yang Guo Sheng，Chen Er－Kui. An Cheng－Wan. Mobile Robot Navigation using Neural Q－learning[C]. Proceedings of the Third International Conference on Machine Learning and Cybernetics，Shanghai，2004(8)：26－29.

[11] Cicirelli G，D'Orazio T，Distante A. Neural Q－learning control architectures for a wall－following behavior，Proceedings[J]. 2003 IEEE/RSJ International Conference on Intelligent Robots and Systems，2003，1：27－31. Page(s)：680－685.

[12] 张怡. 精确导引系统的导引规律研究[J]. 弹箭与导引学报，2001，21(3)：1－4.

[13] 周锐，陈宗基. 强化学习在导弹导引中的应用[J]. 控制理论与应用，2001，18(5)：748－750.

[14] Huang Bing－Qiang，Cao Guang－Yi，Guo Min，Reinforcement Learning Neural Network to the Problem of Autonomous Mobile Robot Obstacle Avoidance[C]. Proceedings of 2005 In-

ternational Conference on Machine Learning and Cybernetics,2005,1(18 - 21):85 - 89.

[15] 张涛,吴汉生. 基于神经网络的强化学习算法实现倒立摆控制[J]. 计算机仿真,2006,23(4):298 - 300.

[16] 周卿吉,许诚. 微分对策导引律研究的现状及展望[J]. 系统工程与电子技术,1997(11):40 - 44.

第 6 章
基于预测控制的智能导引技术

6.1 概述

目前国内外的现代智能导引理论研究主要集中在模糊导引、微分对策导引、增强学习导引、预测控制导引几个方面。

1. 模糊控制导引

模糊控制是以模糊集理论、模糊语言变量和模糊逻辑推理为基础的一种智能控制方法。该方法首先将操作人员或专家经验编成模糊规则，然后将来自传感器的实时信号模糊化，将模糊化后的信号作为模糊规则的输入，完成模糊推理，将推理后得到的输出量加到执行器上[1]。

基于模糊控制的智能导引律是将导弹、目标的某些当前参数模糊化作为控制器输入实现的，具有响应速度快、设计简单等特点。并且能够在一定程度上加入专家经验，实现比经典导引律更加智慧的导引。但是，模糊控制器很难完全地模拟人的思维，实现完全意义上的“智能化”，通常只能对当前目标的状态做出反应，而不能对其他时段，尤其是未来目标运动情况做出合理的分析判断。因此，不适用于对具有大机动的目标进行攻击，单纯靠引入模糊控制器不能满足打击高速大机动目标的需要[2-4]。

2.微分对策导引

用微分方程描述的动态过程受到双方窥测控制的理论和方法称为微分对策[5]。随着科学技术的发展,导弹的作战环境越来越恶劣,其对付的目标也具有更多、更先进的突防手段。这就要求导弹具有对付高机动目标,特别是具有恶意机动突防能力的目标,并要求导弹具有全方位攻击能力,且能克服各种干扰进行精确制导,这样导弹必须具有更好的导引律。

基于微分对策的智能导引律理论上能够防止目标恶意突防对系统带来的影响。通过对策论的引入,能够真正模拟人的思维,通过过去和当前时刻的目标运动情况合理地判断目标未来的走向,并给出最佳控制决策。但由于目前没有找到适合工程应用的实时算法,而且基于微分对策的导引方法仍然处于研究阶段[6]。与其他智能方法,如神经网络等结合,大大提高决策的实时性是基于微分对策的智能导引律研究的一个重要方向。

3.预测控制导引

基于预测控制理论的智能导引方法首先预测未来时段的系统状态,然后据此进行最优控制决策,该方法具有明显的预测性。基于预测控制理论的导引律研究主要有预测命中点导引和模型预测导引两种[7-9]。预测命中点导引方法依靠对命中点的提前预测以及最短时间控制理论给出最优导引指令(最优控制量)[10-11]。但是对于具有恶意突防行为的目标来说,其命中点的预测准确性难以保证。而基于模型预测控制的方法,多数是将目标的所有运动状态完全当成已知量[12],作为系统建立的前提。虽然能给出非常好的理论结果,但是不具有实用性。

本章将模糊控制、微分对策和预测控制有机结合,应用于导弹攻击高速大机动目标的智能导引律设计,形成一套智能导引律的设计方法。

6.2 基于模糊预测控制的智能导引律

6.2.1 模型预测控制理论

基于预测控制的导引律研究是从模型预测导引开始的,而基于模型预测控制的导引方法是以模型预测控制(Model Predictive Control,MPC)理论为基础的导引方法。

模型预测控制(MPC)是国外自20世纪70年代中期发展起来的一类以被控对象的方波或阶跃响应的有限序列为模型,预测多步输出并使系统性能指标优化的计算机控制方法,是目前工业控制领域研究最广泛的预测控制理论。应用实践表明,它优于经典控制和最优控制。目前研究的模型预测控制方法主要有预测函数控制(PFC)、模型算法控制(MAC)、动态矩阵控制(DMC)、基于参数模型的广义预测控制(GPC)、广义预测极点配置(GPP)控制等。其中,模型算法控制采用对象的脉冲响应模型,动态矩阵控制采用对象的阶跃响应模型,这两种方法都易于实现。广义预测控制和广义预测极点配置控制是预测控制思想与自适应控制的结合,具有参数数目少,并能够在线估计的优点;而广义预测极点配置控制进一步采用极点配置技术,提高了预测控制系统的闭环稳定性和鲁棒性。

经典模型预测控制(MPC)的控制流程如图6.2.1所示。

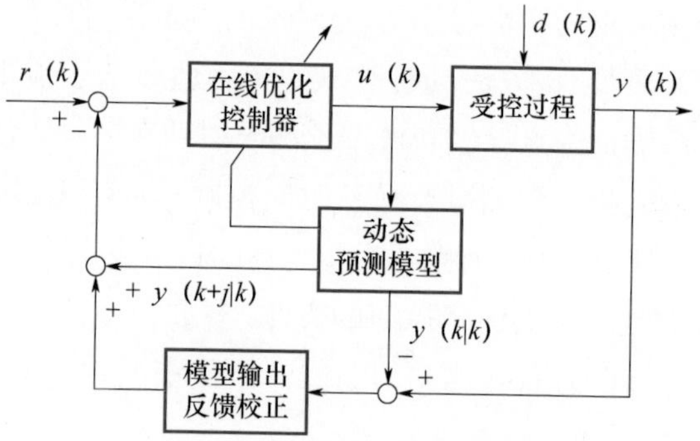

图6.2.1　经典MPC的控制流程

图中:$r(k)$为系统的设定输出;$u(k)$为输入;$y(k)$为实际输出;$y(k|k)$为预测模型输出;$y(k+j|k)$为j步预测输出;$d(k)$为系统干扰。

模型预测控制包括模型预测、滚动优化和反馈校正三个部分,并认为控制量与一组相应于过程特性和跟踪设定值的函数有关。因此,每一时刻计算的控制量等于一组事先选定的函数线性组合,这些函数称为基函数。用这些基函数的已知过程响应,通过对目标函数进行优化计算得到各基函数的权系数而求出相应的控制量。下面以动态矩阵控制为例来说明。

动态矩阵控制是模型预测控制中应用比较广的算法之一,它用被控对象的阶跃响应特征来描述系统动态模型,具有算法简单、计算量小、鲁棒性较强等特点。动态矩阵控制适用于线性对象,对于弱非线性对象,可在工作点处线性化;对于不稳定对象,可先用常规 PID 控制使其稳定,再使用 DMC 算法。

(1) 模型预测:根据对象的历史信息和选定的未来输入预测其未来输出值,这里只强调模型的功能而不强调其结构形式。从方法角度讲,只要是具有预测功能的信息集合,无论它有什么样的表现方式,均可作为预测模型。因此,状态方程、传递函数这类传统的模型都可以作为预测模型。在 DMC 中,首先需要测定对象单位阶跃响应的采样值($i=1,2,\cdots$),这样对象的动态信息就可以近似用于集合表示。这个集合就构成了模型矢量。同时,还需确定一个预测范围的建模时域。

(2) 滚动优化:DMC 是一种以优化确定控制策略的算法。在每一个时刻,要确定从该时刻起的一个控制增量,使被控对象在其作用下的未来 k 个时刻的输出预测值尽可能接近给定的期望值($i=1,2,\cdots$)。这里,分为优化时域和控制时域。

(3) 反馈校正:动态矩阵控制(DMC)是一个闭环控制算法,在通过优化确定了一系列未来的控制作用后,为了防止模型失配或环境干扰引起控制对理想状态的偏离,应及时利用实时信息进行反馈校正。为此,在下一个采样时刻首先要检测对象的实际输出,并把它与以上时刻的模型预测输出进行比较,构成输出误差,然后根据误差加权矩阵对其进行修正。

DMC 算法的主要优点如下:

(1) 直接在控制算法中考虑预测变量和控制变量的约束条件,求出满足约束条件的最优预测值。

(2) 把控制变量与预测变量的权系数矩阵作为设计参数,在设计过程中通过仿真来调节相关的参数值,使系统的鲁棒性更好。

(3) DMC 算法可直接计算控制量,在控制中包含了数字积分环节,因此,即使在失配的情况下,也能得到无静差控制。

显然,DMC 在工业实际应用中之所以受到欢迎,并得到成功应用,除了算法简单、响应容易获得外,主要是因为它的预测模型、滚动优化和反馈校正三大步设计规范已相当成熟。此外,由于 DMC 采用了多步预测的方式,扩大了反映过程未来变化趋势的信息量,因而能克服各种不确定性和复杂变化的影响，使 DMC 能在各种复杂生产过程控制中获得很好的应用效果，并具有较高的鲁棒性。

DMC 算法的控制结构主要由预测模型、滚动优化、误差校正和闭环控制形式构成。

（1）预测模型。考虑一般离散线性系统：

$$y(k) = \sum_{i=1}^{p} a_i y(k-i) + \sum_{i=1}^{m} b_i u(k-i) \tag{6.2.1}$$

在预测控制中，预测模型的功能是根据被控对象的历史信息$\{u(k-j), y(k-j), j\geqslant 1\}$和未来输入$\{u(k+j-1), j=1,2,\cdots,m\}$预测系统未来响应$\{y(k+j), j=1,2,\cdots,p\}$。

根据线性系统的比例和叠加性质，若在某个$k-i(k\geqslant i)$时刻的输入$u(k-i)$，则$\Delta u(k-i)$对输出$y(k)$的贡献为

$$y(k)=\begin{cases} a_i\Delta u(k-i), 1\leqslant i<p \\ a_p\Delta u(k-i), i\geqslant p \end{cases} \tag{6.2.2}$$

若在$k-i(i=1,2,\cdots,k)$时刻同时又输入$\Delta u(k-i)$，则根据叠加原理有

$$y(k) = \sum_{i=1}^{p-1} a_i \Delta u(k-i) + a_p \Delta u(k-p) \tag{6.2.3}$$

根据式(6.2.3)可以得到$y(k+j)$的n步预估$(n<p)$为

$$\hat{y}(k+j) = \sum_{i=1}^{p-1} a_i \Delta u(k+j-i) + a_p \Delta u(k+j-p), j = 1,2,\cdots,n \tag{6.2.4}$$

将式(6.2.4)写成矩阵的形式为

$$\begin{bmatrix} \hat{y}(k+1) \\ \hat{y}(k+2) \\ \vdots \\ \hat{y}(k+n) \end{bmatrix} = \begin{bmatrix} a_1 & & & 0 \\ a_2 & a_1 & & \\ \vdots & \vdots & & \\ a_n & a_{n-1} & \cdots & a_{n-m+1} \end{bmatrix} \begin{bmatrix} \Delta u(k) \\ \Delta u(k+1) \\ \vdots \\ \Delta u(k+m-1) \end{bmatrix} + \begin{bmatrix} y_0(k+1) \\ y_1(k+1) \\ \vdots \\ y_n(k+1) \end{bmatrix} \tag{6.2.5}$$

令

$$\hat{\boldsymbol{Y}} = [\hat{y}(k+1), \hat{y}(k+2), \cdots, \hat{y}(k+n)]^{\mathrm{T}} \tag{6.2.6}$$

$$\Delta \boldsymbol{U} = [\Delta u(k), \Delta u(k+1), \cdots, \Delta u(k+m-1)]^{\mathrm{T}} \tag{6.2.7}$$

$$A=\begin{bmatrix} a_1 & & & 0 \\ a_2 & a_1 & & \\ \vdots & \vdots & & \\ a_n & a_{n-1} & \cdots & a_{n-m+1} \end{bmatrix} \tag{6.2.8}$$

因此,可得

$$\hat{Y}=A\Delta U+Y_0 \tag{6.2.9}$$

式中:$\boldsymbol{A}$ 是 $n\times m$ 维的常数矩阵,n 和 m 分别为最大预测长度和控制长度。

(2) 滚动优化。模型预测控制是由动态响应系数和控制增量决定的,该算法的控制增量是通过使最优化准则函数的值为最小确定的,具体表达式为

$$J=\sum_{j=1}^{n}[y(k+j)-w(k+j)]^2+\sum_{j=1}^{m}\lambda(j)[\Delta u(k+j-1)]^2 \tag{6.2.10}$$

以使系统在未来 $n(p\leqslant n\leqslant m)$ 个时刻的输出值尽可能接近期望值 $w(k+j)$。系统的优化过程不是一次离线进行的,而是反复在线进行的,其优化目标也是随时间推移的,即在每个时刻都提出一个立足于该时刻的局部优化目标,而不是采用不变的全局优化目标。

(3) 误差校正。由于每次实施控制只采用了第一个控制增量 $\Delta u(k)$,因此对未来时刻的输出可用下式预测:

$$\hat{\boldsymbol{Y}}_p=\boldsymbol{a}\Delta u(k)+\hat{Y}_0 \tag{6.2.11}$$

式中:$\hat{\boldsymbol{Y}}_p$表示在 $t=kT$ 时刻预测的有 $\Delta u(k)$ 作用时的未来 P 个时刻的系统输出,$\hat{\boldsymbol{Y}}_p=[\hat{y}(k+1),\hat{y}(k+2),\cdots,\hat{y}(k+p)]^{\mathrm{T}}$;$\hat{\boldsymbol{Y}}_0$ 表示在 $t=kT$ 时刻预测的无 $\Delta u(k)$ 作用时的未来 P 个时刻的系统输出,$\hat{\boldsymbol{Y}}_0=[\hat{y}_0(k+1),\hat{y}_0(k+2),\cdots,\hat{y}_0(k+p)]^{\mathrm{T}}$;$\boldsymbol{a}$ 为单位阶跃响应在采用时刻的值,$\boldsymbol{a}=[a_1,a_2,\cdots,a_p]^{\mathrm{T}}$。

由于环境因素的不同,可能在 $k+1$ 时刻的实际输出 $y(k+1)$ 与预测输出 $\hat{y}(k+1)=y_0(k+1)+a_1\Delta u(k)$ 不相等,因此构成预测误差:

$$e(k+1)=y(k+1)-\hat{y}(k+1) \tag{6.2.12}$$

将式(6.2.12)加权后对未来其他时刻的预测进行修正:

$$\tilde{\boldsymbol{Y}}_p=\hat{Y}_p+\boldsymbol{h}e(k+1) \tag{6.2.13}$$

式中:$\tilde{\boldsymbol{Y}}_p$ 为 $t=(k+1)T$ 时刻经误差校正后所预测的系统输出,$\tilde{\boldsymbol{Y}}_p=$

$[\tilde{y}(k+1),\tilde{y}(k+2),\cdots,\tilde{y}(k+p)]^{\mathrm{T}}$；$\boldsymbol{h}$ 为误差校正矢量，$\boldsymbol{h}=[h_1,h_2,\cdots,h_p]$，$h_1=1$。

修正后的 $\tilde{Y}_p$ 作为下一时刻的预测初值：

$$\begin{cases} y_0(k+i)=\hat{y}(k+i+1)+h_{i+1}e(k+1), i=1,2,\cdots,p-1 \\ y_0(k+p)=\hat{y}(k+p)+h_p e(k+1) \end{cases} \tag{6.2.14}$$

动态矩阵控制的三个部分在预测过程中起着非常重要的作用，模型的功能在于预测未来的输出值，控制器则决定了系统输出的动态特性，而校正器则只有当预测误差存在时才起作用。

6.2.2 基于模糊预测控制的智能导引律设计

基于预测控制理论的导引律设计可首先预测未来时段的系统状态；然后据此进行最优控制决策，具有明显的预测性。而基于模型预测控制的方法，多数是将目标的所有运动状态完全当成已知量[11,12]，作为系统建立的前提。虽然理论上可给出良好的结果，但由于需要反复迭代才能得到最优控制量，在工程应用中存在一定困难。

模糊控制和模型预测控制是各自独立发展起来的两类控制方法，各自在不同的领域中获得了广泛应用。若将模糊控制思想和预测控制方法有机结合起来，则可形成一种新的控制方法——模糊预测控制方法。将其应用于自寻的导引律的设计，可形成一种基于模糊预测控制的智能导引律设计方法。以下几点可以说明模糊预测控制的合理性。

（1）预测控制是一类基于对象数学模型的精确控制方法，而系统的复杂性与分析系统所能达到的控制精度是相互制约的。

（2）模糊控制发展的趋向是由规则向模型转变，而预测控制是典型的基于模型的控制，若将二者结合，对象模型可以作为沟通二者的桥梁。

（3）预测控制和模糊控制都是对不确定系统进行控制的有效方法，模糊控制和预测控制相结合会进一步提高对不确定系统进行控制的效果。

模糊预测控制构型大致可分为两类：一类是模糊与预测的外在结合，其共同特征是充分发挥模糊思想和预测方法的长处，相互促进；另一类是在预测控制的框架下，将模糊模型作为预测模型，可视为模糊与预测的深度融合。模糊预测控制系统结构框图如图 6.2.2 所示。

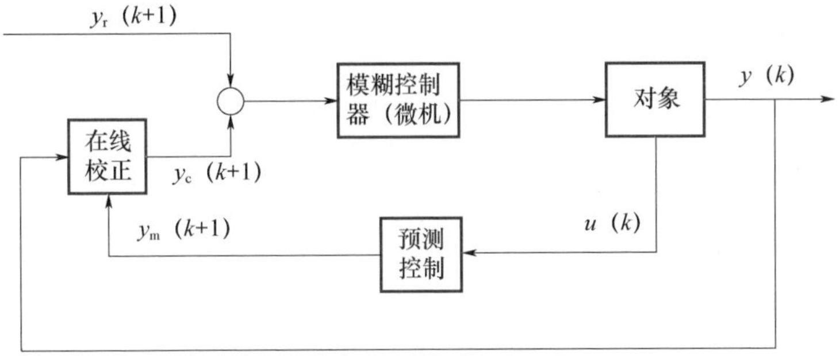

图 6.2.2　模糊预测控制系统结构框图

下面将以图 6.2.2 所示的模糊预测控制系统结构，设计基于模糊预测控制的导引律。

(1) 弹－目相对运动模型。弹－目相对运动模型如第 2 章中给出的极坐标下的弹－目相对运动模型，为了下面研究方便，将其转换为直角坐标系下形式。并且假设导弹在垂直平面内攻击目标，基准参考线选为地平线。

(2) 模糊导引律设计。参考第 4 章中的模糊组合导引律设计方法，在此仍将比例导引和固定前置角导引相结合，并利用模糊控制理论来设计模糊组合导引律。

模糊控制的输入由两部分组成：第一个输入是视线变化率；第二个输入采用导弹速度和目标视线的夹角。

模糊控制器的输入为

$$\begin{cases} e_1 = \dot{q} \\ e_2 = \eta_m - \eta^* \end{cases} \tag{6.2.15}$$

输出变量为导弹的角加速度指令 $\dot{\theta}_m$。

① 模糊化设计。为了使规则库的规则输出具有明确的含义，采用 Takag－Sugeno 类型的模糊控制器，分为比例导引部分和固定前置角部分，可方便根据输出曲线的控制效果调节规则库。输入变量 e_1、e_2 在论域上均设置了 7 个模糊子集，分别记为 NL、NM、NS、ZE、PS、PM、PL。其中 NM、NS、ZE、PS、PM 的隶属度函数取为三角函数，NL、PL 的隶属度函数取为梯形函数，相邻基本模糊子集的交集最大隶属度函数不小于 0.5，即完备性参数 $\varepsilon = 0.5$。

与 e_1、e_2 分别对应的隶属度函数 $\mu(e_1)$、$\mu(e_2)$ 的中心点 C 如表 6.2.1 所

列，宽度 δ 为相邻两个中心点之间的距离。

表 6.2.1　隶属度函数的中心点

i		1	2	3	4	5	6	7
$\mu(e_1)$	$C_{e_1}^i$	−0.08	−0.05	−0.02	0	0.02	0.05	0.08
$\mu(e_1)$	$C_{e_2}^i$	−pi/2	−pi/3	−pi/6	0	pi/6	pi/3	pi/2

② 模糊规则设计。模糊输出变量 $\dot{\theta}_{\mathrm{m}}$ 为单点集合，其值选为关于 e_1 和 e_2 的线性函数，根据 e_1 和 e_2 的顶点个数，$\dot{\theta}_{\mathrm{m}}$ 有 49 个单点。线性函数的固定值取为 0。则控制指令可表示为

$$\dot{\theta}_{\mathrm{m}} = K_1 e_1 + K_2 \sin e_2 \tag{6.2.16}$$

设计中 $\eta^* = \arcsin(V_{\mathrm{t}}/V_{\mathrm{m}})$，$K_1 = 3.5$，$K_2 = 0.3$，可以得到 T－S 模糊控制器的导引规则，如表 6.2.2 所列。

表 6.2.2　模糊组合导引律规则

$\dot{\sigma}_{\mathrm{mc}}$		e_1						
		NL	NM	NS	ZE	PS	PM	PL
e_2	NL	−0.5800	−0.4750	−0.3700	−0.3000	−0.2300	−0.1250	−0.0200
	NM	−0.5398	−0.4348	−0.3298	−0.2598	−0.1898	−0.0848	0.0202
	NS	−0.4300	−0.3250	−0.2200	−0.1500	−0.0800	0.0250	0.1300
	ZE	−0.2800	−0.1750	−0.0700	0.0000	0.0700	0.1750	0.280
	PS	−0.1300	−0.0250	0.0800	0.1500	0.2200	0.3250	0.4300
	PM	−0.0202	0.0848	0.1898	0.2598	0.3298	0.4348	0.5398
	PL	0.0200	0.1250	0.2300	0.3000	0.3700	0.4750	0.5800

根据专家经验，对模糊控制律进行调整，在不改变输入变量的隶属度函数的前提下，对每条规则对应的规则输出进行调节，即通过调节模糊控制器上对应 49 个点上各自的 K_1、K_2，来改变规则输出（各个点的高度）。根据不同的 $\dot{q}$ 值和 $\eta_{\mathrm{m}} - \eta^*$ 值选择不同的系数[12]，可以得到规则如表 6.2.3 所列（横向为 e_1，纵向 e_2）。

表 6.2.3　调整后模糊组合导引律规则表

$\dot{\sigma}_{mc}$		e_1						
		NL	NM	NS	ZE	PS	PM	PL
e_2	NL	-0.4300	-0.4750	-0.4700	-0.4000	-0.3300	-0.1250	0.1300
	NM	-0.4099	-0.4348	-0.4164	-0.3464	-0.2764	-0.0848	0.1501
	NS	-0.3800	-0.2750	-0.2200	-0.1500	-0.0800	0.0750	0.1800
	ZE	-0.2800	-0.1750	-0.0700	0.0000	0.0700	0.1750	0.2800
	PS	-0.1800	-0.0750	0.080	0.1500	0.2200	0.2750	0.3800
	PM	-0.1501	0.0848	0.2764	0.3464	0.4164	0.4348	0.4099
	PL	-0.1300	0.1250	0.3300	0.4000	0.4700	0.4750	0.4300

以上给出了模糊控制器的设计，将所设计的模糊控制器作为图 6.2.2 所示的模糊预测控制系统中的控制器，在此框架下再来设计预测控制器。

在图 6.2.2 中，$y(k)$ 为 k 时刻的弹－目视线角速度的测量值；$y_m(k+1)$ 为基于预测模型的输出预估值；$y_c(k+1)$ 为校正后的输出预估值；$y_r(k+1)$ 为下一时刻的模糊控制的输入值；$u(k)$ 为控制量。

模糊控制和预测控制分别利用对象的定性和定量信息，分别设计，互相补充。这种组合式模糊预测控制，对模型失配有较好的鲁棒性，而且使预测时域和控制时域等参数的选取变得容易。下面给出视线角速度预测模糊控制算法：

结合导弹运动学模型，首先预测出其在某一个控制周期内视线角速度的变化量，然后用此预测变化量修正传感器在此控制周期初始时刻采样获取的视线角速度，将修正后的角速度偏差补偿当前时刻模糊控制器的输入量。

(1) 模型预测。给设计好的模型一个输入信号，计算出 x、y、θ 的响应系列：$[\hat{x}_j,\hat{y}_j,\hat{\theta}_j]^{\mathrm{T}}(j=1,2,\cdots,N)$，且当 $j>N$ 时，$[\hat{x}_j,\hat{y}_j,\hat{\theta}_j]^{\mathrm{T}}\approx[\hat{x}_N,\hat{y}_N,\hat{\theta}_N]^{\mathrm{T}}$。

这样，根据导弹模型进一步算出弹－目相对距离 d，以及当前时刻的视线角度 q。从而得到预测模型为

$$y_m(k+i)=\sum_{j=1}^{N}\boldsymbol{H}_j u(k+i-j),\ i=1,2,\cdots,p$$

式中：$\boldsymbol{H}_j=[V_{m/d}\quad V_{t/d}]$，$\boldsymbol{u}_{k+i-j}=[\sin(q-\theta_m)_{k+i-j}\quad \sin(q-\theta_t)_{k+i-j}]^{\mathrm{T}}$

(2) 反馈校正。在预测控制中，采用预测模型单纯进行过程输出值的预估只是一种理想的方式。对于实际过程，由于存在非线性、时变以及干扰等因素，基于预测模型得到的输出预估值不可能完全与实际相符，因此必须采用校正的方法对基于预测模型的输出预估值进行修正，以提高预估值的准确性。校正的方法是利用当前时刻的输出测量值 $y(k)$ 与预估值 $y_c(k+1)$ 之差，即

$$y_c(k+i)=y_m(k+i)+[y(k)-y_c(k)] \tag{6.2.17}$$

式中：$y_c(k+i)$ 为反馈校正后的预测输出；$y_m(k+i)$ 为基于预测模型的预测输出。并采用在线滚动方式，在线滚动由模糊控制部分完成。

6.2.3 基于模糊预测控制的智能导引律仿真分析

下面在典型作战态势下，对三种导引方法的导引特性和导引弹道进行仿真分析。

方法 1：基于模糊预测控制的导引方法；

方法 2：比例导引方法；

方法 3：组合导引方法。

考虑二维平面上的导弹拦截目标的导引问题。导弹和目标的航向角分别为 θ_m、θ_t，速度分别为 V_m、V_t（$V_m>V_t$，即导弹具有速度优势）。

假设导弹速度 $V_m=900\text{m/s}$，目标速度 $V_t=500\text{m/s}$，作战态势其他参数设定如表 6.2.4 所列。

表 6.2.4　作战态势参数设定

序号 / 态势	初始条件			
	r/(km)	θ_m/(°)	θ_t/(°)	q/(°)
态势 1	3	0	0	60
态势 2	3	20	0	60
态势 3	4	20	0	60

假设导弹的导引盲距为 100m（在距离目标 100m 时导弹的导引头停机），由比例导引律：$\dot{\theta}=3.5\dot{q}$ 和组合导引律：$\dot{\theta}=3\dot{q}+0.1\sin\eta_m$ 得到如下仿真结果。

态势 1：如图 6.2.3 ~ 图 6.2.7 所示。

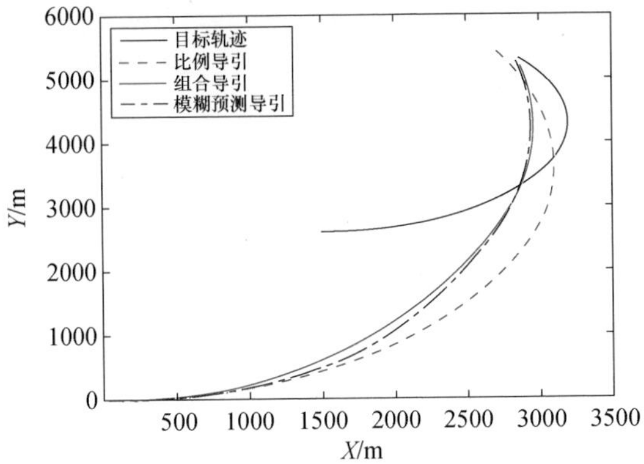

图 6.2.3 导弹导引弹道比较

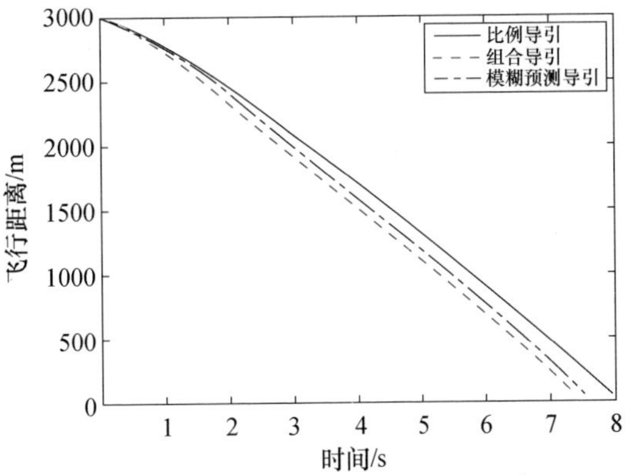

图 6.2.4 相对距离变化比较

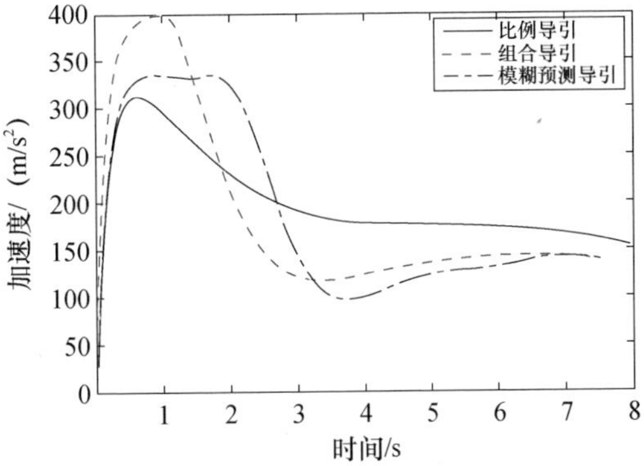

图 6.2.5 导弹加速度变化比较

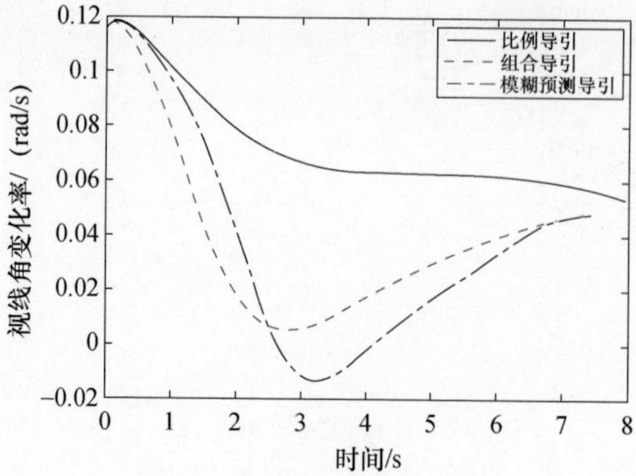

图 6.2.6　视线角变化率比较

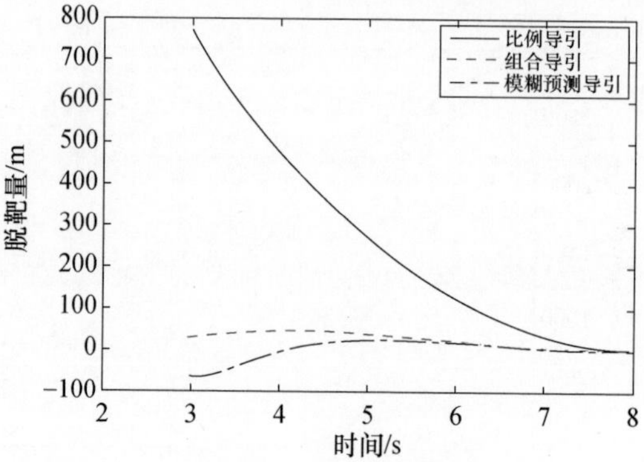

图 6.2.7　脱靶量比较

态势 2：如图 6.2.8 ~ 图 6.2.12 所示。

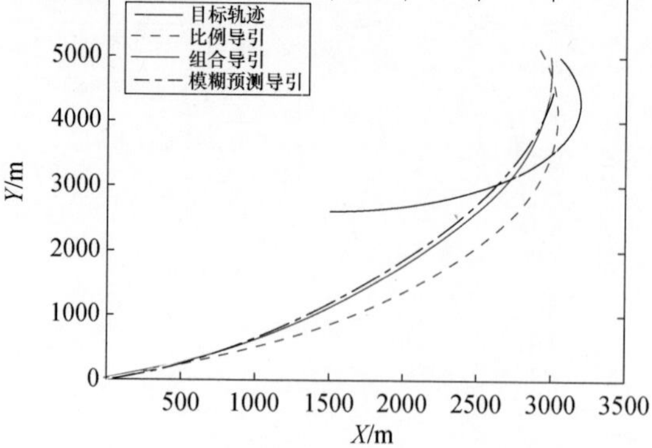

图 6.2.8　导弹导引弹道比较

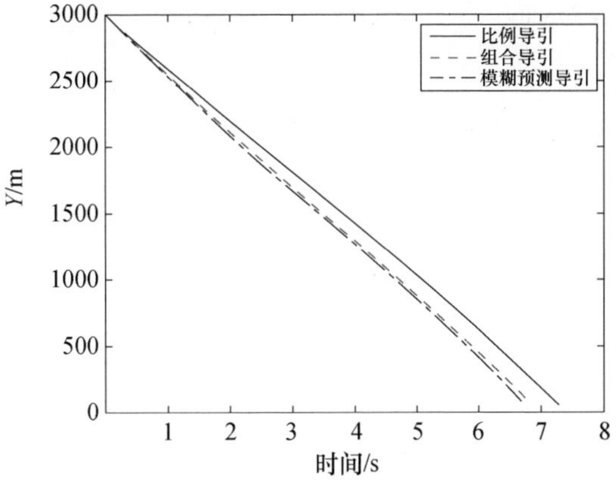

图 6. 2. 9　相对距离变化比较

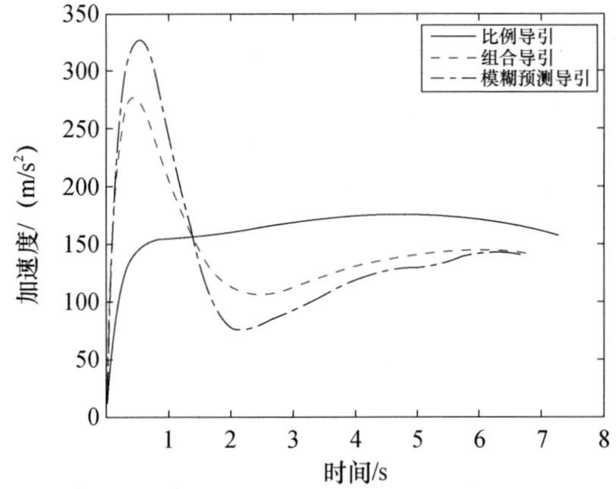

图 6. 2. 10　导弹加速度变化比较

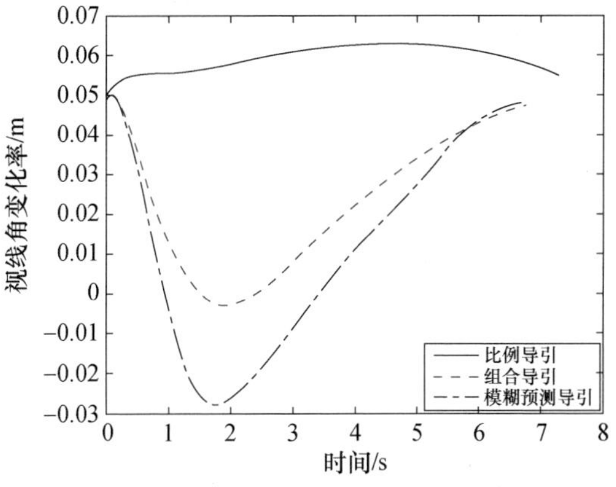

图 6. 2. 11　视线角变化率比较

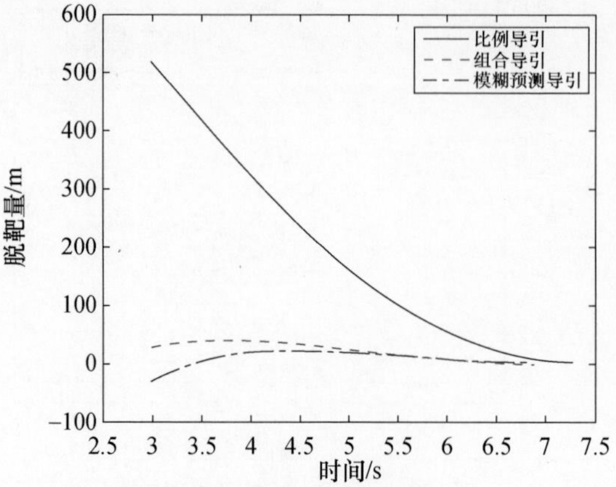

图 6. 2. 12　脱靶量比较

态势 3:如图 6. 2. 13 ~ 图 6. 2. 17 所示。

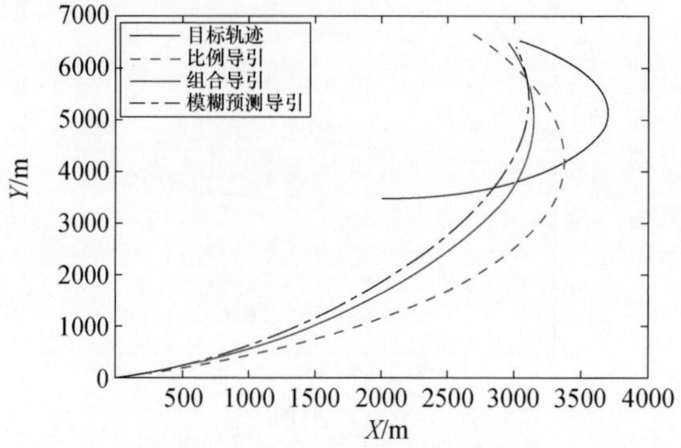

图 6. 2. 13　导弹导引弹道比较

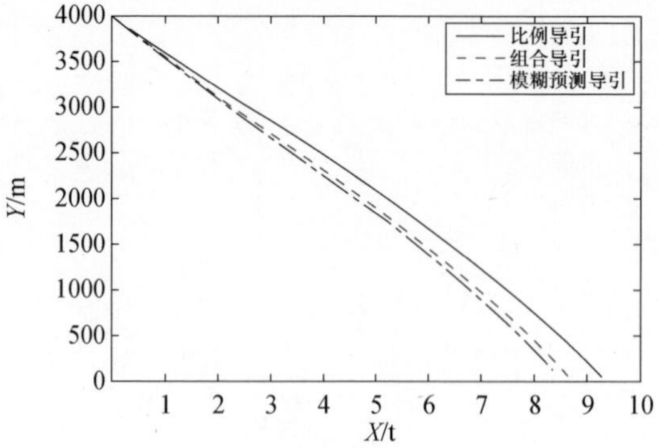

图 6. 2. 14　相对距离变化比较

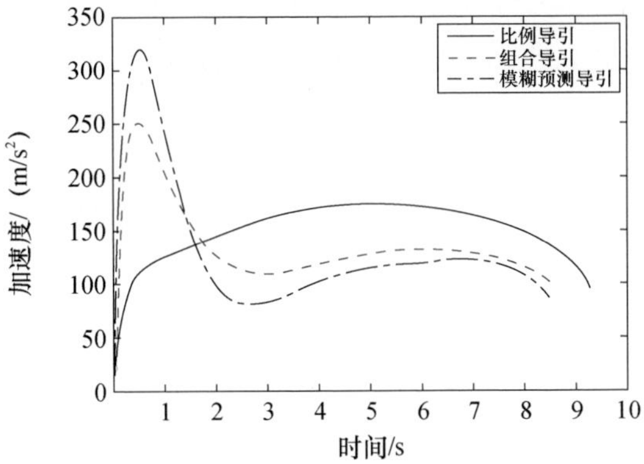

图 6.2.15　导弹加速度变化比较

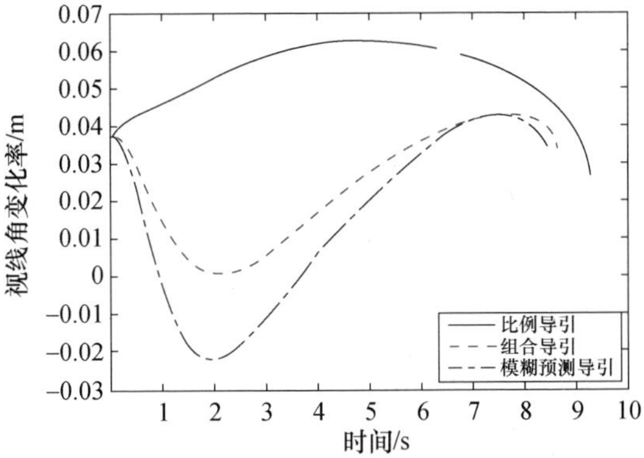

图 6.2.16　视线角变化率比较

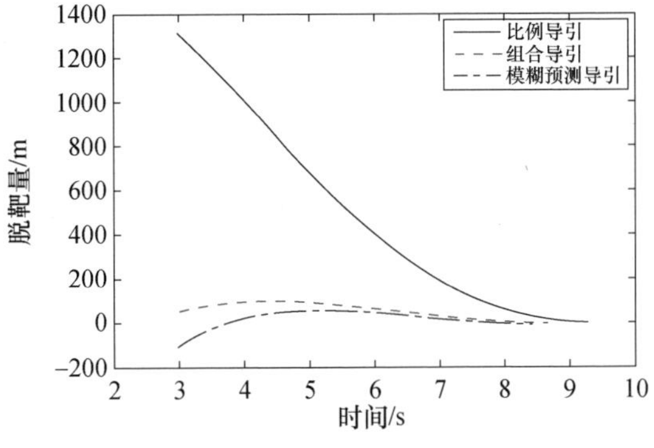

图 6.2.17　脱靶量比较

分析仿真试验结果,分别对以上三种初始条件下的仿真结果进行制导性能分析,分别考虑最大指令加速度、攻击时间、脱靶量三个指标参数,具体参数如表 6.2.5 所列。

表 6.2.5　末段最大加速度、攻击时间和脱靶量对比图

状态		方法		
		方法 1	方法 2	方法 3
态势 1	①末段最大加速度	131.80	173.89	143.96
	②攻击时间	7.53	7.97	7.43
	③脱靶量	0.0907	0.2473	0.1052
态势 2	①末段最大加速度	142.07	171.33	145.46
	②攻击时间	6.77	7.29	6.87
	③脱靶量	0.0842	0.3017	0.0961
态势 3	①末段最大加速度	118.93	132.14	172.33
	②攻击时间	8.47	9.29	8.64
	③脱靶量	0.0392	0.1258	0.0619

从仿真结果可以看出,在拦截大机动目标时,基于模糊预测控制导引律性能明显高于比例导引和组合导引方式。可以从三种不同初始状态时的拦截参数图中看出,在导引的末段导弹加速度明显比其他两种方法小,导弹能量消耗更小;并且末段弹道平直,过载小。由此可见,采用这种方法有利于提高导弹的导引性能。

通过模糊预测控制实现现代导引律,进一步提高了制导系统的性能,其脱靶量、导引末端的过载都较比例导引和组合导引小。仿真试验表明,在某些攻击阵位时很大程度上对原有的比例导引有很大改善。

6.3　基于 CMAC 网络的预测命中点导引律

6.3.1　预测命中点导引方法

空中目标的逃逸轨迹主要有最简单的匀速直线逃逸和复杂的最佳对策逃逸两种情况。实战中,目标逃逸只有可能做介于这二者之间的机动[7]。第 5

章讨论的基于微分对策理论的导引方法之所以在某些追逃模式中显得并非“智能”,是因为该方法仅仅考虑了后一种情况,即认为逃逸目标在每一个采样瞬间均能做出最佳对策逃逸。而在实战中,逃逸目标的恶意机动行为往往只会在导弹的导引末段才出现一次,恶意机动行在制导过程的大部分时段中是不会出现的。因而,简单的微分对策导引法难以适用于整个末制导过程,使其在不同程度上出现了某些缺陷,如控制量大小随时间振荡较大,导引弹道过于保守等。

之所以在智能追逃过程中出现以上矛盾,是因为微分对策导引方法较经典的导引方法而言,虽然对于逃逸目标的智能对策行为有了更深的认识,但是对于目标的整个逃逸轨迹没有形成清晰的概念。然而,目标逃逸的恶意突防行为一般恰恰在于其逃逸轨迹的突变,而非简单地寻求控制量的突变。不注重飞行轨迹而简单地强调控制量大小本身的大规模机动是没有意义的。另外,理论上的控制量大幅度变化目前在工程上也是难以实现的。因此,应当基于一种折衷的方法来设计导引律,使其拦截未来信息未知的机动目标时,追踪性能相对于拦截已知机动方式目标的损失尽可能小。

为了增强导引律对目标逃逸轨迹的认知能力,使其能够更加适应不同情况下对目标的有效攻击,若基于预测控制理论,能够设置一个虚拟的命中点,依靠对命中点的提前预测以及最短时间控制理论,给出最优导引指令(最优控制量)形成预测命中点导引律,则可弥补微分对策导引律的不足。

传统导引方法的设计思想都源于经典控制技术——反馈控制。导弹在实际航迹控制过程中,采用的是一种“事后”控制方式。不能根据预置航线事先做好转弯准备,而是仅利用逃逸目标当前和过去一段时间的飞行情况确定导弹当前的控制量,对目标未来的飞行轨迹没有长远的分析,削弱了导弹的拦截攻击能力,严重时可能还会贻误战机。

基于预测控制理论的导引律除了6.2节的模型预测导引,还有另一种预测命中点导引方法。预测命中点导引方法依靠对命中点的提前预测以及最短时间控制理论给出最优控制量,也是建立在预测控制理论基础上的智能导引方法。

预测控制思想源于Sheridan在1966年提出的三种预测控制的模型。它通常在原有闭环系统中利用未来信息进行前馈补偿,从而改变系统的动态跟踪性能,如图 6.3.1 所示。

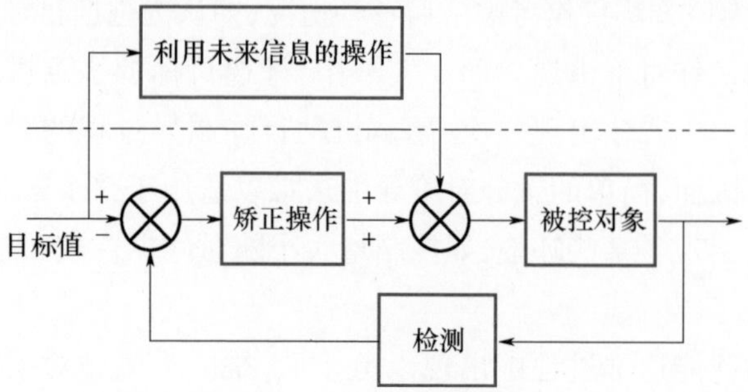

图 6.3.1　预测控制系统

预测是指对目标值及干扰信号的未来情况完全知道;而控制即是“为使对象满足一定要求而对其施加一定的操作”。为了达到这个目的,工程上通常使用反馈控制或前馈控制等方法使对象尽可能按希望的那样动作,可以认为预测控制是最优跟踪控制的延伸。

预测控制通常都是从状态方程出发,基于最优控制理论来设计。结构上是最优反馈基本控制回路,利用未来信息来确定补偿量,一般是取未来几项目标值的线性组合。下面将预测控制理论应用于自寻的导引律的设计,形成基于预测控制的预测命中点导引方法。

1. 分段预测导引律

对目标未来轨迹进行预测是预测控制导引的核心所在。飞行过程中,若目标无突防机动,则角速度呈缓慢变化。但是,如果逃逸目标出现横向机动,将给预测轨迹带来困难。为解决此项问题,通常将追踪过程分成若干时段,在每一时段初始时刻对目标的运动进行近似预测,确定该时段末时刻的目标位置。简单地认为,在每个时段内目标做直线运动(非机动逃逸)。为了设计出适合实时应用的预测算法,避免产生过大误差和过大的计算量,必须选择合适的时间步长[4]。在每个预测时段内追踪模型为非机动形式,并在这个预测时段内采用最优控制导引律,使终端距离最小。如果不满足捕获要求,则继续进入下一时段追踪,并以此时追踪器及目标的状态为初始值,进行下一次迭代预测计算,直到满足捕获条件停止计算。该算法导引轨迹如图 6.3.2 所示。

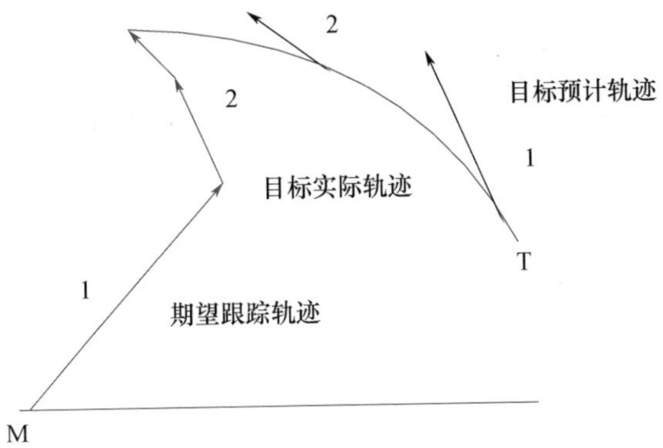

图 6.3.2　分段预测导引轨迹

序列预测分段优化导引律可以解决机动目标的截获问题，并避免了需要知道目标的未来信息的困难；但是该方法仅能对付简单的目标轨迹变动，无法适应角速度较大的目标。

2. 预测命中点导引

针对逃逸轨迹弯曲较大的目标，为提高导引律的性能，可采用预测命中点的思想来设计导引律。首先根据当前目标飞行轨迹，预测目标最大可能的未来轨迹，并对预测结果进行实时更新；然后根据目标未来的飞行轨迹，基于最优控制理论，预测最佳命中点；导弹则以当时所预测的命中点为目标进行导引。这样，就将拦截高速飞行的真目标的过程转化为攻击移动速度缓慢，甚至是固定不动的假目标的过程。在导弹与目标遭遇时真假目标重合，完成导引过程。整个导弹的导引过程如图 6.3.3 所示，与拦截真目标的图 6.3.4 相比，预测命中点导引法对目标逃逸轨迹有较深刻地分析，拦截弹道更为平直。

为进一步研究预测命中点导引律的特性，将借鉴遥控导引方法中前置点导引的思想改进导引弹道的特性。

遥控导引方法中，三点法导引的原理是导弹在攻击目标的整个飞行过程中，其质心始终位于连接制导站和目标位置的直线上[9]。采用三点法导引律，当导弹接近目标时弹道的需用法向过载增大，因而对导弹的机动性要求就越高[9]。

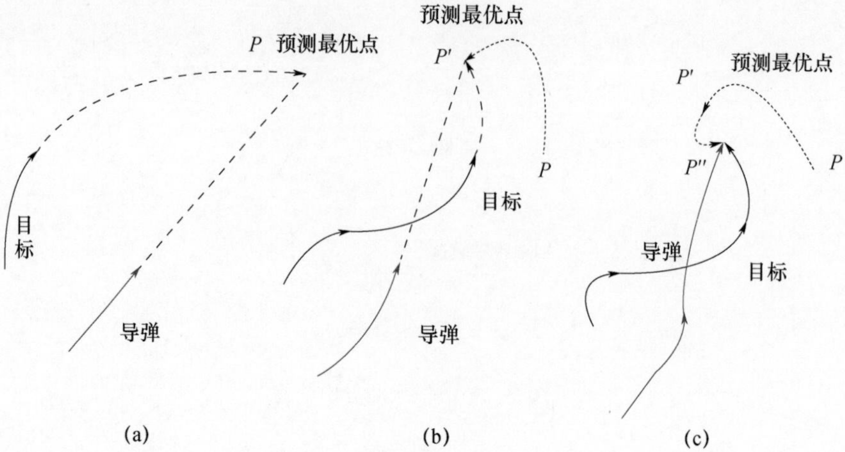

图 6.3.3 预测命中点导引过程

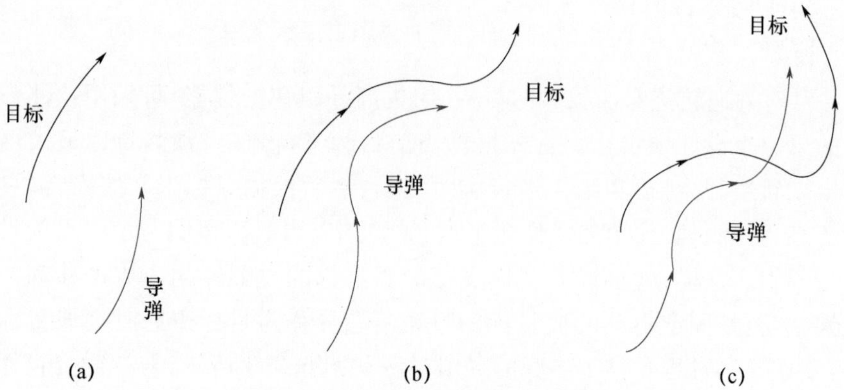

图 6.3.4 经典导引律追踪真目标

为使过载变化合理,尤其在导弹命中目标附近减小法向过载,对三点法加以改进:令导弹高低角和方位角分别提前目标高低角和方位角一个角度 ε 和 β。此角度与导弹和目标的距离差 r 具有以下对应关系:

$$\varepsilon = -m\frac{r}{\dot{r}}\dot{\varepsilon}_t, \quad \beta = -m\frac{r}{\dot{r}}\dot{\beta}_t \tag{6.3.1}$$

式中:m 为常系数。当导弹命中目标时,r、ε 和 β 均接近 0。当 $m \neq 0$ 时,可以使导弹接近目标时,需用过载更小。当 $m=0$ 时,为三点法导引律;当 $m=0.5$ 时,为半前置点法导引律;当 $m=1$ 时,为前置点法。

对于某些高速目标，如弹道式导弹的再入弹头，其飞行速度远大于防空导弹的速度。若采用三点法导引，或前置点、半前置点导引对这样的目标进行拦截，一般会使导引弹道需用过载很大，产生很大的脱靶量[10]。分析可知，其主要原因是对这种飞行速度特别高的目标，要对其实施高精度打击，需要对其命中点有较为准确的预测。要对命中点实施准确预测，则需要利用目标、导弹相应的运动信息，这些信息越多，命中点的预测精度就会越高(表6.3.1)。

表6.3.1　各种导引律比较

导引律	目标预测所需参数	目标预测的位置	命中点附近导引弹道需用过载
三点法	目标当前角位置	当前位置	过载大
前置点/半前置点	目标移动的速度、导弹与目标的径向距离及径向相对速度	目标移动的前方点	接近目标时过载变小
预测命中点	多种因素	命中点	高速目标过载较小

从表6.3.1可以看出，对目标预测所需参数越多，预测越准确，弹道平直度就越高，导引性能也就越好。对于静止目标，即目标的位置能完全确定的目标，可以提前规划弹道，采用预先设计的方式接近攻击目标。可见，导引律的改进，对目标位置的预测精度影响很大。了解目标的运动规律，准确预测目标出现的位置是提高导引性能的一条重要途径。

6.3.2　基于CMAC网络的预测命中点导引律设计

预测命中点导引方法的核心是预测未来一段时间内目标最大可能逃逸轨迹，该方法能利用较小的过载拦截高速飞行的逃逸目标。通过对预测命中点导引中的预测过程深入研究可知，实现预测命中点导引的关键是对目标未来轨迹的快速准确预测。第5章研究了基于前向神经网络的Q-学习算法和基于CMAC网络的Q-学习算法，基于CMAC网络的Q-学习算法具有学习速度快和学习准确度高两大优势。利用基于CMAC网络的Q-学习算法的两大优势，可实现目标未来轨迹预测，形成一种基于CMAC网络的预测命中点导引方法。

基于CMAC网络的预测命中点导引方法基本思路：导引系统首先通过测量逃逸目标过去一段时间的轨迹，计算出其角速度序列；然后利用CMAC学习其角速度大小的变化规律，据此计算未来时段的目标角速度序列，进而确定目标未来最大可能的轨迹；最后基于最优导引在预测轨迹上寻找最优命中点，据此进行决策。

CMAC 网络的输入为近一时段的目标角速度序列 $[\dot{\theta}_{t-T},\dot{\theta}_{t-2T},\dot{\theta}_{t-3T}]$，输出为当前角速度预测值 $\dot{\theta}_t$，其中 T 为预测周期。基于 CMAC 网络的预测命中点导引律算法如下：

（1）初始化 CMAC 网络，令 $t=0$。

（2）利用 CMAC 网络计算 $\dot{\theta}_t$。

（3）令 $t=t+T$，则有 $\dot{\theta}_{t-3T}=\dot{\theta}_{t-2T},\dot{\theta}_{t-2T}=\dot{\theta}_{t-T},\dot{\theta}_{t-T}=\dot{\theta}_t$。

（4）利用网络输出代替输入首项，计算 $\dot{\theta}_t$。

（5）判断如果 $t<t_t$，则返回（3）；否则，根据 t_t 项加速度序列 $\{\dot{\theta}_t\}$，计算目标轨迹并确定最优命中点，执行最优决策；（t_t 为预测步长）。

（6）令 $t=0$，通过测量计算 $\dot{\theta}_t$ 实际值，调整所对应的网络权值使误差最小，并判断如果弹目距离大于盲区距离，转（2）。

（7）结束。

其中，算法第（3）步是利用 CMAC 网络的智能学习功能，通过最近时段目标角速度推算未来一段时间的目标角速度序列，从而获得目标轨迹。再利用最优控制选择最佳点，如图 6.3.5 所示。

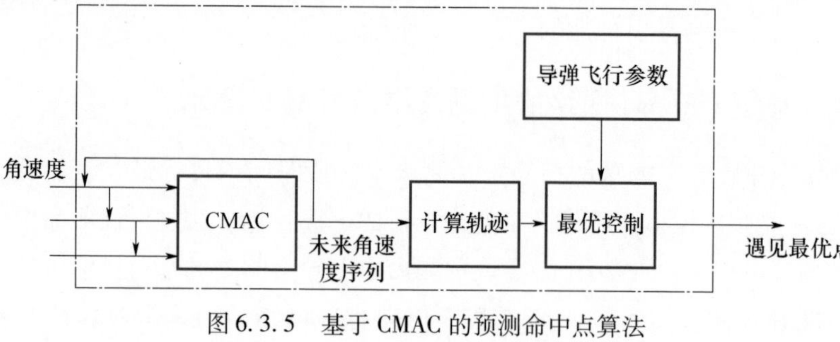

图 6.3.5　基于 CMAC 的预测命中点算法

第（4）步中，系统首先对从目标当前位置开始在预测轨迹上每隔时间周期 T 的预测轨迹点进行判断，如果 $d<V_m t$ 成立（其中 d 为导弹当前位置到该点的距离，t 为目标预测到达该点所需时间，V_m 为导弹线速度（假设为常量）），则将该点引入最优导引分析。

上面采用的最优导引中，性能泛函定义为

$$J = a\dot{\theta} + bt \tag{6.3.2}$$

用于控制最大过载和拦截时间。其中，a、b 为系数用于调整两项的权重；$\dot{\theta}$ 为控制量，即导弹角速度。

令

$$\dot{\theta} = k\dot{q} \tag{6.3.3}$$

式中：$\dot{q} = \frac{q}{t}$；k 为常数；q 为导弹当前位置到预测命中点的连线与导弹当前飞行方向的夹角。

由此，引入最优导引的每个预测点都唯一对应一个控制量，进而唯一地对应一个泛函 J 的值。最终，系统通过寻求 J 的极小值在预测轨迹中寻找最优命中点（图 6.3.6），其所对应的控制量即为当前最优决策。通过 CMAC 反复学习，拦截过程中预测命中点逐步逼近实际命中点，最终重合。

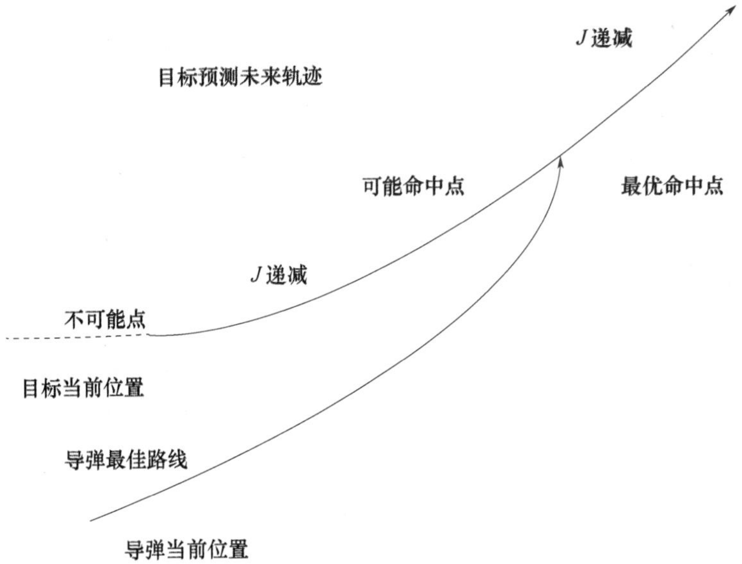

图 6.3.6 在预测轨迹中确定最优命中点

在每一个采样周期，都利用上述算法实现最优化决策，对前一步预测的命中点进行修正。如果目标的机动性不强，每次 CMAC 预测的目标角速度序列变化不大，对轨迹的预测变化也不大，则系统对最优命中点的选择较为稳定。导弹能在末制导初期成功地预测命中点位置，较早实现直接对命中点的追踪，早期弹道较弯、过载较大,末期弹道直、过载小,追踪时间短。但是,如果目标的机动性很强,每个采样周期 CMAC 预测的目标角速度序列变化较大,会使预测的目标轨迹变动较大,令导弹的控制决策发生振荡、前后矛盾,会增大导弹所承受的过载。

6.3.3 基于 CMAC 网络的预测命中点导引律仿真分析

考虑导弹拦截飞机目标的平面拦截问题。假设导弹速度 $V_m = 900\text{m/s}$,目标速度 $V_t = 500\text{m/s}$,导弹的制导盲距为 100m(在距离目标 100m 时导弹的导引头停机)。

为了叙述方便,基于 CMAC 网络的预测命中点导引称为预测导引。

为更好地说明基于 CMAC 网络的预测导引方法在拦截恶意机动目标时的优点,将其与比例导引、组合导引法及模糊导引法,微分对策导引方法进行比较。其中:

比例导引决策算法:$\dot{\theta} = 3.5\dot{q}$

组合导引决策算法:$\dot{\theta} = 3\dot{q} + 0.1\sin\beta_m$

式中:q 为弹目视线角;β_m 为导弹速度矢量前置角。

模糊导引律,相关参数设置见 5.3.2 节。

微分对策导引律,相关参数导引见 5.3.3 节。

在仿真中设置三种初始条件或称初始态势,如表 6.3.2 所列。

表 6.3.2 仿真初始态势

态势 \ 初始条件	r/km	θ_m/(°)	θ_t/(°)	q/(°)
势态 1	3	20	0	60
势态 2	3	0	0	60
势态 3	4	60	0	60

实现目标逃逸轨迹预测的 CMAC 网络学习算法见 5.2.5 节,式(5.2.28)中输入量化后最大值 $M=5$,式(5.2.29)的逻辑地址数 $N=5$。可见 $M=N$,此处未引入数据冲撞。式(5.2.31)、式(5.2.32)中的泛化参数 $c=3$,修正因子 $\eta=1.5$,学习率 $\alpha=0.05$,学习因子 $\gamma=0.95$,期望误差最小值为 0.01。预测单位时间为 0.03s。最优控制决策函数 $J_k = ak + b\dot{\theta}$,其中,$a=5$,$b=0.1$。

分别利用四种导引方法对以上三种初始态势下的具有恶意突防行为的逃逸目标和无恶意突防机动行为的逃逸目标进行拦截过程仿真。令无突防行为的目标角速度维持固定值正方向$\frac{5}{17}$(°)/s；而存在突防行为的目标角速度前3s与前者相同，3s后转为负方向$\frac{5}{17}$(°)/s。仿真结果如图6.3.7～图6.3.12所示。

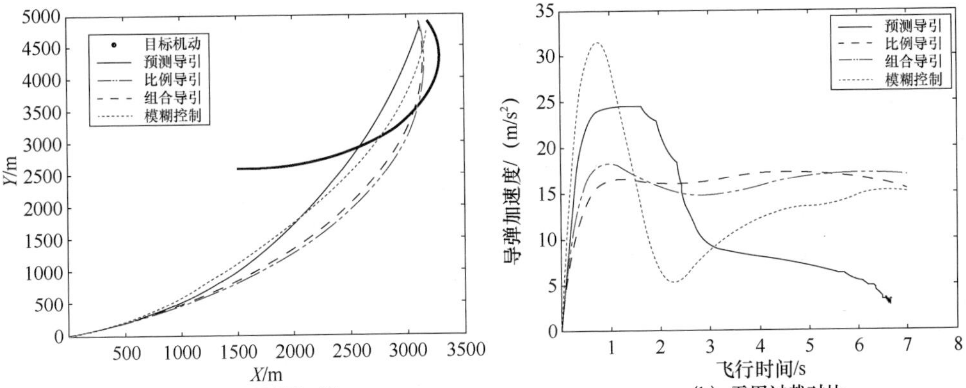

(a) 导引弹道对比　　(b) 需用过载对比

图6.3.7　态势1时拦截无恶意突防目标

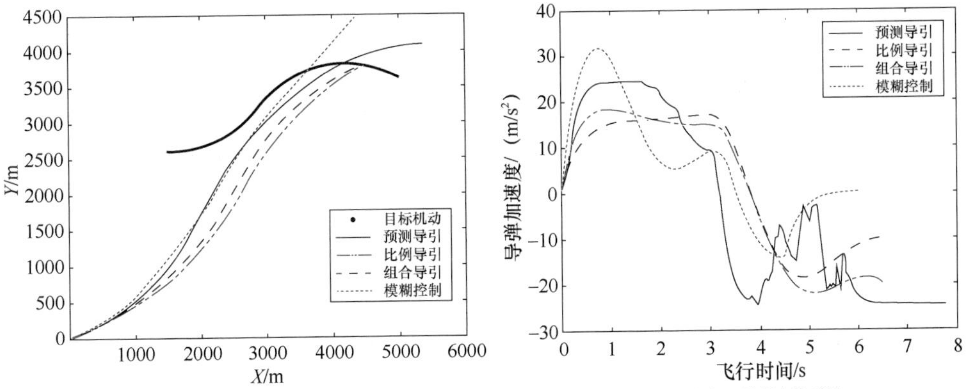

(a) 导引弹道对比　　(b) 需用过载对比

图6.3.8　态势1时拦截恶意突防目标

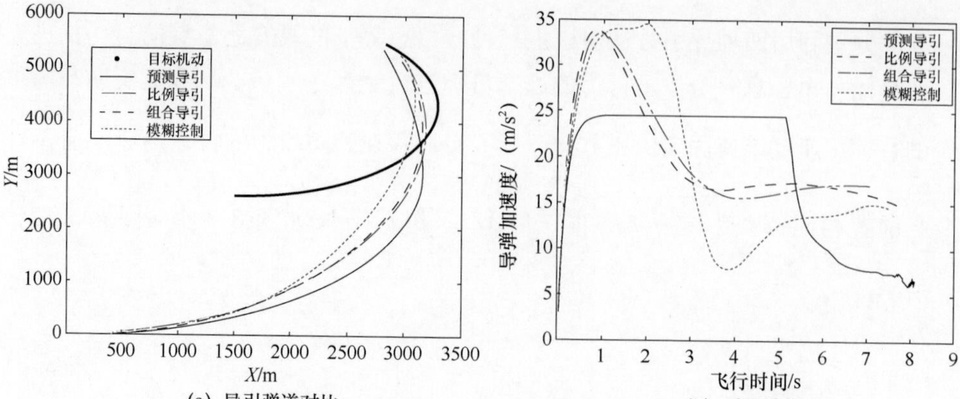

(a) 导引弹道对比　　(b) 需用过载对比

图 6.3.9　态势 2 时拦截无恶意突防目标

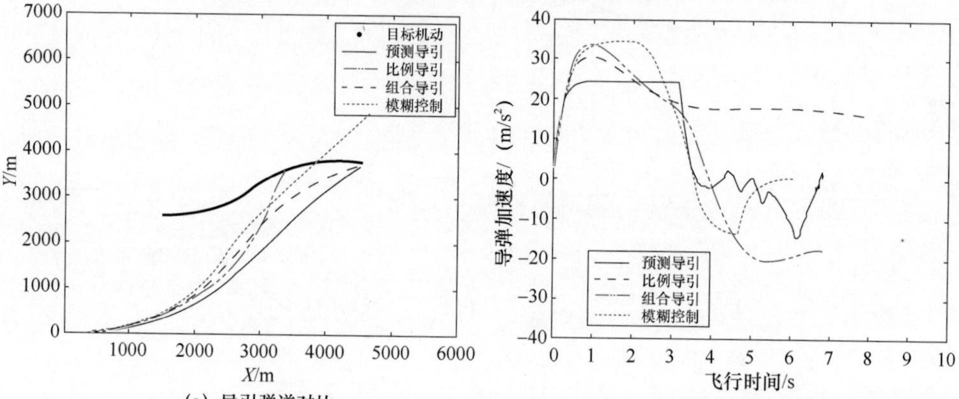

(a) 导引弹道对比　　(b) 需用过载对比

图 6.3.10　态势 2 时拦截恶意突防目标

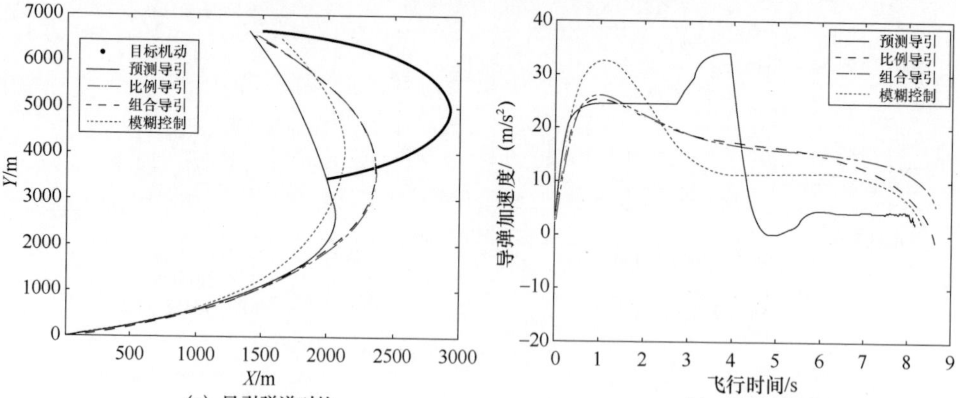

(a) 导引弹道对比　　(b) 需用过载对比

图 6.3.11　态势 3 时拦截无恶意突防目标

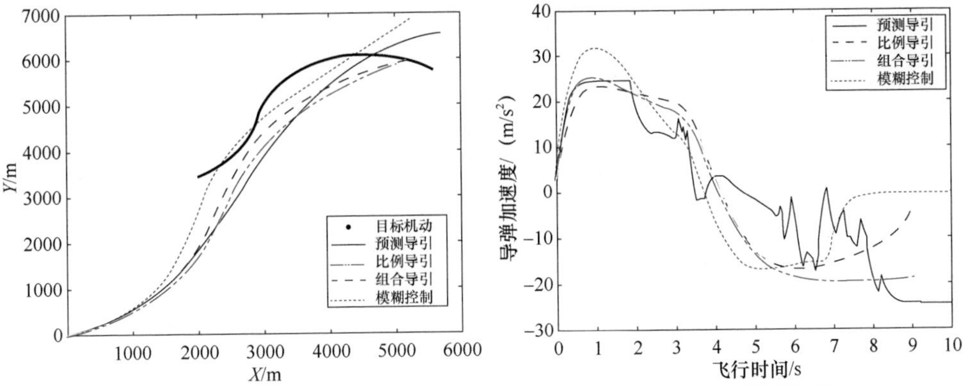

(a) 导引弹道对比 (b) 需用过载对比

图 6.3.12 态势 3 时拦截恶意突防目标

三种不同态势下,分别利用经典的比例导引法等四种导引方法和预测导引法对拦截具有恶意机动的逃逸目标和没有恶意突防行为的目标的仿真,以脱靶量和拦截时间为指标进行比较,结果见表 6.3.3 与表 6.3.4 所列。

表 6.3.3 拦截无恶意突防目标的脱靶量和拦截时间对比

初始态势	参数	比例导引	组合导引	预测导引	对策导引	模糊导引
态势 1	脱靶量/m	0.8	0.5	1.7	0.1	0.2
	拦截时间/s	7.1	7.01	6.67	6.75	6.65
态势 2	脱靶量/m	30.3	0.4	1.8	0.1	0.3
	拦截时间/s	7.90	7.72	8.07	7.78	7.49
态势 3	脱靶量/m	0.3	0.3	1.5	2.5	0.15
	拦截时间/s	8.76	8.65	8.28	8.39	8.32

表 6.3.4 拦截恶意突防目标的脱靶量和拦截时间对比

初始态势	参数	比例导引	组合导引	预测导引	对策导引	模糊导引
态势 1	脱靶量/m	1.2	0.8	—	4.5	—
	拦截时间/s	6.47	6.47	—	6.39	—
态势 2	脱靶量/m	5.2	3.4	28.5	5.8	—
	拦截时间/s	7.90	7.72	8.07	7.78	—

（续）

初始态势	参数	比例导引	组合导引	预测导引	对策导引	模糊导引
态势 3	脱靶量/m	1.3	2.5	—	14.0	—
	拦截时间/s	9.00	9.12	—	8.94	—

注："—"表示未完成拦截

由仿真结果可以看出，在目标无恶意机动突防行为时，预测导引方法优势非常明显：即使逃逸目标角速度较大，该导引律仍能在较其他导引法节省 50% 控制量的基础上，在较短时间内以更为平直的弹道实现拦截。

拦截存在恶意机动突防行为的逃逸目标时，预测导引方法由于在导引初期无法准确预测目标后期的逃逸机动，导弹控制量紊乱、过载振荡较大，容易造成脱靶。

综上所述，预测导引适用于目标无恶意机动的情况，在目标角速度变化不大时能够显示出预测控制的优越性，以最小的控制量、需用过载，更平直的弹道，实现最短时间拦截。

将其与微分对策学习导引律相比较，不难发现其各有优势。微分对策导引的最终脱靶量非常小，但是前期需用过载较大、追踪时间较长；预测导引的最终脱靶量较大，但是需用过载小。在目标角速度较大但无恶意突防行为的情况下，微分对策方法显得过于保守，预测导引却能够以小控制量和平直的弹道在很短时间实现拦截；在目标进行恶意机动时，预测导引难以实现拦截，对策制导在目标机动时能够很快调整轨迹，获得较小的脱靶量。可见二者有很强的互补性。

6.4 微分对策与预测控制相结合的智能组合导引律

6.4.1 微分对策导引与预测导引对比分析

由前面的研究可知，微分对策导引律适合拦截智能突防的目标，而预测导引适合拦截机动性能弱的目标。若将二者有机结合构成组合导引律，则可使组合导引律兼顾二者优点：在目标无恶意机动时，利用预测命中点法成功预测其未来飞行轨迹,从而寻找最佳决策;在目标出现恶意突防机动前后的一段时间,利用微分对策方法对其突防行为进行智能应对,及时调整拦截策略,实现高精度智能拦截。

在实战中,目标的机动也会受到多重因素的限制,不可能随时任意机动。因此,逃逸目标绝大部分时段都是以相对稳定的速度或加速度运动,此时组合导引律中预测导引所占的权重应该大些。恶意突防机动行为通常只会在末制导的后期才有可能出现,并且机动次数很少。研究发现,在导弹与目标追逃过程中,通常导弹速度矢量的前置角 β_m 越小,导弹的弹道越平直、脱靶量越小,目标越危险;因而,对于逃逸目标而言,出现恶意突防机动行为的可能性就越大,此时,组合导引律中微分对策所占的权重也就越大。

综上所述,目标出现恶意突防行为的概率与弹 - 目距离 d 和导弹速度矢量的前置角 β_m 两个参数有关。β_m 较大、d 较大或者非常小时,出现恶意突防的概率较小,预测导引应在导引律中占主导作用;β_m、d 较小时,出现恶意突防的概率较大,微分对策算法应在导引律中更占优势。

组合导引律可表示为

$$\dot{\theta} = a\dot{\theta}_d + (1 - a)\dot{\theta}_p \tag{6.4.1}$$

式中:$\dot{\theta}_d$、$\dot{\theta}_p$ 分别为微分对策导引和预测导引给出的决策控制量;a 为加权系数;$\dot{\theta}$ 为将二者加权综合后形成的决策控制量。

由式(6.4.1)可见,加权系数 a 的值为影响组合导引律性能的重要因素,由于二者的权值应由目标发生突防行为的概率决定,导引律中 a 的大小将由当前瞬间的 β_m、d 两个参数确定,其大小可定性地描述为

$$\begin{cases} a\ \text{较大}(\beta_m\ \text{较小}, d\ \text{较小}) \\ a\ \text{较小}(\beta_m\ \text{较大}, d\ \text{较大或非常小}) \end{cases} \tag{6.4.2}$$

实际上,决定 a 的大小可借鉴模糊控制的思想,结合专家经验给出一套决定 a 的方法。

分析可知,式(6.4.2)中加权系数 a 与弹 - 目距离 d 和导弹速度矢量的前置角 β_m 两个参数有关,其模糊对应关系如图 6.4.1 所示。

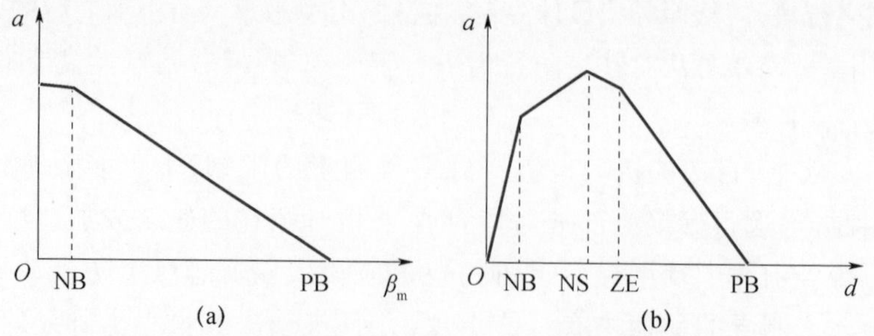

图 6.4.1　加权系数 a 与 d 和 β_m 两个参数的模糊对应关系

模糊化的设计原理前面已经进行了深入研究，此处直接应用。按图 6.4.2 所示的三角形隶属度函数对其进行模糊化。

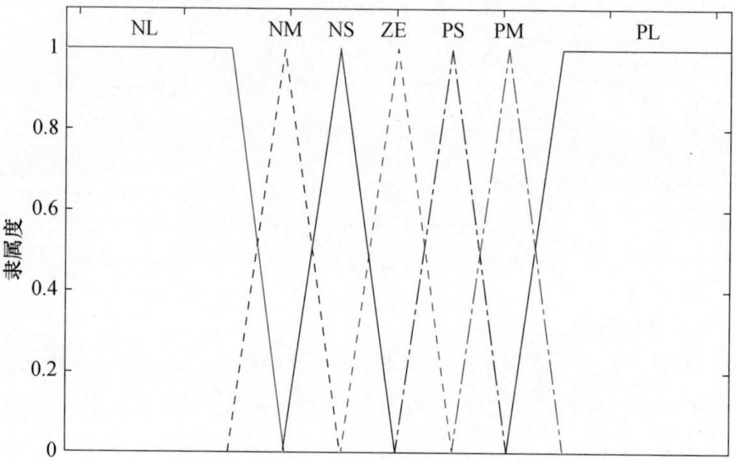

图 6.4.2　三角形隶属度函数

导弹与目标间的距离 d 和导弹速度矢量的前置角 β_m 的各个模糊概念的中心点如表 6.4.1 所列。

表 6.4.1　隶属度函数中心点

参数值	NB	NM	NS	ZE	PS	PM	PB
$\beta_m/(°)$	5	10	15	20	25	30	35
d/km	0.5	1	1.5	2	2.5	3	3.5

模糊输入 β_m 均分为7个等级,因而模糊输出变量 a 有49个单点。根据前面的理论分析,综合专家经验,对模糊控制律进行调整。在不改变输入变量的隶属度函数的前提下,对每条规则对应的规则输出进行设计、调节,即通过调节模糊控制器上对应49个点上各自的 a 改变规则输出(各个点的高度)。设计的模糊规则如表6.4.2所列。

表6.4.2 加权系数 a 关于导弹与目标的距离和导弹前置角的模糊规则

β_m \ d	NB	NM	NS	ZE	PS	PM	PB
NB	0.0000	0.0000	0.0000	0.0000	0.0000	0.0000	0.0000
NM	1.0000	0.9524	0.7619	0.5714	0.3810	0.1905	0.0000
NS	1.0000	0.9762	0.8810	0.7857	0.6905	0.5952	0.5000
ZE	1.0000	0.9603	0.8016	0.6429	0.4841	0.3254	0.1667
PS	0.7000	0.4802	0.4008	0.3214	0.2421	0.1627	0.0833
PM	0.5000	0.3201	0.2672	0.2143	0.1614	0.1085	0.0556
PB	0.0000	0.0000	0.0000	0.0000	0.0000	0.0000	0.0000

需要指出的是,以上模糊逻辑仅在微分对策、预测导引两种导引方法的决策量大小差异不大的前提下才有意义。如果两种导引方法给出的决策控制量差异较大,那么简单求出的决策控制量将与两种导引律的决策控制量相差甚远,造成导弹执行这一决策控制量的困难。因此,该组合导引方法决策控制量的计算应遵循下式:

$$\dot{\theta}=\begin{cases}\dot{\theta}_{\mathrm{d}}\left(a\geqslant 0.5,\ \dfrac{\dot{\theta}_{\mathrm{d}}}{\dot{\theta}_{\mathrm{p}}}>2\ \text{或}\dfrac{\dot{\theta}_{\mathrm{d}}}{\dot{\theta}_{\mathrm{p}}}<0.5\right)\\ \dot{\theta}_{\mathrm{p}}\left(a<0.5,\dfrac{\dot{\theta}_{\mathrm{d}}}{\dot{\theta}_{\mathrm{p}}}>2\ \text{或}\dfrac{\dot{\theta}_{\mathrm{d}}}{\dot{\theta}_{\mathrm{p}}}<0.5\right)\\ a\dot{\theta}_{\mathrm{d}}+(1-a)\dot{\theta}_{\mathrm{p}}\left(0.5\leqslant\dfrac{\dot{\theta}_{\mathrm{d}}}{\dot{\theta}_{\mathrm{p}}}\leqslant 2\right)\end{cases}\tag{6.4.3}$$

式中:$\dot{\theta}_{\mathrm{d}}$、$\dot{\theta}_{\mathrm{p}}$ 分别为利用第5、6章研究的基于微分对策导引法和预测导引法求解出的决策控制量。

将弹目距离 d 和导弹前置角 β_m 根据表6.4.1的隶属函数中心点和

图6.4.2所示的隶属度函数模糊化;将 d 和 β_m 的模糊值输入图6.4.1进行模糊运算,并通过平均最大隶属度法解模糊获得对策方法的权值 a。

将 a 值代入式(6.4.3)得到当前最优化决策量 $\dot{\theta}$,执行决策进入下一个采样周期。

组合导引律框架如图6.4.3所示。

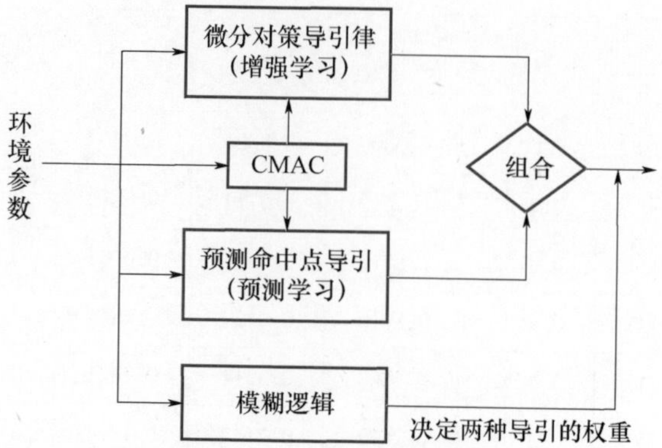

图6.4.3　组合导引律框架

这种新的组合导引律称为模糊组合导引律,它充分利用了模糊逻辑的优势,根据微分对策和预测导引两种导引思想的特点,将二者进行有机结合而成。该导引律在设计过程中直接分析了目标恶意突防行为的环境因素,并将其作为算法的主要设计依据,可获得更好的导引性能。

6.4.2　智能组合导引律与仿真分析

基于模糊逻辑理论,将微分对策和预测控制相结合的导引律进行导弹追逃仿真,在两种不同的初始状态下分别拦截有恶意突防行为和无恶意突防行为的逃逸目标。其初始状态如表6.4.3所列。

表6.4.3　仿真初始条件

态势＼仿真初始条件	r/km	θ_m/(°)	θ_t/(°)	q/(°)
态势1	3	20	0	60
态势2	3	60	0	60

将仿真结果与比例导引、微分对策导引以及预测导引相对比，结果如图6.4.4～图6.4.7所示。其中，仿真中的各项假设和参数设定与6.2节相同。

图6.4.4、图6.4.5为几种典型的导引律在初始态势1的系统下，分别拦截无恶意突防和有恶意突防能力的逃逸目标的仿真结果。

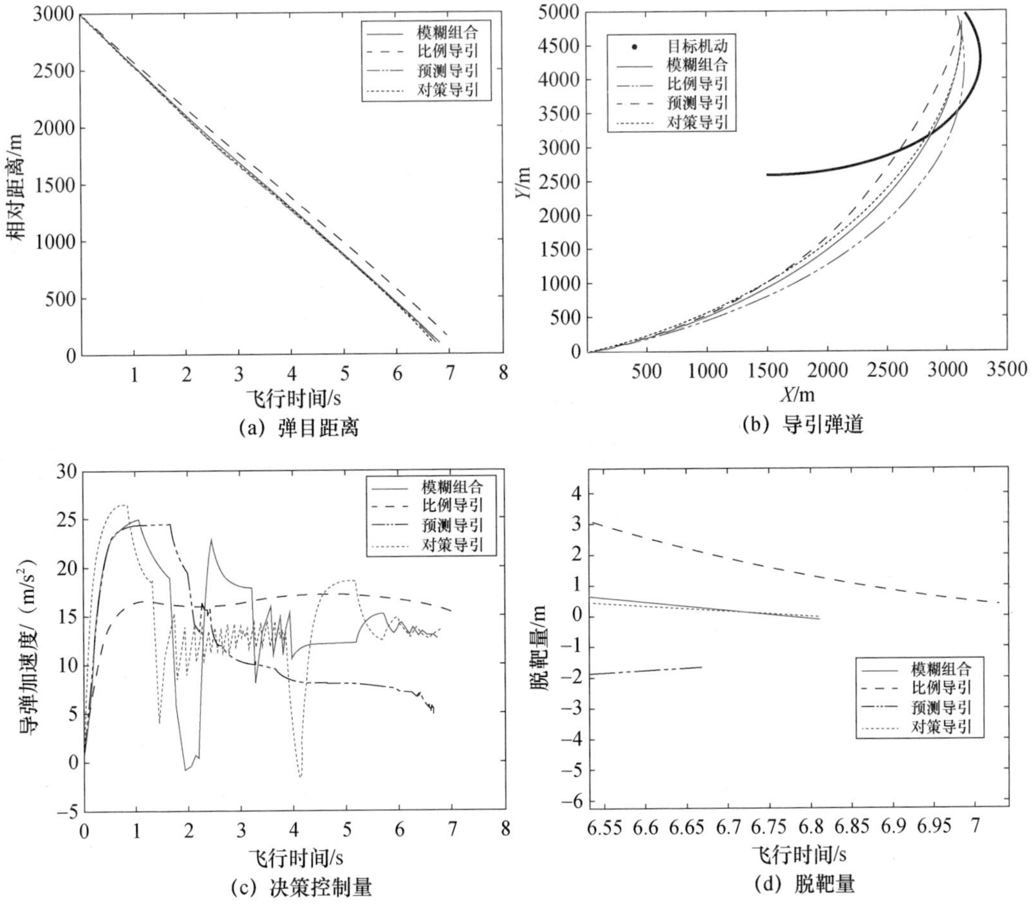

(a) 弹目距离　(b) 导引弹道　(c) 决策控制量　(d) 脱靶量

图6.4.4　态势1拦截无恶意突防目标

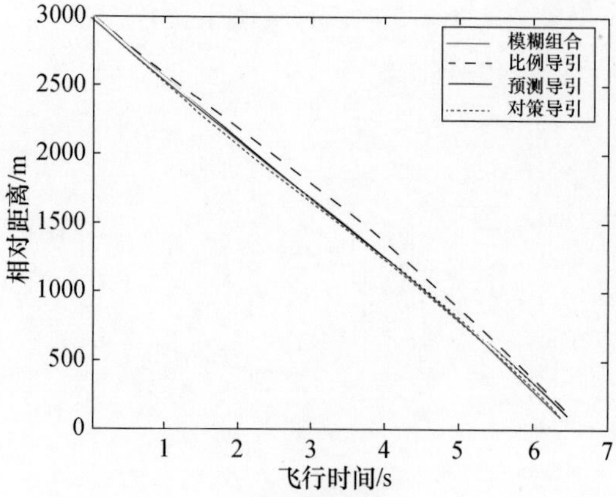

(a) 弹目距离

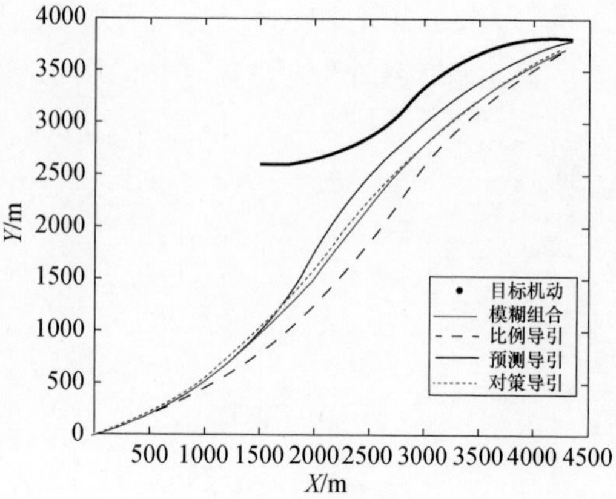

(b) 导引弹道

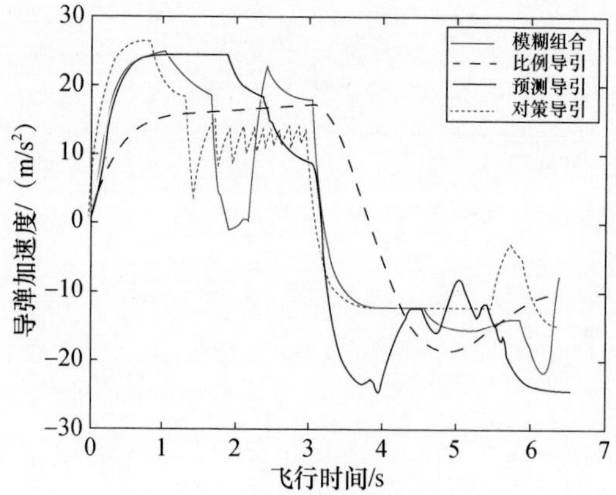

(c) 决策控制量

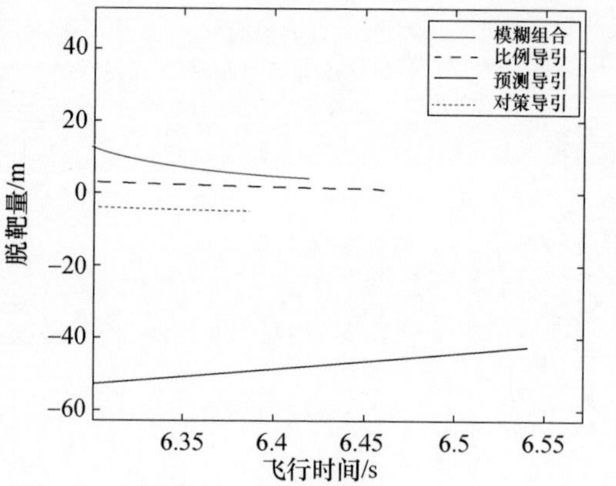

(d) 脱靶量

图 6.4.5 态势 1 拦截恶意突防目标

图 6.4.6、图 6.4.7 为几种典型的导引律在初始态势 2 下,分别拦截无恶意突防和具有恶意突防能力的逃逸目标的仿真结果。

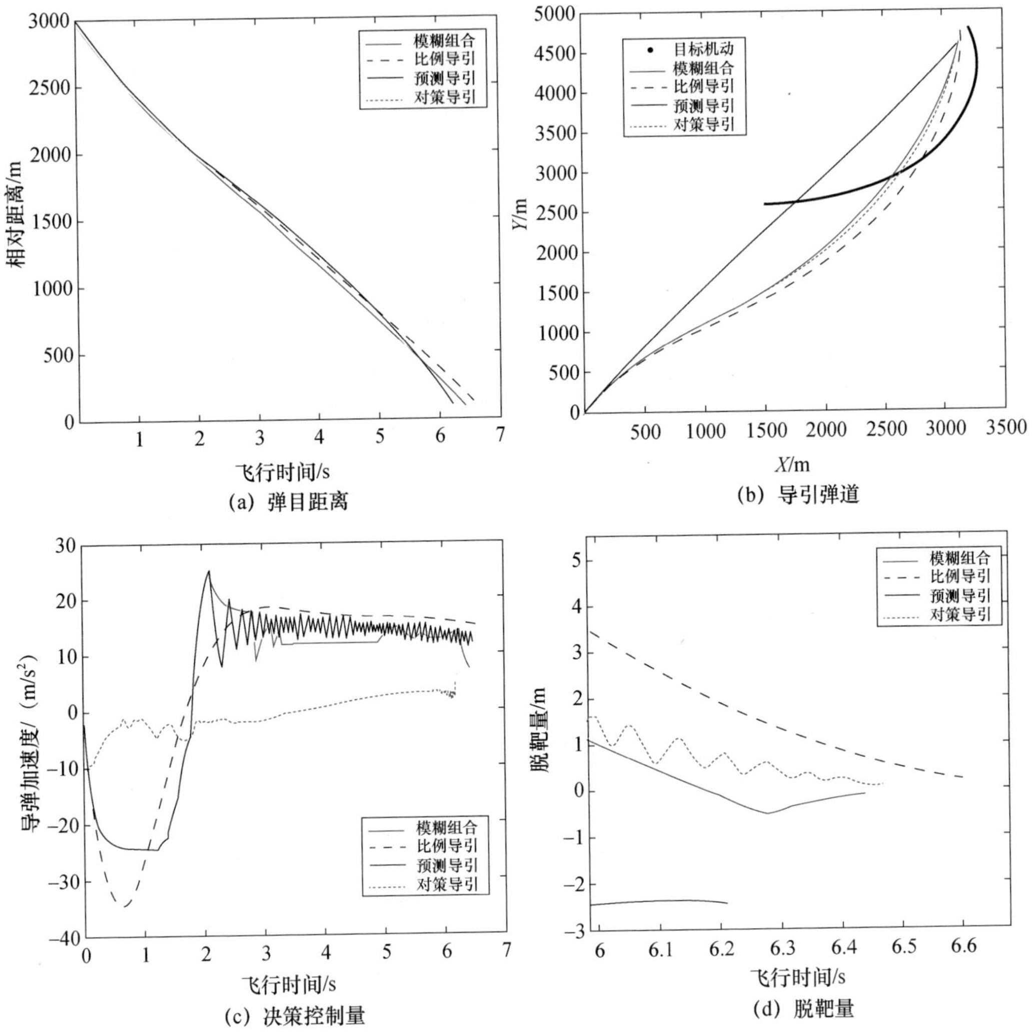

图 6.4.6　态势 2 拦截无恶意突防目标

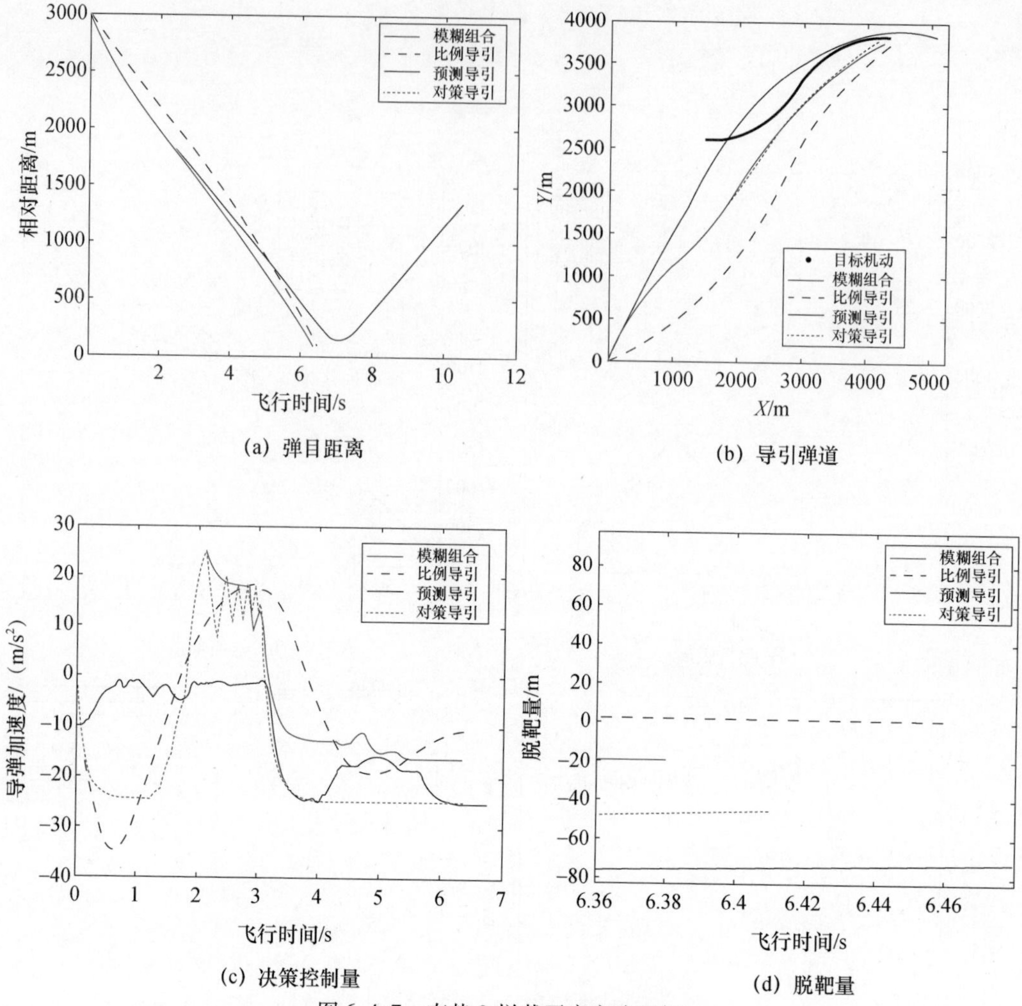

(a) 弹目距离　(b) 导引弹道　(c) 决策控制量　(d) 脱靶量

图6.4.7　态势2拦截恶意突防目标

不同导引方法的拦截时间和最终脱靶量如表6.4.4、表6.4.5所列。

表6.4.4　目标无恶意突防情况下的脱靶量和拦截时间对比

初始态势	参数	比例导引	预测导引	对策导引	模糊组合
态势 a	脱靶量/m	0.78	1.70	0.11	0.04
	拦截时间/s	7.13	6.67	6.75	6.71
态势 b	脱靶量/m	0.23	2.46	0.12	0.08
	拦截时间/s	6.60	6.21	6.47	6.44

表6.4.5 目标恶意突防情况下的脱靶量和拦截时间对比

初始态势	参数	比例导引	预测导引	对策导引	模糊组合
态势 a	脱靶量/m	1.20	—	4.57	4.62
	拦截时间/s	6.47	—	6.39	6.42
态势 b	脱靶量/m	0.99	—	45.20	19.00
	拦截时间/s	6.46	—	6.41	6.38

注:"—"表示脱靶

由图6.4.4、图6.4.6和表6.4.4可看出,在预测导引占优势的导弹拦截无恶意机动突防行为的逃逸目标过程中,模糊组合导引法相对预测导引法而言,将脱靶量缩小为原来的1/3;而相对微分对策导引法而言,模糊组合导引法的拦截时间更短,而且能以更加小而且平稳的控制量获得更小的最终脱靶量。可见,在拦截无突防行为的目标时,模糊组合方法继承了预测控制决策果断、拦截速度快的特性,又增加了微分对策特有的最终脱靶量小的优势。

由图6.4.5、图6.4.7和表6.4.5可得出,在预测导引无法实现拦截的具有恶意机动突防行为的逃逸目标追逃过程中,模糊组合导引法相对适合拦截恶意机动目标的对策导引法而言,能够利用更小而且更平稳的决策控制量在同样长的拦截时间内获得同样甚至更小的最终脱靶量。由此可见,在拦截具有恶意突防行为的目标时,模糊组合方法继承了微分对策导引思想,能够对目标的恶意突防行为做出正确及时的反应,而且解决了微分对策导引律控制量较大且剧烈振荡的难题。

综上所述,模糊组合导引方法由于综合了分析目标逃逸轨迹并结合专家经验,兼顾了预测控制和微分对策两种导引思想:既全面分析、评估了目标的整体逃逸轨迹,又综合考虑了目标恶意突防能力;能在较短的拦截时间内以小而平稳的控制量获得较小的最终脱靶量。特别适合用于拦截具有恶意突防能力的逃逸目标。

参考文献

[1] 罗喜霜,张天桥. 模糊控制在复合制导中的应用[J]. 弹箭与制导学报,2001,21(2):1-4.
[2] 高祝,周徐昌,王树维. 鱼雷水平面模糊变结构导引律设计[J]. 鱼雷技术, 2003,11(4):18-20.

[3] 张建灵,刘小刚,阙向东,等. 模糊 PID 控制在制导滑翔弹滚动稳定回路中的应用[J]. 火力与指挥控制,2005,30(3):44-46.
[4] 罗德林,吴文海,韩强,等. 最优导引律研究[J]. 飞机设计,2004,3:45-49.
[5] MenonP K,Chatter ji G B. Differential Game Based Guidance Law for High Angle of Attack Missiles[J]. AIAA-96-3835.
[6] YoshidaY. A Zero-Sum Stopping Game in a Continue Time Dynamic Fuzzy System[J]. Mathematical and Computer Modeling, 2001, 34(526):603-614.
[7] Lin C H, Hsu C F, Mon Y J. Self-Organizing Fuzzy Learning CLOS Guidance Law Design[J]. IEEE Transactions on Aer-Ospace and Electronic Systems, 2003, 39(4):1144-1151.
[8] Chwa D Y, Choi J Y. Adaptive Nonlinear Guidance Law Considering Control Loop Dynamics [J]. IEEE Transactions on Aerospace and Electronic Systems, 2003, 39(4):1134-1143.
[9] 金哲,张金春,张光明. 制导规律与目标位置的预测[J]. 战术导弹技术,2006(2):63-65.
[10] 王波. 空间拦截广义预测导引规律研究[D]. 哈尔滨:哈尔滨工业大学,2005.
[11] 张合新. 战术导弹的高精度末制导规律研究[D]. 西安:第二炮兵工程学院,2000.
[12] Shinar J, Visser H G. Synthesis and Validation of Feedback Guidance Laws for Air-to-Air Interceptions[J]. Proceedings of the Eighteenth International Conference on Machine Learing,2003:56-59.

第7章 直接力控制模式下的自寻的导引技术

7.1 概述

7.1.1 动能杀伤拦截器

美国的弹道导弹防御系统是各种反导武器综合在一起的“多层”防御体系,即对来袭的战术弹道导弹进行两次或更多次的拦截以确保足够的拦截成功率。其中高层拦截反导系统尤为重要。因此,高空拦截武器也就成为弹道导弹防御系统中最重要的作战武器。高空拦截武器是一种多级、远程、高速固体推进剂导弹,主要包括助推火箭和作为战斗部的大气层外动能杀伤拦截器(Kinetic Kill Vehicle,KKV)。KKV是一种自寻的武器,由于主要在大气层外作战,它不依赖战斗部和引战配合,而是靠直接碰撞摧毁目标。它主要工作在高空拦截的中段和末段,是决定高空拦截成功与否的关键。由于KKV的作战空域大都在大气层外(或稀薄大气层),一般采用直接侧向力控制方式的姿/轨控制机构;且拦截的是最大速度每秒达数千米的弹道导弹弹头,与一般的在稠密大气层内作战的防空导弹有很大的区别,特别是在操控方式上更是存在根本的差别。在稠密大气层内作战的防空导弹一般都是配置气动舵面操纵控制导弹飞行,而 KKV 一般采用直接侧向力控制方式的姿/轨控操纵控制机构。气动舵面提供的控制作用是连续的,而姿/轨控操纵机构提供的控制作用往往是开关形式的。加之 KKV 作战空域、杀伤方式等方面的特殊性和对其超高的性能指标要求,给 KKV 的制导控制提出了新的技术挑战,其中直接力控制下的自寻的导引技术就是其关键技术之一。

目前,KKV 已发展到第三代,是一种超级轻巧、能自主识别真假目标、高智能化的先进拦截器。它的组成一般包括以下 5 个部分:

(1) 自寻的导引头,通常选用红外成像导引头或毫米波导引头,主要功能是进行目标测量,使拦截弹自主地发现威胁目标,一般安装在一个沿侧窗口安装的伺服平台上。

(2) 惯性测量装置(Inertia Measurable Unit,IMU),可采用中低精度捷联式惯性测量装置。它主要向拦截弹的数据处理机提供有关拦截弹姿态和速度的反馈信息。

(3) GPS 接收机、制导控制计算机及其软件,用于精确测量拦截器的位置与姿态,并形成制导控制指令。

(4) 制导、控制执行机构,通常采用双组元推进剂的姿/轨控发动机系统(4 个姿/轨控发动机以"+"字形安装在拦截器质心周围,6 个姿/轨控发动机安装在拦截器尾部)。

(5) 辅助杀伤装置,可采用开伞方式或碎片抛散方式。

目前,国内外 KKV 的设计方案按照拦截器稳定原理可分为两种:一种是单通道旋转控制稳定的拦截器,简称单轴稳定,它没有姿控推进系统,只有一组小发动机组成的轨控推进系统;另一种是由捷联惯导组合进行三轴稳定的拦截器,它既有轨控推进系统,也有姿控推进系统。单轴稳定拦截器方案的优点是单通道旋转控制,结构简单,质量小,修正快速性好,任意方向轨道修正能力相同。但是,涉及冲量发动机及激光陀螺的研制问题,目前这两种设备在国内尚处于原理性研制阶段;三轴稳定拦截器方案控制比较复杂,但其突出优点是中末导引系统合一,系统结构比较合理,轨道及姿控技术比较成熟,技术方案比较容易实现。

直接力控制下的自寻的导引技术研究主要面向三轴稳定的动能拦截器展开。重点考虑两个因素:一是拦截器能够提取的制导信息;二是拦截器能够实现的控制方式。

7.1.2　末段自寻的导引律

处于大气层外飞行的KKV在中段发动机耗尽关机后，经过一段无控的自由滑行进入中、末导引交班空域，交班结束时目标进入了KKV导引头的作用范围，目标被导引头捕获而进入末制导阶段。在末制导阶段，KKV的操纵控制机构往往采用直接力控制方式，靠姿/轨控发动机完成对拦截器的操纵。虽然直接力控制方式可大大减小控制系统的响应时间，但姿/轨控发动机大都采用非连续工作方式。同时，动能武器的末制导要求有极高的精度，要求脱靶量接近于零，这给KKV的末制导提出了新的技术挑战[1-2]。

直接力控制下的自寻的导引技术研究大致分为两类。

(1) 直接从姿/轨控发动机开始，针对发动机开关机的特点设计导引律。例如可基于变结构控制的思想仅利用视线角速度设计自寻的导引律，将连续的制导指令用继电控制的方法作用在姿/轨控发动机上[3-5]。

(2) 首先设计连续导引律，然后用"冲量等效"原则或"数字变推力"的方式将连续的导引指令离散化，进而对姿/轨控发动机进行开关控制。例如，对具有常值推力姿/轨控发动机的大气层外拦截器，通过使用脉宽频率调制(Pulse - Width Pulse - Frequency Modulator, PWPF)调节器对具有常值推力发动机的工作状态进行调制，将连续制导指令离散化，可构造出比例导引律所要求的"数字变推力"[6]。

另外，大气层外拦截器由于体积和质量的限制，通常采用被动测量方式的寻的器。相对于雷达等采用主动测量方式的寻的器来说，采用被动测量方式的探测器，如红外成像探测器，通过将三维空间的运动目标投影到二维像平面来获取制导信息，这样导致拦截器与目标间的相对距离变得不可测量。尽管应用一些滤波算法可以估计出拦截器与目标间的相对运动信息，但是由于被动测量系统本身所具有的不完全可观测的特性，使得要么滤波算法的应用具有一定的局限性，要么拦截器必须付出自身机动的代价才能换取可观测性的提高[7-9]。而拦截器自身的机动不仅不是导引律所希望的，而且会极大地增加拦截失败的可能性。

下面将以三轴稳定的KKV为研究对象，针对KKV主要工作在大气层外，仅配置有姿/轨控发动机的特点，主要开展直接力控制下的自寻的导引技术研究，重点为拦截末段的导引律设计和制导信息提取方法。

7.2 大气层外拦截器运动模型

当研究运动物体在空间的运动规律时，采用的方法通常是将物体视为刚体，并在选定的参考坐标系内建立起物体的动力学方程和运动学方程。地基拦截导弹拦截在自由段飞行的弹道导弹或在轨飞行的卫星都是在大气层外进行的，此时作用在拦截导弹上的空气动力可以忽略不计，不用利用空气动力来作为控制力，对拦截导弹的控制只能利用弹上的姿/轨控发动机所产生的直接推力来作为控制力。在拦截的末段，考虑到拦截导弹质量小且飞行时间短的特点，假设地球模型为标准圆球模型的基础上，忽略地球非中心引力、太阳辐射压力和其他天体引力的影响。

7.2.1 坐标系的定义及其转换关系

由于本章所研究的大气层外拦截器工作环境的特殊性，第 2 章中定义的一系列坐标系此处仍然有效，但是在研究中只用到地心惯性坐标系 $o_e x_i y_i z_i$ 和弹体坐标系 $o x_b y_b z_b$。另外，鉴于大气层外拦截器探测导引系统的特殊性，如图 7.2.1所示。

（1）视线坐标系 $o_s x_s y_s z_s$：视线坐标系的原点 o_s 选取在探测装置光学系统的光学中心；$o_s x_s$ 轴沿着光学中心与目标的质心连线，指向目标方向；$o_s y_s$ 轴包含在 $o_s x_s$ 的铅垂面内，垂直于 $o_s x_s$ 指向上方；$o_s z_s$ 轴与 $o_s x_s$ 轴和 $o_s y_s$ 轴构成右手直角坐标系，指向右方。

（2）探测坐标系 $o_s x_d y_d z_d$：探测坐标系的原点 o_s 选取在探测装置光学系统的光学中心；$o_s x_d$ 轴沿着探测器的光轴方向，指向探测器的前方；$o_s y_d$ 轴在包含 $o_s x_d$ 轴的探测器纵向对称面内，垂直于 $o_s x_d$ 轴指向上方；$o_s z_d$ 轴与 $o_s x_d$ 轴和 $o_s y_d$ 轴构成右手直角坐标系，指向右方。在常平架式寻的器配置方案中，探测坐标系的方向由万向支架的框架方向决定；在捷联式寻的器配置方案中，由于探测器固连于弹体，探测坐标系的方向与弹体坐标系的方向一致。

（3）成像坐标系 $o_m x_m y_m z_m$：在成像寻的系统中，光学系统接收视场景物的辐射，将其投影到探测装置的焦平面内，并通过成像电路获取图像。成像坐标系固连于成像系统的焦平面内，坐标系的原点取在相平面的中心 o_m，$o_m y_m$ 为图像纵向方向，指向上方为正，$o_m z_m$ 为图像横向方向，指向右向为正。

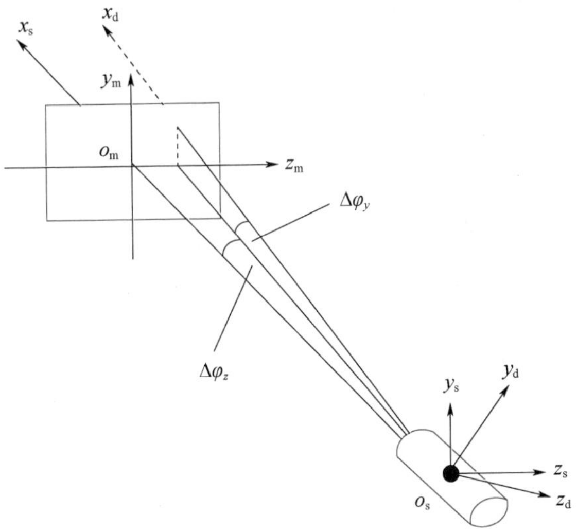

图 7.2.1 成像坐标系、探测坐标系与视线坐标系

此处对视线角的获取技术以及相关图像处理算法暂不作讨论，故不讨论探测坐标系、成像坐标系与视线坐标系间的转换关系，只讨论视线坐标系与弹体坐标系、地心惯性坐标系间的关系。

（1）地心惯性坐标系与视线坐标系间的转换关系。如图 7.2.2 所示，由地心惯性坐标系先绕 $o_e y_i$ 轴转动 $\boldsymbol{\lambda}_H$ 角，再绕新的 $o_e z_i$ 轴转动 $\boldsymbol{\lambda}_V$ 角，得到与视线坐标系相应轴平行的坐标系。其中，$\boldsymbol{\lambda}_H$ 定义为视线方向角，$\boldsymbol{\lambda}_V$ 定义为视线高低角。相应的，地心惯性坐标系到视线坐标系的方向余弦矩阵为

$$
\begin{aligned}
\boldsymbol{C}_i^s &= L_z(\boldsymbol{\lambda})L_y(q) \\
&= \begin{bmatrix} \cos\boldsymbol{\lambda}\cos q & \sin\boldsymbol{\lambda} & -\cos\boldsymbol{\lambda}\sin q \\ -\sin\boldsymbol{\lambda}\cos q & \cos\boldsymbol{\lambda} & \sin\boldsymbol{\lambda}\sin q \\ \sin\boldsymbol{\lambda} & 0 & \cos q \end{bmatrix}
\end{aligned} \tag{7.2.1}
$$

（2）视线坐标系与弹体坐标系间的转换关系。视线坐标系与弹体坐标系之间的转换关系同样可以用三个欧拉角表示，即由视线坐标系先绕 $o_s z_s$ 轴转动 $\boldsymbol{\varphi}$ 角，再绕新的 $o_s y_s$ 轴转动 $\boldsymbol{\eta}$ 角，最后绕新的 $o_s x_s$ 轴转动 $\boldsymbol{\sigma}$ 角，得到与弹体

坐标系相应轴平行的坐标系。相应地，视线坐标系到弹体坐标系的方向余弦矩阵为

$$
\begin{aligned}
\boldsymbol{C}_{\mathrm{s}}^{\mathrm{b}} &= L_x(\sigma)L_y(\eta)L_z(\varphi) \\
&= \begin{bmatrix} \cos\varphi\cos\eta & \sin\varphi\cos\eta & -\sin\eta \\ \cos\varphi\sin\eta\sin\sigma - \sin\theta\cos\sigma & \sin\varphi\sin\eta\sin\sigma + \cos\varphi\cos\sigma & \cos\eta\sin\sigma \\ \cos\varphi\sin\eta\cos\sigma + \sin\theta\sin\sigma & \sin\varphi\sin\eta\cos\sigma - \cos\varphi\sin\sigma & \cos\eta\cos\sigma \end{bmatrix}
\end{aligned}
\tag{7.2.2}
$$

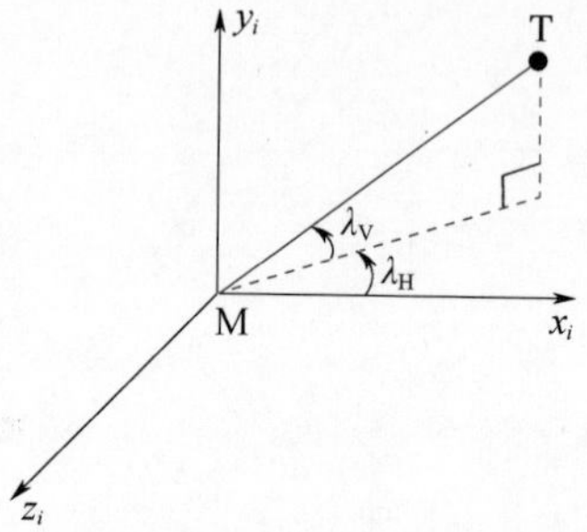

图 7.2.2　视线方向角和视线高低角的示意图

7.2.2　拦截器－目标的相对运动模型

根据理论力学的知识，建立拦截器与目标间的相对运动关系模型。

令 $\boldsymbol{r}$ 为地心惯性坐标系下拦截器与目标间的相对距离矢量，即

$$\boldsymbol{r} = \boldsymbol{r}_{\mathrm{t}} - \boldsymbol{r}_{\mathrm{m}} \tag{7.2.3}$$

式中：$\boldsymbol{r}_{\mathrm{t}}$ 和 $\boldsymbol{r}_{\mathrm{m}}$ 分别为目标和拦截器在地心惯性坐标系下的位置矢量。

令 $\boldsymbol{e}_{\mathrm{s}}$ 为视线坐标系的单位坐标矢量在地心惯性坐标系下的投影，r_{s} 为拦截器与目标间的相对距离矢量在视线坐标系下的投影。这样，地心惯性坐标下的相对距离矢量可以表示为

$$\boldsymbol{r} = r_{\mathrm{s}}\boldsymbol{e}_{\mathrm{s}} \tag{7.2.4}$$

同理，拦截器与目标间的相对速度可以表示为

$$\boldsymbol{v} = v_{\mathrm{s}}\boldsymbol{e}_{\mathrm{s}} \tag{7.2.5}$$

式中：v_{s} 为拦截器与目标间的相对速度在视线坐标系下的投影。

拦截器与目标间的相对加速度 $\boldsymbol{a}$ 可以表示为

$$\boldsymbol{a}=a_{\mathrm{s}}\boldsymbol{e}_{\mathrm{s}} \tag{7.2.6}$$

式中：a_{s} 为拦截器与目标间的相对加速度在视线坐标系下的投影。

根据旋转坐标系中的矢量求导法则，视线坐标系下的相对速度为

$$\boldsymbol{v}=\frac{\mathrm{d}\boldsymbol{r}}{\mathrm{d}t}=\frac{\mathrm{d}(\boldsymbol{r}_{\mathrm{s}}\boldsymbol{e}_{\mathrm{s}})}{\mathrm{d}t}=\dot{\boldsymbol{r}}_{\mathrm{s}}\boldsymbol{e}_{\mathrm{s}}+\boldsymbol{r}_{\mathrm{s}}\dot{\boldsymbol{e}}_{\mathrm{s}}=\dot{\boldsymbol{r}}_{\mathrm{s}}\boldsymbol{e}_{\mathrm{s}}+\boldsymbol{\omega}\times\boldsymbol{r} \tag{7.2.7}$$

式中：$\dot{\boldsymbol{r}}_{\mathrm{s}}$ 为拦截器与目标的接近速率，一般记为 v_{r}；$\boldsymbol{\omega}$ 为视线坐标系的旋转矢量。

进一步，拦截器与目标的相对加速度为

$$\begin{aligned}\boldsymbol{a}&=\frac{\mathrm{d}\boldsymbol{v}}{\mathrm{d}t}=\frac{\mathrm{d}(\dot{\boldsymbol{r}}_{\mathrm{s}}\boldsymbol{e}_{\mathrm{s}}+\boldsymbol{\omega}\times\boldsymbol{r})}{\mathrm{d}t}=\ddot{\boldsymbol{r}}_{\mathrm{s}}\boldsymbol{e}_{\mathrm{s}}+\dot{\boldsymbol{r}}_{\mathrm{s}}\dot{\boldsymbol{e}}_{\mathrm{s}}+\dot{\boldsymbol{\omega}}\times\boldsymbol{r}+\boldsymbol{\omega}\times\boldsymbol{v}\\&=\ddot{\boldsymbol{r}}_{\mathrm{s}}\boldsymbol{e}_{\mathrm{s}}+\boldsymbol{\omega}\times\dot{\boldsymbol{r}}_{\mathrm{s}}\boldsymbol{e}_{\mathrm{s}}+\dot{\boldsymbol{\omega}}\times\boldsymbol{r}+\boldsymbol{\omega}\times(\dot{\boldsymbol{r}}_{\mathrm{s}}\boldsymbol{e}_{\mathrm{s}}+\boldsymbol{\omega}\times\boldsymbol{r})\\&=\ddot{\boldsymbol{r}}_{\mathrm{s}}\boldsymbol{e}_{\mathrm{s}}+2\boldsymbol{\omega}\times\dot{\boldsymbol{r}}_{\mathrm{s}}\boldsymbol{e}_{\mathrm{s}}+\dot{\boldsymbol{\omega}}\times\boldsymbol{r}_{\mathrm{s}}\boldsymbol{e}_{\mathrm{s}}+\boldsymbol{\omega}\times(\boldsymbol{\omega}\times\boldsymbol{r}_{\mathrm{s}}\boldsymbol{e}_{\mathrm{s}})\end{aligned} \tag{7.2.8}$$

将拦截器与目标间的相对距离矢量、相对速度矢量、相对加速度矢量和视线坐标系的旋转速度矢量投影到视线坐标系下，并写成分量形式：

$$\boldsymbol{r}_{\mathrm{s}}=[r,0,0]^{\mathrm{T}} \tag{7.2.9}$$

$$\dot{\boldsymbol{r}}_{\mathrm{s}}=[\dot{r},0,0]^{\mathrm{T}}=[v_{\mathrm{r}},0,0]^{\mathrm{T}} \tag{7.2.10}$$

$$\boldsymbol{a}_{\mathrm{s}}=[a_x^{\mathrm{s}},a_y^{\mathrm{s}},a_z^{\mathrm{s}}]^{\mathrm{T}}=[a_{\mathrm{t}x}^{\mathrm{s}}-a_{\mathrm{m}x}^{\mathrm{s}},a_{\mathrm{t}y}^{\mathrm{s}}-a_{\mathrm{m}y}^{\mathrm{s}},a_{\mathrm{t}z}^{\mathrm{s}}-a_{\mathrm{m}z}^{\mathrm{s}}]^{\mathrm{T}} \tag{7.2.11}$$

$$\boldsymbol{\omega}=[\omega_x,\omega_y,\omega_z]^{\mathrm{T}} \tag{7.2.12}$$

式中：r 为拦截器与目标间的相对距离；$\dot{r}=v_{\mathrm{r}}$ 为相对距离对时间的导数，即接近速率；$a_{\mathrm{t}x}^{\mathrm{s}}$、$a_{\mathrm{t}y}^{\mathrm{s}}$、$a_{\mathrm{t}z}^{\mathrm{s}}$分别为目标在视线坐标系下的加速度分量；$a_{\mathrm{m}x}^{\mathrm{s}}$、$a_{\mathrm{m}y}^{\mathrm{s}}$、$a_{\mathrm{m}z}^{\mathrm{s}}$分别为拦截器在视线坐标系下的加速度分量；$a_x^{\mathrm{s}}$、$a_y^{\mathrm{s}}$、$a_z^{\mathrm{s}}$ 分别为拦截器与目标在视线坐标系下的相对加速度分量，$a_x^{\mathrm{s}}=a_{\mathrm{t}x}^{\mathrm{s}}-a_{\mathrm{m}x}^{\mathrm{s}}$，$a_y^{\mathrm{s}}=a_{\mathrm{t}y}^{\mathrm{s}}-a_{\mathrm{m}y}^{\mathrm{s}}$，$a_z^{\mathrm{s}}=a_{\mathrm{t}z}^{\mathrm{s}}-a_{\mathrm{m}z}^{\mathrm{s}}$；$\omega_x$、$\omega_y$、$\omega_z$ 分别为视线角速度在视线坐标系下的分量。

将式(7.2.9)～式(7.2.12)代入式(7.2.8)，可得

$$a_{\mathrm{s}}=\ddot{r}_{\mathrm{s}}+\dot{\Omega}r_{\mathrm{s}}+2\Omega\dot{r}_{\mathrm{s}}+\Omega^2r_{\mathrm{s}} \tag{7.2.13}$$

式中：Ω 为视线旋转坐标系旋转速度的反对称矩阵，即

$$\Omega=\begin{bmatrix}0&-\omega_z&\omega_y\\\omega_z&0&-\omega_x\\-\omega_y&\omega_x&0\end{bmatrix} \tag{7.2.14}$$

将式(7.2.13)展开，可得

$$\begin{pmatrix} a_x^s \\ a_y^s \\ a_z^s \end{pmatrix} = \begin{pmatrix} \ddot{r} - r(\omega_y^2 + \omega_z^2) \\ r\dot{\omega}_z + 2\dot{r}\omega_z + r\omega_x\omega_y \\ r\omega_x\omega_z - 2\dot{r}\omega_y - r\dot{\omega}_y \end{pmatrix} \tag{7.2.15}$$

写成微分方程组的形式

$$\begin{cases} \ddot{r} = r(\omega_y^2 + \omega_z^2) + a_x^s \\ \dot{\omega}_y = -2\dfrac{\dot{r}}{r}\omega_y + \omega_x\omega_z - \dfrac{1}{r}a_z^s \\ \dot{\omega}_z = -2\dfrac{\dot{r}}{r}\omega_z - \omega_x\omega_y + \dfrac{1}{r}a_z^s \end{cases} \tag{7.2.16}$$

将式(7.2.16)写成视线倾角变化率 $\dot{\lambda}_V$ 和视线偏角变化率 $\dot{\lambda}_H$ 的形式。

首先求得视线坐标系绕惯性坐标系旋转角速度与视线倾角变化率 $\dot{\lambda}_V$ 和视线偏角变化率 $\dot{\lambda}_H$ 的关系，按照先偏航 λ_H 后俯仰 λ_H 的原则，有

$$\begin{pmatrix} \omega_x \\ \omega_y \\ \omega_z \end{pmatrix} = \begin{pmatrix} 0 \\ 0 \\ \dot{\lambda}_V \end{pmatrix} + \begin{pmatrix} \cos\lambda_V & \sin\lambda_V & 0 \\ -\sin\lambda_V & \cos\lambda_V & 0 \\ 0 & 0 & 1 \end{pmatrix} \begin{pmatrix} 0 \\ \dot{\lambda}_H \\ 0 \end{pmatrix} \tag{7.2.17}$$

即

$$\begin{pmatrix} \omega_x \\ \omega_y \\ \omega_z \end{pmatrix} = \begin{pmatrix} \dot{\lambda}_H\sin\lambda_V \\ \dot{\lambda}_H\cos\lambda_V \\ \dot{\lambda}_V \end{pmatrix} \tag{7.2.18}$$

将式(7.2.18)对角速率求导，可得

$$\begin{pmatrix} \dot{\omega}_x \\ \dot{\omega}_y \\ \dot{\omega}_z \end{pmatrix} = \begin{pmatrix} \ddot{\lambda}_H\sin\lambda_V + \dot{\lambda}_H\dot{\lambda}_V\cos\lambda_V \\ \ddot{\lambda}_H\cos\lambda_V - \dot{\lambda}_H\dot{\lambda}_V\sin\lambda_V \\ \ddot{\lambda}_V \end{pmatrix} \tag{7.2.19}$$

将式(7.2.18)和式(7.2.19)代入式(7.2.16)，可得

$$\begin{cases} \ddot{r} = r\dot{\lambda}_V^2 + r\dot{\lambda}_H^2\cos^2\lambda_V + a_x^s \\ \ddot{\lambda}_V = -2\dfrac{\dot{r}}{r}\dot{\lambda}_V - \dot{\lambda}_H^2\sin\lambda_V\cos\lambda_V + \dfrac{1}{r}a_y^s \\ \ddot{\lambda}_H = -2\dfrac{\dot{r}}{r}\dot{\lambda}_H + 2\dot{\lambda}_V\dot{\lambda}_H\tan\lambda_V - \dfrac{1}{r\cos\lambda_V}a_z^s \end{cases} \tag{7.2.20}$$

7.2.3 执行机构的控制方式与模型

末段制导系统的导引律和姿态控制规律均在弹载计算机中实现，计算机生成制导指令和姿态控制指令后，利用轨控发动机和姿控发动机分别完成拦截器的轨道控制和姿态调整，达到命中目标的目的。根据已经研制和试验的大多数拦截器来看，轨控系统通常由4个快速响应的小型火箭发动机组成，呈十字形配置在拦截器的质心位置，如图7.2.3(a)所示，这4个小发动机依据数字处理机的指令点火，使拦截器能够进行上下和左右的机动。姿控系统通常由6个更小的快速响应火箭发动机组成，如图7.2.3（b)所示，这些小发动机也要根据弹载计算机的指令点火，用于调整拦截器的俯仰、偏航和滚动运动，并保持拦截器的姿态稳定。

变推力的实现除通过改变燃气的质量流量外，还可以通过改变燃气在两个相反方向喷射的切换来达到，这种反向切换又有极限开关式和脉宽调制(PWM)式两种。极限开关切换方式控制简单，但是存在着响应的滞后，只有在给定控制力大于某一个具体数值之后，阀门才会开或关；脉宽调制方式是在一个脉动周期内，通过改变阀门开或关位置上的停留时间来改变流经阀门的气体流量，从而达到改变总推力的效果。

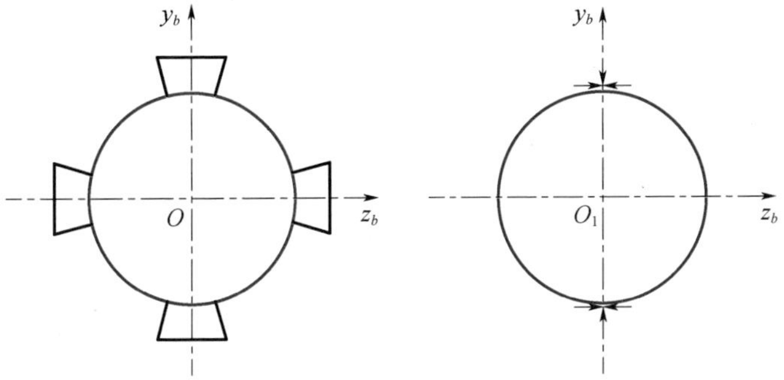

(a) 轨控发动机分布 (b) 姿控发动机分布

图7.2.3 轨控、姿控发动机的分布示意图

对于极限开关控制方式，可以在制导指令的作用下直接控制姿/轨控发动机的开关。如图7.2.4和图7.2.5所示，根据探测器输出的视线角速度形成制导指令，进而控制发动机以正负交替方式或继电器方式开关，输出直接力修

正拦截器的轨道。

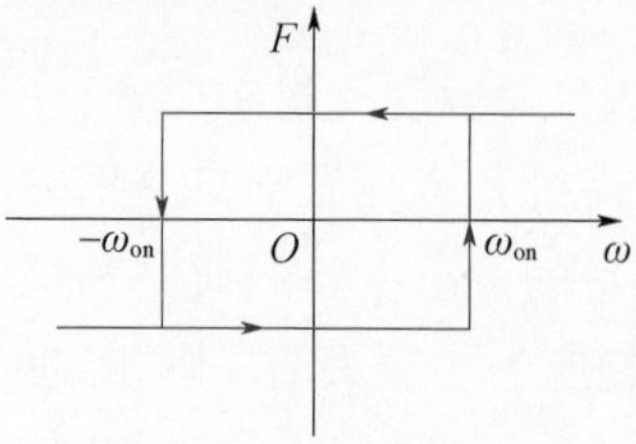

图 7.2.4　姿/轨控发动机的交替工作方式

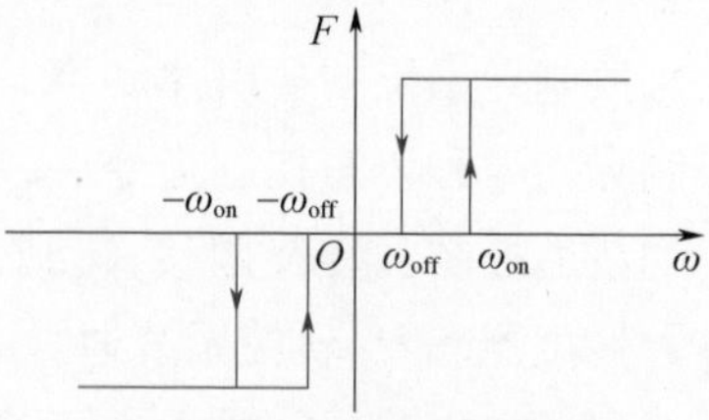

图 7.2.5　姿/轨控发动机的继电工作方式

对于脉宽调制的控制方式，一种方法是使用冲量等效的原则计算发动机的开机时刻和关机时刻，保证在一个制导周期内发动机的推力冲量最接近或者等于指令在一个周期的冲量，这样描述的发动机工作方式如图 7.2.6 ~ 图 7.2.9 所示，分为全开工作方式、梯形工作方式、三角形脉冲工作方式和小推力工作方式。这种发动机控制方式针对要修正的视线角速度大小，采用分段函数来逼近连续时间的制导指令。

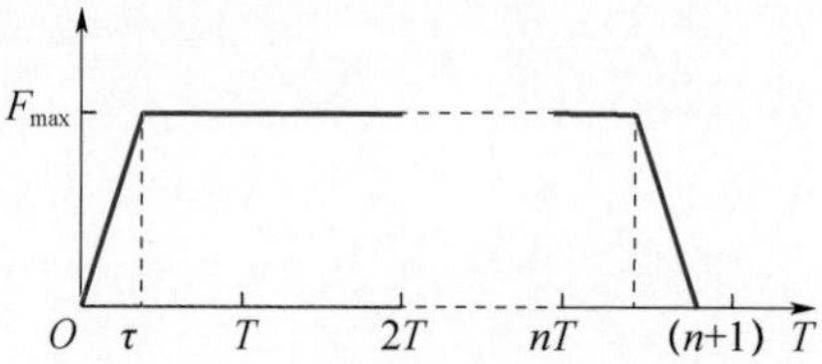

图 7.2.6　发动机全开工作方式

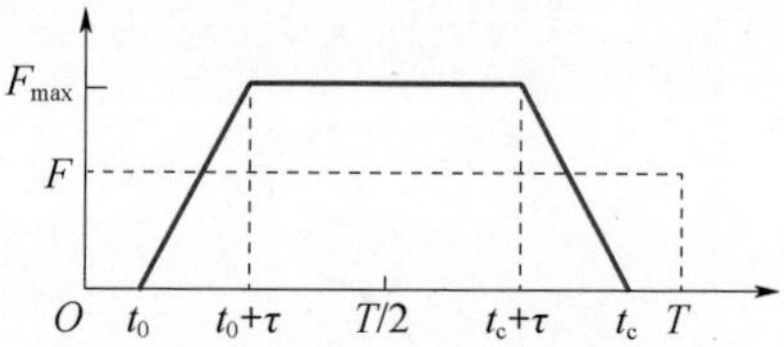

图 7.2.7　发动机梯形脉冲工作方式

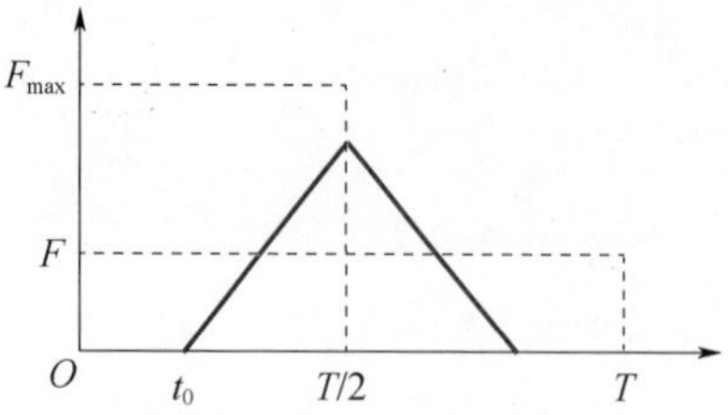

图 7.2.8　发动机三角形脉冲工作方式

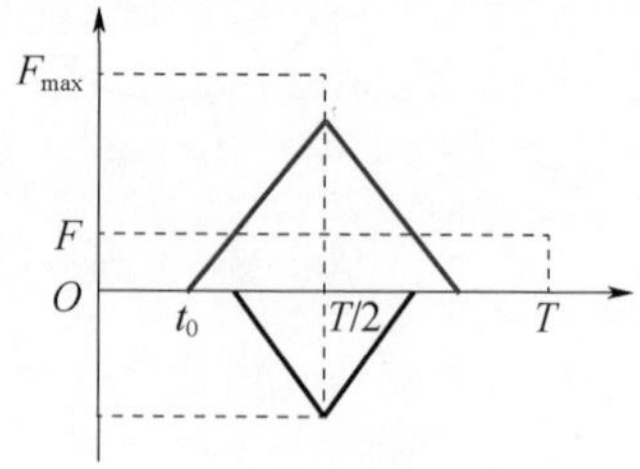

图 7.2.9　发动机小推力工作方式

另一种方法是采用脉宽调制变推力的方式来离散连续的制导指令。通过使用脉宽频率调制(PWPF)调节器对常值推力发动机的工作状态进行调制,构造出常规导引律所要求的"数字变推力",如图7.2.10所示。下面给出这种脉宽调制方式输出力的特点。

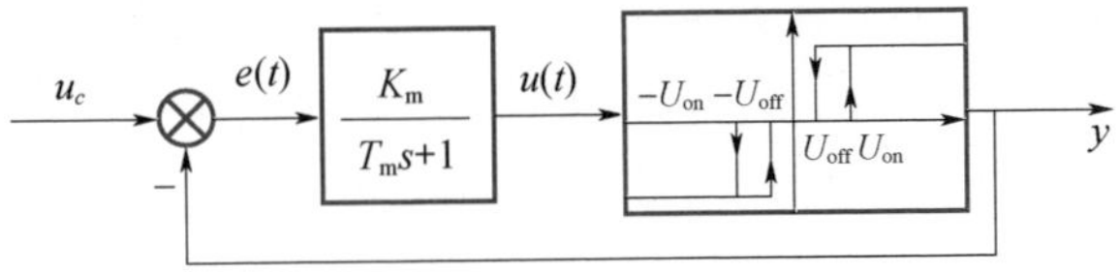

图7.2.10　PWPF调解器

发动机开机时,$u(t_{on})=U_{on}$,$y(t)=U_m$,$t<T_{on}$,求$u(t)$的解析表达式。

首先,根据图7.2.10得出如下关系:

$$\frac{u(s)}{u_c(s)-y(s)}=\frac{K_m}{T_m s+1} \tag{7.2.21}$$

根据式(7.2.21)可以得出用微分方程表示的输入与输出关系:

$$\dot{u}(t)=-\frac{1}{T_m}[u(t)-K_m(u_c(t)-y(t))] \tag{7.2.22}$$

积分式(7.2.22)可得

$$u(t)=K_m(u_c(t)-y(t))+[u(t_{on})-K_m(u_c(t_{on})-y(t_{on}))]\exp\left(-\frac{t-t_{on}}{T_m}\right) \tag{7.2.23}$$

将$u(t_{on})=U_{on}$,$y(t)=U_m$代入式(7.2.23),可得

$$u(t)=K_m(u_c(t)-U_m)+[U_{on}-K_m(u_c(t)-U_{on})]\exp\left(-\frac{t-t_{on}}{T_m}\right) \tag{7.2.24}$$

不失一般性,取$t_{on}=0$,可得

$$u(t)=K_m(u_c(t)-U_m)[1-\exp(-t/T_m)]+U_{on}\exp(-t/T_m) \tag{7.2.25}$$

发动机关机时,$u(t_{off})=U_{off}$,$y(t)=0$,$t<T_{off}$,同理可得

$$u(t)=K_m(u_c(t)-y(t))+[u(t_{off})-K_m(u_c(t_{off})-y(t_{off}))]\exp\left(-\frac{t-t_{off}}{T_m}\right) \tag{7.2.26}$$

不失一般性，取 $t_{\text{off}}=0$，并将上面的关机条件代入式(7.2.26)，可得

$$u(t)=K_{\text{m}}u_{\text{c}}(t)+[U_{\text{off}}-K_{\text{m}}u_{\text{c}}(t)]\exp(-t/T_{\text{m}}) \tag{7.2.27}$$

PWPF 调节器的整个工作过程：假设初始时刻 $u(t)=0$，发动机关机，即 $y(t)=0$。当输入的指令 $u_{\text{c}}(t)>U_{\text{on}}>y$ 时，系统误差 $e(t)>0$，$u(t)$ 在惯性环节的作用下逐渐增大，直到满足 $u(t)>U_{\text{on}}$，即达到开机条件，发动机开机；此后发动机输出为 $y(t)=U_{\text{m}}$，输入指令 $U_{\text{off}}<u_{\text{c}}(t)<y$，系统误差 $e(t)<0$，$u(t)$ 在惯性环节的作用下逐渐减小，直到满足 $u(t)<U_{\text{off}}$，即达到关机条件，发动机关机，至此完成一个脉冲的输出。

对于一个给定的输入指令值 u_{c}，通过式(7.2.25)和式(7.2.27)分别可以获得发动机开机所持续的时间 T_{on} 和发动机关机所持续的时间 T_{off}：

$$T_{\text{on}}=-T_{\text{m}}\ln\left[\frac{U_{\text{off}}/U_{\text{m}}+K_{\text{m}}(1-|u_{\text{c}}|/U_{\text{m}})}{U_{\text{on}}/U_{\text{m}}+K_{\text{m}}(1-|u_{\text{c}}|/U_{\text{m}})}\right] \tag{7.2.28}$$

$$T_{\text{off}}=-T_{\text{m}}\ln\left[\frac{U_{\text{on}}/U_{\text{m}}-K_{\text{m}}|u_{\text{c}}|/U_{\text{m}}}{U_{\text{off}}/U_{\text{m}}-K_{\text{m}}|u_{\text{c}}|/U_{\text{m}}}\right] \tag{7.2.29}$$

令 $E=u_{\text{c}}/U_{\text{m}}$，$\bar{U}_{\text{on}}=U_{\text{on}}/U_{\text{m}}$，$\bar{U}_{\text{off}}=U_{\text{off}}/U_{\text{m}}$，$E_{\text{d}}=\bar{U}_{\text{on}}/K_{\text{m}}$，$E_{\text{s}}=1+\bar{U}_{\text{off}}/K_{\text{m}}$，$H=\bar{U}_{\text{on}}-\bar{U}_{\text{off}}$，$h=H/\bar{U}_{\text{on}}$，则式(7.2.28)和式(7.2.29)可以写为

$$T_{\text{on}}=-T_{\text{m}}\ln\left[\frac{E_{\text{d}}(1-h)-(E-1)}{E_{\text{d}}-(E-1)}\right] \tag{7.2.30}$$

$$T_{\text{off}}=-T_{\text{m}}\ln\left[\frac{E_{\text{d}}-E}{(1-h)E_{\text{d}}-E}\right] \tag{7.2.31}$$

取 $E=E_{\text{d}}$，根据式(7.2.30)可以得到发动机开机时的最短工作时间为

$$\boldsymbol{\Delta}=-T_{\text{m}}\ln\left(1-\frac{H}{K_{\text{m}}}\right)\approx\frac{HT_{\text{m}}}{K_{\text{m}}} \tag{7.2.32}$$

脉宽调制的周期为

$$T=T_{\text{on}}+T_{\text{off}} \tag{7.2.33}$$

占空比为

$$\text{DC}=\frac{T_{\text{on}}}{T_{\text{on}}+T_{\text{off}}} \tag{7.2.34}$$

令 $a=h/[K_{\text{m}}(E-E_{\text{d}})]$，$x=(E-E_{\text{d}})/(E_{\text{s}}-E_{\text{d}})$，式(7.2.34)可以整理成

$$\text{DC}=\left[1+\frac{\ln(1+a/x)}{\ln(1+a/(1-x))}\right]^{-1} \tag{7.2.35}$$

为了说明占空比的物理意义，取 $x=0.5$，有

$$E=\frac{E_d+E_s}{2} \tag{7.2.36}$$

然后，将占空比在 $x=0.5$ 附近进行一阶泰勒展开，可得

$$DC=0.5+\frac{2a}{(1+2a)\ln(1+2a)}(x-0.5) \tag{7.2.37}$$

由式(7.2.36)和式(7.2.37)，可以画出 DC—E 曲线，如图 7.2.11 所示。

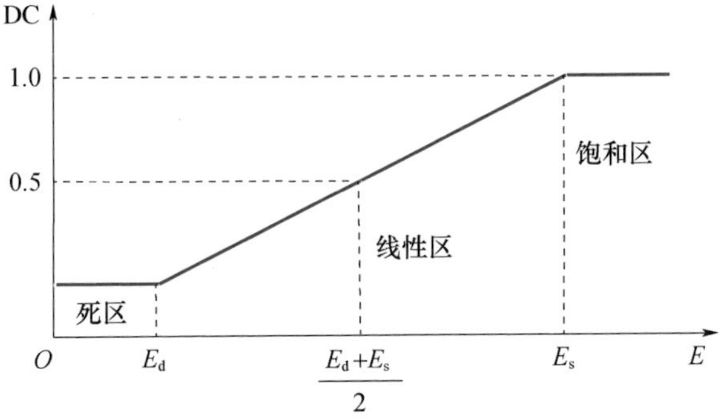

图 7.2.11　DC—E 曲线

由图 7.2.11 可以看出，DC—E 曲线可分为三个区域：死区（不灵敏区），$E\leqslant E_d$，调节器不工作；饱和区，$E\geqslant E_s$，表明偏差大，发动机工作在稳态；线性区，$E_d\leqslant E\leqslant E_s$，对推力脉冲进行调宽、调频，即为发动机的基本工作区。

从图 7.2.11 曲线上可以看出，在线性区域内调节器调节推力脉冲宽度（推力脉冲时间）与输入 E 的大小成正比，这就是调宽作用。调频作用反映在调节器输入 E 后相同的时间间隔内推力脉冲串个数的多少。对于输入呈线性变化的情况，尽量用线性区，但为了能使大偏差较快地得到修正，有时需要让它工作在饱和区。

在设计中，需要综合考虑 PWPF 调节器的线性工作区要求及脱靶量、燃料消耗量等制导系统的性能指标，经过适当的优化来设计调节器，以使发动机的开关机频率降低到一个合理的范围内。另外，脉宽调制控制技术结构简单，易于实现，技术比较成熟，已成功地应用于远程火箭的角度稳定系统控制中，目前是一种工程上可以实现的姿/轨控发动机控制方式。

7.3 极限开关控制下的自寻的导引律

动能拦截器的两大特点：一要具有非常高的速度，以确保用巨大的动能摧毁目标；二要具有非常高的精度，实现零脱靶量，确保直接碰撞杀伤目标。在末制导阶段，动能拦截器的操纵控制机构往往采用直接力方式，靠姿/轨控发动机完成对拦截器的操纵，与靠气动力控制的导弹大不相同。虽然直接力控制方式可大大减小控制系统的响应时间，但姿/轨控发动机大都采用非连续工作方式。基于定常推力开关控制的自寻的导引律具有工程实现简单、工作可靠等优点，但如何确定开关切换条件与开关控制方式是设计的关键。目前，针对开关切换条件与开关控制方式的定性分析较多，针对具体拦截条件下的定量分析仍显不足。另外，对直接力作用下拦截机动目标的导引律设计研究较少。

下面根据姿/轨控发动机非连续工作的特点进行分析，首先分析发动机开机和关机时拦截器与目标的相对运动规律；然后设计以极限开关方式控制姿/轨控发动机的末段导引律。针对非机动目标的拦截问题，根据姿/轨控发动机所具有的常值力和脉冲力两种工作状态，将自寻的导引律分为三个阶段进行设计，特别设计了发动机两种工作状态之间的过渡过程，让拦截器以近似于平行接近的方式拦截目标，并达到脱靶量最小的目的。针对机动目标，根据拦截器与目标相对运动规律的特点提出了一种动能武器拦截能力的近似估计方法，并根据所估计的拦截能力设计了一种模糊导引律。

7.3.1 拦截器 – 目标相对运动特性

下面的研究基于以下合理的假设。

(1) 姿/轨控发动机：

① 推力方向：四个姿/轨控发动机垂直于弹体纵轴安装，推力中轴线通过拦截器质心。

② 推力大小：定常推力，无变推力能力。

③ 工作方式：能够多次启动，有稳态与脉冲两种工作状态。

(2) 姿态控制为三轴主动式姿态控制，即滚转稳定，俯仰角和偏航角分别跟踪视线倾角和视线偏角。另外,假设姿态回路的带宽明显高于制导回路,即制导回路工作时姿态回路已经稳定。

(3) 末段导引阶段,引力差为小量,可忽略。

基于上述近似条件,可以认为在研究导引律时,控制系统能够保证滚转稳定且姿态坐标系很好地跟踪视线坐标系,则 $\omega_x \approx 0$。此时,姿/轨控发动机产生的推力方向垂直于视线,仅能改变视线角速率的方向,所以沿视线方向的相对加速度 $a_x \approx 0$,接近速率 $\dot{r} \approx \dot{r}_0$ 近似为常值,而垂直于视线方向的相对加速度 a_y、a_z 的大小由目标的机动方式和制导指令决定,则式(7.2.16)可以简化为

$$\begin{cases}\ddot{r} = r(\omega_y^2 + \omega_z^2) \\ \dot{\omega}_y = -2\dfrac{\dot{r}}{r}\omega_y - \dfrac{1}{r}a_z \\ \dot{\omega}_z = -2\dfrac{\dot{r}}{r}\omega_z + \dfrac{1}{r}a_y\end{cases} \tag{7.3.1}$$

式中:r 为拦截器与目标间的相对距离;$\dot{r}$ 为接近速率;a_x、a_y、a_z 分别为拦截器与目标在视线坐标系下的相对加速度分量;ω_x、ω_y、ω_z 为视线角速度。

比较方程组(7.3.1)中的第二式和第三式可知,这两个公式只有关于导弹和目标相对加速度这一项的符号不同。为方便推导,令这两个公式的形式如下:

$$\dot{\omega} = -2\frac{\dot{r}}{r}\omega + \frac{1}{r}a \tag{7.3.2}$$

式中:对于式(7.3.1)的第二式 $a = -a_z$,对于式(7.3.1)的第三式 $a = a_y$。

1. 视线角速度特性

(1) 拦截器和目标间无相对机动,即式(7.3.2)中的相对加速度 $a = 0$,则式(7.3.2)变为

$$\dot{\omega} = -2\frac{\dot{r}}{r}\omega \tag{7.3.3}$$

整理后解微分方程

$$\frac{\dot{\omega}}{\omega} = -2\frac{\dot{r}}{r} \tag{7.3.4}$$

$$\int_{t_0}^{t}\frac{\dot{\omega}}{\omega}\mathrm{d}t = \int_{t_0}^{t}\left(-2\frac{\dot{r}}{r}\right)\mathrm{d}t \tag{7.3.5}$$

$$\int_{\omega_0}^{\omega} \frac{d\omega}{\omega} = -2\int_{r_0}^{r} \frac{dr}{r} \tag{7.3.6}$$

$$\ln\frac{\omega}{\omega_0} = \ln\left(\frac{r_0}{r}\right)^2 \tag{7.3.7}$$

可得

$$\omega = \omega_0\left(\frac{r_0}{r}\right)^2 \tag{7.3.8}$$

由式(7.3.8)可见,当拦截器与目标间没有相对加速度时,视线角速度反比于相对距离的平方,也就是视线角速度随着相对距离的减小而发散。

将 ω_y 和 ω_z 代入式(7.3.8),可得

$$\begin{cases} \omega_y = \omega_{y0}\left(\dfrac{r_0}{r}\right)^2 \\ \omega_z = \omega_{z0}\left(\dfrac{r_0}{r}\right)^2 \end{cases} \tag{7.3.9}$$

由此可见,在拦截目标的过程中,相对距离 r 迅速递减,在不控制的情况下,ω_y 和 ω_z 将与 r^2 成反比递增,即视线角速度越来越大,因此在拦截器和目标不断接近的过程中必须通过导引律来抑制视线旋转。

(2) 拦截器和目标有相对运动,即式(7.3.2)中的相对加速度 $a\neq 0$,解微分方程式(7.3.2),得

$$\dot{\omega} = -2\frac{\dot{r}}{r}\omega + \frac{1}{r}a \tag{7.3.10}$$

当姿态控制系统稳定时,姿/轨控发动机产生的作用力施加在垂直于视线的方向上,所以在此处假设拦截过程中 $\dot{r}\approx\dot{r}_0$ = 常量,即拦截过程中拦截器和目标的接近速率不变,有

$$\dot{\omega} = -2\frac{\dot{r}_0}{r}\omega + \frac{1}{r}a = -2\frac{\dot{r}_0}{r}\left(\omega - \frac{a}{2\dot{r}_0}\right) \tag{7.3.11}$$

$$\int_{\omega_0}^{\omega} \frac{d\omega}{\omega - \dfrac{a}{2\dot{r}_0}} = \int_{r_0}^{r}\left(-2\frac{dr}{r}\right) \tag{7.3.12}$$

$$\ln\left(\omega - \frac{a}{2\dot{r}_0}\right) - \ln\left(\omega_0 - \frac{a}{2\dot{r}_0}\right) = -2(\ln r - \ln r_0) \tag{7.3.13}$$

$$\omega = \left(\omega_0 - \frac{a}{2\dot{r}_0}\right)\left(\frac{r_0}{r}\right)^2 + \frac{a}{2\dot{r}_0} \tag{7.3.14}$$

将式(7.3.14)对 r 求导,可得

$$\frac{\mathrm{d}\omega}{\mathrm{d}r}=-2\left(\omega_0-\frac{a}{2\dot{r}_0}\right)\frac{r_0^2}{r^3} \tag{7.3.15}$$

为了抑制视线角速度,必须满足条件

$$\frac{\mathrm{d}\omega}{\mathrm{d}r}>0,\text{即 } r\downarrow,\omega\downarrow \tag{7.3.16}$$

则

$$\frac{\mathrm{d}\omega}{\mathrm{d}r}=-2\left(\omega_0-\frac{a}{2\dot{r}_0}\right)\frac{r_0^2}{r^3}>0 \tag{7.3.17}$$

式中:$r>0$;$r_0>0$;$\dot{r}_0=\dot{r}=-v<0$。

由式(7.3.17)解得

$$a=|a|\mathrm{sgn}(-\omega),|a|>2|\dot{r}_0\omega_0| \tag{7.3.18}$$

将 a_y、a_z、ω_y、ω_{y0}、ω_z、ω_{z0} 代入式(7.3.18),可得

$$\begin{cases}\omega_y=\left(\omega_{y0}+\dfrac{a_z}{2\dot{r}_0}\right)\left(\dfrac{r_0}{r}\right)^2-\dfrac{a_z}{2\dot{r}_0}\\ \dfrac{\mathrm{d}\omega_y}{\mathrm{d}r}=-2\left(\omega_{y0}+\dfrac{a_z}{2\dot{r}_0}\right)\dfrac{r_0^2}{r^3}\\ a_z=|a_z|\mathrm{sgn}(-\omega_y),|a_z|>2|\dot{r}_0\omega_{y0}|\end{cases} \tag{7.3.19}$$

$$\begin{cases}\omega_z=\left(\omega_{z0}-\dfrac{a_y}{2\dot{r}_0}\right)\left(\dfrac{r_0}{r}\right)^2+\dfrac{a_y}{2\dot{r}_0}\\ \dfrac{\mathrm{d}\omega_z}{\mathrm{d}r}=-2\left(\omega_{z0}-\dfrac{a_y}{2\dot{r}_0}\right)\dfrac{r_0^2}{r^3}\\ a_y=|a_y|\mathrm{sgn}(\omega_z),|a_y|>2|\dot{r}_0\omega_{z0}|\end{cases} \tag{7.3.20}$$

注意,式(7.3.20)是在假设条件 $\dot{r}\approx\dot{r}_0$ 下得出的,即 $\ddot{r}=r(\omega_y^2+\omega_z^2)=0$。

可见,在拦截过程中,随着相对距离 r 的减小,必须通过导引律控制姿/轨控发动机开关,满足式(7.3.19)和式(7.3.20)的可控条件,才能抑制视线角速度发散,从而降低脱靶量。

下面通过示例说明姿/轨控发动机对视线角速度的控制作用。给定姿/轨控发动机开机施加控制时的初始视线角速率 $\omega_0=3\times10^{-3}\,\mathrm{rad/s}$,当视线角速率达到 $\omega_{\mathrm{off}}=10^{-4}\,\mathrm{rad/s}$ 时发动机关机,假设发动机开机时能产生 $5g$ 的过载,

拦截器飞行期间的接近速率为常值 $\dot{r} \approx -6000\text{m/s}$。仿真得到姿/轨控发动机对视线角速度的控制作用如图 7.3.1 所示。

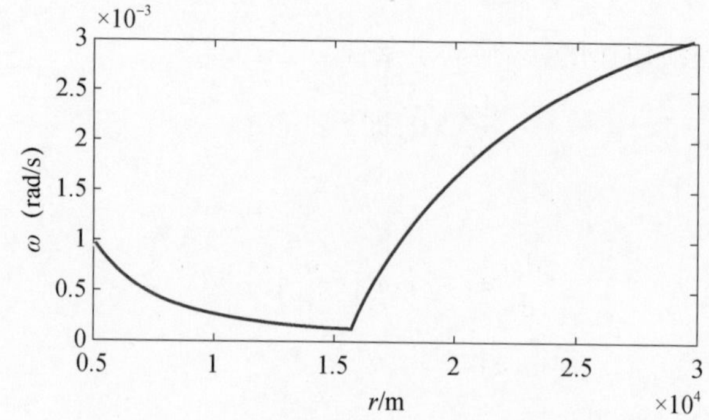

图 7.3.1　姿/轨控发动机对视线角速度的控制作用

由以上分析可以看出：当姿/轨控发动机开机施加控制时，视线角速度由 ω_0 逐渐收敛到 ω_{off}；当姿/轨控发动机关机不施加控制时，视线角速度又由 ω_{off} 逐渐发散。这就验证了姿/轨控发动机对视线角速度进行控制的必要性。

2. 脱靶量

将式(7.3.9)代入式(7.3.1)的第一式，可得

$$\ddot{r} = r(\omega_{y0}^2 + \omega_{z0}^2)\left(\frac{r_0}{r}\right)^4 \tag{7.3.21}$$

整理可得

$$\ddot{r} = (\omega_{y0}^2 + \omega_{z0}^2) r_0^4 \frac{1}{r^3} \tag{7.3.22}$$

可写为

$$\frac{\mathrm{d}\dot{r}}{\mathrm{d}t} = (\omega_{y0}^2 + \omega_{z0}^2) r_0^4 \frac{1}{r^3} \tag{7.3.23}$$

上式两边同乘以 $\dot{r}$，可得

$$\dot{r}\frac{\mathrm{d}\dot{r}}{\mathrm{d}t} = (\omega_{y0}^2 + \omega_{z0}^2) r_0^4 \frac{1}{r^3}\dot{r} = (\omega_{y0}^2 + \omega_{z0}^2) r_0^4 \frac{1}{r^3}\frac{\mathrm{d}r}{\mathrm{d}t} \tag{7.3.24}$$

$$\frac{1}{2}\frac{\mathrm{d}(\dot{r}^2)}{\mathrm{d}t} = (\omega_{y0}^2 + \omega_{z0}^2) r_0^4 \left(-\frac{1}{2}\right)\frac{\mathrm{d}\left(\frac{1}{r^2}\right)}{\mathrm{d}t} \tag{7.3.25}$$

$$\int_{t_0}^{t}\left[\frac{1}{2}\frac{\mathrm{d}(\dot{r}^2)}{\mathrm{d}t}\right]\mathrm{d}t=\int_{t_0}^{t}\left[(\omega_{y0}^2+\omega_{z0}^2)r_0^4\left(-\frac{1}{2}\right)\frac{\mathrm{d}\left(\frac{1}{r^2}\right)}{\mathrm{d}t}\right]\mathrm{d}t \tag{7.3.26}$$

$$\int_{\dot{r}_0^2}^{\dot{r}^2}\mathrm{d}(\dot{r}^2)=-(\omega_{y0}^2+\omega_{z0}^2)r_0^4\int_{\frac{1}{r_0^2}}^{\frac{1}{r^2}}\mathrm{d}\left(\frac{1}{r^2}\right) \tag{7.3.27}$$

$$\dot{r}^2-\dot{r}_0^2=-(\omega_{y0}^2+\omega_{z0}^2)r_0^4\left(\frac{1}{r^2}-\frac{1}{r_0^2}\right) \tag{7.3.28}$$

$$\dot{r}^2=\dot{r}_0^2-(\omega_{y0}^2+\omega_{z0}^2)r_0^2\frac{r_0^2-r^2}{r^2} \tag{7.3.29}$$

$$\dot{r}^2=[\dot{r}_0^2+r^2(\omega_{y0}^2+\omega_{z0}^2)]\left[1-\frac{r_0^2(\omega_{y0}^2+\omega_{z0}^2)}{\dot{r}_0^2+r_0^2(\omega_{y0}^2+\omega_{z0}^2)}\left(\frac{r_0}{r}\right)^2\right] \tag{7.3.30}$$

令 $\omega_0^2=\omega_{y0}^2+\omega_{z0}^2$，将其代入式(7.3.30)，可得

$$\dot{r}^2=[\dot{r}_0^2+r^2\omega_0^2]\left[1-\frac{{r_0}^2\omega_0^2}{\dot{r}_0^2+{r_0}^2\omega_0^2}\left(\frac{r_0}{r}\right)^2\right] \tag{7.3.31}$$

初始时，假设

$$\frac{r_0^2\omega_0^2}{\dot{r}_0^2+r_0^2\omega_0^2}\left(\frac{r_0}{r}\right)^2<1 \tag{7.3.32}$$

当 $\dot{r}=0$ 时，令 $r_0=r_{\mathrm{zem}}$，$\omega_0=\omega_{\mathrm{zem}}$，可得到脱靶量的表达式为

$$\mathrm{ZEM}=\frac{{r_{\mathrm{zem}}}^2\omega_{\mathrm{zem}}}{\sqrt{\dot{r}_{\mathrm{zem}}^2+{r_{\mathrm{zem}}}^2\omega_{\mathrm{zem}}^2}} \tag{7.3.33}$$

式中：r_{zem}为失控距离；ω_{zem}为发动机关机时的视线角速度。

由式(7.3.33)可见，脱靶量ZEM与 r_0 和 ω_0 有关，达到失控距离后发动机关机，视线角速度越小，则脱靶量越小。

3. 姿/轨控发动机的作用

拦截器的执行机构是具有常值推力能够多次启动且开机时间可调并具有脉冲工作状态的姿/轨控发动机。没有变推力工作能力，需要变推力的导引律，如最优导引律、传统的比例导引律都难以实现。但是，通过分析比例导引律、最优导引律、变结构导引律等可以发现，导引律的本质是消除视线角速度，所以下面分析发动机开关机时视线角速度的变化规律。

由视线角速度特性分析可知，在姿/轨控发动机关机且初始视线角速度不为零时，视线角速度随相对距离的减小而发散；由脱靶量分析可知，脱靶量与

拦截器达到失控距离时的视线角速度有直接关系,达到失控距离时的视线角速度越小,则脱靶量越小。接下来量化分析拦截器由开机到关机的过程中和由关机到开机过程中相关量的变化规律。

假设发动机的开、关机指令根据开机阈值 ω_{on}和关机阈值 ω_{off}曲线来改变,即视线角速度达到 ω_{on}时发动机开机,输出推力 F_{max}使视线角速度改变;而当视线角速度达到 ω_{off}时发动机关机,输出推力为零。姿/轨控发动机开关与视线角速度变化间的关系如图 7.3.2 所示。

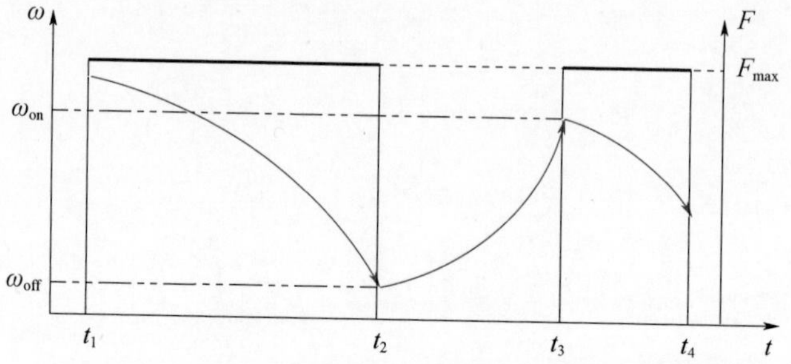

图 7.3.2　姿/轨控发动机开关与视线角速度变化间关系

(1) 从开机到关机过程中相对距离的变化量,即视线角速度 $\omega_{on}\to\omega_{off}$。

由式(7.3.14)得到 r 与 ω、r_0 和 ω_0 的函数关系,$r=f(\omega,r_0,\omega_0)$,则

$$r=r_0\sqrt{\frac{\omega_0-\dfrac{a}{2\dot{r}_0}}{\omega-\dfrac{a}{2\dot{r}_0}}}\tag{7.3.34}$$

令 $\omega=\omega_{off}$,$\omega_0=\omega_{on}$,$r_0=r_{on}$,可得

$$r_{off}=r_{on}\sqrt{\frac{\omega_{on}-\dfrac{a}{2\dot{r}_0}}{\omega_{off}-\dfrac{a}{2\dot{r}_0}}}\tag{7.3.35}$$

在视线角速度 $\omega_{on}\to\omega_{off}$的过程中,相对距离的变化量为

$$\Delta r=|r_{off}-r_{on}|=r_{on}\left|1-\sqrt{\frac{\omega_{on}-\dfrac{a}{2\dot{r}_0}}{\omega_{off}-\dfrac{a}{2\dot{r}_0}}}\right|=r_{on}\left(1-\sqrt{\frac{\omega_{on}-\dfrac{a}{2\dot{r}_0}}{\omega_{off}-\dfrac{a}{2\dot{r}_0}}}\right)\tag{7.3.36}$$

在此过程中发动机的工作时间为

$$\tau=\frac{\Delta r}{(-\dot{r})}=\left(1-\sqrt{\frac{\omega_{\text{on}}-\dfrac{a}{2\dot{r}_0}}{\omega_{\text{off}}-\dfrac{a}{2\dot{r}_0}}}\right)\left(\frac{r_{\text{on}}}{-\dot{r}}\right) \tag{7.3.37}$$

(2) 从关机到开机过程中相对距离的变化量,即视线角速度 $\omega_{\text{off}}\to\omega_{\text{on}}$。

由式(7.3.8)得到 r 与 ω、r_0 和 ω_0 的关系,$r=f(\omega,r_0,\omega_0)$,则

$$r=r_0\sqrt{\frac{\omega_0}{\omega}} \tag{7.3.38}$$

令 $\omega=\omega_{\text{on}},\omega_0=\omega_{\text{off}},r_0=r_{\text{off}}$,可得

$$r_{\text{on}}=r_{\text{off}}\sqrt{\frac{\omega_{\text{off}}}{\omega_{\text{on}}}} \tag{7.3.39}$$

在视线角速度 $\omega_{\text{off}}\to\omega_{\text{on}}$ 的过程中,相对距离的变化量为

$$\Delta r=|r_{\text{on}}-r_{\text{off}}|=r_{\text{off}}\left|\sqrt{\frac{\omega_{\text{on}}}{\omega_{\text{off}}}}-1\right|=r_{\text{off}}\left(\sqrt{\frac{\omega_{\text{on}}}{\omega_{\text{off}}}}-1\right) \tag{7.3.40}$$

在此过程中发动机不工作,有

$$\tau=\frac{\Delta r}{(-\dot{r})}=\left(\sqrt{\frac{\omega_{\text{on}}}{\omega_{\text{off}}}}-1\right)\left(\frac{r_{\text{off}}}{-\dot{r}}\right) \tag{7.3.41}$$

(3) 从开机到关机再到开机过程中相对距离的变化量,即视线角速度 $\omega_{\text{on}}\to\omega_{\text{off}}\to\omega_{\text{on}}$,则

$$\begin{aligned}r_{\text{on\_next}}&=\underbrace{\left(r_{\text{on\_curr}}\sqrt{\frac{\omega_{\text{on}}-\dfrac{a}{2\dot{r}_0}}{\omega_{\text{off}}-\dfrac{a}{2\dot{r}_0}}}\right)}_{\omega_{\text{on}}\to\omega_{\text{off}}}\underbrace{\sqrt{\frac{\omega_{\text{off}}}{\omega_{\text{on}}}}}_{\omega_{\text{off}}\to\omega_{\text{on}}}=\underbrace{\left(\sqrt{\frac{\omega_{\text{on}}-\dfrac{a}{2\dot{r}_0}}{\omega_{\text{off}}-\dfrac{a}{2\dot{r}_0}}}\sqrt{\frac{\omega_{\text{off}}}{\omega_{\text{on}}}}\right)}_{\text{令成}K}r_{\text{on\_curr}}\\&=K\cdot r_{\text{on\_curr}}\end{aligned} \tag{7.3.42}$$

可以导出递推关系:

$$\begin{cases}r_{\text{on}}(i+1)=K\cdot r_{\text{on}}(i), \quad i=0,1,2,\cdots,n\\ r_{\text{on}}(0)=r_0\end{cases} \tag{7.3.43}$$

设失控距离为 r_{zem},初始距离为 r_0,则拦截器进入盲区前的开关机次数可计算如下:

由

$$r_{\text{zem}} = K^n \cdot r_0 \tag{7.3.44}$$

可知

$$n = \log_k\left(\frac{r_{\text{zem}}}{r}\right) = \frac{\ln\left(\frac{r_{\text{zem}}}{r}\right)}{\ln K} \tag{7.3.45}$$

4.视线角速度初始值的上限

分析式(7.3.15)可知,拦截器制导的目的是消除视线角速度,即要求视线角速度随相对距离的减小而减小。数学上就是要求$\frac{\mathrm{d}\omega}{\mathrm{d}r} > 0 \Rightarrow \omega_0 - \frac{a}{2\dot{r}_0} < 0$。

由式(7.3.18)得出的结论可知,初始视线角速度的上限为

$$|\omega_0| < \frac{|a|}{2|\dot{r}_0|} \tag{7.3.46}$$

由式(7.3.14)求出 ω_0 和 r_0 的函数关系,$\omega_0 = f(r_0)$,则

$$\omega_0 = \left(\omega_{\text{f}} - \frac{a}{2\dot{r}_0}\right)\left(\frac{r_{\text{f}}}{r_0}\right)^2 + \frac{a}{2\dot{r}_0} \tag{7.3.47}$$

式中:ω_{f} 为制导结束时的视线角速度;r_{f} 为制导结束时的相对距离。

分析:设导引律所允许的最大初始视线角速度为 $\omega_{0\max}$。

(1) 若要求脱靶量为零,即要求制导结束时 $r = 0$。由式(7.3.47)可得 $\omega_{0\max} = \frac{a}{2|\dot{r}_0|}$,这正是制导初始时刻实际视线角速度的1/2,是一个临界值。

(2) 拦截器达到失控距离时,令 $r_{\text{f}} = r_{\text{zem}}$,$\omega_{\text{f}} = \omega_{\text{zem}}$,并将其代入式(7.3.47),可得视线角速度初始值的上限。由于达到失控距离后姿/轨控发动机关机,所以视线角速度就由 ω_{zem} 开始发散,发散规律符合式(7.3.8)。

(3) 影响视线角速度初始值的参数有可用过载、接近速度、初始相对距离、关机时刻的视线角速度和盲区距离。

由式(7.3.47)可以看出,直接影响初始视线角速度取值上限的是拦截器和目标的相对加速度以及接近速率。随着初始相对距离的增大,初始视线角速度的上限趋于常值 $|a|/2|\dot{r}_0|$。

给定失控距离300m,姿/轨控发动机能产生 $5g$ 的过载,接近速率为常值 $\dot{r} = -6000\text{m/s}$,计算不同相对距离处初始视线角速度的上限值,计算结果如图7.3.3所示。

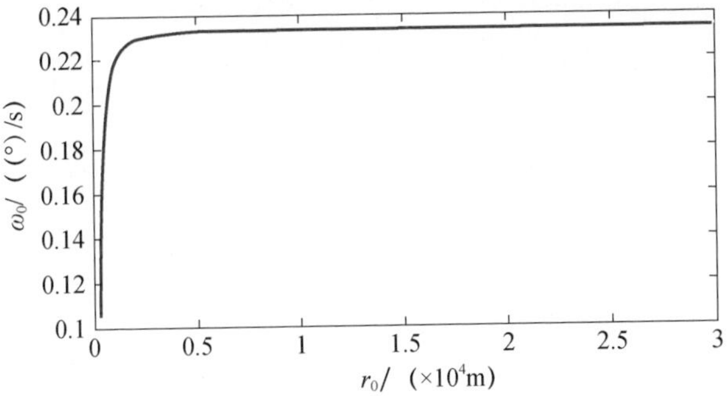

图 7.3.3 末制导初始视线角速度上限与初始相对距离的关系

由图 7.3.3 可以看出,虽然初始视线角速度上限受发动机可用过载、接近速度、初始相对距离、关机时刻的视线角速度条件和失控距离等因素的影响。但是随着相对距离的增加,这个上限值趋于常量 $|a|/|2\dot{r}_0|$,即只有相对加速度和接近速率两个因素的作用突现出来。其中,相对加速度与姿/轨控发动机所能提供的可用过载有直接关系,而接近速率则与拦截器对目标的拦截方式有关——前半球拦截则接近速率较大;后半球拦截则接近速率较小。

7.3.2 拦截非机动目标的自寻的导引律

基于逐渐抑制视线角速度的思想,根据姿/轨控发动机所具有的两种工作状态将末制导划分为如下三个阶段。

(1) 发动机处于常值力工作状态,在末制导初始阶段使姿/轨控发动机正、负交替开机来抑制视线角速度,目的是提高拦截器和目标之间相对运动状态的可观测性。

(2) 调整阶段,设计使姿/轨控发动机由常值力工作状态切换到脉冲工作状态的过渡曲线,目的是使过渡过程平滑,让下一阶段的制导效果达到最佳。

(3) 发动机处于脉冲工作状态,此时姿/轨控发动机对视线角速度做细微调整,使其在进入失控距离后达到最小值以减小脱靶量。

1. 常值力工作阶段的设计

根据前面的分析,在末制导的初始阶段,姿/轨控发动机可以抑制的视线角速度有一个上限。该阶段导引律设计的目的是在限制范围内尽量加大拦截器与目标的相对机动,效果表现在视线率的不断振荡上,这样做有利于提高滤波系统对拦截器与目标相对运动状态的可观测性。

此时,使姿/轨控发动机产生正、负方向交替的推力,让视线角速度在上、下界限之间振荡,姿/轨控发动机的开关逻辑如下。

视线坐标系下 Oy 方向的姿/轨控发动机指令:

$$\begin{cases} a_y = +a, & \omega_z > \omega_{\text{on}}, \dot{\omega}_z > 0 \\ a_y = -a, & \omega_z < -\omega_{\text{on}}, \dot{\omega}_z < 0 \\ a_y = a_y^{\text{prev}}, & \text{其他} \end{cases} \tag{7.3.48}$$

视线坐标系下 Oz 方向的姿/轨控发动机指令:

$$\begin{cases} a_z = -a, & \omega_y > \omega_{\text{on}}, \dot{\omega}_y > 0 \\ a_z = +a, & \omega_y < -\omega_{\text{on}}, \dot{\omega}_y < 0 \\ a_z = a_z^{\text{prev}}, & \text{其他} \end{cases} \tag{7.3.49}$$

式中:a_y、a_z 为发动机指令;a 为发动机的可用过载;ω_{on}为发动机的开机阈值。

2.调整阶段的设计

为了让脱靶量最小,应该使姿/轨控发动机施加完最后一个脉冲作用后刚好使位于失控距离处的视线角速度达到 ω_{off}。这就需要设计调整阶段的结束位置,结束位置给定后该阶段的发动机开机曲线也就确定了。设计方法是由失控距离反向递推过渡段的结束位置。

因为接近速率基本不变,所以脉冲作用时拦截器与目标相对距离的变化量 $\Delta r = \dot{r}_0\tau$,则由失控距离反向递推调整阶段结束位置的过程如下:

$$\begin{cases} r_0 = r_{\text{b}} + \Delta r \\ r(i+1) = r(i)\sqrt{\dfrac{\omega_{\text{on}}(i)}{\omega_{\text{off}}}} + \dot{r}_0\tau \\ \omega_{\text{on}}(i+1) = \left(1 + \tau\dfrac{\dot{r}_0}{r(i+1)}\right)^2\left(\omega_{\text{off}} + \dfrac{a}{2\dot{r}_0}\right) - \dfrac{a}{2\dot{r}_0} \end{cases} \tag{7.3.50}$$

式中:r_{b} 为理论失控距离;Δr 为失控距离范围。绘制出 $\omega_{\text{on}} - r$ 曲线,选取过渡点(r,ω_{on})。

3.脉冲力工作阶段的设计

从另一个角度分析式(7.3.37)。令 τ 和 ω_{off} 固定,求 ω_{on} 与 r_{on} 的关系,解得

$$\omega_{on}=\left(1+\tau\frac{\dot{r}_0}{r_{on}}\right)^2\left(\omega_{off}+\frac{a}{2\dot{r}_0}\right)-\frac{a}{2\dot{r}_0} \tag{7.3.51}$$

式(7.3.51)说明,拦截器在相对距离为 r_{on} 处,当视线角速度为 ω_{on} 时,姿/轨控发动机仅施加一个作用时间为 τ 的脉冲就可以使视线角速度变化到 ω_{off}。

假设给定关机时的视线角速度 $\omega_{off}=10^{-4}$ rad/s 和脉冲作用时间间隔 $\tau=5$ms,接近速率为常值 $\dot{r}\approx-6000$m/s,求在不同的相对距离处开机视线角速率 ω_{on} 为多大时只施加一个脉冲的作用就可以使视线角速率减小到关机要求,同时绘制出在该位置若发动机不开机,经过时间间隔 τ 视线角速率可以由 ω_{off} 发散到的最大值。计算结果如图 7.3.4 所示。

图中,实线为发动机单个脉冲作用所能消除的视线角速度,虚线为发动机关机时相同作用时间内视线角速度的发散值。

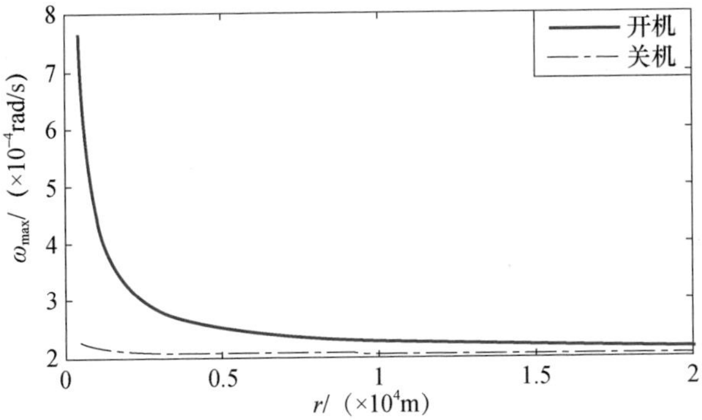

图 7.3.4 单个脉冲作用时间内的视线角速度变化量

由图 7.3.4 可以看出,单个脉冲可消除的视线角速度最大值随着相对距离的减小而增大,单位时间内视线角速度的发散速度随着相对距离的减小而增大,但是发散速度明显小于脉冲作用所产生的抑制效果。这证明了姿/轨控发动机的脉冲作用方式能够有效地抑制视线角速度的发散;另外也可以预见随着相对距离的减小,姿/轨控发动机的开机次数会逐渐增加。

这样,给定 ω_{off} 和 τ,脉冲力工作阶段的开机曲线就由式(7.3.51)确定。在脉冲工作状态下姿/轨控发动机仅对视线角速度做细微调整,此时应该使姿/轨控发动机以继电器方式工作,其开关逻辑如下。

视线坐标系下 Oy 方向的姿/轨控发动机指令:

$$\begin{cases} a_y = +a, \omega_z > \omega_{on}, \dot{\omega}_z > 0 \\ a_y = -a, \omega_z < -\omega_{on}, \dot{\omega}_z < 0 \\ a_y = 0, |\omega_z| < \omega_{off} \\ a_y = a_y^{prev}, \text{其他} \end{cases} \tag{7.3.52}$$

视线坐标系下 Oz 方向的姿、轨控发动机指令：

$$\begin{cases} a_z = -a, \omega_y > \omega_{on}, \dot{\omega}_y > 0 \\ a_z = +a, \omega_y < -\omega_{on}, \dot{\omega}_y < 0 \\ a_z = 0, |\omega_y| < \omega_{off} \\ a_z = a_z^{prev}, \text{其他} \end{cases} \tag{7.3.53}$$

式中：a_y、a_z 为发动机指令；a 为发动机的可用过载；ω_{on} 为发动机的开机阈值。

综合以上分析，所设计的开机曲线形状如图 7.3.5 所示。

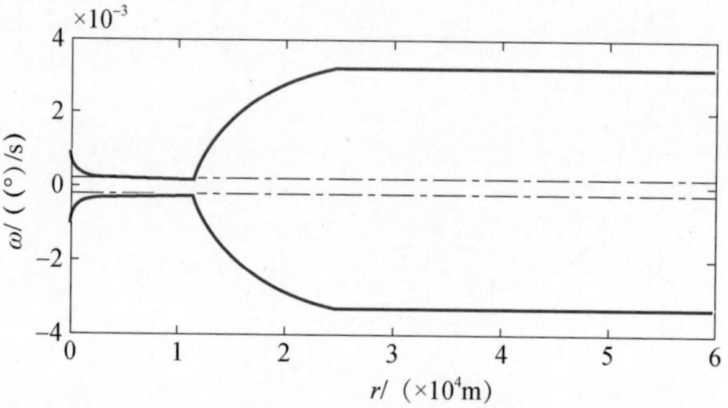

图 7.3.5　开机曲线形状

4. 拦截非机动目标的导引律仿真

以动能拦截器拦截处于自由段飞行的弹道导弹弹头为例进行仿真。

初始条件：相对距离 $r_0 = 50\text{km}$，接近速率 $\dot{r}_0 = -6000\text{m/s}$，视线高低角 $\lambda_{V0} = 60°$，视线方位角 $\lambda_{H0} = 45°$，视线角速度 $\omega_{z0} = 0.003\text{rad/s}$，$\omega_{y0} = 0.0035\text{rad/s}$。另外，失控距离 $r_b = 300\text{m}$，姿/轨控发动机体提供的可用过载 $a = 5g$，脉冲的时间宽度 $\tau = 5\text{ms}$，关机时的视线角速度 $\omega_{off} = 10^{-5}\text{rad/s}$。

下面介绍姿/轨控发动机开机曲线设计。

（1）常值力工作阶段：视线角速度的理论上限 $\omega_{max} = a/2\dot{r}_0 = 0.004(\text{rad/s})$，取保险系数 $k = 0.5$，则开机曲线 $\omega_{on} = 0.002\text{rad/s}$。

(2) 调整阶段:用反向递推关系计算出过渡点(r_{end},ω_{end}),ω_{end}由脉冲力工作阶段的开机曲线确定,开机曲线表达式为

$$\omega_{on} = \left(\omega_{end} + \frac{a}{2\dot{r}}\right)\left(\frac{r_{end}}{r}\right)^2 - \frac{a}{2\dot{r}}$$

(3) 脉冲力工作阶段:开机曲线的表达式为

$$\omega_{on} = \left(1 + \tau\frac{\dot{r}}{r}\right)^2\left(\omega_{off} + \frac{a}{2\dot{r}}\right) - \frac{a}{2\dot{r}}$$

图7.3.6~图7.3.9为相对运动状态相对距离、接近速率、视线倾角、视线偏角随时间的变化情况,在整个末制导过程中接近速率的变化很小,符合假设条件。对视线角速度进行抑制的末制导思想使得拦截过程中视线角的变化很小。

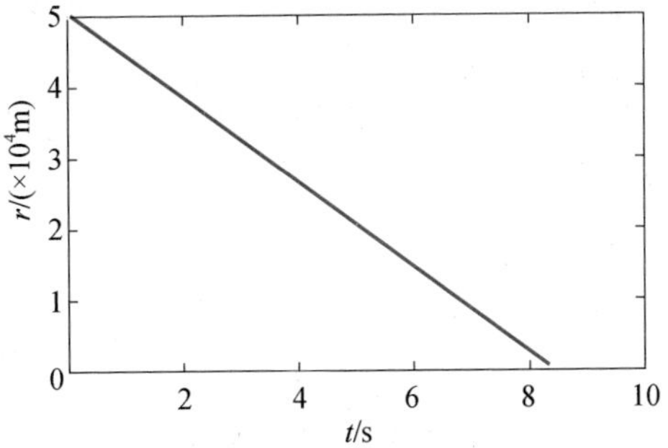

图7.3.6 相对距离

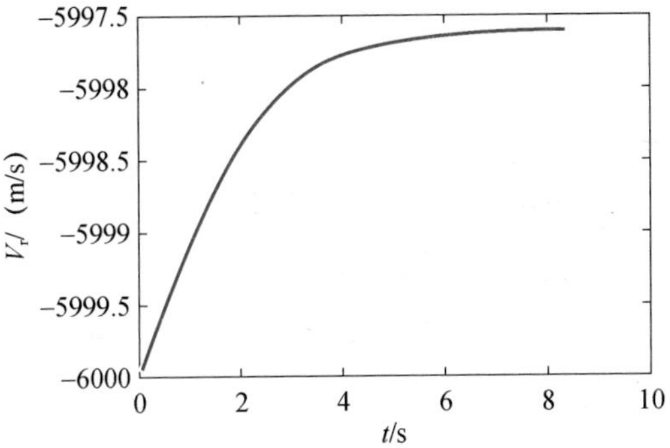

图7.3.7 接近速率

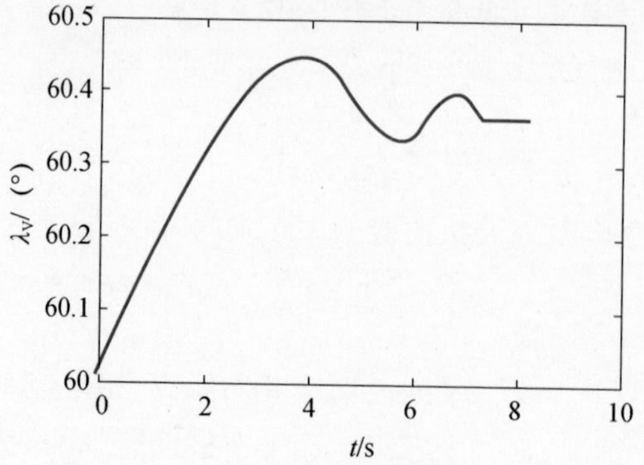

图 7.3.8 视线倾角

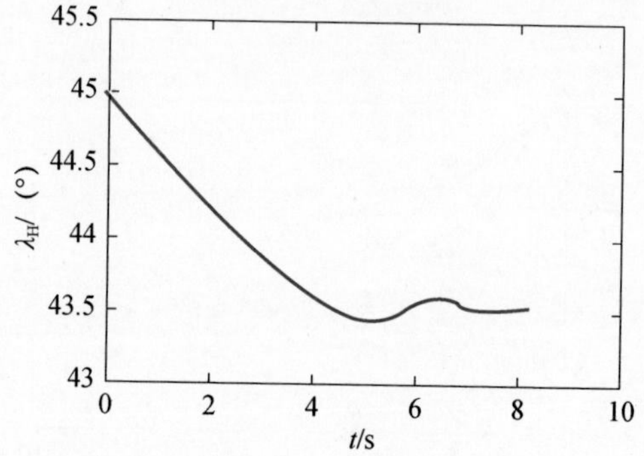

图 7.3.9 视线偏角

图 7.3.10 为导引指令随相对距离的变化情况。由图可明显看出,姿/轨

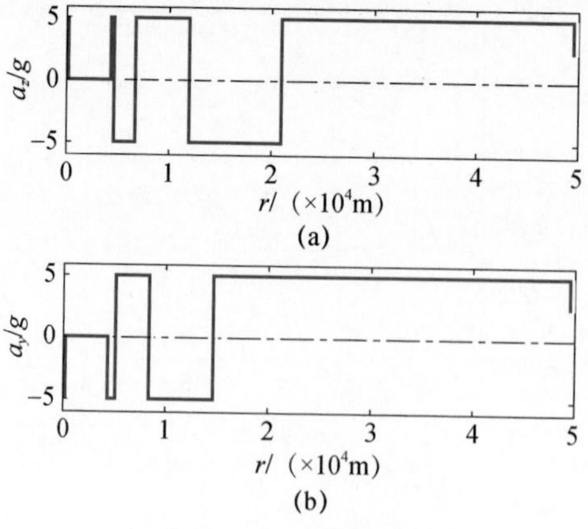

图 7.3.10 导引指令

控发动机前段工作在常值力状态，后段工作在脉冲力状态，并且在常值力工作阶段一直开机，使拦截器与目标之间产生相对机动，提高拦截器与目标相对运动状态的可观测性。

图7.3.11为视线角速度和发动机开机曲线随相对距离的变化过程。由图可以看出，末制导初始时视线角速度大于开机曲线，姿/轨控发动机一直开机将视线角速度抑制到虚线内部，然后使视线角速度正、负振荡，末制导后期仅以少量的脉冲微调视线角速度，使其处于一个很小的范围内，在失控距离处尽量达到最小。最后计算得到的脱靶量为0.0057m，符合动能拦截的精度要求。

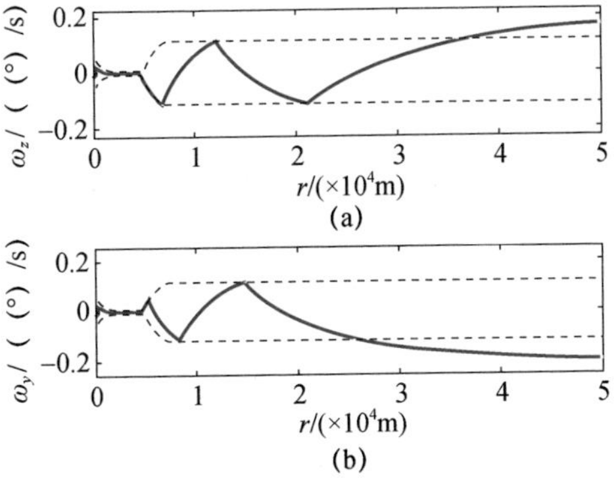

图7.3.11　视线角速度

7.3.3　拦截机动目标的模糊智能导引律

拦截机动目标时，为了使脱靶量达到最小，导引律需要控制姿/轨控发动机对视线角速度进行修正，也就是抑制视线角速度的发散。开机曲线是预先设计的姿/轨控发动机开机条件，由视线角速度的发散程度决定。所设计的开机曲线由几个条件共同构成，令导引律为

$$a_{\mathrm{m}} = -k_1 \dot{r}\omega + k_2 a_{\mathrm{t}} \tag{7.3.54}$$

式中：a_{m} 为导弹的加速度；a_{t} 为目标的加速度；k_1、k_2 为常数。

将式(7.3.54)代入式(7.3.2)，整理后得到导引律作用下 ω 的变化规律为

$$\dot{\omega} = (k_1 - 2)\frac{\dot{r}}{r}\omega + \frac{1}{r}(1 - k_2)a_t \tag{7.3.55}$$

由式(7.3.55)可见,取 $k_1 > 2, k_2 = 1$,可以完全抵消目标机动的影响并能够抑制 ω 的发散,而 ω 变化速度由 k_1 决定。由式(7.3.54)可得

$$a_m - a_t = -k_1 \dot{r}\omega \tag{7.3.56}$$

定义姿/轨控发动机开机时拦截器与目标的相对加速度的绝对值 $|a_m - a_t|$ 为动能武器的拦截能力,用 $|a|$ 表示,即 $|a| = |a_m - a_t|$,则由式(7.3.56)可得

$$k_1 = \frac{|a|}{|\dot{r}\omega|} \tag{7.3.57}$$

由上式可见,拦截能力决定了视线角速度 ω 变化速度。解式(7.3.55)可得

$$\omega(t) = \omega(t_0)\left(\frac{r(t)}{r(t_0)}\right)^{k_1 - 2} \tag{7.3.58}$$

式中:t 为时间;t_0 为发动机的开机时刻。

1. 开机曲线设计

为了使视线角速度在导引律的作用下沿着式(7.3.58)所示的规律收敛到零,取 r_0 和 ω_0 为末制导初始时刻的相对距离和视线角速度,姿/轨控发动机的开机曲线应满足式(7.3.58)。除了满足该条件,根据式(7.3.57)视线角速度还应该满足

$$|\omega| \leqslant \frac{|a|}{k_1 |\dot{r}|} \tag{7.3.59}$$

因此,设计的第一条开机曲线视线角速度为

$$|\omega_{on1}| = \min\left\{ |\omega_0| \left(\frac{r}{r_0}\right)^{k_1 - 2}, \frac{|a|}{k_1 |\dot{r}|} \right\} \tag{7.3.60}$$

根据式(7.3.47),取拦截结束时的相对距离为零,得到理论上姿/轨控发动机所能抑制的最大视线角速度为

$$\omega_{max} = \left| \frac{a}{2\dot{r}} \right| \tag{7.3.61}$$

对式(7.3.55)的分析可知,式(7.3.60)中的 $k_1 > 2$,而此约束条件也满足式(7.3.61)的条件。

当拦截器与目标的相对距离减小时,由式(7.3.60)可知开机曲线的值逐渐减小。由于姿/轨控发动机有最短开机时间限制,当开机线的数值很小时会导致

发动机频繁地正、负交替开机。为了防止这种情况发生，还需要根据姿/轨控发动机的最小开机时间 τ 设计开机曲线。根据式(7.3.51)对发动机在脉冲工阶段的工作特点的讨论，取关机时的期望视线角速度 $\omega_d=0$，得到最短开机时间内可修正的视线角速度为

$$|\omega_{on2}|=\left|\left(1+\tau\frac{\dot{r}}{r_0}\right)^2-1\right|\left|\frac{a}{2\dot{r}}\right| \tag{7.3.62}$$

综合式(7.3.60)和式(7.3.62)，总的开机曲线表达式为

$$|\omega_{on}|=\max\{|\omega_{on1}|,\ |\omega_{on2}|\} \tag{7.3.63}$$

对式(7.3.63)进行分析可知，在拦截过程中，相对距离逐渐减小，开机曲线 $|\omega_{on}|$ 将由 $|\omega_{on1}|$ 过渡到 $|\omega_{on2}|$。另外，实现导引律时，在初始阶段还要给出一个关机阈值，这是由导引头的分辨率决定。开机曲线过渡到以 $|\omega_{on2}|$ 为主的阶段后，发动机的开、关仅由 $|\omega_{on}|$ 控制，即视线角速度小于 $|\omega_{on}|$ 就可关机。

2. 模糊智能导引律设计

当目标不进行机动时，利用式(7.3.63)中所设计的发动机开机曲线和继电器方式的开、关机规律就可以构成自寻的导引律。然而，该导引律的拦截效果在目标机动的情况下会变差，因为开机曲线是由拦截武器的拦截能力决定的。当目标不进行机动时，拦截能力仅由姿/轨控发动机所提供的推力和拦截器的质量所决定。当目标进行机动时，拦截能力还与目标的机动加速度有关。但是，目标的加速度很难由探测器直接测量得到，即使应用一些机动目标跟踪算法，也很难能够获得实时性和精度较高的估计结果。下面根据拦截器与目标在姿/轨控发动机作用下的相对运动规律提出对拦截能力的估计方法，并利用估计结果设计一种模糊智能导引律。

令 ω_{on} 和 r_{on} 为姿/轨控发动机开机时刻的视线角速度和相对距离，ω_{off} 和 r_{off} 为达到制导要求后姿/轨控发动机关机时刻的视线角速度和相对距离，则根据式(7.3.35)有如下关系：

$$r_{off}=r_{on}\sqrt{\frac{\omega_{on}-\dfrac{|a|}{2\dot{r}}}{\omega_{off}-\dfrac{|a|}{2\dot{r}}}} \tag{7.3.64}$$

从式(7.3.64)中解得拦截能力的近似值为

$$|\hat{a}|=2|\dot{r}|\left|\frac{\omega_{\mathrm{on}}-\left(\frac{r_{\mathrm{off}}}{r_{\mathrm{on}}}\right)^2\omega_{\mathrm{off}}}{1-\left(\frac{r_{\mathrm{off}}}{r_{\mathrm{on}}}\right)^2}\right| \tag{7.3.65}$$

由于式(7.3.65)是基于简化的式(7.3.2),并将发动机推力视为常值的条件下得到的,故为近似值,用$|\hat{a}|$来表示。式(7.3.65)表明,根据发动机开机时刻的相对距离r_{on},视线角速度ω_{on}、关机时刻的相对距离r_{off}、视线角速度ω_{off}就可以估计出拦截能力$|a|$。由于初始的拦截能力未知,进入末制导后需要先开机,及时对中制导产生的视线准率进行抑制,同时获取拦截能力的初始估算值。

另外,从视线角速度和相对距离的关系可以看出,随着相对距离的减小,视线角速度发散的速度加快。这意味着,拦截器越接近目标,发动机开机调整视线角速度的次数越多。若将式(7.3.2)视为与时间相关的关于视线角速度ω的一阶微分方程,令控制量$a=0$,并将相对距离视为分段常值,可以得到该微分方程的通解为

$$\omega=\omega_0\exp\left(\frac{-2\dot{r}}{r}(t-t_0)\right) \tag{7.3.66}$$

由上式可见,ω的变化与时间成指数关系。当$r>-2\dot{r}$时,ω变化较慢;当$r<-2\dot{r}$时,ω变化较快。根据视线角速度的上述特点,在接下来的模糊导引律中将相对距离作为调整开机曲线的一个模糊变量。当相对距离较大时采用式(7.3.60)确定的开机曲线;当相对距离较小时采用式(7.3.62)确定的开机曲线。

基于以上两点分析,使用模糊逻辑来设计拦截大气层外机动目标的导引律。在所提出的模糊智能控制系统中,输入变量为相对距离r和拦截能力$|a|$,输出变量为开机曲线$|\omega_{\mathrm{on}}|$。用如下符号代表模糊变量的取值:ZO代表零,VS代表很小,SM代表小,ME代表中,LA代表大,VL代表很大。相对距离r的模糊子集为{SM,ME,LA},其论域为$\{|\dot{r}|,2|\dot{r}|,3|\dot{r}|\}$,其采用三角形隶属度函数。拦截能力$|a|$的模糊子集为{ZO,VS,SM,ME,LA,VL},其论域为$\{0g,2g,4g,6g,8g,10g\}$,其采用三角形隶属度函数。由于拦截能力$|a|$为估算值,存在一定的误差,这里引入保险系数c,并结合式(7.3.60)和式(7.3.62)确定开机曲线$|\omega_{\mathrm{on}}|$的论域为

$$\{(1-c)|\omega_{\mathrm{on1}}|,(1-c)|\omega_{\mathrm{on1}}|+c|\omega_{\mathrm{on2}}|,c|\omega_{\mathrm{on2}}|\}$$

其中,保险系数的模糊子集为{ZO,VS,SM,ME,LA,VL},其论域为{0,0.2,0.4,0.6,0.8,1.0},其隶属度函数采用三角形隶属度函数。保险系数的意义:以$|\omega_{on1}|$作为开机曲线时,拦截能力小时能够抑制的视线角速度小,开机阈值$|\omega_{on1}|$越小越保险;以$|\omega_{on2}|$作为开机曲线时,拦截能力小时根据最短开机时间确定的$|\omega_{on2}|$也小,这时适当增大$|\omega_{on2}|$会增加开机时间,避免发动机工作在临界状态下;在二者的过渡阶段以$(1-c)|\omega_{on1}|+c|\omega_{on2}|$作为开机曲线,拦截能力小时靠近$|\omega_{on2}|$较保险。导引律采用的模糊规则如下。

(1) 开机曲线的切换规则。

规则1:如果r是SM,则$|\omega_{on}|$是$c|\omega_{on2}|$。

规则2:如果r是ME,则$|\omega_{on}|$是$(1-c)|\omega_{on1}|+c|\omega_{on2}|$。

规则3:如果r是LA,则$|\omega_{on}|$是$(1-c)|\omega_{on1}|$。

(2) 开机曲线的调整规则。

规则1:如果$|a|$是ZO,则c是VL。

规则2:如果$|a|$是VS,则c是LA。

规则3:如果$|a|$是SM,则c是ME。

规则4:如果$|a|$是ME,则c是SM。

规则5:如果$|a|$是LA,则c是VS。

规则6:如果$|a|$是VL,则c是ZO。

采用最大隶属度方法去模糊化得到姿/轨控发动机的开机曲线,并结合继电器方式开关机方法构成拦截器的模糊智能导引律。

3. 拦截机动目标的导引律的仿真验证

为了验证提出的导引律,以某动能拦截器拦截处于自由段飞行的弹道导弹机动弹头为例,针对同一初始条件两种不同的目标机动方式进行拦截过程仿真。

仿真中不考虑姿/轨控系统的延时特性,姿/轨控发动机提供的最大可用过载为10g,最短工作时间为10ms,关机阈值取为10^{-5}rad/s,取式(7.3.54)中的$k_1=4$。仿真初始条件如表7.3.1所列,终止条件为相对距离$r\leqslant300$m。令飞行时间为t,拦截器在视线坐标系下的制导指令分别为a_{my}和a_{mz},目标在视线坐标系下的加速度分别为a_{tx}、a_{ty}和a_{tz}。假设拦截过程中目标采用如下三种机动方式:

表 7.3.1　仿真的初始条件

初始相对运动状态	数值
相对距离 r_0/km	50
接近速率 $\dot{r}_0$/(m/s)	-6000
视线方位角 λ_{H0}/(°)	10
视线高低角 λ_{t0}/(°)	20
视线方位转率 ω_{y0}/(rad/s)	0.001
视线高低转率 ω_{z0}/(rad/s)	0.002

(1) 目标采取阶跃形式的机动:

$$\begin{cases} a_{tx}=0 \\ a_{ty}=8g,\ t>5\text{s} \\ a_{tz}=8g \end{cases}$$

(2) 目标采取斜坡形式的机动:

$$\begin{cases} a_{tx}=0 \\ a_{ty}=2g\cdot t,\ t>5\text{s} \\ a_{tz}=2g\cdot t \end{cases}$$

(3) 目标采取正弦形式的机动:

$$\begin{cases} a_{tx}=0 \\ a_{ty}=6g\cdot\sin(5t),\ t>5\text{s} \\ a_{tz}=6g\cdot\sin(5t) \end{cases}$$

图 7.3.12 ~ 图 7.3.17 显示了针对不同的目标机动时导引律的作用效果。

图 7.3.12、图 7.3.14 和图 7.3.16 显示了拦截过程中视线角速度随相对距离的变化规律,虚线为姿/轨控发动机的开机曲线,可见本书提出的拦截能力估计方法和针对机动目标的模糊智能导引律可以在目标进行机动时将视线角速度成功地抑制在零附近。另外,随着相对距离的减小,视线角速度震荡的频率加快,这正如式(7.3.59)所表示的视线角速度与相对距离间关于时间的指数关系,当相对距离很小时,视线角速度的改变速率加快。从图 7.3.12、图 7.3.14 和图 7.3.16 也可看出,拦截末段姿/轨控发动机对视线角速度进行修正的频率也加大了。

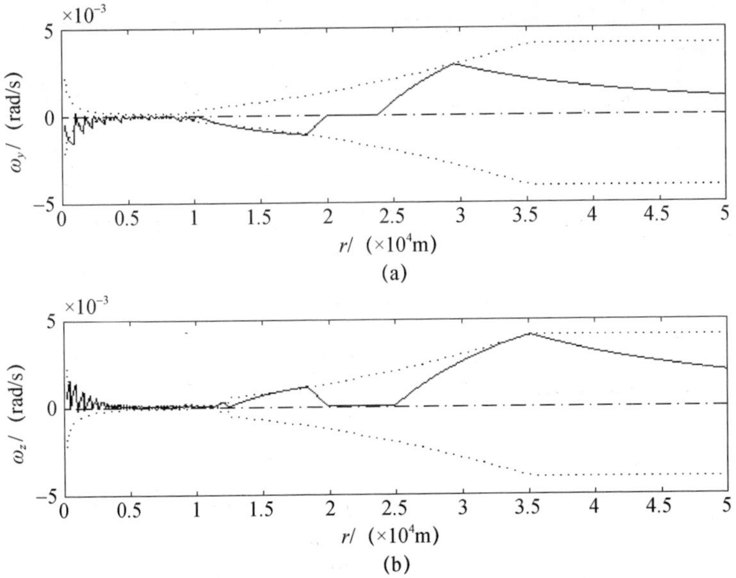

图 7. 3. 12　目标阶跃机动时的视线角速度

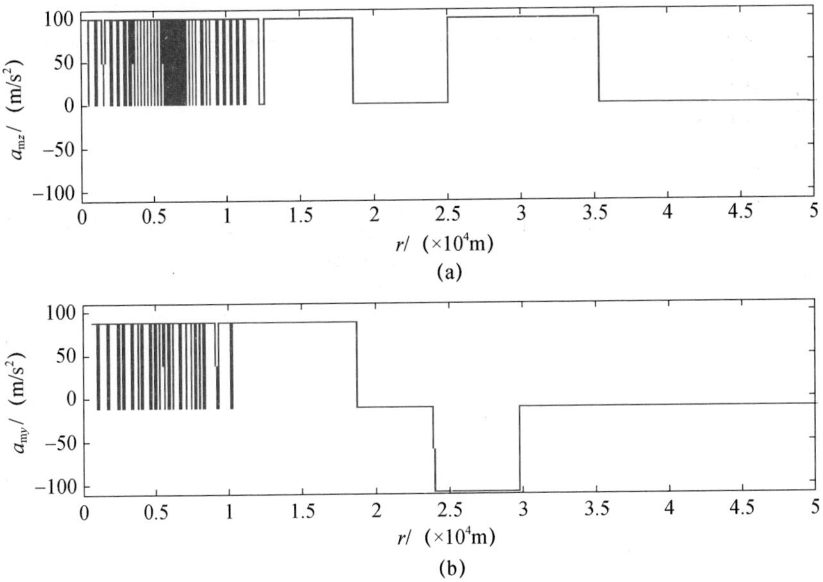

图 7. 3. 13　目标阶跃机动时的导引指令

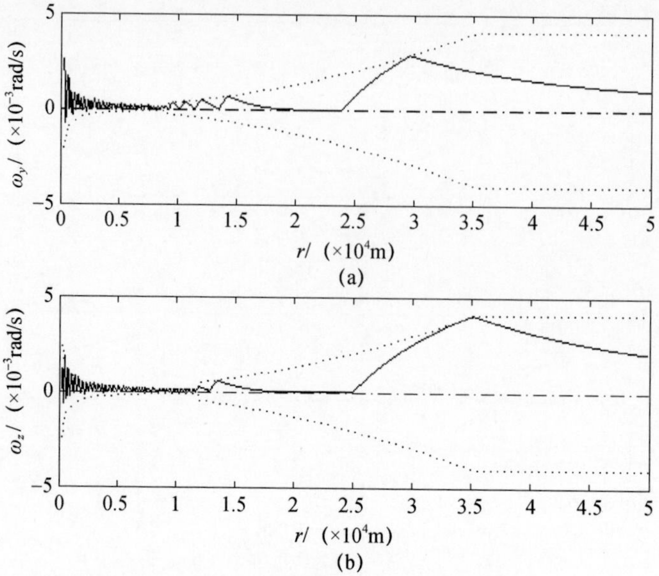

图 7. 3. 14　目标斜坡机动时的视线角速度

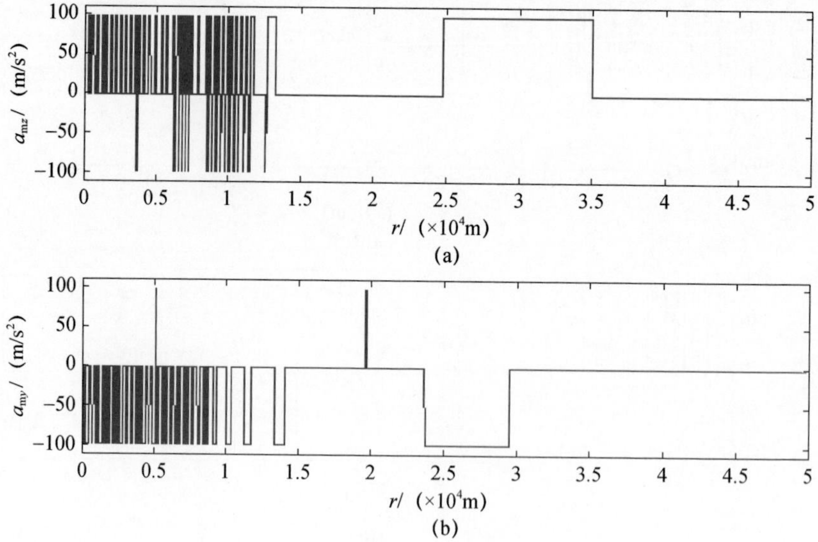

图 7. 3. 15　目标斜坡机动时的导引指令

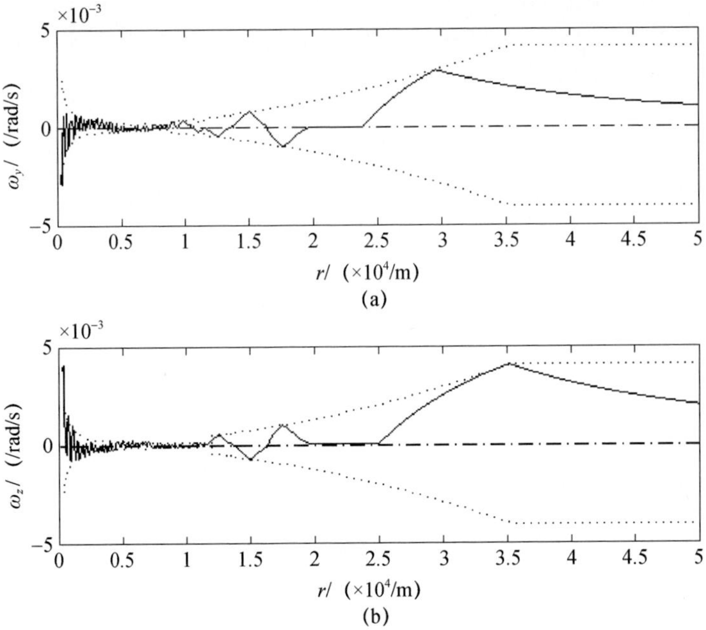

图 7. 3. 16　目标正弦机动时的视线角速度

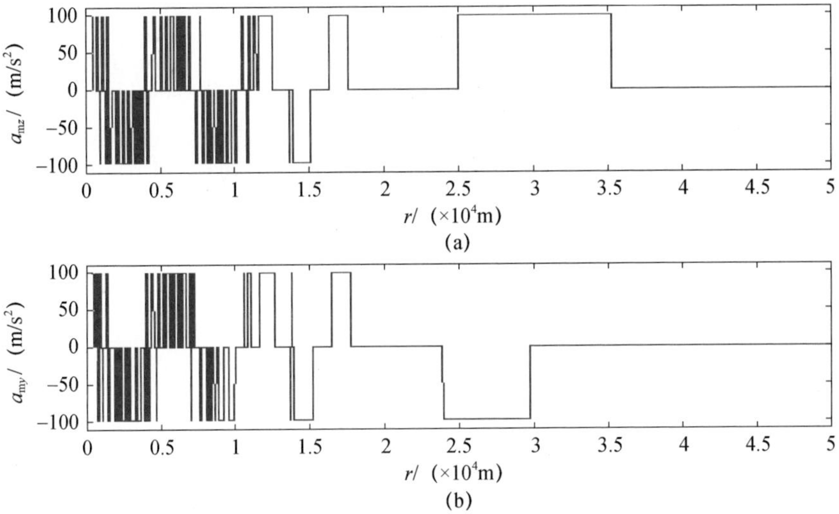

图 7. 3. 17　目标正弦机动时的导引指令

由图7.3.12、图7.3.14和图7.3.16还可以看出，进入末制导后首先开机对视线角速度进行抑制，使得中制导遗留下的视线角速度及时得到消除。结合前面的分析可知，这种方式可以使视线角速度在很长一段时间内处于比较小的状态，保证了拦截的可靠。目标采取阶跃机动时的脱靶量为0.0924m，目标采取正弦机动时的脱靶量为0.0316m，可以看出本书所提出的导引律可以实现对机动目标的直接碰撞。

上面从姿/轨控发动机非连续工作的特点入手，深入分析了末制导段姿/轨控发动机开机和关机时拦截器与目标的相对运动规律。基于合理的假设条件，给出了相对运动规律和脱靶量的近似表达式，以及大气层外拦截末段姿/轨控发动机对拦截器进行控制的必要性并给出了可控性条件。定量分析了姿/轨控发动机分别处于常值力和脉冲力工作状态时的作用效果以及发动机对末制导初始视线角速度修正能力的上限。针对非机动目标的拦截问题，结合相对运动规律的特点和高制导精度的要求，将末制导分为三个阶段来设计导引律，让拦截器以近似于平行接近的方式拦截目标，并达到脱靶量最小的目标。针对机动目标拦截问题，提出了一种拦截器能力的近似估计方法，并根据所估计的拦截能力设计了一种模糊智能导引律，该导引律不需要额外的目标加速度探测装置，仅使用相对距离和视线角速度就可以对拦截能力进行估计。制导指令不需要脉宽调制器就可以直接控制姿/轨控发动机的开关，适合于直接力操控拦截器，也就是极限开关控制下的拦截器的末段导引律。

7.4 冲量等效控制方式下的自寻的导引律

姿/轨控发动机的工作方式有极限开关式和脉宽调制式（PWM）两种。极限开关方式控制简单，但是存在着响应的滞后，只有在给定控制力大于某一个具体数值之后，阀门才会开或关；脉宽调制方式是在一个脉动周期内，通过改变阀门开或关位置上的停留时间来改变流经阀门的气体流量，从而达到改变总推力的效果。对于脉宽调制的控制方式，常用的方法是使用冲量等效的原则计算发动机的开机时刻和关机时刻，保证在一个制导周期内发动机的推力冲量最接近或者等于指令在一个周期的冲量。本节针对能够以冲量等效方式来精细控制的姿/轨控发动机来研究导引律的设计问题。主要基于连续变推力的思路，通过脉冲调频调宽技术来实现姿/轨控发动机的开关控制。对于脉宽调制工作方式的姿/轨控发动机，发动机控制环节能够将传统导引律所生成的连续导引指令离散化成适用于直接力机构工作的开关控制指令。这样，导引律的设计可以独立于姿/轨控发动机的离散型开关控制，设计出的导引律也是连续性的，与传统的导引律设计没有太大区别。

比例导引律是目前应用广泛的经典导引律，然而比例导引不能对目标的机动进行合理的补偿，所以它并不是对付机动目标的最佳导引方法。为了弥补比例导引的缺陷，扩展比例导引使用目标的加速度作为比例导引律的补偿，在理论上被证明可以实现对机动目标的拦截，然而目标的加速度难以直接获取。近年来，为了改善对机动目标的拦截效果，提出了大量基于现代控制理论的导引律，但大都需要目标加速度的重构。然而，目标加速度的重构需要视线角加速度等更多的制导信息，这些信息在工程中也难以较高的精度获得。研究发现，自寻的导引律设计的主要任务是抑制或力图消除视线旋转，做到这一点需要考虑的一个重要因素是导引头所能获取的制导信息。对于采用主动雷达或采用红外加激光测距仪组合探测方式的导引头来说，制导系统能够利用的测量信息是拦截器与目标的相对距离和视线角速度；对于使用红外等被动探测方式的探测器来说，制导系统能够利用的测量信息只有视线角速度。

下面重点针对仅当视线角速度可测量、初始相对距离和初始接近速率可知时，应用自适应滑模控制理论，设计一种适合配置脉宽调制姿/轨控发动机的拦截器的自适应滑模导引律（ISMCG）。

7.4.1 拦截器-目标相对运动模型简化

第2章中给出了极坐标系下以拦截器-目标相对距离和视线角速率为变量的拦截器-目标相对运动方程。对于采用主动雷达或采用红外加激光测距仪组合探测方式的导引头来说，能够测量的信息是拦截器与目标的相对距离和视线角速率；对于使用红外等被动探测方式的导引头来说，能够直接测量的制导信息则只有视线角速率。不失一般性，下面首先将拦截器-目标相对距离和视线角速率为变量的拦截器-目标相对运动方程进行简化处理，转化为仅以视线角速率为变量的拦截器-目标相对运动方程。因此，将前面的三维拦截几何模型简化为二维的平面拦截问题，以简化分析与设计过程。

在二维平面上，拦截器－目标的相对运动关系如图 7.4.1 所示。

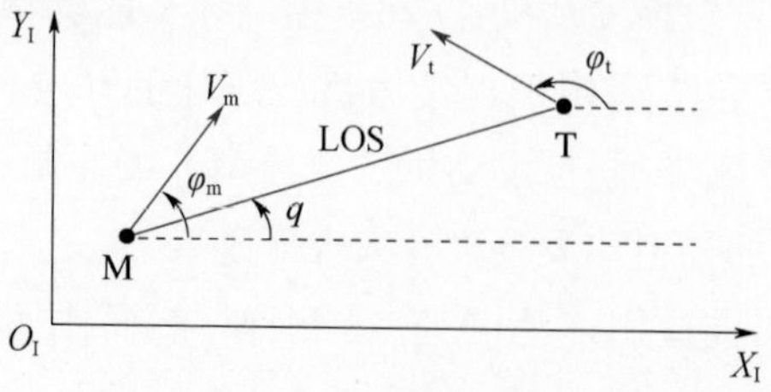

图 7.4.1　在二维平面上，拦截器－目标的相对运动关系

如图 7.4.1 所示，$X_IO_IY_I$ 为二维的惯性参考系，拦截器 M 正在拦截移动的目标 T。拦截器与目标均视为质点，描述双方相对运动的状态变量为相对距离 r，视线角 q，拦截器的速度倾角 φ_m，目标的速度倾角 φ_t 以及拦截器的飞行速度 V_m 和目标的飞行速度 V_t。拦截器与目标的相对运动学关系可以描述为

$$\begin{cases}\dot{r}=V_t\cos(\varphi_t-q)-V_m\cos(\varphi_m-q)\\ r\dot{q}=V_t\sin(\varphi_t-q)-V_m\sin(\varphi_m-q)\end{cases}\tag{7.4.1}$$

令拦截器与目标的接近速率 $v=\dot{r}$，式(7.4.1)可改写成

$$\begin{cases}\dot{v}=r\dot{q}^2+[\dot{V}_t\cos(\varphi_t-q)-V_t\dot{\varphi}_t\sin(\varphi_t-q)]\\ \quad-[\dot{V}_m\cos(\varphi_m-q)-V_m\dot{\varphi}_m\sin(\varphi_m-q)]\\ r\ddot{q}=-2\dot{r}\dot{q}+[\dot{V}_t\sin(\varphi_t-q)+V_t\dot{\varphi}_t\cos(\varphi_t-q)]\\ \quad-[\dot{V}_m\sin(\varphi_m-q)+V_m\dot{\varphi}_m\cos(\varphi_m-q)]\end{cases}\tag{7.4.2}$$

忽略重力的影响，式(7.4.2)在极坐标系(r,q)下表示为

$$\dot{V}=r\dot{q}^2+a_{tr}-a_{mr}\tag{7.4.3}$$

$$\ddot{q}=-2\frac{v}{r}\dot{q}+\frac{1}{r}a_{tq}-\frac{1}{r}a_{mq}\tag{7.4.4}$$

式中：a_{tr}为目标沿视线方向的加速度，$a_{tr}=\dot{V}_t\cos(\varphi_t-q)-V_t\dot{\varphi}_t\sin(\varphi_t-q)$；$a_{mr}$为拦截器沿视线方向的加速度，$a_{mr}=\dot{V}_m\cos(\varphi_m-q)-V_m\dot{\varphi}_m\sin(\varphi_m-q)$；$a_{tq}$为目标垂直于视线方向的加速度，$a_{tq}=\dot{V}_t\sin(\varphi_t-q)+V_t\dot{\varphi}_t\cos(\varphi_t-q)$；$a_{mq}$拦截器垂直于视线方向的加速度，$a_{mq}=\dot{V}_m\sin(\varphi_m-q)+V_m\dot{\varphi}_m\cos(\varphi_m-q)$。

假设视线角速率可以在拦截过程中的每一时刻被精确测量，且拦截器与

目标间的初始相对距离、初始接近速率以及其测量误差上限可知。上述拦截条件可以表示为

$$\begin{cases} r_0 = \bar{r}_0 + \tilde{r}_0, \ |\tilde{r}_0| \leqslant \delta_{r0} \\ v_0 = \bar{v}_0 + \tilde{v}_0, \ |\tilde{v}_0| \leqslant \delta_{v0} \end{cases} \tag{7.4.5}$$

式中：r_0 为初始相对距离的真实值；v_0 为初始接近速率的真实值；$\bar{r}_0$ 为初始相对距离的测量值；$\bar{v}_0$ 为初始接近速率的测量值；δ_{r0}为初始相对距离的测量误差上限；δ_{v0}为初始接近速率的测量误差上限。

在设计导引律时，可先忽略执行机构的动态特性。在这些假设条件下，视线角速率的变化规律主要由式(7.4.4)决定，而式(7.4.4)中微分方程的系数 $2v/r$ 和 $1/r$ 的变化规律取决于式(7.4.3)。观察式(7.4.3)，接近速率 v 随着 r、v、$\dot{q}$、a_{tr}和 a_{mr}的变化而变化，而其中的视线角速率 $\dot{q}$ 和相对距离 r、接近速率 v 的初始值已知。另外，根据大气层外拦截器的特点，拦截末段拦截器沿视线方向没有推力和阻力。而目标一般通过在垂直于视线方向进行机动以使视线角速率达到最大的方式摆脱拦截器的攻击。这样，尽管存在沿视线方向的目标机动，但末段拦截经历的时间很短，所以这种机动并不会对接近速率改变太多。

经过上面的分析，可以近似认为拦截器与目标间沿视线方向的相对加速度为零，式(7.4.3)可以简化为

$$\begin{cases} \dot{r} = v \\ \dot{v} = r\dot{q}^2 \end{cases} \tag{7.4.6}$$

令 $z_1 = r, z_2 = v$，式(7.4.6)可以写为

$$\begin{cases} \dot{z}_1 = z_2 \\ \dot{z}_2 = z_1\dot{q}^2 \end{cases} \tag{7.4.7}$$

根据拦截初始条件式(7.4.5)，为式(7.4.7)给定三组初始条件估计拦截过程中相对距离 r 和接近速率 v 的界限：

$$z_1^1(t_0) = \bar{r}_0, \ z_2^1(t_0) = \bar{v}_0 \tag{7.4.8}$$

$$z_1^2(t_0) = \bar{r}_0 + \delta_{r0}, \ z_2^2(t_0) = \bar{v}_0 + \delta_{v0} \tag{7.4.9}$$

$$z_1^3(t_0) = \bar{r}_0 - \delta_{r0}, \ z_2^3(t_0) = \bar{v}_0 - \delta_{v0} \tag{7.4.10}$$

这样，在条件式(7.4.8) ~ 式(7.4.10)下，通过解算微分方程式(7.4.6)

相对距离 r 和接近速率 v 的误差界限可以计算如下：

$$|\Delta r| = \max\{z_1^2 - z_1^1, z_1^1 - z_1^3\},\quad |\Delta v| = \max\{z_2^2 - z_2^1, z_2^1 - z_2^3\} \tag{7.4.11}$$

通过上面的分析可知，式(7.4.3)和式(7.4.4)是极坐标系下拦截器—目标相对运动方程的另一种表达形式。式(7.4.3)决定了相对距离和接近速度的变化规律，式(7.4.4)决定了视线角速率的变化规律。而相对距离和接近速度又作为式(7.4.4)中微分方程的系数 $2v/r$ 和 $1/r$ 影响视线角速率的变化。若将拦截器垂直于视线方向的加速度视为控制量，目标垂直于视线方向的加速度视为未知干扰，则式(7.4.4)可视为以视线角速率为变量的时变参数的拦截器 - 目标相对运动方程。下面将利用这一相对运动方程，基于自适应滑模变结构控制理论设计仅使用视线角速率的自适应滑模变结构导引律。

7.4.2 仅使用视线角速率的自适应滑模变结构导引律

对于使用红外等被动探测方式的探测器来说，制导系统能够利用的测量信息只有视线角速度。当仅有视线角速率信号可测量时，则可利用式(7.4.4)仅以视线角速率为变量的时变参数的拦截器 - 目标相对运动方程设计导引律。下面将基于自适应滑模变结构控制理论，设计仅使用视线角速率的自适应滑模变结构导引律。

滑模变结构控制具有强鲁棒性，尤其是对匹配参数扰动不敏感的特性。但是，一般的变结构控制律是不连续的。控制信号的不连续是由控制律中所含有的继电控制项引起的，易形成控制信号的颤振，在实际使用中不易实现，并且影响操纵机构的使用寿命。控制律所含的继电控制项一般由系统的不确定性的界构成，而由于实际系统的复杂性，这些界往往很难获得。若控制律中的这些界取得太大，则会影响控制效率；若取得太小，则不能保证滑动模态的存在。自适应控制方法提供了另一种解决系统不确定性问题的有效方法，利用在线辨识可以得到不确定性结构的未知参数估计。下面假设目标的机动能力上限已知，直接应用滑模变结构控制理论设计拦截机动目标的导引律，在导引律中目标机动能力的上限作为继电控制项来确保滑动模态的存在。最后，通过结合滑模变结构控制和自适应控制的各自优点，利用自适应控制思想在线估计不确定性范数的上界，以改进导引律的导引效果。

1. 基于滑模变结构控制的导引律设计

根据滑模变结构控制理论，取滑模面为

$$s = z_1^1 \dot{q} \tag{7.4.12}$$

定理7.1　基于滑模变结构控制的导引律

$$a_{mq} = \left[\left(N - \frac{z_1^2}{z_1^3}\right)|z_2^1| + 2|\Delta v|\right]\dot{q} + \varepsilon \mathrm{sgn}(\dot{q}) \tag{7.4.13}$$

能够确保视线角速率沿着滑模面 $s = z_1^1 \dot{q}$ 趋近于0。其中：z_2^1、z_1^2 和 z_1^3 的初始值由式(7.4.8)～式(7.4.10)给定，并且在式(7.4.7)的限制下变化；$|\Delta v|$由式(7.4.11)给定；N 是一个正数常值，$N>2$；ε 为垂直于视线方向的目标加速度的上限。

证明：令 $\bar{r} = z_1^1, \bar{v} = z_2^1$，结合式(7.4.7)和初始条件式(7.4.8)，相对距离 r 和接近速率 v 可以表示为

$$r = \bar{r} + \tilde{r},\ v = \bar{v} + \tilde{v} \tag{7.4.14}$$

式中：$\tilde{r}$、$\tilde{v}$ 分别为相对距离和接近速率的估计误差。

根据7.4.1节的分析，可知

$$|\tilde{r}| \leqslant |\Delta r|,\ |\tilde{v}| \leqslant |\Delta v| \tag{7.4.15}$$

取李雅普诺夫函数为

$$V_1 = 0.5s^2 \tag{7.4.16}$$

因为拦截器在不断接近目标，所以 $\bar{v} < 0$。对式(7.4.12)微分可得

$$\dot{s} = \frac{\bar{r}}{r}\left\{-\left(\frac{z_1^2}{z_1^3} - \frac{r}{\bar{r}}\right)|\bar{v}|\dot{q} - 2(|\Delta v| - \tilde{v})\dot{q} - [\varepsilon \mathrm{sgn}(\dot{q}) - a_{tq}]\right\} \tag{7.4.17}$$

则有

$$\dot{V}_1 = -\frac{\bar{r}^2}{r}\left(N - 2 + \frac{z_1^2}{z_1^3} - \frac{r}{\bar{r}}\right)|\bar{v}|\dot{q}^2 - 2\frac{\bar{r}^2}{r}(|\Delta v| - \tilde{v})\dot{q}^2 - \frac{\bar{r}^2}{r}[\varepsilon \mathrm{sgn}(\dot{q}) - a_{tq}]\dot{q} \tag{7.4.18}$$

基于式(7.4.7)和拦截初始条件式(7.4.8)～式(7.4.10)可得

$$\begin{cases} z_1^3 \leqslant z_1^1 = \bar{r} < z_1^2 \text{ 或 } z_1^3 < z_1^1 = \bar{r} \leqslant z_1^2 \\ z_1^3 \leqslant r < z_1^2 \text{ 或 } z_1^3 < r \leqslant z_1^2 \end{cases} \tag{7.4.19}$$

则

$$z_1^2/z_1^3 - r/\bar{r} > 0 \tag{7.4.20}$$

由于 $N>2$，可得

$$N - 2 + z_1^2/z_1^3 - r/\bar{r} > 0 \tag{7.4.21}$$

另外，$r>0$，$\bar{r}>0$，$|\Delta v| - \tilde{v} > 0$ 且 $\varepsilon\operatorname{sgn}(\dot{q}) - a_{tq} > 0$。

综合分析式(7.4.12)可知，$\dot{V}_1 = s\dot{s} < 0$。

根据李雅普诺夫稳定性定理可知，当 $t\to 0$ 时，$V_1 \to 0$，也就是，$s\to 0$。

2. 基于滑模变结构控制的导引律的改进

假设 7.1 存在一个常数 k，使得

$$|a_{tq}| \leqslant (N - 2 + k)\,|\bar{v}|\,|\dot{q}| \tag{7.4.22}$$

定理 7.2 改进的自适应滑模导引律

$$\begin{cases} a_{mq} = \left[\left(N - \dfrac{z_1^2}{z_1^3} + \hat{k}\right)|z_2^1| + 2|\Delta v|\right]\dot{q} \\ \dot{\hat{k}} = \dfrac{1}{\gamma}\quad\dfrac{\bar{r}^2}{r}|\bar{v}|\dot{q}^2 \end{cases} \tag{7.4.23}$$

能够确保视线角速率沿着滑模面 $s = z_1^1\dot{q}$ 趋于 0。其中：z_2^1、z_1^2 和 z_1^3 的初始值由式(7.4.8)～式(7.4.10)给定，且在式(7.4.7)的限制下变化；$|\Delta v|$ 由式(7.4.11)给定；γ 为一个正数常值。

证明：令 $\tilde{k} = k - \hat{k}$，取李雅普诺夫函数为

$$V_2 = 0.5(s^2 + \gamma\tilde{k}^2) \tag{7.4.24}$$

则有

$$\begin{aligned} \dot{V}_2 &= -\frac{\bar{r}^2}{r}\left(\frac{z_1^2}{z_1^3} - \frac{r}{\bar{r}}\right)|\bar{v}|\dot{q}^2 - 2\frac{\bar{r}^2}{r}(|\Delta v| - \tilde{v})\dot{q}^2 - \frac{\bar{r}^2}{r}[(N-2+\hat{k})\dot{q} - a_{tq}]\dot{q} + \gamma\tilde{k}\dot{\tilde{k}} \\ &\leqslant -\frac{\bar{r}^2}{r}\left(\frac{z_1^2}{z_1^3} - \frac{r}{\bar{r}}\right)|\bar{v}|\dot{q}^2 - 2\frac{\bar{r}^2}{r}(|\Delta v| - \tilde{v})\dot{q}^2 - \frac{\bar{r}^2}{r}(\hat{k} - k)|\bar{v}|\dot{q}^2 + \gamma\tilde{k}\dot{\tilde{k}} \\ &= -\frac{\bar{r}^2}{r}\left(\frac{z_1^2}{z_1^3} - \frac{r}{\bar{r}}\right)|\bar{v}|\dot{q}^2 - 2\frac{\bar{r}^2}{r}(|\Delta v| - \tilde{v})\dot{q}^2 < 0 \end{aligned} \tag{7.4.25}$$

由 $r>0$，$\bar{r}>0$，$|\Delta v| - \tilde{v} > 0$ 和条件式(7.4.20)可知，$\dot{V}_2 < 0$。根据李雅普诺夫稳定性定理可知，当 $t\to 0$ 时，$V_1\to 0$，也就是，$s\to 0$。

注意，由于真实的相对距离 r 未知，使用 $\bar{r}$ 取代式(7.4.25)中的 r。

3. 仿真分析

假设拦截器较目标机动性更好，拦截器的最大机动加速度为 $10g$。拦截器和目标的执行机构的动态特性由一阶系统来近似，执行机构的传递函数为

$$\frac{a_{\mathrm{mq}}(s)}{a_{\mathrm{mc}}(s)}=\frac{1}{\tau_{\mathrm{m}}s+1} \tag{7.4.26}$$

$$\frac{a_{\mathrm{tq}}(s)}{a_{\mathrm{tc}}(s)}=\frac{1}{\tau_{\mathrm{t}}s+1} \tag{7.4.27}$$

式中：$\tau_{\mathrm{m}}=0.2$；$\begin{cases}a_{\mathrm{tcy}}(t)=0 & (t\leqslant 2\mathrm{s})\\ a_{\mathrm{tcy}}(t)=8g\cdot\sin[3(t-2)] & (t>2\mathrm{s})\end{cases}$；$a_{\mathrm{mc}}$ 和 a_{tc} 分别为拦截器和目标的导引指令。

拦截初始条件：相对距离 $r_0=3000\mathrm{m}$，接近速率 $\dot{r}_0=-350\mathrm{m/s}$，视线角 $q_0=10°$，视线角速率 $\dot{q}_0=-3(°)/\mathrm{s}$。

根据式(7.4.5)，相对距离估计误差 $|\tilde{r}|$ 和接近速率估计误差 $|\tilde{v}|$ 上限分别为 δ_{r0} 和 δ_{v0}，取 $\delta_{r0}=300\mathrm{m}$，$\delta_{v0}=70\mathrm{m/s}$。考虑初始相对距离估计值 $\bar{r}_0$ 和初始接近速率估计值 $\bar{v}_0$ 的两种最差条件如下：

条件1：
$$\bar{r}_0=r_0-\delta_{r0},\ \bar{v}_0=v_0-\delta_{v0} \tag{7.4.28}$$

条件2：
$$\bar{r}_0=r_0+\delta_{r0},\ \bar{v}_0=v_0+\delta_{v0} \tag{7.4.29}$$

式(7.4.13)和式(7.4.25)中，相应参数的取值为 $N=3$，$\varepsilon=8g$ 和 $\gamma=500$。拦截过程的终止条件为 $r<300\mathrm{m}$。假设拦截过程中目标在惯性直角坐标系下采用如下两种机动方式。

情况1：目标采取阶跃形式的机动：

$$\begin{cases}a_{\mathrm{tcx}}(t)=0, & t\leqslant 2\mathrm{s}\\ a_{\mathrm{tcy}}(t-T)=-a_{\mathrm{tc}}(t),\ a_{\mathrm{tc}}(2)=6g, & t>2\mathrm{s}\end{cases},(T=2\mathrm{s}) \tag{7.4.30}$$

情况2：目标采取正弦形式的机动：

$$\begin{cases}a_{\mathrm{tcx}}(t)=0, & t\leqslant 2\mathrm{s}\\ a_{\mathrm{tcy}}(t)=8g\cdot\sin[3(t-2)], & t>2\mathrm{s}\end{cases} \tag{7.4.31}$$

在上面的假设条件下，对滑模导引律（SMCG）、改进的自适应滑模导引律（ISMCG）、比例导引律（PNG）和修正的比例导引律（APNG）进行了仿真，如图7.4.2～图7.4.5所示。

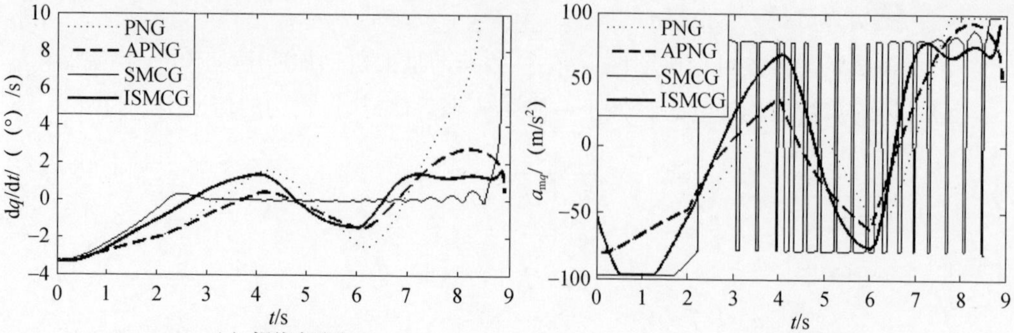

(a) 视线角速率　　(b) 导引指令

图 7.4.2　在条件 1 和情况 1 下的仿真

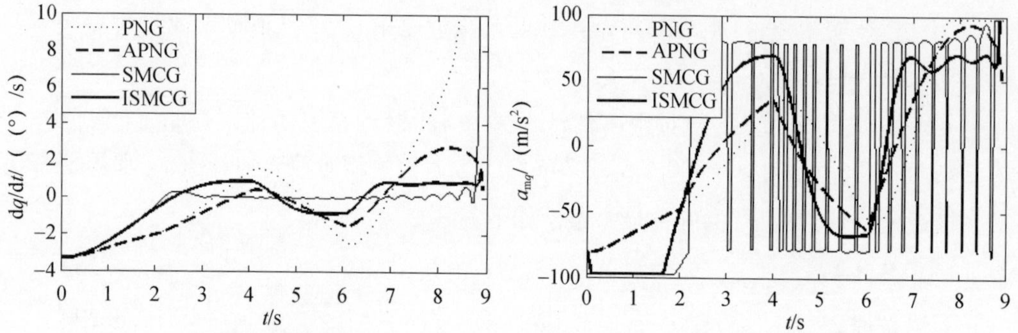

(a) 视线角速率　　(b) 导引指令

图 7.4.3　在条件 2 和情况 1 下的仿真

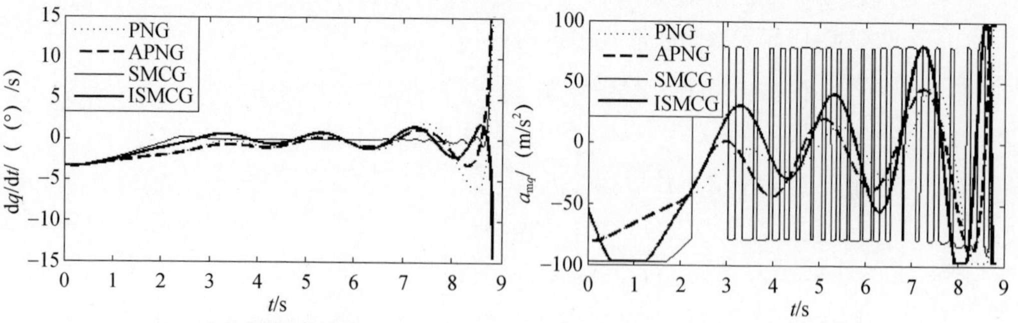

(a) 视线角速率　　(b) 导引指令

图 7.4.4　在条件 1 和情况 2 下的仿真

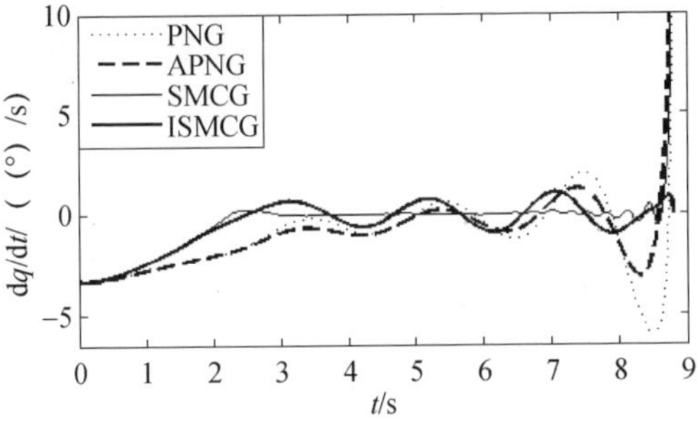

(a) 视线角速率

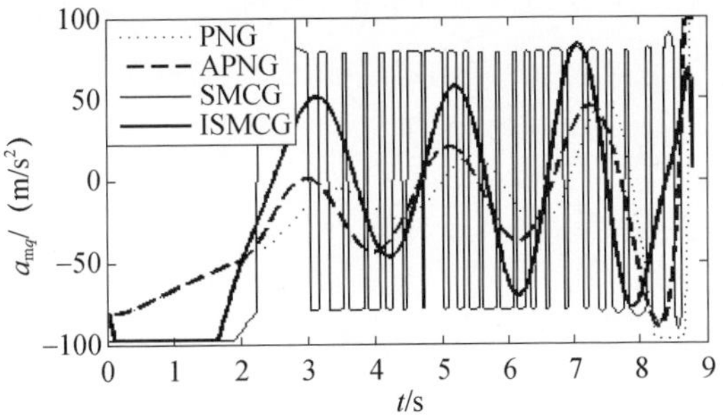

(b) 导引指令

图 7.4.5 在条件 2 和情况 2 下的仿真

由图 7.4.2～图 7.4.5 所示的仿真结果看出,比例导引律并不能很好地拦截机动目标;尽管滑模导引律能够抑制视线角速度,但由于符号函数的应用而使制导指令产生抖振;改进的自适应滑模导引律对视线角速率的抑制作用和修正的比例导引律相似,但与修正的比例导引律不同的是其不需要知道目标的加速度,因此更容易工程实现。

参 考 文 献

[1] 张彦, 冯书兴. 空间动能拦截末段导引法研究及其仿真[J]. 系统仿真学报,2007,19(009): 2124 -2126.

[2] 宋向明, 周军. 大气外拦截器制导规律设计和仿真[J]. 弹箭与制导学报,2006,26(1).

[3] 马克茂, 史小平, 王子才. 空间拦截的自寻的导引律设计[J]. 航天控制,1998,16(1): 39 -42, 27.

[4] 张雅声, 程国采, 陈克俊. 高空动能拦截器末制导导引方法设计与实现[J]. 现代防御技术,2001,29(2): 31 -34.

[5] 周荻. 寻的导弹新型导引律[M]. 北京: 国防工业出版社, 2002.

[6] 周红建, 赵拥军. PWPF 调节器在空间拦截器侧向力控制中的应用[J]. 系统工程与电子技术,1997,19(4): 9 -12.

[7] Lyul Song Taek, Yoon Um Tae. Practical guidance for homing missiles with bearings - only measurements[J]. Aerospace and Electronic Systems, IEEE Transactions on. 1996. 32(1):434 -443.

[8] Lyul Song Taek. Observability of target tracking with bearings-only measurements [J]. Aerospace and Electronic Systems, IEEE Transactions on. 1996. 32(4):1468 -1472.

[9] C. C. Lim, M. Li. Observability analysis of two closed-loop guidance systems with bearings-only measurements[J]. Nonlinear Analysis:Real World Applications. 2000. 1(2):261 -286.

第 8 章 直接力/气动力复合控制下的智能复合导引技术

8.1 概述

众所周知,导弹对大机动目标的有效攻击依赖于两个基本因素:一是导弹要具有足够大的可用过载,且导引系统能够合理、有效地利用导弹的可用过载;二是导弹执行导引指令的时间要足够短,也就是说导弹的动态响应要足够快。以采用比例导引律的战术导弹为例,当导弹攻击机动目标时的需用过载估算公式为:$n_m \geqslant 3n_t$(n_m 为导弹需用过载,n_t 为目标机动过载),并且需用过载必须小于导弹的可用过载,所以增大导弹的可用过载对于导引律的设计与实现都有着较大的意义。其次,由于导弹武器和目标都有较快的飞行速度,所以控制机构的响应时间对于精确打击的结果有着重要的影响。为了使导弹能够对大机动目标实施有效攻击,先进战术导弹大都采用了直接侧向力/气动力复合控制模式,通过引入直接侧向力控制,从而大大提高导弹快速响应能力和机动过载能力。常规的气动力控制模式下,一般战术导弹在低空情况下的时间常数为 150 ~350ms,高空时可达 600 ~800ms。直接侧向力控制部件的时间常数一般在 5 ~20ms 之间。采用直接侧向力/气动力复合控制模式后,可使导弹的响应时间减小到几十毫秒量级。另外,直接侧向力/气动力复合控制可大大提高导弹的可用过载也是不争的事实。与此同时,直接力控制机构的引入也给导引律的设计带来了新的问题。如何合理、有效地利用由于直接侧向力的引入而导致的导弹的响应时间减小、可用过载增大的特点,则需要导引和控制系统协调工作,才能充分发挥直接侧向力/气动力复合控制的优势,准确打击大机动目标。

由于直接侧向力控制部件工作的特点,在大气层内作战的导弹很难做到仅依靠直接侧向力来控制达到高效打击目标的要求。一般大气层内飞行的导弹的设计还是尽量充分利用气动力控制,而在末制导段目标做大机动时才启用直接侧向力控制,且往往采用与气动力复合控制的方式减小脱靶量,提高命中精度。这样既利用了直接侧向力控制机动灵活、响应快速的优点,又限制了直接侧向力控制机构的体积和燃料消耗。鉴于直接侧向力/气动力复合控制的这种工作模式,更需要研究如何合理地设计导引律和控制系统,有效地利用由于直接侧向力的引入而带来的导弹响应时间减小、可用过载增大等优势,使导引和控制系统协调工作,高精度命中大机动目标。

目前,大多数姿/轨控发动机还是脉冲型侧向喷流发动机,只能提供离散的常值推力。近年来,可控制开关时间的脉宽调制型侧向喷流发动机研究取得了实质性进展,小推力的发动机已可用于工程实际。但是,不论侧向喷流发动机是采用脉冲型还是采用脉宽调制型,都属于开关型的操纵机构。然而,目前大多数自寻的导引律产生的导引指令还是连续的,开关型操纵机构、姿/轨控发动机难以直接执行连续的导引指令,导致在制导系统设计分析中大都采用近似或等效的处理方法。本章以在大气层内作战的防空导弹等为主要应用背景,根据在大气层内作战的防空导弹直接侧向力操纵机构的工作特点,在建立复合控制模式下制导系统的运动模型与深入分析制导系统特性的基础上,重点研究复合控制导弹的新型导引律,即连续+开关型导引律设计方法,常规导引与复合控制模式下的新型导引律的交接切换技术等。

8.2　复合控制模式下导弹-目标相对运动模型与特性分析

8.2.1　复合控制模式下导弹-目标相对运动模型

在复合控制模式导弹操纵控制设计中,直接侧向力控制是在导弹质心之前或者质心安装喷流发动机,喷流发动机工作时产生直接力,直接改变导弹姿态或者轨迹。直接侧向力是由侧向喷流发动机产生的。安装方式主要有姿控方式和轨控方式。所谓姿控方式,也称为力矩控制方式,就是侧向喷流发动机安装在远离质心的位置,通过喷流发动机的作用形成的力矩改变导弹姿态,快速形成可用过载;轨控方式也称为力控制方式,侧向喷流发动机安装在导弹质心附近或与质心重合,喷流发动机的作用直接改变导弹质心的位置。在大气层中作战的防空导弹主要采用姿控方式,侧向喷流发动机的安装如图 8.2.1 所示。

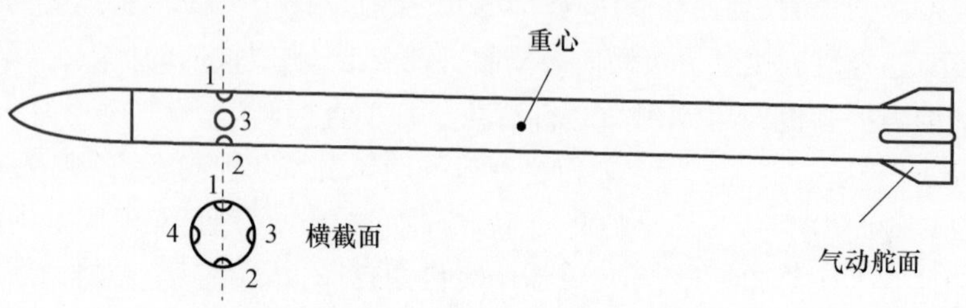

图 8.2.1　复合控制导弹直接侧向力布局

1—侧向喷流 1 号;2—侧向喷流 2 号;3—侧向喷流 3 号;4—侧向喷流 4 号。

图 8.2.1 中标示的“1,2,3,4”分别为四个垂直于弹体纵轴的侧向喷流发动机,安装于弹体前部,分别实现俯仰通道和偏航通道的过载控制和姿态控制。假设使用的喷流发动机为开关型的,能够产生定常推力,持续时间连续可调,可以多次启动,但不具备变推力的工作状态。

复合控制导弹在飞行过程中的受力简单分析如图 8.2.2 所示。

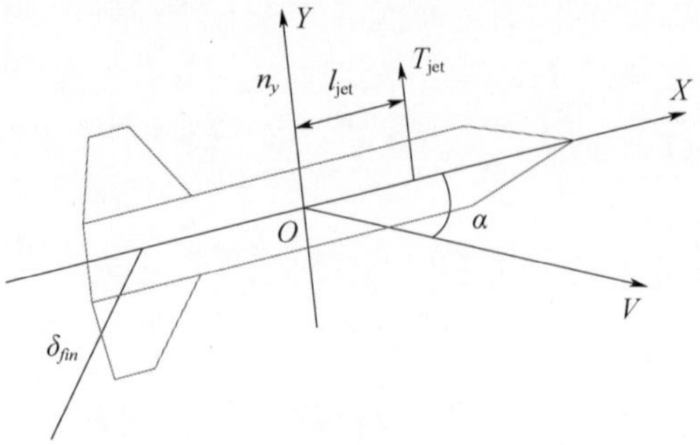

图 8.2.2　复合控制模式下弹体受力图

对于轴对称导弹，偏航通道与俯仰通道是对称的，下面的研究中主要考虑俯仰通道。根据受力分析，复合控制导弹俯仰通道的非线性微分方程如下：

$$\begin{cases}\dot{\alpha}=\dfrac{QS}{mV_{\mathrm{m}}}(C_{\mathrm{y}}(\alpha)+C_{\mathrm{y}}(\delta_{\mathrm{fin}}))+\vartheta+\dfrac{T_{\mathrm{jet}}}{mV_{\mathrm{m}}}\\ \dot{\vartheta}=\dfrac{QSD}{I_{zz}}(C_{\mathrm{m}}(\alpha)+C_{\mathrm{m}}(\delta_{\mathrm{fin}}))+\vartheta+\dfrac{l_{\mathrm{jet}}T_{\mathrm{jet}}}{I_{zz}}\end{cases} \tag{8.2.1}$$

式中：α 为攻角；ϑ 为俯仰角；S、D 分别为参考面积与参考长度；m 为导弹质量；V_{m} 为导弹速度；I_{zz}为导弹 z 轴方向的转动惯量；$C_{\mathrm{y}}(\alpha)$、$C_{\mathrm{y}}(\delta_{\mathrm{fin}})$、$C_{\mathrm{m}}(\alpha)$、$C_{\mathrm{m}}(\delta_{\mathrm{fin}})$ 分别为非线性的气动力系数与气动力矩系数；T_{jet} 为侧向喷流装置提供的直接力；l_{jet}为导弹质心与直接力作用点的距离。

将式(8.2.1)进行线性化，可得到如下微分方程：

$$\begin{cases}\dot{\alpha}=\dfrac{QS}{mV_{\mathrm{m}}}C_{\alpha}\alpha+\dfrac{QS}{mV_{\mathrm{m}}}C_{\delta_{\mathrm{fin}}}\delta_{\mathrm{fin}}+\vartheta+\dfrac{T_{\mathrm{jet}}}{mV_{\mathrm{m}}}\\ \dot{\vartheta}=\dfrac{QSD}{I_{zz}}C_{\mathrm{m}_{\alpha}}\alpha+\dfrac{QSD}{I_{zz}}C_{\mathrm{m}_{\delta_{\mathrm{fin}}}}\delta_{\mathrm{fin}}+\vartheta+\dfrac{l_{\mathrm{jet}}T_{\mathrm{jet}}}{I_{zz}}\end{cases} \tag{8.2.2}$$

式中：C_{α}、$C_{\delta_{\mathrm{fin}}}$、$C_{\mathrm{m}_{\alpha}}$、$C_{\mathrm{m}_{\delta_{\mathrm{fin}}}}$ 分别为线性化后的气动力系数与气动力矩系数。

引入以下量纲导数：

$$z_{\alpha}=\frac{QS\cdot C_{\alpha}}{mV},z_{\delta_{\mathrm{fin}}}=\frac{QS\cdot C_{\delta_{\mathrm{fin}}}}{mV},z_{\mathrm{jet}}=\frac{1}{mV}$$

$$m_{\alpha}=\frac{QSD\cdot C_{m_{\alpha}}}{I_{zz}},m_{\delta_{\mathrm{fin}}}=\frac{QSD\cdot C_{m_{\delta_{\mathrm{fin}}}}}{I_{zz}},m_{\mathrm{jet}}=\frac{l_{\mathrm{jet}}}{I_{zz}}$$

则式(8.2.2)可重写为

$$\begin{cases}\dot{\alpha}=z_{\alpha}\alpha+z_{\delta_{\mathrm{fin}}}\delta_{\mathrm{fin}}+\vartheta+z_{\mathrm{jet}}T_{\mathrm{jet}}\\ \dot{\vartheta}=m_{\alpha}\alpha+m_{\delta_{\mathrm{fin}}}\delta_{\mathrm{fin}}+\vartheta+m_{\mathrm{jet}}T_{\mathrm{jet}}\end{cases} \tag{8.2.3}$$

在防空导弹中，控制回路往往是过载控制回路＋俯仰角速度稳定回路，故根据过载与俯仰角之间的近似关系式为

$$n=\frac{L\cos\gamma}{G}\approx\frac{L}{G}\approx-\frac{QSC_{z\alpha}\alpha}{mg}=-\frac{QSC_{z\alpha}\alpha}{mv}\cdot\frac{V}{g}\alpha=-\frac{V}{g}z_{\alpha}\alpha \tag{8.2.4}$$

得到以过载 n_z 和角速度$\dot{\vartheta}$为状态量的微分方程：

$$\begin{cases} \dot{n} = z_{\alpha} n - \dfrac{V z_{\alpha}}{g} \vartheta - \dfrac{V z_{\alpha} z_{\delta_{\text{fin}}}}{g} \delta_{\text{fin}} - \dfrac{V z_{\alpha} z_{\text{jet}}}{g} T_{\text{jet}} \\ \dot{\vartheta} = -\dfrac{g m_{\alpha}}{V z_{\alpha}} n + m_{\delta_{\text{fin}}} \delta_{\text{fin}} + m_{\text{jet}} T_{\text{jet}} \end{cases} \tag{8.2.5}$$

取状态量 $\boldsymbol{X} = [n \quad \vartheta]^{\mathrm{T}}$ 与输入量 $\boldsymbol{U} = [\delta_{\text{fin}} \quad T_{\text{jet}}]^{\mathrm{T}}$，则系统的状态方程为

$$\dot{\boldsymbol{X}} = \boldsymbol{AX} + \boldsymbol{BU} \tag{8.2.6}$$

其中

$$\boldsymbol{A} = \begin{bmatrix} z_{\alpha} & -\dfrac{V z_{\alpha}}{g} \\ -\dfrac{g m_{\alpha}}{V z_{\alpha}} & 0 \end{bmatrix}, \boldsymbol{B} = \begin{bmatrix} -\dfrac{V z_{\alpha} z_{\delta_{\text{fin}}}}{g} & -\dfrac{V z_{\alpha} z_{\text{jet}}}{g} \\ m_{\delta_{\text{fin}}} & m_{\text{jet}} \end{bmatrix}$$

下面研究弹－目相对运动方程。第 2 章及前面几章中已有关于相对运动方程的描述。这里为了叙述方便，重述弹－目相对运动方程。

假设导弹速度矢量和目标速度矢量共面，此平面称为攻击平面。以纵向攻击平面内的运动为研究对象，建立弹－目相对运动几何关系如图 8.2.3 所示。

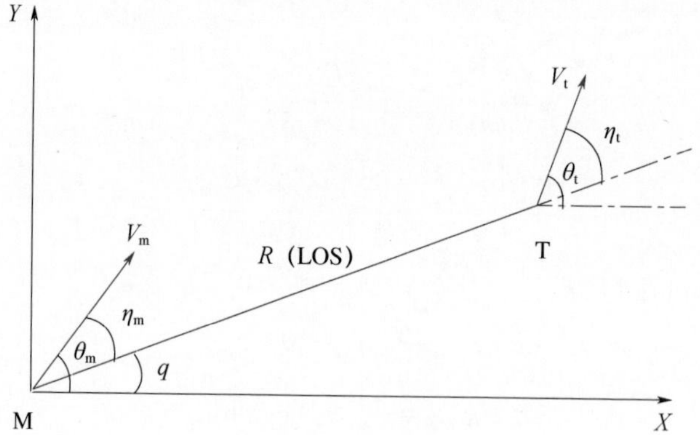

图 8.2.3　弹－目相对运动

其中：点 M 代表导弹，点 T 代表目标；V_m、V_t 分别为导弹和目标的速度；θ_m、θ_t 分别为导弹弹道倾角和目标航迹倾角；η_m、η_t 分别为导弹的前置角和目标的前置角；r 表示弹目相对距离。

建立导弹与目标的相对运动关系方程模型为

$$\begin{cases}\dot{q}=\dfrac{1}{r}[V_{\mathrm{m}}\sin\eta_{\mathrm{m}}-V_{\mathrm{t}}\sin\eta_{\mathrm{t}}]\\ \dot{r}=-V_{\mathrm{m}}\cos\eta_{\mathrm{m}}+V_{\mathrm{t}}\cos\eta_{\mathrm{t}}\\ q=\theta_{\mathrm{m}}+\eta_{\mathrm{m}}=\theta_{\mathrm{t}}+\eta_{\mathrm{t}}\end{cases}\tag{8.2.7}$$

取 $a_{\mathrm{m}}=V_{\mathrm{m}}\dot{\theta}_{\mathrm{m}}$，$a_{\mathrm{t}}=V_{\mathrm{t}}\dot{\theta}_{\mathrm{t}}$ 分别为导弹与目标的法向加速度。对方程组(8.2.7)中第一个等式对时间求导，并将第二、三式代入，可得

$$\begin{aligned}r\ddot{q}+\dot{r}\dot{q}&=\dot{V}_{\mathrm{m}}\sin\eta_{\mathrm{m}}+\dot{\eta}_{\mathrm{m}}V_{\mathrm{m}}\cos\eta_{\mathrm{m}}-\dot{V}_{\mathrm{t}}\sin\eta_{\mathrm{t}}-\dot{\eta}_{\mathrm{t}}V_{\mathrm{t}}\cos\eta_{\mathrm{t}}\\&=\dot{V}_{\mathrm{m}}\sin\eta_{\mathrm{m}}+(\dot{q}-\dot{\theta}_{\mathrm{m}})V_{\mathrm{m}}\cos\eta_{\mathrm{m}}-\dot{V}_{\mathrm{t}}\sin\eta_{\mathrm{t}}-(\dot{q}-\dot{\theta}_{\mathrm{t}})V_{\mathrm{t}}\cos\eta_{\mathrm{t}}\\&=\dot{V}_{\mathrm{m}}\sin\eta_{\mathrm{m}}-\dot{V}_{\mathrm{t}}\sin\eta_{\mathrm{t}}+\dot{q}(V_{\mathrm{m}}\cos\eta_{\mathrm{m}}-V_{\mathrm{t}}\cos\eta_{\mathrm{t}})-\dot{\theta}_{\mathrm{m}}V_{\mathrm{m}}\cos\eta_{\mathrm{m}}+\dot{\theta}_{\mathrm{t}}V_{\mathrm{t}}\cos\eta_{\mathrm{t}}\\&=\dot{V}_{\mathrm{m}}\sin\eta_{\mathrm{m}}-\dot{V}_{t}\sin\eta_{\mathrm{t}}-\dot{r}\dot{q}-a_{\mathrm{m}}\cos\eta_{\mathrm{m}}+a_{\mathrm{t}}\cos\eta_{\mathrm{t}}\end{aligned}\tag{8.2.8}$$

由整理式(8.2.8)可得

$$\ddot{q}=\frac{1}{r}[-2\dot{r}\dot{q}+\dot{V}_{\mathrm{m}}\sin\eta_{\mathrm{m}}-\dot{V}_{\mathrm{t}}\sin\eta_{\mathrm{t}}-a_{\mathrm{m}}\cos\eta_{\mathrm{m}}+a_{\mathrm{t}}\cos\eta_{\mathrm{t}}]\tag{8.2.9}$$

令 $x_1=q$，$x_2=\dot{q}$，可得状态方程为

$$\dot{\boldsymbol{X}}=\begin{bmatrix}\dot{x}_1\\ \dot{x}_2\end{bmatrix}=\boldsymbol{AX}+\boldsymbol{BU}+\boldsymbol{D}f=\begin{bmatrix}0&1\\0&a_g\end{bmatrix}\begin{bmatrix}x_1\\x_2\end{bmatrix}-\begin{bmatrix}0\\b\end{bmatrix}u+\begin{bmatrix}0\\b\end{bmatrix}f\tag{8.2.10}$$

式中：控制输入量为导弹加速度垂直于视线方向的分量；$f=a_{\mathrm{t}}\cos\eta_{\mathrm{t}}-\dot{V}_{\mathrm{t}}\sin\eta_{\mathrm{t}}$ 为目标机动加速度项垂直于视线方向的分量，此处做干扰处理。并且由于在末制导阶段，切向运动往往是不控制的，因此可以近似认为 $\dot{V}_{\mathrm{m}}\sin\eta_{\mathrm{m}}=0$，则系统的输入量变为 $u=a_{\mathrm{m}}\cos\eta_{\mathrm{m}}$，状态方程中系数 $a_{\mathrm{g}}=-2\dot{r}/r$，$b=1/r$。

8.2.2　复合控制模式的特性分析

将直接侧向力引入到制导系统中，直接侧向力与气动力操纵面共同作用控制导弹，必然要考虑直接侧向力的引入方式以及直接侧向力和气动操纵面的作用模式。也就是说，导引律产生的导引指令由哪种操纵机构来执行，怎么样执行。目前，研究较多的形式是，在系统中加入指令分解模块，将设计出来的导引律分解为两个部分，分别由直接力操纵子系统和气动力操纵子系统执行，此种系统的组成框图如图8.2.4所示。

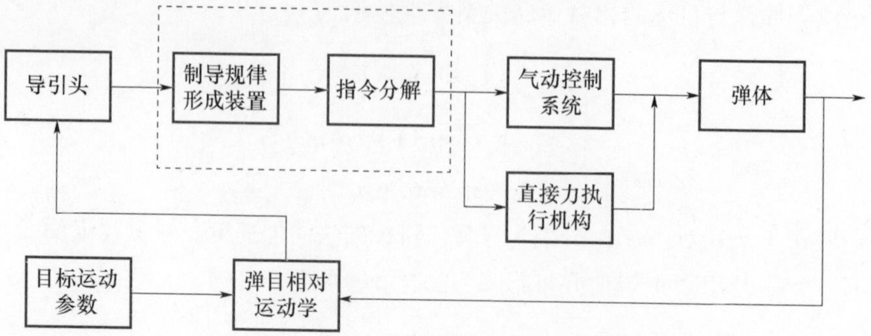

图 8.2.4　常规复合控制基本组成框图

在这种结构中,指令分解模块将制导规律形成装置产生的导引指令进行分解,得到较为适合的两部分指令,分别用不同子系统实现。

(1) 指令分解模块本质上说依据“逻辑关系”将制导指令分解为符合气动力操纵机构与直接力操纵机构特性的两部分,然而如何在这些“逻辑关系”里体现两种操纵机构物理特性,得到真正的适合工程实现的分解形式,是一个非常复杂的问题。

(2) 在这种结构下,导引律形成装置部分并没有考虑直接力引入带来的新特性,设计出的导引指令仍为常规的连续形式。以连续形式的导引指令输入到指令分解模块,即使之后的指令分解逻辑非常完备,具有开关型特性的接力执行机构也很难准确执行制导指令。

通过以上分析可见,仅在指令分解模块中引入直接力的结构并不能很好地发挥直接力的优势。下面将针对复合控制导弹配置气动操纵机构和直接力操纵机构两种特性不同的“广义操纵机构”,将导引指令分解功能融入导引律的设计过程中。也就是说,在导引律的设计中考虑直接力特性,形成的导引指令能够显式地分解为适合不同操纵机构执行的两部分,将导引律设计成适合气动舵面执行的连续部分和适合侧向喷流发动机执行的开关部分, 即连续 + 开关复合型导引律。这样不仅减少了指令分解模块的设计过程和难度,而且将直接力开关特性提前考虑在导引律的设计中,更有利于复合控制模式下导弹制导系统的设计。

经典导引律设计方法难以充分发挥复合控制导弹的优势,即使加入指令分解模块之后,仍然无法很好地适应存在连续控制 + 开关控制特性的复合控制系统。所以针对复合控制模式下的导弹制导系统，需要引入现代的控制理论，探讨新的设计思路，得到新型连续 + 开关型复合导引律，即设计出的导引律可直接分解为连续形式 + 离散形式，实际应用中更为容易实现。

8.3　基于滑模变结构控制的连续 + 开关型复合导引律设计

在拦截过程中，导弹与目标的相对运动包括切向相对运动和视线旋转运动两个方面，其中，切向运动主要是保证在视线角稳定的情况下，导弹与目标之间应具有一定的接近速度。假设初始发射条件或导弹与目标速度之比可以保证两者接近，根据平行接近原理，只要保证导弹与目标的相对视线角速度为零，导弹就能击中目标。因此，在导弹的末制导阶段切向运动往往是不进行控制的，设计的任务是寻找合适的导引规律，控制导弹的法向加速度，使导弹与目标之间的视线角保持不变或变化尽量小，即保持视线角速度为零或零化视线角速度。

在新型导引律结构中，需要在导引律设计阶段就考虑直接力操纵机构的特性，设计出可以显式地分为连续 + 开关型两部分的导引律。然而，经典的导引律设计方法，如追踪法、比例导引法等并不能得到满足预先设定形式的导引律。在第 7 章的研究中，基于滑模变结构控制理论设计了形如式(7.4.13)所示的导引律：

$$a_{\mathrm{mq}} = \left[\left(N - \frac{z_1^2}{z_1^3}\right)|z_2^1| + 2|\Delta v|\right]\dot{q} + \varepsilon\operatorname{sgn}(\dot{q}) \tag{8.3.1}$$

将这个导引律分解成两部分：

$$a_{\mathrm{mq}} = a_{\mathrm{c}} + a_{\mathrm{d}}$$

式中

$$\begin{cases} a_{\mathrm{c}} = \left[\left(N - \dfrac{z_1^2}{z_1^3}\right)|z_2^1| + 2|\Delta v|\right]\dot{q} \\ a_{\mathrm{d}} = \varepsilon\operatorname{sgn}(\dot{q}) \end{cases} \tag{8.3.2}$$

不难看出 $a_{\mathrm{c}} = \left[\left(N - \frac{z_1^2}{z_1^3}\right)|z_2^1| + 2|\Delta v|\right]\dot{q}$ 是连续型的，而 $a_{\mathrm{d}} = \varepsilon\operatorname{sgn}(\dot{q})$ 是开关型的。下面，根据滑模变结构控制理论，探索连续 + 开关型复合导引律的设计方法。

8.3.1 变结构控制的基本理论

变结构控制本质上是一类特殊的非线性控制,思想主要源于分段二阶系统的相平面分析,其非线性表现为控制的不连续性[1]。这种控制策略与其他控制的不同之处在于系统的“结构”并不固定,而是在动态过程中,根据系统当前的状态有目的地不断变化,迫使系统按照预定“滑动模态”的状态轨迹运动,所以变结构控制又称为为滑动模态控制(SMC),或滑模变结构控制。由于滑动模态可以进行设计且与对象参数以及扰动无关,这就使得变结构控制具有快速响应、对参数变化及扰动不灵敏,无需系统在线辨识、物理实现简单等优点。已形成了一个相对独立的控制分支,成为一种有效的控制方法,并在实际工程中逐渐得到了推广。正是由于变结构控制响应快速、结构简单,对于参数和外界对系统造成的摄动具有较强的不变性,滑模变结构控制在导弹控制系统设计中得到了重视与广泛应用。

1. 滑模变结构控制

考虑一般系统的状态方程为

$$\dot{x}=f(x,u,t),\quad x\in\mathbf{R}^n,\quad u\in\mathbf{R}^m \tag{8.3.3}$$

式中:u 为控制量;t 为时间。

在状态变量构成的空间中,存在一个切换面 $s(x)=s(x_1,x_2,\cdots,x_n)=0$,它将状态空间分为 $s<0$ 及 $s>0$ 两部分,在切换面上的运动点有三种情况(图 8.3.1)。

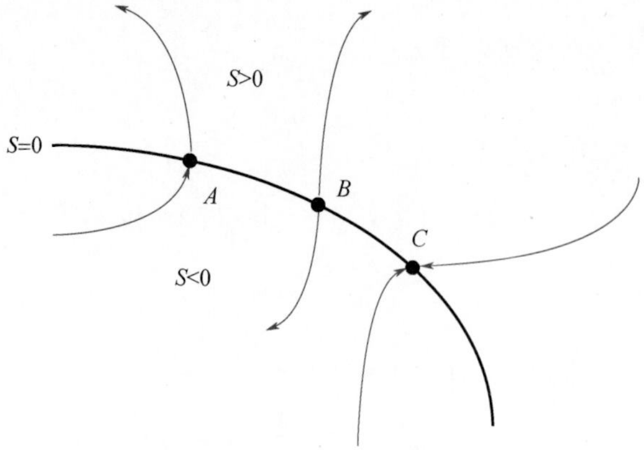

图 8.3.1 切换面上三种点的特性

(1) 通常点(点 A):系统运动点运动到切换面 $s=0$ 附近时,穿越此点而过。

(2) 起始点(点 B):系统运动点到达切换面 $s=0$ 附近时,从切换面的两边离开该点。

(3) 终止点(点 C):系统运动点到切换面 $s=0$ 附近时,从切换面的两边趋向于该点。

在滑模变结构中,通常点与起始点无多大意义,而终止点却有特殊的意义。因为如果在切换面上某一个区域内所有的运动点都是终止点,则一旦运动点趋近于该区域,就会被"吸引"到该区域内运动。此时,在切换面 $s=0$ 上所有的运动点都是终止点的区域称为"滑动模态"区,简称"滑模"区。系统在滑模区中的运动称为"滑模运动"。

按照滑动模态区的运动点都必须是终止点这一要求,当运动点到达切换面 $s=0$ 附近时,必有

$$\lim_{s\to 0^+}\dot{s}\leqslant 0 \text{ 或 } \lim_{s\to 0^-}\dot{s}\geqslant 0 \tag{8.3.4}$$

或者

$$\lim_{s\to 0^+}\dot{s}\leqslant 0\leqslant \lim_{s\to 0^-}\dot{s} \tag{8.3.5}$$

经过变换,式(8.3.5)也可写为

$$\lim_{s\to 0}s\dot{s}\leqslant 0 \tag{8.3.6}$$

式(8.3.6)对系统提出了形如

$$v(x_1,x_2,\cdots,x_n)=[s(x_1,x_2,\cdots,x_n)]^2 \tag{8.3.7}$$

的李雅普诺夫函数的必要条件。由于在切换面邻域内函数式(8.3.7)是正定的,而按照式(8.3.6),s^2 的导数是负半定的,也就是说在 $s=0$ 附近 v 是一个非增函数,因此,如果满足条件式(8.3.6),则式(8.3.7)是系统的一个条件李雅普诺夫函数。系统本身也就稳定于条件 $s=0$。

2. 滑模变结构控制系统的设计

滑模变结构控制系统的设计可归结为如下问题:

(1) 设有式(8.3.3)所描述的系统,需要确定切换函数

$$s(x),s\in\mathbf{R}^m \tag{8.3.8}$$

求解控制函数

$$u=\begin{cases}u^{+}(x),s(x)>0\\u^{-}(x),s(x)<0\end{cases} \tag{8.3.9}$$

其中,$u^{+}(x)\neq u^{-}(x)$,这使得以下条件成立:

① 滑动模态存在,式(8.3.9)成立。

② 满足可达性条件,在切换面 $s=0$ 以外的运动点都将于有限时间内到达切换面。

③ 保证滑模运动的稳定性。

④ 能够满足控制系统的动态品质要求。

上面的前三点是滑模变结构控制设计中的三个基本问题。

(2) 滑模变结构控制包括趋近运动和滑模运动两个过程。系统从任意初始状态趋向切换面,直到到达切换面的运动称为趋近运动,即趋近运动为 $s\to 0$ 的过程。根据滑模变结构原理,滑模可达性条件仅保证由状态空间任意位置运动点在有限时间内到达切换面的要求,而对于趋近运动的具体轨迹未做任何限制,采用趋近律的方法可以改善趋近运动的动态品质。

下面介绍四种典型的趋近律。

① 等速趋近律:

$$\dot{s}=-\varepsilon\mathrm{sgn}(s),\varepsilon>0 \tag{8.3.10}$$

式中:常数 ε 为系统的运动点趋近切换面 $s=0$ 的速率。若 ε 较小,则趋近速度较慢;若 ε 较大,则运动点到达切换面时具有较大的速度,引起的抖振也较大。

② 指数趋近律:

$$\dot{s}=-\varepsilon\mathrm{sgn}(s)-ks,\varepsilon>0,k>0 \tag{8.3.11}$$

式中:$\dot{s}=-ks$ 是指数趋近项,其解 $s=s(0)\mathrm{e}^{-kt}$。

指数趋近中,趋近速度从一大值逐步减小到零,不仅缩短了趋近时间,而且使运动点到达切换面时的速度很小。对于单纯的指数趋近,运动点逼近切换面是一个渐近的过程,不能保证有限时间内到达,切换面上也就不存在滑动模态,所以要增加一个等速趋近项 $\dot{s}=-\varepsilon\mathrm{sgn}(s)$,当 s 趋近于零时,趋近速度是 ε 而不是 0,则可以保证有限时间到达。

在指数趋近律中,为了保证快速趋近的同时削弱抖振,应在增大 k 的同时减小 ε。

③ 幂次趋近律：

$$\dot{s} = -k\,|s|^{\alpha}\operatorname{sgn}(s),k>0,1>\alpha>0 \tag{8.3.12}$$

④ 一般趋近律：

$$\dot{s} = -\varepsilon\operatorname{sgn}(s) - f(s),\varepsilon>0 \tag{8.3.13}$$

式中：$f(0)=0$，当 $s\neq 0$ 时，$sf(s)>0$。

显然上述四种趋近律都满足滑模到达条件 $s\dot{s}<0$。

8.3.2　基于滑模变结构控制的连续 + 开关型复合导引律设计

通过以上简单分析，期望所设计出的导引律可以较好地利用直接力操纵机构的特性，并且能够显式地分解为连续 + 开关型，这样就可以与复合控制模式相适应，实际应用中也更容易工程实现。

将滑模变结构控制理论引入导引律设计过程中，根据准平行接近原理，可以得到对于参数摄动和干扰具有鲁棒性的滑模变结构导引律。

如 8.2 节所述，在攻击平面内导弹与目标的相对运动方程可描述为式(8.2.10)的形式。为了叙述方便，此处重写系统的状态方程：

$$\dot{\boldsymbol{X}} = \begin{bmatrix}\dot{x}_1\\ \dot{x}_2\end{bmatrix} = \boldsymbol{AX}+\boldsymbol{BU}+\boldsymbol{D}f = \begin{bmatrix}0 & 1\\ 0 & a_g\end{bmatrix}\begin{bmatrix}x_1\\ x_2\end{bmatrix} - \begin{bmatrix}0\\ b\end{bmatrix}u + \begin{bmatrix}0\\ b\end{bmatrix}f \tag{8.3.14}$$

式中：$x_1=q$，$x_2=\dot{q}$；u 为导弹加速度垂直于视线方向的分量，$u=a_m\cos\eta_m-\dot{V}_m\sin\eta_m$；$f$ 为目标机动加速度项垂直于视线方向的分量，$f=a_t\cos\eta_t-\dot{V}_t\sin\eta_t$，此处暂做干扰处理。并且由于在末制导阶段，切向运动往往是不控制的，因此可以近似认为 $\dot{V}_m\sin\eta_m=0$，则系统的输入量变为 $u=a_m\cos\eta_m$，状态方程中系数 $a_g=-2\dot{r}/r$，$b=1/r$。

根据变结构控制理论，选取滑动模态为。

$$s=r\dot{q} \tag{8.3.15}$$

为保证系统状态能够达到滑动模态，而且在到达滑动模态的过程中有优良的特性，这里应用趋近律思想来设计变结构控制。

首先假设系统的干扰量 $f=0$，选取滑模趋近律为

$$\dot{s} = -k_1\frac{|\dot{r}(t)|}{r(t)}s - k_2\operatorname{sgn}(s) \tag{8.3.16}$$

选取这种形式的趋近律物理意义在于：当 $r(t)$ 较大，也就是导弹离目标较

远时，可适当放慢趋近滑动模态的速度；当 $r(t)$ 较小，也就是导弹离目标较近，甚至 $r(t)\to 0$ 时，可使趋近速度迅速增加，这样就可以使 $\dot{q}$ 尽量小，确保 $\dot{q}$ 不发散，从而使导弹具有较高的命中精度。

基于以上滑动模态和趋近律的选取，将式(8.3.15)和式(8.3.16)代入式(8.3.14)，经过复杂推导，可求出滑模变结构导引律为

$$u_v = (k_1 + 1)|\dot{r}|\dot{q} + k_2\text{sgn}(s) \tag{8.3.17}$$

下面进行滑模变结构导引律的稳定性分析。

选取如下形式的李雅普诺夫函数：

$$v = \frac{1}{2}s^2 \tag{8.3.18}$$

式(8.3.18)两端对时间求导，可得

$$\dot{v} = s\dot{s} \tag{8.3.19}$$

将式(8.3.16)代入式(8.3.19)并整理，可得

$$\dot{v} = s\left(-k_1\frac{|\dot{r}(t)|}{r(t)}s - k_2\text{sgn}(s)\right) = -k_1\frac{|\dot{r}(t)|}{r(t)}s^2 - k_2 s\text{sgn}(s) \tag{8.3.20}$$

式中，$|\dot{r}(t)|>0, R(t)>0, s\text{sgn}(s)=|s|>0$，因此当参数选取适当 $k_1>0, k_2>0$ 时有 $\dot{v}\leqslant 0$。根据李雅普诺夫稳定性理论可知，系统中加入如式(8.3.17)的控制输入时，可以保证状态系统是稳定的。只要参数选取适当，导引律可保证视线角速率 $\dot{q}\to 0$。

分析式(8.3.17)的变结构导引律不难看出，该变结构导引律由两部分组成：一部分是连续形式的 $(k_1+1)|\dot{r}|\dot{q}$，相当于扩展比例导引律；另一部分是开关形式的 $k_2\text{sgn}(s)$，相当于是对扩展比例导引的补偿，在不增加任何新的制导信息要求的前提下，对扩展比例导引进行有效的补偿。这种连续 + 开关型的导引律特别适合采用直接力/气动力复合控制的导弹。只要令

$$\begin{cases} u_v = u_{\text{fin}} + u_{\text{jet}} \\ u_{\text{fin}} = (k_1 + 1)|\dot{r}|\dot{q} \\ u_{\text{jet}} = k_2\text{sgn}(s) \end{cases} \tag{8.3.21}$$

对应式(8.2.6)所描述的复合控制模式导弹的状态方程，则有

$$\delta_{\text{fin}} = u_{\text{fin}} = (k_1 + 1)|\dot{r}|\dot{q}, T_{\text{jet}} = u_{\text{jet}} = k_2\text{sgn}(s) \tag{8.3.22}$$

这样气动操纵面执行复合导引律中相当于扩展比例导引的部分，喷流发动机则执行开关形式的那一部分。由于喷流发动机的作用形式也是开关形式

的，特别适合执行开关形式的导引指令，不用再做近似或等效。另外，由于式(8.3.17)所示的导引律是基于变结构控制理论设计的，因此对于参数摄动与干扰具有很强的鲁棒性。

8.3.3 最优滑模连续+开关型复合导引律设计

现代导引律中研究最多的是最优导引律。最优导引律的优点是它可以考虑导弹与目标的动力学特性，并考虑起点或终点的约束条件或其他约束条件，根据给出的性能指标寻求最优导引律。根据具体要求，性能指标中以不同的形式考虑导弹的性能指标，例如，导弹在飞行中的总的法向过载最小、终端脱靶量最小、控制能量最小、拦截时间最短、导弹与目标的交会角满足要求等。因此研究最优导引律的设计方法在工程上有重要的意义。

对于式(8.3.14)所描述的系统，暂设系统的干扰量$f=0$，选取如下线性二次型性能指标：

$$J(u)=cx(t_{\mathrm{f}})^2+\int_{t_0}^{t_{\mathrm{f}}}[q_1(t)x^2+r_1(t)u^2]\mathrm{d}t \tag{8.3.23}$$

式中：$q_1(t)\geqslant 0$；$r_1(t)>0$；c为加权因子，$c=\mathrm{const}>0$。

为保证制导精度，令$c\to\infty$，因为当$c\to\infty$时，$x(t_{\mathrm{f}})\to 0$。在式(8.3.23)中，t_0、t_{f}分别为末制导的起始时刻和终止时刻。

根据最优控制理论，使$J(u)$取极小值的最优控制为

$$u^*=-r_1^{-1}(t)b(t)p(t)x \tag{8.3.24}$$

式中：$p(t)$满足黎卡提(Riccati)方程，即

$$\dot{p}(t)+2a(t)p(t)-r_1^{-1}(t)b^2(t)p(t)^2+q_1(t)=0 \tag{8.3.25}$$

$$p(t_{\mathrm{f}})=c\to\infty \tag{8.3.26}$$

令$\omega(t)=p^{-1}(t)$，将其代入式(8.3.25)和式(8.3.26)可得

$$\dot{\omega}(t)-2a(t)\omega(t)+r_1^{-1}(t)b^2(t)-\omega^2(t)q_1(t)=0 \tag{8.3.27}$$

$$\omega(t_{\mathrm{f}})=c^{-1}=0 \tag{8.3.28}$$

在拦截打击的过程中，导弹所携带的燃料是有限的，往往要求燃料消耗最小，因此，不妨取$q_1(t)=0$，则式(8.3.27)简化为一个时变的线性一阶微分方程，即

$$\dot{\omega}(t)-2a(t)\omega(t)+r_1^{-1}(t)b^2(t)=0 \tag{8.3.29}$$

考虑到终端条件式(8.3.28)，方程式(8.3.29)的解析解为

$$\omega(t) = \mathrm{e}^{\int_{t_0}^{t} 2a(\tau)\mathrm{d}\tau}\left[\int_{t}^{t_\mathrm{f}} \mathrm{e}^{-\int_{t_0}^{\tau_1} 2a(\tau_2)\mathrm{d}\tau_2} r_1^{-1}(\tau_1) b^2(\tau_1)\mathrm{d}\tau_1\right] \tag{8.3.30}$$

把 $a(t) = -2\dot{r}(t)/r(t)$ 和 $b(t) = -1/r(t)$ 代入式(8.3.30),可得

$$\omega(t) = \frac{1}{r^4(t)}\left[\int_{t}^{t_\mathrm{f}} r_1^{-1}(\tau_1)\frac{r^2(\tau_1)}{\dot{r}(\tau_1)}\mathrm{d}R(\tau_1)\right] \tag{8.3.31}$$

注意到 $\dot{r}(t) < 0$,选择

$$r_1(t) = -1/\dot{r}(t) \tag{8.3.32}$$

则式(8.3.31)化为

$$\omega(t) = \frac{1}{3r^4(t)}[r^3(t) - r^3(t_\mathrm{f})] \tag{8.3.33}$$

把式(8.3.32)和 $b(t) = -1/r(t)$ 代入式(8.3.24),同时把式(8.3.33)再转换回 $p^{-1}(t) = \omega(t)$ 并代入式(8.3.24),得到最优控制方程为

$$u^* = G(t)x = \frac{3r^3(t)\dot{r}(t)}{r^3(t_\mathrm{f}) - r^3(t)}x \tag{8.3.34}$$

式(8.3.34)所示的最优控制是在 $f=0$ 的假设条件下求出的。实际上 $f = a_\mathrm{t}\cos\eta_\mathrm{t} - \dot{V}_\mathrm{t}\sin\eta_\mathrm{t}$,为目标机动加速度项垂直于视线方向的分量。上面的结果相当于没有考虑目标的机动,或者说,上面给出的最优导引律只适合于拦截非机动目标。在拦截机动目标时,最优导引律难以保证视线角速率趋于零。为了弥补最优导引律的不足,拟将最优控制与滑模变结构控制有机结合,设计一种对机动目标具有强鲁棒性的最优滑模导引律,同时又保留最优导引律动态性能好、节省控制能量等优点。

基于变结构控制原理,选择滑动模态:

$$s = \boldsymbol{CX} = [0 \quad 1]\begin{bmatrix} x_1 \\ x_2 \end{bmatrix} = x_2 = \dot{q} \tag{8.3.35}$$

为了保证状态 $x_2 = \dot{q}$ 在到达滑动模态 $s=0$ 的过程中具有良好的动态性能,应用滑模趋近律的概念,选取指数趋近律为

$$\dot{s} = -Ns - E\mathrm{sgn}(s) \tag{8.3.36}$$

并结合最优导引的解析表达式设计导引律,式(8.3.36)中的 N 和 E 按

$$\begin{aligned} N\boldsymbol{C} &= \boldsymbol{CBG} - \boldsymbol{CA} \\ E &= -\boldsymbol{CB}\varepsilon, \quad \varepsilon > 0 \end{aligned} \tag{8.3.37}$$

选取,则有

$$\dot{s} = \boldsymbol{C}\dot{\boldsymbol{X}} = \boldsymbol{CAX} + \boldsymbol{CB}u \tag{8.3.38}$$

由式(8.3.34)、式(8.3.35)、式(8.3.38)以及式(8.3.14),根据滑模变结构控制理论,可推导出最优滑模导引律为

$$u_v^* = (\boldsymbol{CB})^{-1}(\boldsymbol{CA} - \boldsymbol{NC})\boldsymbol{X} - (\boldsymbol{CB})^{-1}E\text{sgn}s = -\boldsymbol{GX} + \varepsilon\text{sgn}s \tag{8.3.39}$$

式(8.3.39)所描述的导引律称为最优滑模导引律。由式(8.3.39)不难看出,最优滑模导引律也由两项组成:等号右边第一项 $-GX$ 正是最优导引律;第二项 $\varepsilon\text{sgn}(s)$ 可视为最优导引律的补偿项,但是一个开关型的补偿项。

最优滑模导引律与8.3.2小节得到的滑模变结构导引律形式上是一样的,都由两项组成:一项是连续形式,另一项是开关形式。因此,最优滑模变结构导引律也可将 u_v^* 分解为 $u_v^* = u_{\text{fin}} + u_{\text{jet}}$ 两部分,$u_{\text{fin}} = \boldsymbol{GX}$ 为连续部分,由气动操纵面执行,$u_{\text{jet}} = \varepsilon\text{sgn}(s)$ 为开关部分,由侧向喷流发动机执行。

由李雅普诺夫第二方法,可选取李雅普诺夫函数 $V = \dfrac{s^2}{2}$,不难证明 u_v^* 可使制导系统稳定。对李雅普诺夫函数 V 进行微分,即

$$\begin{aligned}\dot{V} &= s\dot{s} = \boldsymbol{CX} \cdot \boldsymbol{C}\dot{\boldsymbol{X}} = \boldsymbol{CX} \cdot [\boldsymbol{CAX} + \boldsymbol{CB}u + \boldsymbol{CD}f] \\ &= -\boldsymbol{CX} \cdot \boldsymbol{N} \cdot \boldsymbol{CX} + \boldsymbol{CX} \cdot \boldsymbol{CD}[-\varepsilon\text{sgn}(s) + f]\end{aligned} \tag{8.3.40}$$

注意到 $\dot{r} < 0, r > 0$,若使得 $\dot{V} < 0$,则需要 $N > 0, \varepsilon > |f|$。显然,适当选取 N、ε,可保证 $\dot{V} < 0$。最优滑模导引律可保证 $\dot{q} \to 0$。

8.4 基于鲁棒控制的连续+开关型复合导引律设计

如8.2节所述,在攻击平面内导弹与目标的相对运动方程可描述为如下形式:

$$\dot{\boldsymbol{X}} = \begin{bmatrix} \dot{x}_1 \\ \dot{x}_2 \end{bmatrix} = \boldsymbol{AX} + \boldsymbol{BU} + \boldsymbol{D}f = \begin{bmatrix} 0 & 1 \\ 0 & a_g \end{bmatrix}\begin{bmatrix} x_1 \\ x_2 \end{bmatrix} - \begin{bmatrix} 0 \\ b \end{bmatrix}u + \begin{bmatrix} 0 \\ b \end{bmatrix}f \tag{8.4.1}$$

式中:$x_1 = q$;$x_2 = \dot{q}$;u 为导弹加速度垂直于视线方向的分量,$u = a_m\cos\eta_m - \dot{V}_m\sin\eta_m$;$f$ 为目标机动加速度项垂直于视线方向的分量,$f = a_t\cos\eta_t - \dot{V}_t\sin\eta_t$,此处暂做干扰处理。并且由于在末制导阶段,切向运动往往是不控制的,因此可以近似认为 $\dot{V}_m\sin\eta_m = 0$,则系统的输入量变为 $u = a_m\cos\eta_m$,状态方程中系数

$a_g = -2\dot{r}/r, b = 1/r$。

不难看出,式(8.4.1)是一个时变参数系统。特别是在高速大机动飞行条件下,状态方程中参数变化和参数误差将严重影响制导精度。一般要求设计的导引律对参数误差和参数变化具有较强的鲁棒性。

不难看出,方程式(8.4.1)中的各参数是与状态变量 X 相关,不妨假设

$$a_g(x,t) = a_{g0}(x,t) + \Delta a(x,t), b(x,t) = b_0(x,t) + \Delta b(x,t)$$

式中:$a_{g0}(x,t)$、$b_0(x,t)$为标称参数;$\Delta a(x,t)$、$\Delta b(x,t)$分别为 $a_0(x,t)$、$b_0(x,t)$相对于真值的误差。

综上所述,式(8.4.1)也可写为

$$\dot{x}_2 = a_{g0}(x,t)x_2 - b_0(x,t)u + \Delta(x,t) + b_0(x,t)f \qquad (8.4.2)$$

式中

$$\Delta(x,t) = \Delta a(x,t)x + \Delta b(x,t)(f-u)$$

8.3 节将滑模变结构控制理论应用于导引律的设计中,得到了对外部干扰具有强鲁棒性的滑模导引律。此处主要针对系统参数误差和运行过程中的参数变化,研究基于 L_2 增益性能指标的鲁棒控制理论来设计鲁棒导引律。

首先做如下假设。

(1) 存在正有界函数 $\delta(x,t)$,使得$|\Delta x(x,t)| \leqslant \delta(x,t), \forall x, \forall t$。

(2) 目标加速度项f界限未知,但是对任意给定的时刻 $t_f > 0$,存在$\int_0^{t_f} f^2 \mathrm{d}t < \infty$,即$f \in L_2[0,t_f]$。

采用 L_2 增益理论来设计鲁棒导引律就是对于$\forall \varepsilon > 0$都可以找到$\boldsymbol{v} = c(x,t)$,使得对于$\forall \Delta(x,t)$都有以下性质。

当$f(t) = 0$时,$x(t) \to 0$,可得

$$\int_0^{t_f} z^2(t)\mathrm{d}t \leqslant \varepsilon^2 \int_0^{t_f} f^2(t)\mathrm{d}t + Q(x_0,t_f), \forall f(t)$$

式中:$z(t)$类似一种惩罚函数,$z(t) = r(t)x(t), r(t) \geqslant 0$;$Q(x_0,t_f)$为关于 x_0 和终端时间 t_f 的正函数。

为了满足 L_2 增益的理论的性能要求,令

$$u_r = \frac{a_{g0}(x,t)}{b_0(x,t)}x_2 - \boldsymbol{v} \qquad (8.4.3)$$

将式(8.4.3)代入式(8.4.2)中,可得

$$\dot{x}_2 = b_0(x,t)(v+f) + \Delta(x,t) \tag{8.4.4}$$

式中：v 为待定辅助信号。

根据以上假设，选择李雅普诺夫函数 $V=\frac{x_2^2}{2}$，则有

$$\begin{aligned}
\dot{V} &= b_0(x,t)x_2 v + b_0(x,t)x_2 f + \Delta(x,t)x_2 \\
&= -\frac{1}{2}z^2 + \frac{1}{2}r^2(t)x_2^2 + b_0(x,t)x_2 v + \frac{b_0^2(x,t)}{2\varepsilon^2}x_2^2 + \frac{\varepsilon^2}{2}f^2 - \frac{1}{2}\left[\frac{b_0(x,t)}{\varepsilon}x_2 - \varepsilon f\right]^2 \\
&\quad + \Delta(x,t)x_2 \\
&\leqslant -\frac{1}{2}k_1 x_2^2 - \frac{1}{2}z^2 + \frac{\varepsilon^2}{2}f^2 + x_2\left[\frac{r^2(t)}{2}x_2 + \frac{k_1}{2}x_2 + b_0(x,t)v + \frac{b_0^2(x,t)}{2\varepsilon^2}x_2\right] \\
&\quad + |x|\delta(x,t)
\end{aligned} \tag{8.4.5}$$

式中：$z=r(x)x_2$ 为加权函数输出信号；$r(t)>0$；$\varepsilon=$ 常数 >0；$k_1=$ 常数 $\geqslant 0$；$\varepsilon_0=\text{const}\geqslant 0$，$\beta=\text{const}\geqslant 0$。

令

$$v = -\frac{1}{b_0(x,t)}\left[\frac{r^2(t)}{2}x_2 + \frac{k_1}{2}x_2 + \frac{b_0^2(x,t)}{2\varepsilon^2}x_2\right] - \frac{x_2\delta^2(x,t)}{b_0(x,t)[\,|x_2|\delta(x,t) + \varepsilon_0 e^{-\beta t}]} \tag{8.4.6}$$

k_1、ε_0 和 β 分别为大于等于零的常数，将式(8.4.6)代入式(8.4.5)，可得

$$\dot{V} \leqslant -\frac{1}{2}k_1 x_2^2 - \frac{1}{2}z^2 + \frac{\varepsilon^2}{2}f^2 + \varepsilon_0 e^{-\beta t} \tag{8.4.7}$$

通过以上推导可以使得当 $t\to\infty$ 时，$x_2=\dot{q}\to 0$，并且

$$\int_0^{t_f} z^2 \mathrm{d}t \leqslant \varepsilon^2 \int_0^{t_f} f^2 \mathrm{d}t + Q(x_{20}) \tag{8.4.8}$$

其中

$$Q(x_{20}) = x_{20}^2 + 2\int_0^{t_f} \varepsilon_0 e^{-\beta t}\mathrm{d}t \geqslant 0 \tag{8.4.9}$$

式中：t_f 为末制导结束时刻。

因此所设计的导引律结果满足 L_2 增益理论的性能要求。它意味着，在任何有界的参数摄动下，加权视线角速度被约束在一个期望的界限内，从而使得系统动态和末端幅值足够小，制导精度可得到有效保证。

将式(8.4.6)代入式(8.4.3)并考虑 $a_{g0}(x,t)=-2\dot{r}_0/r_0$ 和 $b_0(x,t)=1/r_0$，

得到导引律的控制量表达式为

$$u_r = \left[-2\dot{r}_0 + \frac{r^2(t)}{2} r_0 + \frac{k_1}{2} r_0 + \frac{1}{2\varepsilon^2 r_0} \right] x_2 + \frac{r_0 x_2 \delta^2(x,t)}{|x_2| \delta(x,t) + \varepsilon_0 e^{-\beta t}} \tag{8.4.10}$$

令 $r(t) = \sqrt{-k_2 \dot{r}_0 / r_0}$，其中 k_2 为大于零的常数，得到

$$u_r = \left[\left(-2 - \frac{k_2}{2} \right) \dot{r}_0 + \frac{k_1}{2} r_0 + \frac{1}{2\varepsilon^2 r_0} \right] x_2 + \frac{r_0 x_2 \delta^2(x,t)}{|x_2| \delta(x,t) + \varepsilon_0 e^{-\beta t}} \tag{8.4.11}$$

显然，式(8.4.11)中括号[ ]内的各项构成有效导航比。其中：第一项与比例导引相似，由一个常数乘以相对速度构成；第二项由常数乘以相对距离构成；第三项是 $2\varepsilon^2$ 与相对距离相乘后取倒数。式(8.4.11)的最后一项是鲁棒控制项，近似于滑模控制器中加了抖动抑制的开关函数。

令

$$k_1(x,t) = \left[\left(-2 - \frac{k_2}{2} \right) \dot{r}_0 + \frac{k_1}{2} r_0 + \frac{1}{2\varepsilon^2 r_0} \right], k_2(x,t) = r_0$$

则式(8.4.11)可近似为

$$\begin{aligned} u_r &\approx k_1(x,t) x_2 + k_2(x,t) \operatorname{sgn}\delta(x,t) \\ &\approx k_1(x,t) \dot{q} + k_2(x,t) \operatorname{sgn}\delta(x,t) \end{aligned} \tag{8.4.12}$$

因此，这种鲁棒导引律也可以分成两个部分：一部分是连续形式，另一部分为开关形式。令

$$\begin{cases} u_r = u_{\text{fin}} + u_{\text{jet}} \\ u_{\text{fin}} = k_1(x,t) \dot{q} \\ u_{\text{jet}} = k_2(x,t) \operatorname{sgn}\delta(x,t) \end{cases} \tag{8.4.13}$$

这种鲁棒导引规律在存在制导参数误差的情况下表现出很强的鲁棒性；因为可以显式的分为连续控制和开关控制两部分，也适合于直接力/气动力复合控制的导弹制导系统。

8.5 连续+开关型复合导引律的实现

8.5.1 弹-目相对距离 r 及其变化率 $\dot{r}$ 的估计

在式(8.2.10)所描述的弹-目相对运动方程中，导弹的控制输入为 $u_m =$

$a_{\mathrm{m}}\cos\eta_{\mathrm{m}}$，即导弹加速度 a_{m} 垂直于视线方向的分量。但在实际情况下，导弹在攻击目标的过程中，导弹的前置角 η_{m} 一般较小，$\eta_{\mathrm{m}}\approx 0$，$\cos\eta_{\mathrm{m}}\approx 1$，此时控制输入量可以视为导弹的法向加速度。

基于滑模变结构控制理论，最优控制理论和鲁棒控制理论求出的导引律都可以描述成连续+开关型导引律。以滑模变结构导引律 $u_{\mathrm{v}}=(k_1+1)|\dot{r}|\dot{q}+k_2\mathrm{sgn}(s)$ 为例，其中的连续部分相当于扩展比例导引律，包含距离变化率 $|\dot{r}|$。要执行这种连续+开关型导引指令，首先要解决弹－目相对距离 r 以及距离变化率 $\dot{r}$ 的获取问题。在装备红外寻的型一类被动探测导引头中，不能直接获得弹－目相对距离 r 和距离变化率 $\dot{r}$ 信息。根据现代目标跟踪理论，可采用适当的估计方法估计得到弹－目相对距离 r 和距离变化率 $\dot{r}$ 信息。但对于被动探测导引头，因为只有相对方位信息可以测量，滤波方程的可观性很差，难以保证滤波器的稳定性。这里给出一种工程上的近似方法。导引头自动增益电子线路中的感应电压确实包含了导弹与目标距离的信息，经过滤波和必要的处理，可以得到此电压近似与弹－目距离的平方成反比。

感应电压的具体表达式为[2]

$$U=\frac{D_{\max}^{*}V_{\mathrm{n}}}{(A_{\mathrm{d}}\Delta f)^{1/2}}\ \frac{LA_1A_2}{R^2}k \tag{8.5.1}$$

式中：$D_{\max}^{*}$ 为探测率；L、A_1、A_2、A_{d} 分别为目标红外辐射亮度、面积、光学系统的入瞳面积和探测器面积；V_{n}、Δf 分别为噪声等效值和噪声等效带宽；k 为常系数；r 为弹－目距离。考虑到导引头自动增益电子线路（AGG）作用，式（8.5.1）可以简化为

$$U=\frac{K_{\mathrm{u}}}{r^2} \tag{8.5.2}$$

式中：K_{u} 为比例系数，与环境因素和仪器本身物理特质有关。

式（8.5.2）两边同时对时间求导，可得

$$\dot{U}=\frac{-2K_{\mathrm{u}}\dot{r}}{r^3} \tag{8.5.3}$$

则观测信号为

$$Y=\frac{-2\dot{r}}{r} \tag{8.5.4}$$

式中：Y 为系统观测信号，包括导弹与目标相对距离 r 及其变化率 $\dot{r}$ 的信息。

若以 Y 为观测量，采用合适的估计方法，可得到相对距离 r 及其变化率 $\dot{r}$ 的估计值，使导弹制导系统可以执行新型导引律。

8.5.2 连续 + 开关型导引律的智能切换

采用直接侧向力/气动力复合控制的导弹在稠密大气层内作战时，直接侧向力往往在末制导段目标大机动时才启用直接侧向力控制。在导弹攻击目标的大部分时间，或者说在直接侧向力启动之前，导弹都是在气动力控制作用下飞行的，其导引律也可采用常规的比例导引律。因此，复合控制导弹的制导系统也可视为由(扩展)比例导引律连续 + 开关型补偿项组成。但是这个开关型补偿项只有当目标大机动时才进行补偿，故存在一个导引律的切换问题。在何时刻、以何种方式进行导引律的切换，以及如何平滑过渡等问题，也就成为在实际实现中不得不面对的难点。

直接侧向力的启动存在不同的策略，根据剩余飞行时间启动复合控制的策略是一种研究较多并且简单易行的方法。在这种方法中，对于剩余时间估计的准确程度会直接影响制导精度。目前，有关于剩余时间的估计算法有很多，最简单的近似算法为

$$t = \frac{-r}{\dot{r}} \tag{8.5.5}$$

但是，这种算法只适用于弹 - 目均以匀速飞行，而对于在末端目标产生机动的情况下就需要使用其他较复杂的算法进行计算。不过，即使采用了新的较复杂算法计算打击目标的剩余飞行时间，也很难在目标机动情况下得到精准的估计值。所以，现阶段对于飞行剩余时间的估计，并没有简单方便、可行性强而且同时满足一定精度要求的方法。因此，这里借鉴模糊智能控制的思想，对启动直接侧向力的规则进行设计，使导引律的切换可以考虑更多的因素，也使得新型导引律具有一定的“智能”，形成连续 + 开关型智能复合导引律。通过完备的模糊智能规则能够得到更好的导引结果，而且易于工程实现。

1. 基于 r 和 $\dot{q}$ 的智能切换律 1

r 和 $\dot{q}$ 的变化趋势在很大程度上反映了弹 - 目相对运动态势，所以可以将 r 和 $\dot{q}$ 选为决策变量，智能切换律描述如下：

(1) 当导弹距离目标较远(弹 - 目相对距离 r 较大)时，不管决策变量 $\dot{q}$ 是多大，都不启动侧向喷流执行机构，采用单纯气动力作用模式下的常规导引律。

(2) 当弹-目相对距离 r 较小,决策变量 $\dot{q}$ 较小时,直接侧向力喷流执行机构仍然不启动,仅采用单纯气动力作用模式下的常规导引律。

(3) 当弹-目相对距离 r 较小,决策变量 $\dot{q}$ 较大时,启动侧向喷流执行机构,由常规导引律切换至连续+开关型导引律。

上述规则中的形容词“较大”和“较小”只是模糊的概念:一种较复杂的方法是利用模糊推理机去描述切换逻辑规则;另一种描述切换律的简单易行的方法是预设两个阈值 r_{th} 和 $\dot{q}_{\text{th}}$。当导弹与目标相对距离 $r>r_{\text{th}}$ 时,将其视为“r 较大”;当导弹与目标相对距离 $r\leqslant r_{\text{th}}$ 时,意味着 r 较小。同理,当决策变量 $\dot{q}>\dot{q}_{\text{th}}$ 时,将其视为“$\dot{q}$ 较大”;当决策变量 $\dot{q}\leqslant\dot{q}_{\text{th}}$ 时,意味着“$\dot{q}$ 较小”。这种情况下,怎样去选择合适的阈值 r_{th} 和 $\dot{q}_{\text{th}}$ 就是一个重要问题,它将对切换逻辑的性能产生较大影响。

2. 基于 $\dot{q}$ 和 $\ddot{q}$ 的智能切换律 2

$\dot{q}$ 和 $\ddot{q}$ 的变化趋势在很大程度上也可反映弹目相对运动态势,因为如果视线转率 $|\dot{q}|$ 不再减小,即 $\dot{q}\ddot{q}\geqslant 0$ 且 $\dot{q}\neq 0$(可不求出 $\ddot{q}$,只需要符号),一定是目标在机动,这时就需要启动直接力,使视线转率继续减小到一定程度 $\dot{q}_{\text{th}}$(预设的阈值),然后侧向喷流关机。可以预见,随着相对距离的减小,使用直接力的频率就越高。所以选取 $\dot{q}$ 和 $\ddot{q}$ 为决策变量,相应的智能切换律可描述如下:

(1) 当 $\dot{q}\ddot{q}<0$(意味着 $\dot{q}\to 0$)或 $\dot{q}=0$ 时,直接侧向力喷流执行机构不工作,采用常规导引律,仅由气动舵面提供导弹最大可用过载;

(2) 当 $\dot{q}\ddot{q}\geqslant 0$ 且 $\dot{q}\neq 0$(意味着 $|\dot{q}|$ 不再减小),$\dot{q}$ 较小($\dot{q}<\dot{q}_{\text{th}}$)时,侧向喷流执行机构仍不工作,仍采用常规导引律,仅由气动舵面提供导弹最大可用过载;

(3) 当 $\dot{q}\ddot{q}\geqslant 0$ 且 $\dot{q}\neq 0$,$\dot{q}$ 较大($\dot{q}\geqslant\dot{q}_{\text{th}}$)时,启动直接侧向力喷流执行机构,常规导引律向设计的复合导引律进行切换,由气动舵面和侧向喷流联合提供导弹最大可用过载。

同样,对于智能切换律 2,阈值 $\dot{q}_{\text{th}}$ 的选择很重要。

考虑到工程实现的难易程度,先选择基于 r 和 $\dot{q}$ 的智能切换律 1。

8.5.3　复合导引律智能切换的交接班策略

导引弹道特性主要取决于所采用的导引律,若在不同时段、不同条件下采用不同的导引律,导引出的弹道在不同时段也有不同的特性。因此,在导引律切换的同时,相应的各段弹道间存在一个过渡问题,这种过渡过程称为不同制导的交接班。主要是如何保证在制导切换时导引弹道的平滑过渡,顺利完成制导交接。弹道在交班的切换点有两种简单的平滑过渡方法,即一阶平滑过渡与二阶平滑过渡。

一阶平滑过渡是指在过渡点处保证两个弹道的速度方向一致,如在纵平面内保证

$$\Delta\theta_{\mathrm{m}}=0 \tag{8.5.6}$$

二阶平滑过渡是指在过渡点保证两个弹道速度矢量及法向加速度矢量方向一致,即

$$\Delta\theta_{\mathrm{m}}=0,\Delta\dot{\theta}_{\mathrm{m}}=0 \tag{8.5.7}$$

导弹的一阶平滑过渡对应于导弹速度矢量平滑过渡,在此条件下要求不同导引律的弹道切线矢量相同,设第 i 个导引律的弹道矢量为 $\boldsymbol{r}_i(t)$,其切线矢量为

$$\boldsymbol{v}_i(t)=\frac{\mathrm{d}r_i(t)}{\mathrm{d}t} \tag{8.5.8}$$

满足平滑过渡的条件是:由第 i 条弹道向第 j 条弹道过渡时,对于任意交接时刻 $t_0\in[0,t_{\mathrm{f}}]$,都有

$$r_i(t_0)=r_j(t_0),v_i(t_0)=v_j(t_0) \tag{8.5.9}$$

式中:t_{f} 为拦截时间。

显然,只有在特定点处,式(8.5.9)才可能满足,否则很难实现弹道的平滑过渡。

在导弹实际飞行过程中,切换时间是任意的,所以满足上述条件的导引律几乎不存在。因此,需要在制导过渡段设计一个交接制导段,此段内两种导引律同时起作用,并针对制导指令设计交接算法,使其在过渡段实现平滑过渡。

设第 i 条和第 j 条制导弹道加速度矢量为 $\boldsymbol{a}_i(t)$ 与 $\boldsymbol{a}_j(t)$,则有

$$v_i(t)=\int_0^t\boldsymbol{a}_i(t)\mathrm{d}t,v_j(t)=\int_0^t\boldsymbol{a}(t)_j\mathrm{d}t \tag{8.5.10}$$

由式(8.5.10)可知,对于任意时刻 t,要实现弹道平滑交接,只要使 $a_i(t)$ 变到 $\boldsymbol{a}_j(t)$ 时,加速度矢量保持连续,就可以保证弹道切线矢量 $\boldsymbol{v}_i(t)$ 至 $\boldsymbol{v}_j(t)$ 的平滑过渡。

这里采用一种简单直接的思路构造过渡段的加速度指令,首先使制导指

令在 T_a 时间内逐渐减小到零,然后在 T_b 时间内逐渐增大到下一个制导段所需的加速度指令,从而实现了过渡段加速度指令的连续,保证弹道一阶平滑过渡。并且在 $t=t_0+T_a$ 时弹道的加速度为零,这也就保证了弹道的二阶平滑过渡。根据这种思路得到的交接段导引律为零基交接导引律,其一般形式为

$$\begin{cases}\boldsymbol{a}_i{}'(t)=\boldsymbol{a}_i(t)\rho_i(t),0\leqslant\rho_i(t)\leqslant1,t\in[t_0,t_0+T_a]\\ \boldsymbol{a}_j{}'(t)=\boldsymbol{a}_j(t)\rho_j(t),0\leqslant\rho_j(t)\leqslant1,t\in[t_0+T_a,t_0+T_a+T_b]\end{cases}\tag{8.5.11}$$

式中:$\rho_i(t_0)=\rho_j(t_0+T_a+T_b)=1,\rho_i(t_0+T_a)=\rho_j(t_0+T_a)=0$,并且 T_a+T_b 为总的切换时间,$t=t_0+T_a$ 为交接点时刻,交接时间 T_a、T_b 是影响交接过渡过程的重要参数。

零基交接强行要求在交接点弹道的加速度为零,虽然可保证导弹平滑过渡,但是在交接段存在大的导弹航向误差时,使得导弹在过渡段产生的较大的导引误差,对末制导精度影响较大,甚至会导致脱靶。

实际上,在弹道交接点处并不需要加速度指令一定为零,只需要保持加速度指令的连续性即可。若能够使得在交接班开始时刻导引指令等于第 i 条弹道指令,在交接班完成时等于第 j 条弹道所需制导指令,这样也可完成不同弹道的平滑过渡,此时的交接班问题就转化为以两常值矢量为始末点的两点边界值问题。在交接段后一个制导指令已经开始工作,而前一种导引律仍然起作用,可以采用这两种导引律为参量构造一个连续函数作为交接班的制导规律。其一般的形式为

$$\boldsymbol{a}'(t)=\boldsymbol{a}_i(t_0)\rho(t)+\boldsymbol{a}_j(t)[1-\rho(t)],t\in[t_0,t_0+T]\tag{8.5.12}$$

式中:T 为总切换时间;$\rho(t)$ 为连续函数,且 $0\leqslant\rho(t)\leqslant1,\rho(t_0)=1,\rho(t_0+T)=0$。

在交接段中,当 $\rho(t)$ 由 0 变为 1 时,完成交接。这个过程持续的时间 T 为交接的过渡时间。

在选择 $\rho(t)$ 时,可以采用一次函数或正弦函数等不同形式的算子,一般情况下,正弦函数的性能优于一次函数,过载的变化曲线更为平滑。

对于复合控制导弹,可基于以上的原理与思路,设计导引律交接班策略。

设切换时刻为 t_0,交接班总时间为 T,a_1、a_2 分别为两种导引律下弹道的加速度指令,选取正弦函数作为平滑过渡算子,则定义交接段导引规律为

$$a=a_1\rho(t)+a_2[1-\rho(t)]\tag{8.5.13}$$

式中:过渡算子 $\rho(t)=\cos\left((t-t_0)\times\dfrac{\pi}{2T}\right)$中,参数 T 为需要确定的变量。需要

考虑的主要因素与导弹可用的最大过载 $a_{\max}$、允许的最大航向偏差 $\Delta\theta_{\max}$、交接班指令最大误差 $\Delta a_{\max}$ 有关。

综合考虑以上因素，参数 T 可按下式计算：

$$T \leqslant \frac{\Delta\theta_{\max} V_m}{0.36\Delta a_{\max}} \tag{8.5.14}$$

这里给出的仅是一个参考，工程实际中还可考虑更多因素，综合多种因素来更为合理地选择参数 T。

8.6 连续+开关型智能复合导引律仿真分析

8.6.1 仿真条件设定

1. 攻击阵位、初始条件设定

攻击阵位分别选为尾追、迎头和侧向打击三种典型阵位，相应的导弹、目标参数、初始条件的设置如表 8.6.1 所列。

表 8.6.1　初始条件设置

参数	尾追		迎头		侧向打击	
相对初始状态	态势 1	态势 2	态势 3	态势 4	态势 5	态势 6
相对距离 r_0/km	6	6	6	6	6	6
视线倾角 q_0/(°)	20	-10	0	-10	0	10
导弹速度 V_m/(m/s)	600	600	600	600	600	600
导弹弹道倾角 θ_m/(°)	20	10	0	-30	0	10
前置角 η/(°)	0	-20	0	20	0	0
目标速度 V_t/(m/s)	300	300	300	300	300	300
目标弹道倾角 θ_t/(°)	0	0	180	180	90	90
目标机动加速度 a_t/g	0~6	0~6	0~6	0~6	0~6	0~6

假设复合控制导弹的气动舵面能够产生的最大可用过载为 $5g$，直接力机构可产生的最大过载为 $10g$。

针对不同初始条件下的大机动目标进行拦截过程仿真,其中态势1、2,态势3、4,态势5、6分别属于尾追,迎头和侧向打击。

2. 导引方案设定

整个制导过程分为以下三个阶段。

(1) 常规导引段:未启用直接侧向力喷流装置之前,复合控制导弹采用常规的扩展导引律进行导引,扩展比例导引指令只由气动舵面执行。

(2) 过渡段:在满足所设计的智能切换律中的切换条件后,即开启侧向喷流装置,进入常规导引律向新型复合制导切换交接班的过渡过程。过渡过程中采用常规导引律与新型导引律综合计算出的过渡导引律,此处新型导引律包括之前所设计出的三种导引律,即滑模变结构导引律、最优滑模导引律和鲁棒导引律。

(3) 连续+开关型复合导引段:经过切换过渡时间后,所采用的导引律转向连续+开关型复合导引律,进入连续+开关型复合导引段。

8.6.2　无制导参数误差情况下的仿真

1. 无制导参数误差且目标无机动

这种情况(即$\Delta(x,t)=0$且$f_t=0$)在实际作战中并不存在,此处主要用来验证新型导引律的效果以及适应性。根据态势设置进行仿真,得到复合控制导弹在不同导引律下,对于目标打击的脱靶量如表8.6.2所列。

表8.6.2　不同导引律脱靶量比较

导引律	比例导引律	滑模变结构	最优滑模变结构	鲁棒导引律
脱靶量平均值/m	0.0601	0.0789	0.0506	0.0525

根据表8.6.2中各导引律对应的脱靶量数据容易看出,在目标不做机动逃逸且无误差干扰的情况下,新型导引律的制导精度与经典的比例导引律并无大的差异,都能获得非常好的制导性能。

2. 无制导参数误差但目标机动

仿真设定为无制导参数误差目标机动情况时,即$\Delta(x,t)=0$且$f_t\neq0$,假设目标采用$a_t=4g$的加速度机动逃逸,相对于导弹与目标的飞行速度来讲,$a_t=4g$的机动是比较大的机动过载。进行仿真计算,得到各种导引律的脱靶量如表8.6.3所列。

表 8.6.3　复合导引律无制导误差下脱靶量比较　　单位:m

导引律	尾追		迎头		侧向打击	
	态势 1	态势 2	态势 3	态势 4	态势 5	态势 6
比例导引	脱靶	760.8695	86.3732	675.6153	15.7972	229.6748
滑模变结构	0.2693	0.0172	0.3621	0.2193	0.0797	0.1148
最优滑模变结构	0.3078	0.0758	0.3351	0.2009	0.0556	0.0874
鲁棒导引律	0.3358	0.0927	0.1233	0.1908	0.0441	0.1111

由表 8.6.3 可以看出,在这种情况下,复合控制导弹采用常规的比例导引已不能有效拦截目标,出现较大脱靶量。而连续 + 开关型复合智能导引律,无论采用何种理论设计的导引律,都能够获得较高的制导精度和良好的打击效果。

在仿真过程中,在同一种态势下分别采用三种复合智能导引律进行导引,直接侧向力喷流装置的启动时间完全相同,这是由于在启动直接侧向力装置之前,都是采用常规导引中的比例导引法进行制导,并且目标的飞行轨迹是没有变化,此种仿真情况中又未考虑参数误差的影响,所有直接力启动的时间经过计算是一样的。但是,在启动之后的过渡交接段和最终的复合制导段三种导引律都是不同的。以上的分析从理论与实际仿真中都得到了证实。各态势下直接侧向力启动时间如表 8.6.4 所列。

表 8.6.4　各态势下直接侧向力启动时间

态势	态势 1	态势 2	态势 3	态势 4	态势 5	态势 6
启动时间 T_C/s	7.4990	6.6390	2.2290	2.3690	3.6990	3.8590

得到 T_C 之后,主要需要观察各状态量在 t = T_C 前后的变化情况,即直接侧向力启动后,导引律进行交接时,导弹的飞行状况是否产生大的跳变,过渡是否平稳。不同导引律的仿真曲线与仿真结果如图 8.6.1 所示。

图 8.6.1 示出了态势 1 下采用复合控制的导弹对于 4g 常值大机动目标的弹 - 目轨迹曲线,其中图 8.6.1(a)为经典的比例导引律的导引弹道,最终的结果为脱靶,图 8.6.1(b) ~ (d)分别为滑模变结构导引、最优滑模导引与鲁棒导引律的导引弹道。可以看出,不同导引律下的导引弹道基本相似,综合表 8.6.2的脱靶量结果,可知在无制导误差的情况下,三种导引律都能够对大机动逃逸目标进行高精度攻击,导引效果良好。

不同导引律在不同态势下的导引弹道如图 8.6.2 ~ 图 8.6.7 所示。

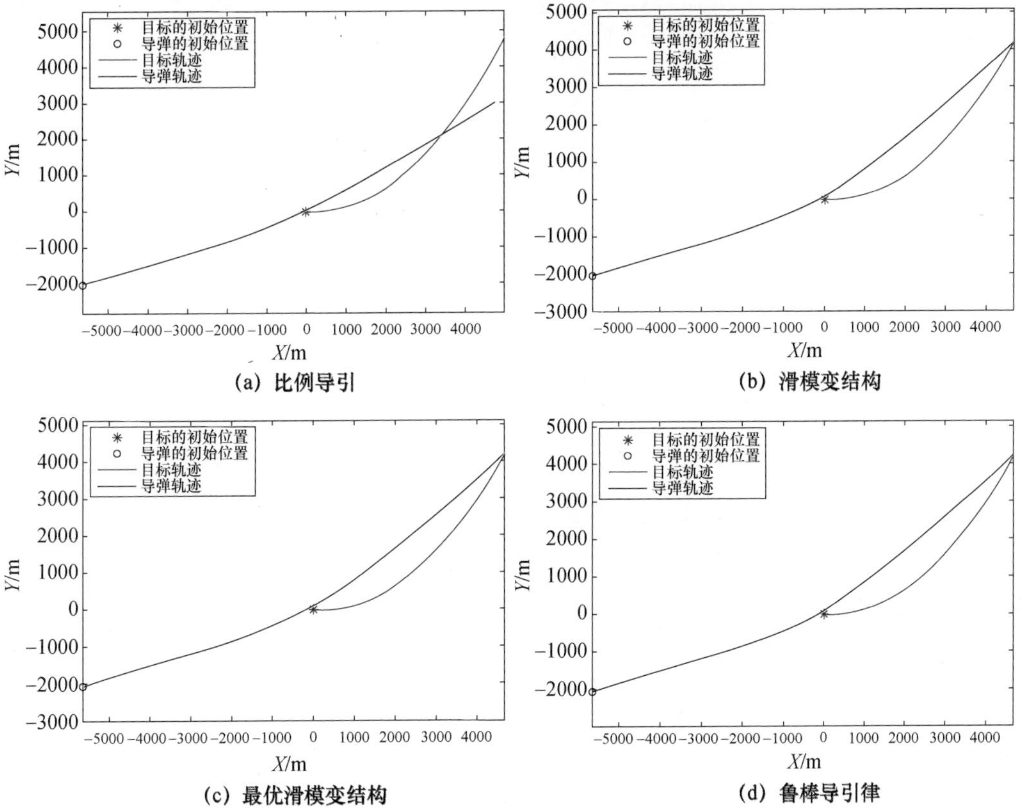

图 8.6.1　制导误差导引弹道(态势 1,4g)

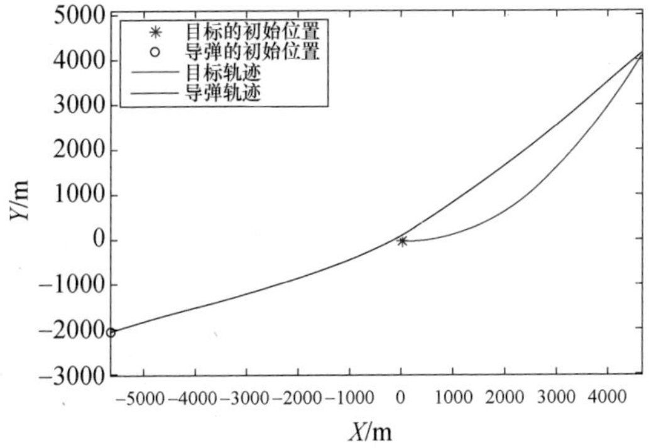

图 8.6.2　滑模导引律导引弹道(态势 1)

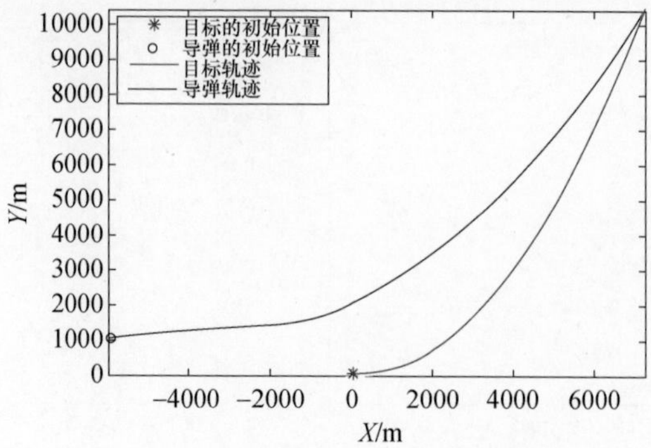

图 8.6.3　滑模导引律导引弹道(态势 2)

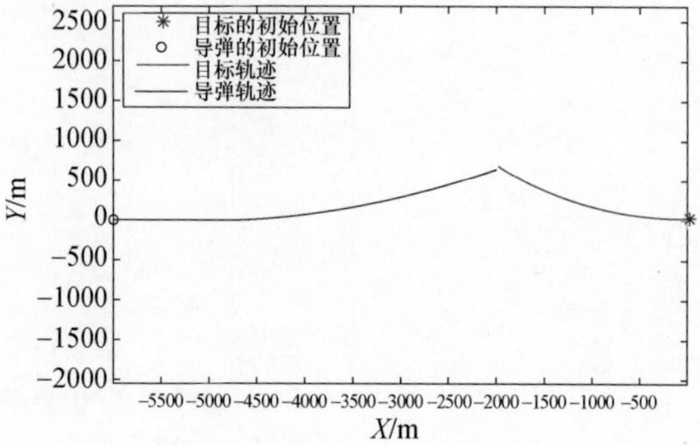

图 8.6.4　最优滑模导引律导引弹道(态势 3)

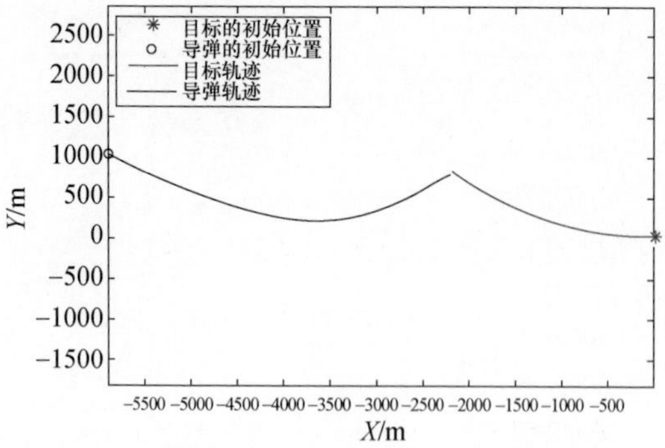

图 8.6.5　最优滑模导引律导引弹道(态势 4)

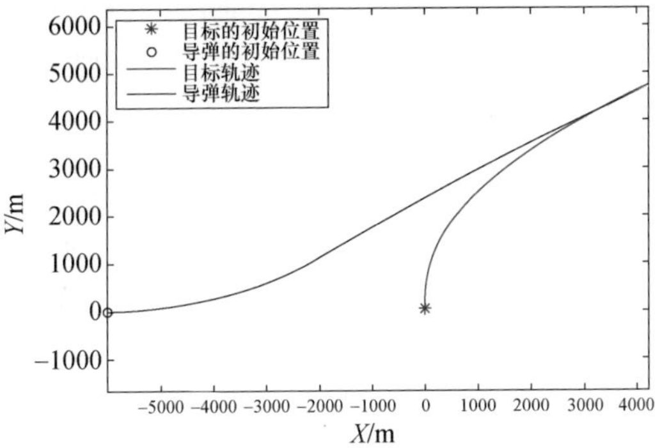

图 8.6.6 鲁棒导引律导引弹道(态势 5)

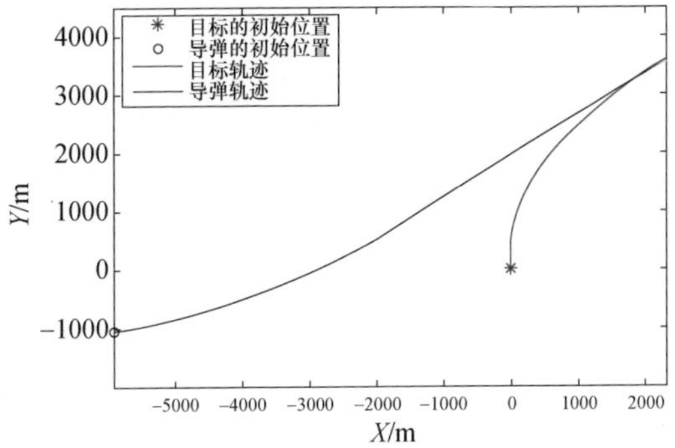

图 8.6.7 鲁棒导引律导引弹道(态势 6)

由图 8.6.2 ~ 图 8.6.7 可以看出,在尾追、迎头和侧向打击的不同条件下,采用构造的常规比例导引律—过渡阶段导引规律—连续 + 开关型复合导引律组成的复合智能导引律能够较好地利用直接力引入所带来的优势,对大机动目标实施精确打击。

8.6.3 存在制导参数误差打击机动目标的仿真分析

在导弹攻击目标的过程中,由于外部环境的干扰和自身模型的不确定性等因素的影响,制导参数中必然存在误差。在本节仿真验证中,考查制导参数误差,模拟各种干扰与不确定性对于制导参数的综合作用,考查验证了所设计的导引律对于误差的鲁棒性与适应能力。

在仿真中加入 10% 的制导参数摄动,根据表 8.6.1 中所设定的态势,进行蒙特卡罗仿真得到三种导引律在不同态势下的脱靶量如表 8.6.5 ~ 表 8.6.10 所列。

表 8.6.5　存在制导参数误差不同导引律的脱靶量(态势 1,4g)

脱靶量	滑模变结构导引律	最优滑模变结构导引律	鲁棒导引律
无误差时结果/m	0. 2693	0. 3078	0. 3358
平均值/m	0. 1456	0. 1426	0. 1985
方差	0. 0043	0. 0052	0. 0057

表 8.6.6　存在制导参数误差不同导引律脱靶量(态势 2,4g)

脱靶量	滑模变结构导引律	最优滑模变结构导引律	鲁棒导引律
无误差时结果/m	0. 0172	0. 0758	0. 0927
平均值/m	0. 1002	0. 0718	0. 1298
方差	0. 0024	0. 0012	0. 0041

表 8.6.7　存在制导参数误差不同导引律脱靶量(态势 3,4g)

脱靶量	滑模变结构导引律	最优滑模变结构导引律	鲁棒导引律
无误差时结果/m	0. 3621	0. 3351	0. 1233
平均值/m	0. 4211	0. 1875	0. 1721
方差	0. 0006	0. 0012	0. 0016

表 8.6.8　存在制导参数误差不同导引律脱靶量(态势 4,4g)

脱靶量	滑模变结构导引律	最优滑模变结构导引律	鲁棒导引律
无误差时结果/m	0. 2193	0. 2009	0. 1908
平均值/m	0. 2439	0. 2179	0. 2865
方差	0. 0087	0. 0117	0. 0067

表 8.6.9　存在制导参数误差不同导引律脱靶量(态势 5,4g)

脱靶量	滑模变结构导引律	最优滑模变结构导引律	鲁棒导引律
无误差时结果/m	0. 0797	0. 0556	0. 0441
平均值/m	4. 9525	3. 8472	7. 3789
方差	35. 0039	24. 0101	2. 9503

表 8.6.10　存在制导参数误差不同导引律脱靶量(态势 6,4g)

脱靶量	滑模变结构导引律	最优滑模变结构导引律	鲁棒导引律
无误差时结果/m	0.1148	0.0874	0.1111
平均值/m	0.0946	0.0899	0.0995
方差	0.0014	0.0015	0.0020

从表 8.6.5 ~ 表 8.6.10 中的仿真结果可以看到,存在制导参数误差的情况下,三种新型导引律对于尾追、迎头与侧向打击等不同攻击阵位都能够对机动目标进行有效拦截,并且具有相当好的鲁棒性和抗干扰性。

在表 8.6.9 中,存在制导参数误差时,三种导引律的脱靶量都比较大。这是由于态势 5 属于侧向打击阵位,这种攻击阵位对导弹的机动性和制导系统的性能要求较高,并且态势 5 的视线角、导弹弹道倾角的初始设定和目标机动方式的选择,也极大地增大了拦截打击的难度。所以在态势 5 的情况下,不仅需要导弹具有较强的过载能力,而且需要控制系统响应更快。因此,使得系统的干扰和参数的摄动对于最终的打击结果有很大的影响,这也造成了加入制导参数误差之后三种导引律的脱靶量大幅增加。但是,在这种情况下设计的三种导引律的脱靶量还是处于相对较小的数量级。

8.6.4　其他目标机动方式下的仿真分析

假设拦截过程中目标采用以下三种机动方式逃逸:

方式一:阶跃机动方式,有

$$a_t=\begin{cases}0,t\leqslant t_0\\6g,t>t_0\end{cases}\tag{8.5.15}$$

方式二:斜坡机动方式,有

$$a_t=\begin{cases}0,t\leqslant t_0\\g(t-t_0),t>t_0\end{cases},\ |a_t|\leqslant 6g\tag{8.5.16}$$

方式三:正弦机动方式,有

$$a_t=\begin{cases}0,t\leqslant t_0\\6g\sin(\pi(t-t_0)),t>t_0\end{cases}\tag{8.5.17}$$

式中:t_0 为目标开始机动时间,分别取 4 ~ 11s。

下面选取态势 2,目标在不同时刻机动等情况下,不同导引律的脱靶量仿真结果如表 8.6.11 ~ 表 8.6.13 所列。

表 8.6.11 阶跃机动方式下不同制导系统的制导结果

制导系统	目标机动时间/s	脱靶量/m	遭遇时间/s
滑模变结构导引律	4	0.0676	20.4140
	5	0.0859	21.5930
	6	0.1347	22.7330
	7	0.2183	23.6760
	8	0.2009	24.1830
	9	0.1631	24.2050
	10	0.0507	24.1400
	11	0.2251	24.0780
最优滑模变结构导引律	4	0.1383	20.4740
	5	0.0527	21.6530
	6	0.0341	22.7790
	7	0.1194	23.7100
	8	0.0843	24.2040
	9	0.1463	24.2250
	10	0.1287	24.1550
	11	0.0940	24.0950
鲁棒导引律	4	0.2786	20.5850
	5	0.5020	21.8390
	6	0.0339	23.0120
	7	0.4033	23.8940
	8	0.4204	24.2790
	9	0.5030	24.2580
	10	0.6527	24.1860
	11	0.3889	24.1210

表 8.6.12 斜坡机动方式下不同制导系统的制导结果

制导系统	目标机动时间/s	脱靶量/m	遭遇时间/s
滑模变结构导引律	4	0.0856	23.3040
	5	0.1858	23.8250

（续）

制导系统	目标机动时间/s	脱靶量/m	遭遇时间/s
滑模变结构导引律	6	0. 1366	24. 0640
	7	0. 0214	24. 1200
	8	0. 1234	24. 0870
	9	0. 1824	24. 0310
	10	0. 0846	23. 9820
	11	0. 1553	23. 9400
最优滑模变结构导引律	4	0. 0741	23. 3330
	5	0. 0135	23. 8420
	6	0. 1243	24. 0800
	7	0. 1753	24. 1370
	8	0. 1684	24. 1030
	9	0. 0693	24. 0470
	10	0. 0259	23. 9960
	11	0. 1770	23. 9500
鲁棒导引律	4	0. 4919	23. 4790
	5	0. 2443	23. 9370
	6	0. 2631	24. 1440
	7	0. 4029	24. 1760
	8	0. 4365	24. 1280
	9	0. 6683	24. 0720
	10	0. 4494	24. 0150
	11	0. 6498	23. 9650

表 8. 6. 13　正弦机动方式下不同制导系统的制导结果

制导系统	目标机动时间/s	脱靶量/m	遭遇时间/s
滑模变结构导引律	4	0. 1196	23. 7480
	5	0. 0293	23. 7500
	6	0. 0818	23. 7580
	7	0. 1259	23. 7650
	8	0. 1483	23. 7760

（续）

制导系统	目标机动时间/s	脱靶量/m	遭遇时间/s
滑模变结构导引律	9	0. 1169	23. 7760
	10	0. 0626	23. 7740
	11	0. 0959	23. 7720
最优滑模变结构导引律	4	0. 1045	23. 7480
	5	0. 0989	23. 7500
	6	0. 0687	23. 7590
	7	0. 0729	23. 7650
	8	0. 1060	23. 7760
	9	0. 1136	23. 7760
	10	0. 0649	23. 7740
	11	0. 1097	23. 7730
鲁棒导引律	4	0. 0570	23. 7510
	5	0. 0913	23. 7540
	6	0. 1068	23. 7630
	7	0. 1155	23. 7700
	8	0. 0666	23. 7800
	9	0. 0772	23. 7790
	10	0. 1021	23. 7780
	11	0. 1566	23. 7760

由表 8. 6. 11 ~ 表 8. 6. 13 所列的仿真结果可以得出以下特性：

（1）对于不同的目标机动形式，三种导引律都较好地完成了打击任务，并且遭遇时间为 22 ~ 24s，说明对于复合控制模式的导弹，设计的复合导引律能够发挥其优势，对于多种机动逃逸方式的目标进行有效的打击。

（2）对比表 8. 6. 11 ~ 表 8. 6. 13 与表 8. 6. 3 中数据，综合考虑各种导引律的制导结果，可知目标的开始机动时间 t_0 在不同机动形式下对脱靶量和遭遇时间影响很小。也就是说，三种导引律对目标机动方案和目标机动时间具有很好的适应性，不论是目标早机动还是晚机动，不论采用什么方式机动，在复合导引律的导引下，目标都难以逃逸成功。

在态势 2 下，对不同的目标机动方式和机动时间，三种导引律的导引弹道如图 8.6.8 ~ 图 8.6.10 所示。

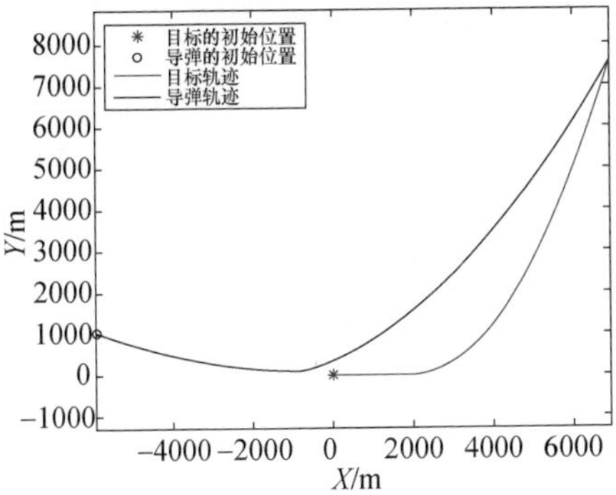

图 8.6.8　鲁棒导引弹道

（阶跃机动 $t_0=6s$）

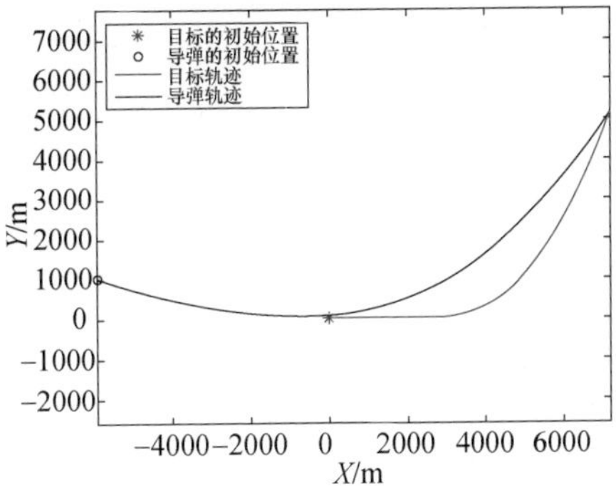

图 8.6.9　滑模导引弹道

（斜坡机动 $t_0=7s$）

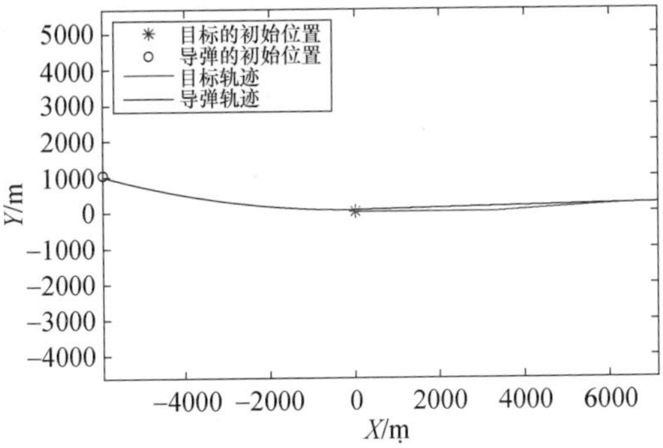

图 8.6.10　最优滑模导引引弹道（正弦机动 $t_0=10s$）

从弹道仿真结果也可以看出，对不同的目标机动方式和机动时间，三种导引律对目标机动方式和目标机动时间都具有很好的适应性。

参考文献

[1] 周荻. 寻的导弹新型导引规律[M]. 北京：国防工业出版社，2002.

[2] 王小虎，张明廉. 自寻的导弹攻击机动目标的最优制导规律的研究及实现[J]. 航空学报，2000，21(1)：30 − 33.

第 9 章 目标运动信息辅助的智能导引技术

9.1 概述

随着高新技术在军事领域中的广泛应用,未来战争将变得更加激烈,战场环境更加恶化,战斗节奏更加快捷,攻防双方武器系统间的体系对抗更加严酷。为了取得战争的主动权,大幅度地提高武器的战术技术指标是其重要的技术途径。例如,在未来空战中,交战双方除了提高作战飞机(四代机、五代机)的各项性能指标外,机载武器特别是机载精确制导武器(空空导弹)将成为赢得战争的最重要因素。四代机一般具有全天候作战、下视下射能力,超视距作战能力,特别是在空战中具有极高的格斗能力和机动能力,往往会在来袭导弹离自己很近时采取突然大过载机动、恶意机动的方式进行逃逸,使其突防能力大大提高。空空导弹要实现对大机动目标,特别是恶意机动目标的有效杀伤,精确制导技术是其根本保证,而制导末段自寻的导引技术更是空空导弹能否对大机动、恶意机动目标实施精确打击的核心关键技术。

制导过程可分为初始段、中制导段与末制导段。在末制导段,导弹采用自寻的制导。此段导弹与目标的距离较小,剩余飞行时间非常短,在实际攻防中,目标通常会选择在此阶段进行大机动或恶意机动逃逸。这就要求导弹一方面具有在较短时间内产生较大可用过载的能力；另一方面，由于目标恶意机动的突然性和随机性，在利用导引头测量的制导信息形成导引指令时，最好能够包含(显式或隐式)目标机动信息。而对于传统的制导导弹，目前尚没有能力直接测量获得目标的机动信息。

目前，在自寻的制导段导弹主要依靠导引头探测目标运动信息，探测的手段主要有射频雷达探测和光学探测以及复合探测等，可以直接测量的仅是目标与导弹的相对距离和相对方位信息，光学等被动探测形式的导引头只能测量目标与导弹的相对方位信息，相对距离无法直接获得。随着目标跟踪技术的发展和日渐成熟，人们研究了利用导引头直接测量得到的目标与导弹的相对距离和相对方位信息来估计导弹和目标间的其他相对运动信息，即目标相对于导弹的位置、速度、加速度等信息。研究表明，将估计得到的目标相对于导弹的位置、速度、加速度等信息，特别是目标机动加速度用于构造导引指令，可以大大提高导引精度，增大对大机动目标，特别是恶意机动目标的命中概率。

目前，世界各国装备的自寻的导弹大都采用二轴稳定或三轴稳定的导引头，导引律则采用传统的比例导引以及改进的比例导引，使得导弹制导系统结构简单、可靠性高和对匀速目标攻击时制导精度高等特点。比例导引是指导弹在攻击目标的过程中，导弹速度矢量的旋转角速度与目标碰撞线的旋转角速度成比例的一种导引方法。比例导引的优点是可以得到较为平直的弹道；在满足一定的条件下，可使弹道前段较弯曲，充分利用了导弹的机动能力；弹道后段较为平直，导弹具有较充裕的机动能力；只要制导参数组合适当，就可以使全弹道上的需用过载均小于可用过载，从而实现全向攻击。另外，它对发射时的初始条件要求不高，在技术实施上也方便易行，因为只需测量目标视线旋转角速度，而一般的二轴稳定或三轴稳定的导引头都可以直接输出(近似的)目标视线旋转角速度信号。因此，比例导引法得到了广泛应用。但是，比例导引法还存在明显的缺点，即命中点附近导弹需用法向过载除了受导弹速度变化和攻击方向的影响外，更为重要的是还会受目标机动加速度的影响。为了消除这些缺点，多年来人们一直致力于比例导引法的改进，研究出了多种形式的改进比例导引方法。例如，需用法向过载与目标视线旋转角速度成比例的广义比例导引法，其导引关系式为

$$a_c = k|\dot{r}|\dot{q}$$

比例导引的另一个缺点是在对付大机动，特别是恶意机动目标时，由于导引指令不包含目标运动，特别是目标机动信息，造成制导精度较低，许多情况下容易脱靶。本章将针对比例导引的缺点，利用目标跟踪技术估计得到目标运动信息，用于辅助构造新的导引指令，以提高对大机动目标，特别是恶意机动目标的命中精度。

9.2 目标加速度辅助的比例导引律

9.2.1 目标加速度辅助的比例导引律设计

为分析方便，假设导弹和目标均在纵平面内运动，重述导弹与目标的相对运动关系和相对运动方程（此处简化变量的时间函数描述形式，如将 $V_m(t)$ 记为 V_m）。

导弹与目标相对运动示意图如图 9.2.1 所示。图中：点 M 代表导弹；点 T 代表目标；V_m、V_t 分别为导弹与目标的速度；θ_m、θ_t 分别为导弹及目标的弹道倾角；η_m、η_t 分别为导弹与目标的前置角；r 为导弹与目标的相对距离；q 为目标视线角；$\dot{q}$ 为目标视线角速度。

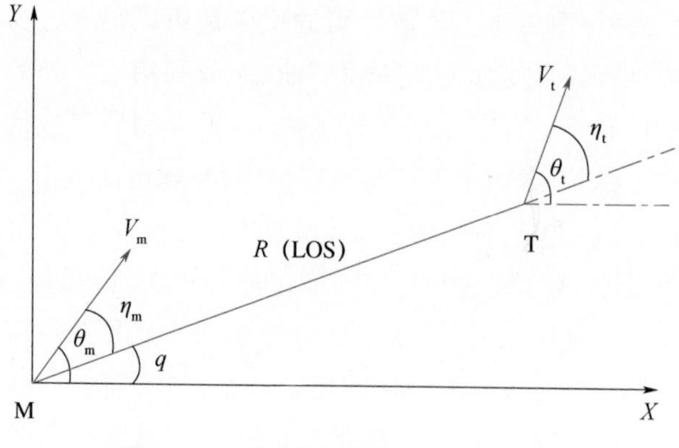

图 9.2.1　导弹与目标相对运动示意图

导弹与目标的相对运动关系方程为

$$\begin{cases}\dot{q}=\dfrac{1}{r}[V_{\mathrm{m}}\sin\eta_{\mathrm{m}}-V_{\mathrm{t}}\sin\eta_{t}]\\ \dot{r}=-V_{\mathrm{m}}\cos\eta_{\mathrm{m}}+V_{\mathrm{t}}\cos\eta_{\mathrm{t}}\\ q=\theta_{\mathrm{m}}+\eta_{\mathrm{m}}=\theta_{\mathrm{t}}+\eta_{\mathrm{t}}\\ \varepsilon=0\end{cases}\tag{9.2.1}$$

式中：$\varepsilon=0$ 为导引关系式，也就是导引律的描述。

对于自寻的制导的导弹，一般采用比例导引，即导弹速度方向旋转的加速度 $\dot{\theta}_{\mathrm{m}}$ 与目标视线旋转角速度成比例，其导引律可描述为

$$\dot{\theta}_{\mathrm{m}}=-K\dot{q}\tag{9.2.2}$$

式中：K 为导航比。

将式(9.2.2)转换为导弹的法向加速度指令：

$$a_{\mathrm{c}}=-KV_{\mathrm{m}}\dot{q}\tag{9.2.3}$$

为了能够对付机动，特别是打机动目标，采用下式的改进的比例导引律：

$$a_{\mathrm{c}}=[1+K/\cos\eta_{\mathrm{m}}]V_{\mathrm{m}}\dot{\mathrm{q}}+a_{\mathrm{t}}/\cos\eta_{\mathrm{m}}\tag{9.2.4}$$

式中：a_{t} 为垂直于目标视线的目标法向加速度。η_{m} 为导弹速度前置角，是导弹速度矢量与目标视线的夹角。一般情况下，对目前普遍采用的常平架导引头来讲，η_{m} 不可直接测量。如果导引头瞄准误差角和导弹攻角都很小，那么 η_{m} 可以用导引头框架角 η_{g}（导引头天线轴与导弹纵轴之间的夹角）来近似，即 $\eta_{\mathrm{m}}\approx\eta_{\mathrm{g}}$。两个角度的关系如图9.2.2所示。

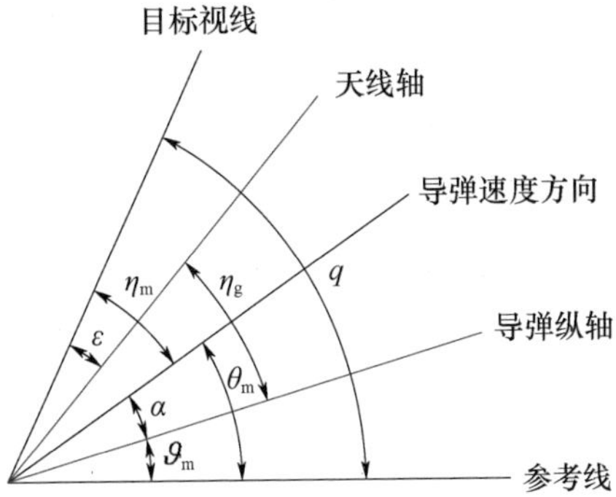

图9.2.2　η_{m} 和 η_{g} 的近似关系

图9.2.2中，假设导弹在纵平面内攻击目标，图中：ε 为导引头瞄准误差角；α 为导弹攻角；η_{m} 为导弹速度前置角；η_{g} 为导引头框架角；θ_{m} 为弹道倾角；

ϑ_m 为俯仰角;q 为视线角。

从工程实现上来讲,导引头框架角 η_g 更容易测量,因此可用导引头框架角 η_g 来近似代替导弹的前置角 η_m,则式(9.2.4)变为

$$a_c = [1 + K/\cos\eta_g]V_m\dot{q} + a_t/\cos\eta_g \tag{9.2.5}$$

由式(9.2.5)不难看出,式中等号右边的第二项包含有目标机动加速度信息,可以认为是利用目标机动加速度信息对比例导引律的补偿。然而,目标机动加速度信息是很难直接测量获得的。目前,常用的方法是利用导引头能够测量获得的弹-目相对运动信息,采用合适的估计方法对目标机动加速度进行估计得到其估计值 $\hat{a}_t$,然后用 $\hat{a}_t$ 代替式(9.2.5)中的 a_t 求得导引指令。因此,目标加速度的估计误差对导引性能的影响很大。更精确的估计加速度将会更好地在拦截机动目标时使用扩展比例导引法则。所以,必须找到一种技术,可以更好地估计机动目标加速度,以便更精确地拦截它。

截至目前,对机动目标的状态估计进行了深入研究,在机动目标建模和自适应滤波技术的研究都获得了实用的结果。对机动目标的状态估计一般是在弹-目相对运动坐标系下进行,主要有直角坐标系和极坐标系,但无论采用哪种坐标系描述弹-目相对运动,其运动方程都是非线性的。直角坐标系下状态方程是线性的,但输出方程是非线性的;在极坐标下状态方程是非线性的,输出方程是线性的。因此,机动目标的状态估计是一个非线性系统的状态估计问题。目前,常用的方法分成两类:一类是基于目标机动模型,结合滤波估计的方法。所用的滤波方法主要有扩展卡尔曼滤波(Extended Kalman Filter, EKF)、无迹卡尔曼滤波(Unscented Kalman Filter,UKF)等。扩展卡尔曼滤波器是非线性状态估计问题最实用的技术。但是,它需要知道噪声的统计特性,工程实现困难。为了克服这些困难,无迹变换(Unscented Transform,UT)利用非线性变换传播获得噪声的协方差和均值信息,是 UKF 的基础,提高时间更新精度和更好的协方差精度是提高 UKF 性能的关键因素。

上面基于目标机动模型+滤波的方法估计目标运动状态,准确地讲是估计目标相对于导弹的位置、速度、加速度信息。一般来讲需要知道目标的机动模型,系统噪声和测量噪声的统计特性或利用某种方法估计得到噪声的统计特性,在工程实现上都存在着一定的困难。为了克服这一困难,人们研究了另一类方法,就是将目标机动加速度作为系统的未知输入项,通过未知输入估计

方法获取目标机动加速度的估计值。其中,最小二乘输入估计方法是较为常用的输入估计方法。但当目标机动加速度不是常值加速度时,估计结果会出现较大的误差。最小二乘算法的计算量也比较大。针对这些问题,这里采用基于回溯自适应输入估计的方法来估计目标机动加速度。作为一种自适应输入估计方法,它不需要输入量的先验信息,同时也不受输入特性的影响,对存在噪声与不确定性的系统有着较好的未知输入估计效果。

9.2.2　基于未知输入估计的目标机动加速度估计

式(9.2.1)是建立在极坐标系下的弹－目相对运动方程。该方程便于导引律设计,但方程中不能显式地描述目标机动,也就是目标的机动加速度信息。为了方便估计目标机动加速度,这里考虑导弹和目标在三维空间的相对运动,引入视线坐标系,重新定义状态变量。

令 r 为导弹和目标的相对距离,$v_{\mathrm{r}}=\dot{r}$ 为接近速率,视线方位角 λ_{H},视线高低角 λ_{V},ω_z 为视线角速度在视线坐标系 z 轴的投影,ω_y 为视线角速度在视线坐标系 y 轴的投影,$a_{\mathrm{m}x}$ 为导弹加速度在视线坐标系 x 轴的投影,$a_{\mathrm{m}y}$ 为导弹加速度在视线坐标系 y 轴的投影,$a_{\mathrm{m}z}$ 为导弹加速度在视线坐标系 z 轴的投影,$a_{\mathrm{t}x}$ 为目标加速度在视线坐标系 x 轴的投影,$a_{\mathrm{t}y}$ 为目标加速度在视线坐标系 y 轴的投影,$a_{\mathrm{t}z}$ 为目标加速度在视线坐标系 z 轴的投影。则导弹与目标间的相对运动学模型可写成如下形式的状态方程:

$$\dot{\boldsymbol{x}}_0=\begin{pmatrix}\dot{r}\\ \dot{v}_r\\ \dot{\boldsymbol{\lambda}}_{\mathrm{V}}\\ \dot{\boldsymbol{\lambda}}_{\mathrm{H}}\\ \dot{\omega}_z\\ \dot{\omega}_y\end{pmatrix}=f(x_0,u)=\begin{pmatrix}v_{\mathrm{r}}\\ r(\omega_y^2+\omega_z^2)+(a_{\mathrm{t}x}-a_{\mathrm{m}x})\\ \omega_z\\ \dfrac{1}{\cos\boldsymbol{\lambda}_{\mathrm{V}}}\omega_y\\ -2\dfrac{v_{\mathrm{r}}}{r}\omega_z-\omega_y^2\tan\boldsymbol{\lambda}_{\mathrm{V}}+\dfrac{1}{r}(a_{\mathrm{t}y}-a_{\mathrm{m}y})\\ -2\dfrac{v_{\mathrm{r}}}{r}\omega_y+\omega_y\omega_z\tan\boldsymbol{\lambda}_{\mathrm{V}}-\dfrac{1}{r}(a_{\mathrm{t}z}-a_{\mathrm{m}z})\end{pmatrix}\tag{9.2.6}$$

式中:$\boldsymbol{x}$ 为新的状态变量,$\boldsymbol{x}=[\dot{r}\quad \dot{v}_{\mathrm{r}}\quad \dot{\boldsymbol{\lambda}}_{\mathrm{V}}\quad \dot{\boldsymbol{\lambda}}_{\mathrm{H}}\quad \dot{\omega}_z\quad \dot{\omega}_y]^{\mathrm{T}}$。

假设导引头为光学探测的一类被动导引头,只能测量视线高低角和视线方向角，则在极坐标系下，观测量为视线高低角和视线方向角，即$[\lambda_V,\lambda_H]^T$。则输出方程为

$$z = \boldsymbol{H}\boldsymbol{x} \tag{9.2.7}$$

式中

$$\boldsymbol{z} = [\lambda_V,\lambda_H]^T, \boldsymbol{H} = \begin{pmatrix} 0 & 0 & 1 & 0 & 0 & 0 \\ 0 & 0 & 0 & 1 & 0 & 0 \end{pmatrix}$$

由于导引头对测量信息的采集使用的是计算机采样系统，因此采用的滤波算法是针对离散系统的状态估计算法。为了简化对极坐标系下系统连续状态方程的离散化过程，重新选取一组新的状态变量，对极坐标系下的模型进行数学上的修正，从而构成修正极坐标系下的状态方程，而观测方程不进行改变。

重新选取一组修正的状态变量$\boldsymbol{x} = [1/r, \dot{r}/r, \lambda_V, \lambda_H, \omega_z, \omega_y]^T$代替极坐标系下的状态变量，并对极坐标系下状态方程式(9.2.6)的前两项进行修正：

$$\frac{\mathrm{d}}{\mathrm{d}t}\left(\frac{1}{r}\right) = (-1)\frac{1}{r^2}\dot{r} = -\left(\frac{1}{r}\right)\left(\frac{\dot{r}}{r}\right) \tag{9.2.8}$$

$$\begin{aligned} \frac{\mathrm{d}}{\mathrm{d}t}\left(\frac{\dot{r}}{r}\right) &= \left(\frac{1}{r}\right)\left(\frac{\mathrm{d}\dot{r}}{\mathrm{d}t}\right) + \dot{r}\frac{\mathrm{d}\left(\frac{1}{r}\right)}{\mathrm{d}t} \\ &= \frac{1}{r}[r(\omega_y^2+\omega_z^2) + (a_{tx}-a_{mx})] + \dot{r}\left[-\frac{1}{r}\left(\frac{\dot{r}}{r}\right)\right] \\ &= \omega_y^2+\omega_z^2 - \left(\frac{\dot{r}}{r}\right)^2 + \frac{1}{r}(a_{tx}-a_{mx}) \end{aligned} \tag{9.2.9}$$

将式(9.2.8)和式(9.2.9)代入极坐标系下的滤波方程式(9.2.6)，得到修正后的状态方程为

$$\dot{\boldsymbol{x}} = \begin{pmatrix} \frac{\mathrm{d}}{\mathrm{d}t}\left(\frac{1}{r}\right) \\ \frac{\mathrm{d}}{\mathrm{d}t}\left(\frac{\dot{r}}{r}\right) \\ \dot{\lambda}_V \\ \dot{\lambda}_H \\ \dot{\omega}_z \\ \dot{\omega}_y \end{pmatrix} = f(x,u) = \begin{pmatrix} -\left(\frac{1}{r}\right)\left(\frac{\dot{r}}{r}\right) \\ -\left(\frac{\dot{r}}{r}\right)^2 + \omega_y^2 + \omega_z^2 + \left(\frac{1}{r}\right)(a_{tx}-a_{mx}) \\ \omega_z \\ \frac{1}{\cos\lambda_V}\omega_y \\ -2\left(\frac{\dot{r}}{r}\right)\omega_z - \omega_y^2\tan\lambda_V + \left(\frac{1}{r}\right)(a_{ty}-a_{my}) \\ -2\left(\frac{\dot{r}}{r}\right)\omega_y + \omega_y\omega_z\tan\lambda_V - \left(\frac{1}{r}\right)(a_{tz}-a_{mz}) \end{pmatrix} \tag{9.2.10}$$

在修正极坐标系下，观测量与极坐标系下相同，也为视线高低角和视线方向角，即$[\lambda_V,\lambda_H]^T$，则有

$$z=\boldsymbol{H}x \tag{9.2.11}$$

式中

$$z=[\lambda_V,\lambda_H]^T,\boldsymbol{H}=\begin{pmatrix}0&0&1&0&0&0\\0&0&0&1&0&0\end{pmatrix}$$

下面将修正极坐标系下的相对运动方程组写成标准形式。

令$x_1=1/r,x_2=v_r/r,x_3=\lambda_V,x_4=\lambda_H,x_5=\omega_z,x_6=\omega_y$，则系统状态方程写成如下形式：

$$\dot{x}=\begin{pmatrix}\dot{x}_1\\\dot{x}_2\\\dot{x}_3\\\dot{x}_4\\\dot{x}_5\\\dot{x}_6\end{pmatrix}=f(x,u)=\begin{pmatrix}-x_1x_2\\-x_2^2+x_5^2+x_6^2+x_1(a_{tx}-a_{mx})\\x_5\\x_6\sec x_3\\-2x_2x_5-x_6^2\tan x_3+x_1(a_{ty}-a_{my})\\-2x_2x_6+x_5x_6\tan x_3-x_1(a_{tz}-a_{mz})\end{pmatrix} \tag{9.2.12}$$

输出方程为

$$z=\boldsymbol{H}x \tag{9.2.13}$$

式中

$$z=[x_3,x_4]^T,\boldsymbol{H}=\begin{pmatrix}0&0&1&0&0&0\\0&0&0&1&0&0\end{pmatrix}$$

将式(9.2.12)中的目标加速度项分解，写成如下的状态方程形式：

$$\dot{x}=\begin{pmatrix}\dot{x}_1\\\dot{x}_2\\\dot{x}_3\\\dot{x}_4\\\dot{x}_5\\\dot{x}_6\end{pmatrix}=f(x,u)+g(x)w$$

$$
=\begin{pmatrix} -x_1x_2 \\ -x_2^2+x_5^2+x_6^2-x_1a_{mx} \\ x_5 \\ x_6\sec x_3 \\ -2x_2x_5-x_6^2\tan x_3-x_1a_{my} \\ -2x_2x_6+x_5x_6\tan x_3+x_1a_{mz} \end{pmatrix}+\begin{pmatrix} 0 & 0 & 0 \\ x_1 & 0 & 0 \\ 0 & 0 & 0 \\ 0 & 0 & 0 \\ 0 & x_1 & 0 \\ 0 & 0 & -x_1 \end{pmatrix}\begin{pmatrix} a_{tx} \\ a_{ty} \\ a_{tz} \end{pmatrix} \tag{9.2.14}
$$

或写成如下的标准形式：

$$
\dot{x}=f(x,\boldsymbol{u})+G(x)\boldsymbol{w} \tag{9.2.15}
$$

式中

$$
\boldsymbol{u}=[a_{mx},a_{my},a_{mz}]^{\mathrm{T}},\boldsymbol{w}=[a_{tx},a_{ty},a_{tz}]^{\mathrm{T}}
$$

$$
f(x,u)=\begin{pmatrix} -x_1x_2 \\ -x_2^2+x_5^2+x_6^2-x_1a_{mx} \\ x_5 \\ x_6\sec x_3 \\ -2x_2x_5-x_6^2\tan x_3-x_1a_{my} \\ -2x_2x_6+x_5x_6\tan x_3+x_1a_{mz} \end{pmatrix},G(x)=\begin{pmatrix} 0 & 0 & 0 \\ x_1 & 0 & 0 \\ 0 & 0 & 0 \\ 0 & 0 & 0 \\ 0 & x_1 & 0 \\ 0 & 0 & -x_1 \end{pmatrix}
$$

利用式(9.2.13)和式(9.2.15)所描述的导弹与目标和相对运动方程，将目标机动加速度作为未知输入，即可基于未知输入估计理论估计得到目标机动加速度的估计值，从而构成目标机动加速度辅助的比例导引律。

其中，$\boldsymbol{w}=[a_{tx},a_{ty},a_{tz}]^{\mathrm{T}}$ 为目标机动加速度在视线坐标系三个轴上的投影。由于目标机动加速度无法测量，可作为未知输入处理。

式(9.2.13)和式(9.2.15)所描述的弹－目相对运动方程是一个连续时间非线性方程组。而目前的未知输入估计方法大都是面向离散时间线性系统的，为此将其离散化。

首先计算非线性系统式(9.2.14)的雅可比矩阵：

$$
\boldsymbol{F}(x,u)=\frac{\partial f(x,u)}{\partial x}
$$

$$
=\begin{pmatrix}
-x_2 & -x_1 & 0 & 0 & 0 & 0 \\
0 & -2x_2 & 0 & 0 & 2x_5 & 2x_6 \\
0 & 0 & 0 & 0 & 1 & 0 \\
0 & 0 & x_6\tan x_3\sec x_3 & 0 & 0 & \sec x_3 \\
x_7-a_{my} & -2x_5 & -x_6^2\sec^2 x_3 & 0 & -2x_2 & -2x_6\tan x_3 \\
-(x_8-a_{mz}) & -2x_6 & x_5x_6\sec^2 x_3 & 0 & x_6\tan x_3 & -2x_2+x_5\tan x_3
\end{pmatrix}
$$

将式(9.2.15)进行泰勒展开,取一阶近似项,可以获得相应的线性系统的状态转移矩阵:

$$
\boldsymbol{\Phi}(k+1,k)\approx I+F(x,u)\cdot T
$$

$$
=\begin{pmatrix}
1-x_2T & -x_1T & 0 & 0 & 0 & 0 \\
0 & 1-2x_2T & 0 & 0 & 2x_5T & 2x_6T \\
0 & 0 & 1 & 0 & T & 0 \\
0 & 0 & Tx_6\tan x_3 & 1 & 0 & T\sec x_3 \\
(x_7-a_{my})T & -2x_5T & -Tx_6^2\sec^2 x_3 & 0 & 1-2x_2T & -2Tx_6\tan x_3 \\
-(x_8-a_{mz})T & -2x_6T & Tx_5x_6\sec^2 x_3 & 0 & Tx_6\tan x_3 & 1+(-2x_2+x_5\tan x_3)T
\end{pmatrix}
\tag{9.2.16}
$$

计算输入系数矩阵 $\boldsymbol{\Gamma}(k)$ 如下:

$$
\boldsymbol{\Gamma}(k)\approx\int_0^T\boldsymbol{\Phi}(k+1,k)G(x)\,\mathrm{d}t=\begin{pmatrix}
0 & 0 & 0 \\
\frac{1}{2}x_1T^2 & 0 & 0 \\
0 & 0 & 0 \\
0 & 0 & 0 \\
0 & \frac{1}{2}x_1T^2 & 0 \\
0 & 0 & -\frac{1}{2}x_1T^2
\end{pmatrix}
\tag{9.2.17}
$$

结合式(9.2.16)和式(9.2.17)将式(9.2.14)写成如下离散时间线性状态方程:

$$
\boldsymbol{x}(k+1)=\boldsymbol{\Phi}(k+1,k)\boldsymbol{x}(k)+\boldsymbol{\Gamma}(k)u(k)+\boldsymbol{\Gamma}(k)\boldsymbol{w}(k)\tag{9.2.18}
$$

式中:$\boldsymbol{w}(k)=[\sigma_y,\sigma_z]^{\mathrm{T}}$ 为相互统计独立且均值为零的白噪声,其方差矩阵 $\boldsymbol{Q}(k)=E[\boldsymbol{w}^{\mathrm{T}}(k)\boldsymbol{w}(k)]=\mathrm{diag}(\sigma_y^2,\sigma_z^2)$。

由于修正的极坐标系下输出方程为线性的，因此离散化后为

$$\boldsymbol{z}(k)=\boldsymbol{H}x(k)+\boldsymbol{v}(k) \tag{9.2.19}$$

式中：$\boldsymbol{z}(k)=[x_3(k),x_4(k)]^{\mathrm{T}}$；$\boldsymbol{H}=\begin{pmatrix}0&0&1&0&0&0\\0&0&0&1&0&0\end{pmatrix}$；$\boldsymbol{v}(k)$ 为 2×1 维相互独立且均值为零的高斯白噪声，其协方差阵 $R(k)=E[\boldsymbol{v}(k)\boldsymbol{v}^{\mathrm{T}}(k)]$。

将式(9.2.18)写成标准形式：

$$\begin{cases}\boldsymbol{x}(k+1)=\boldsymbol{\Phi}(k+1,k)\boldsymbol{x}(k)+\boldsymbol{\Gamma}(k)\boldsymbol{u}(k)+\boldsymbol{\Gamma}(k)\boldsymbol{w}(k)\\\boldsymbol{y}(k)=\boldsymbol{H}\boldsymbol{x}(k)+\boldsymbol{v}(k)\end{cases} \tag{9.2.20}$$

式中：$\boldsymbol{x}(k)\in\mathbf{R}^n$ 为系统状态，$\boldsymbol{u}(k)\in\mathbf{R}^m$ 为系统的输入；$\boldsymbol{w}(k)\in\mathbf{R}^m$ 为系统的噪声信息；$\boldsymbol{y}(k)\in\mathbf{R}^p$ 为系统的输出；$\boldsymbol{v}(k)\in\mathbf{R}^p$ 为观测噪声。

为方便起见，将式(9.2.20)写成简单形式：

$$\begin{cases}\boldsymbol{x}(k+1)=\boldsymbol{A}\boldsymbol{x}(k)+\boldsymbol{B}\boldsymbol{u}(k)+\boldsymbol{B}\boldsymbol{w}(k)\\\boldsymbol{y}(k)=\boldsymbol{C}\boldsymbol{x}(k)+\boldsymbol{v}(k)\end{cases} \tag{9.2.21}$$

为了估计未知输入，即目标机动加速度，设计一个自适应输入估计器：

$$\begin{cases}x_{\mathrm{e}}(k)=Ax_{\mathrm{e}}(k-1)+Bu_{\mathrm{e}}(k-1)\\y_{\mathrm{e}}(k)=Cx_{\mathrm{e}}(k)\\z(k)=y_{\mathrm{e}}(k)-y(k)\end{cases} \tag{9.2.22}$$

式中：$x_{\mathrm{e}}(k)\in\mathbf{R}^n$ 为估计器的状态量；$u_e(k)\in\mathbf{R}^l$ 为输入估计值；$y_e(k)\in\mathbf{R}^p$ 为估计器的观测值；$z(k)\in\mathbf{R}^p$ 为目标观测值与估计器观测值的差值。

输入估计值 $u_e(k)$ 可以写成如下形式：

$$u_{\mathrm{e}}(k)=\sum_{i=1}^{n_{\mathrm{e}}}\boldsymbol{F}_i(k)u_{\mathrm{e}}(k-i)+\sum_{i=0}^{n_{\mathrm{e}}}\boldsymbol{G}_i(k)z(k-i) \tag{9.2.23}$$

式中：n_{e} 为输入估计器的阶数；$\boldsymbol{F}_i(k)\in\mathbf{R}^{l_u\times l_u}$与 $\boldsymbol{G}_i(k)\in\mathbf{R}^{l_u\times l_z}$为输入估计器的系数矩阵。

研究的目标就是利用过去的$\{u_{\mathrm{e}}(k)\}$与$\{z(k)\}$更新 $F_i(k)$ 与 $G_i(k)$，从而获得当前输入估计的最优值。

式(9.2.23)还可写成矩阵形式：

$$u_{\mathrm{e}}(k)=\boldsymbol{\Phi}(k)\boldsymbol{\Theta}(k-1) \tag{9.2.24}$$

式中

$$\boldsymbol{\Phi}(k)=[F_1(k),F_2(k),\cdots,F_{n_{\mathrm{e}}}(k),G_1(k),G_2(k),\cdots,G_{n_{\mathrm{e}}}(k)]$$

$$\boldsymbol{\Theta}(k-1)=[u_e(k-1),u_e(k-2),\cdots,u_e(k-n_e),z(k-1),z(k-2),\cdots,z(k-n_e)]$$

研究的目标是利用过去的 $\boldsymbol{\Theta}(k-1)$ 来更新 $\boldsymbol{\Phi}(k)$，从而获得当前输入 $u_e(k)$ 的最优估计值。如用最小二乘法确定 $\boldsymbol{\Phi}(k)$，令 b_j 为一个正整数($j=1,2,\cdots,k$)，则可最小化下面的指标函数来求取 $\Theta(k-1)$：

$$J(\boldsymbol{\Phi}(k)) = \sum_{j=1}^{k} \lambda^{k-j} \| \boldsymbol{\Phi}(k)\boldsymbol{\Theta}(j-b_j-1) - u_e(j,j-b_j) \|^2 \tag{9.2.25}$$

式中：λ 为遗忘因子。

最小化式(9.2.25)，则有

$$e(k)=u(k-b_k)-\boldsymbol{\Phi}(k-1)\boldsymbol{\Theta}(k-b_k-1) \tag{9.2.26}$$

$$K=P(k-1)\boldsymbol{\Theta}(k-b_k-1)[\lambda+\boldsymbol{\Theta}^{\mathrm{T}}(k-b_k-1)P(k-1)\boldsymbol{\Theta}(k-b_k-1)]^{-1} \tag{9.2.27}$$

$$P(k)=[P(k-1)-K\boldsymbol{\Theta}^{\mathrm{T}}(k-b_k-1)P(k-1)]\lambda^{-1} \tag{9.2.28}$$

$$\boldsymbol{\Phi}(k)=[\boldsymbol{\Theta}^{\mathrm{T}}(k-1)+Ke(k)]^{\mathrm{T}} \tag{9.2.29}$$

式(9.2.26)～式(9.2.29)构成了未知输入估计算法。

对于系统状态的估计，基于卡尔曼滤波的思路，直接给出如下形式的状态估计器：

$$\begin{cases} K_e(k)=P_e(k-1)\boldsymbol{C}^{\mathrm{T}}S_e^{-1}(k-1) \\ P_{da}(k-1)=P_e(k-1)-P_e(k-1)\boldsymbol{C}^{\mathrm{T}}S_e^{-1}(k-1)\boldsymbol{C}P_e(k-1) \\ S_e(k-1)=\boldsymbol{C}P_e(k-1)\boldsymbol{C}^{\mathrm{T}}+R(k) \\ P_e(k)=AP_{da}(k-1)\boldsymbol{A}^{\mathrm{T}}+Q(k-1) \\ x_e(k)=Ax_e(k-1)+Bu_e(k-1)+K_e(k)y(k)-K_e(k)\boldsymbol{C}(\boldsymbol{A}x_e(k-1)+ \\ \qquad Bu_e(k-1))=[\boldsymbol{I}-K_e(e)\boldsymbol{C}](Ax_e(k-1)+Bu_e(k-1))+K_e(k)y(k) \end{cases} \tag{9.2.30}$$

式中：$K_e(k)\in\mathbf{R}^{n\times p}$为状态估计器的增益；$P_{da}(k)\in\mathbf{R}^{n\times n}$为估计误差的协方差；$P_e(k)\in\mathbf{R}^{n\times n}$为预测误差的协方差；$x_e(k)\in\mathbf{R}^n$ 为优化后的状态估计值。

利用式(9.2.26)～式(9.2.29)构成的输入估计算法和式(9.2.30)状态估计算法，就可以用来估计导弹与目标相对运动信息和目标机动加速度，即实现目标跟踪。图 9.2.3 示出了由自适应输入估计器与状态估计器构成的机动目标跟踪系统。

下面基于回溯自适应理论，研究如何利用式(9.2.26)～式(9.2.29)构成

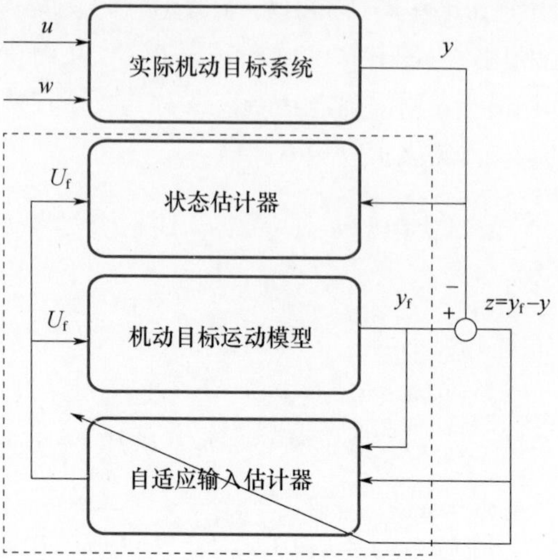

图 9.2.3　自适应机动目标跟踪系统

的输入估计算法和式(9.2.30)状态估计算法,估计目标机动加速度。

9.2.3　基于回溯自适应理论的未知输入估计

1. 定义回溯代价函数

对于离散系统式(9.2.21),假设系统可观测,定义离散系统的马尔可夫参数为

$$H_i \triangleq CA^{i-1}B, i \geqslant 1 \tag{9.2.31}$$

若 r 为正整数,则对于所有 $k \geqslant r$,有

$$x_e(k) = A^r x_e(k-r) + \sum_{i=1}^{r} A^{i-1} B u_e(k-i) \tag{9.2.32}$$

由式(9.2.21)、式(9.2.22)以及式(9.2.32)可得

$$\tilde{y}(k) = CA^r x_e(k-r) + \tilde{\boldsymbol{H}} \boldsymbol{U}_e(k-1) - y(k) \tag{9.2.33}$$

式中

$$\tilde{y}(k) = y(k) - y_e(k), \tilde{\boldsymbol{H}} = [H_1, H_2, \cdots, H_r]$$

$$\boldsymbol{U}_e(k-1) = [u_e(k-1), u_e(k-2), u_e(k-r)]^{\mathrm{T}}$$

将 $\tilde{\boldsymbol{H}}\boldsymbol{U}_e(k-1)$ 分解成已知和未知两部分,即

$$\tilde{\boldsymbol{H}}\boldsymbol{U}_e(k-1) = \tilde{\boldsymbol{H}}' \boldsymbol{U}_e^1(k-1) + \tilde{\boldsymbol{H}}'' \boldsymbol{U}_e^2(k-1) \tag{9.2.34}$$

式中

$$\widetilde{H}' \in \mathbf{R}^{p\times(m-l)}, \widetilde{H}'' \in \mathbf{R}^{p\times l}, \boldsymbol{U}_e^1(k-1) \in \mathbf{R}^{m-l}, \boldsymbol{U}_e^2(k-1) \in \mathbf{R}^l$$

将式(9.2.34)代入式(9.2.33),则有

$$\tilde{y}(k) = \Omega(k) + \widetilde{\boldsymbol{H}}''\boldsymbol{U}_{\mathrm{e}}^2(k-1)y \tag{9.2.35}$$

式中:$\Omega(k)$为系统中的未知项,且有

$$\Omega(k) = CA^r x_{\mathrm{e}}(k-r) - y(k) + \widetilde{\boldsymbol{H}}'\boldsymbol{U}_{\mathrm{e}}^1(k-1) \tag{9.2.36}$$

将式(9.2.35)延迟 k_j 步,式(9.2.35)可改写成

$$\tilde{y}(k-k_j) = \boldsymbol{\Omega}_j(k-k_j) + \widetilde{\boldsymbol{H}}''_j\boldsymbol{U}_{ej}^2(k-k_j-1) \tag{9.2.37}$$

将式(9.2.37)代入式(9.2.36)中

$$\Omega_j(k) = CA^r x_{\mathrm{e}}(k-k_j-r) - y(k-k_j) + \widetilde{\boldsymbol{H}}''_j\boldsymbol{U}_{\mathrm{e}j}^2(k-k_j-1) \tag{9.2.38}$$

将式(9.2.38)代入式(9.2.34)

$$\widetilde{\boldsymbol{H}}\boldsymbol{U}_{\mathrm{e}}(k-k_j-1) = \widetilde{\boldsymbol{H}}'_j\boldsymbol{U}_{\mathrm{e}j}^1(k-k_j-1) + \widetilde{\boldsymbol{H}}''_j\boldsymbol{U}_{\mathrm{e}j}^2(k-k_j-1)$$

令$j=1,2,\cdots,d$,将其代入式(9.2.22),并定义扩展性能变量:

$$\boldsymbol{Y}(k) = [\tilde{y}_1(k-k_1) \quad \cdots \quad \tilde{y}_d(k-k_s)]^{\mathrm{T}} \in \mathbf{R}^{dp} \tag{9.2.39}$$

由式(9.2.39)可得

$$\boldsymbol{Y}(k) = \widetilde{\boldsymbol{\Omega}}(k) + \widetilde{\boldsymbol{H}}\widetilde{\boldsymbol{U}}_{\mathrm{e}}(k-1) \tag{9.2.40}$$

式中

$$\widetilde{\boldsymbol{\Omega}}(k) = [\widetilde{\Omega}(k-k_1) \quad \cdots \quad \widetilde{\Omega}(k-k_p)]^{\mathrm{T}} \in \mathbf{R}^{d\times p} \tag{9.2.41}$$

$$\widetilde{\boldsymbol{U}}_{\mathrm{e}}(k-1) = [u_{\mathrm{e}}(k-q_1) \quad \cdots \quad u_{\mathrm{e}}(k-q_g)]^{\mathrm{T}} \in \mathbf{R}^{g\times m} \tag{9.2.42}$$

式里:$k_1 \leqslant q_1 \leqslant q_2 \leqslant \cdots \leqslant q_g \leqslant k_d$;$\widetilde{\boldsymbol{H}}$ 为与 $\widetilde{\boldsymbol{U}}_{\mathrm{e}}(k-1)$相关的矩阵。

经考查可知,$\widetilde{\boldsymbol{U}}_{\mathrm{e}}(k-1)$是由 $U_{\mathrm{e}1}^2(k-k_1-1), U_{\mathrm{e}2}^2(k-k_2-1), \cdots, U_{\mathrm{ed}}^2(k-k_d-1)$ 排列后去掉重复项而成。参考式(9.2.37),只考虑主要输入项 $U_{\mathrm{e}j}^2(k-k_j-1)$,并用 $U_{\mathrm{e}j}^*(k-k_j-1)$替换 $U_{\mathrm{e}j}^2(k-k_j-1)$,重新定义回溯性能变量:

$$\hat{y}(k-k_j) = \Omega_j(k-k_j) + H_j U_{\mathrm{e}j}^*(k-k_j-1) \tag{9.2.43}$$

在这里,目的是将 $U_{\mathrm{e}j}(k-k_j-1)$由一个优化后的输入量 $U_{\mathrm{e}j}^*(k-k_j-1)$代替,进而可以得到扩展回溯性能变量为

$$\hat{\boldsymbol{Y}}(k) = \widetilde{\boldsymbol{\Omega}}(k) + \widetilde{\boldsymbol{H}}\widetilde{\boldsymbol{U}}_{\mathrm{e}}^*(k-1) \tag{9.2.44}$$

式中

$$\hat{Y}(k) = [\hat{y}(k-k_1) \quad \cdots \quad \hat{y}(k-k_d)]^{\mathrm{T}} \in \mathbf{R}^{d\times p}。$$

$\widetilde{\boldsymbol{U}}_{\mathrm{e}}^*(k-1)$的各元素由 $U_{\mathrm{e}1}^*(k-k_1-1), U_{\mathrm{e}2}^*(k-k_2-1), \cdots, U_{\mathrm{ed}}^*(k-k_d-$

1)组成,其排列方式与 $\widetilde{\boldsymbol{U}}_{\mathrm{e}}(k-1)$ 相同。

比较式(9.2.40)和式(9.2.44),则有

$$\hat{\boldsymbol{Y}}(k)=\boldsymbol{Y}(k)-\widetilde{\boldsymbol{H}}\widetilde{\boldsymbol{U}}_{\mathrm{e}}(k-1)+\widetilde{\boldsymbol{H}}\widetilde{\boldsymbol{U}}_{\mathrm{e}}^{*}(k-1) \tag{9.2.45}$$

定义回溯代价方程为

$$J(\widetilde{\boldsymbol{U}}_{\mathrm{e}}(k-1),k)=\hat{\boldsymbol{Y}}^{\mathrm{T}}(k)\boldsymbol{R}_{Y}(k)\hat{\boldsymbol{Y}}(k)+\lambda(k)\widetilde{\boldsymbol{U}}_{\mathrm{e}}^{*\mathrm{T}}(k-1)\boldsymbol{R}_{U}\widetilde{\boldsymbol{U}}_{\mathrm{e}}^{*}(k-1) \tag{9.2.46}$$

式中:$\boldsymbol{R}_{Y}(k)$、$\boldsymbol{R}_{U}(k)$ 为性能权重矩阵;$\lambda(k)$ 为协调因子。

研究目的是找到优化后的估计量 $U_{j}^{*}(k-k_{j}-1)$ 来代替 $U_{j}(k-k_{j}-1)$,然后利用得到优化后的估计量更新当前输入估计器。

2. 代价函数的自适应优化

为了能利用优化后的估计量 $U_{j}^{*}(k-k_{j}-1)$ 使式(9.2.46)到达最小,将式(9.2.45)代入(9.2.46)并整理,可得

$$\begin{aligned}&J(\widetilde{\boldsymbol{U}}_{\mathrm{e}}^{*}(k-1),k)\\&=\widetilde{\boldsymbol{U}}_{\mathrm{e}}^{*T}(k-1)E_{1}(k)\widetilde{\boldsymbol{U}}_{\mathrm{e}}^{*}(k-1)+E_{2}(k)\widetilde{\boldsymbol{U}}_{\mathrm{e}}^{*}(k-1)+E_{3}(k)\end{aligned} \tag{9.2.47}$$

其中

$$\boldsymbol{E}_{1}(k)=\widetilde{\boldsymbol{H}}^{\mathrm{T}}\boldsymbol{R}_{Y}(k)\widetilde{\boldsymbol{H}}+\lambda(k)\boldsymbol{R}_{U} \tag{9.2.48}$$

$$\boldsymbol{E}_{2}(k)=2\widetilde{\boldsymbol{H}}^{\mathrm{T}}\boldsymbol{R}_{Y}(k)[\boldsymbol{Y}(k)-\widetilde{\boldsymbol{H}}\widetilde{\boldsymbol{U}}_{\mathrm{e}}(k-1)] \tag{9.2.49}$$

$$\begin{aligned}\boldsymbol{E}_{3}(k)=&\boldsymbol{Y}^{\mathrm{T}}(k)\boldsymbol{R}_{Y}(k)\boldsymbol{Y}(k)-2\boldsymbol{Y}^{\mathrm{T}}(k)\boldsymbol{R}_{Y}(k)\widetilde{\boldsymbol{H}}\widetilde{\boldsymbol{U}}_{\mathrm{e}}(k-1)\\&+\widetilde{\boldsymbol{U}}_{\mathrm{e}}^{\mathrm{T}}(k-1)\widetilde{\boldsymbol{H}}^{\mathrm{T}}\boldsymbol{R}_{Y}(k)\widetilde{\boldsymbol{H}}\widetilde{\boldsymbol{U}}_{\mathbf{e}}(\boldsymbol{k}-1)\end{aligned} \tag{9.2.50}$$

如果 $\widetilde{\boldsymbol{H}}$ 列满秩时,那么 $E_{1}(k)$ 是可逆的。在这种情况下,$J(\widetilde{\boldsymbol{U}}_{\mathrm{e}}^{*}(k-1),k)$ 具有唯一全局最小解:

$$\widetilde{\boldsymbol{U}}^{*}(k-1)=-\frac{1}{2}E_{1}^{-1}(k)E_{2}(k) \tag{9.2.51}$$

利用上面的方法可估计得到未知输入。

9.2.4 目标加速度辅助的比例导引律仿真分析

仿真条件设定如下:拦截方案为导弹迎头拦截战机。初始条件:目标速度 $V_{\mathrm{t}}=300\mathrm{m/s}$,速度方向指向攻击平面的 X 轴的负半轴;导弹速度 $V_{\mathrm{m}}=600\mathrm{m/s}$,导弹初始的速度方向指向目标;导弹与目标的初始距离为 30000m;拦截弹的最大过载为 15g;扩展比例导引律中的导航比 $K=3$。

目标机动模式：目标在 X 轴向按 $a_{tx}=5\times\sin(1.57-6.28\times(k-100)/1500)$ 连续机动，在 Y 轴向按 $a_{ty}=5\times\sin(1.57-6.28\times(k-100)/1500)$ 连续机动。

扩展比例导引律和修正的扩展导引律在相同的条件下仿真，可得如下结果：

图 9.2.4 和图 9.2.5 分别示出了在 X 轴和 Y 轴方向上目标机动加速度估计情况。显而易见，基于回溯自适应控制理论设计的未知输入估计器能够较好地估计目标机动加速度。

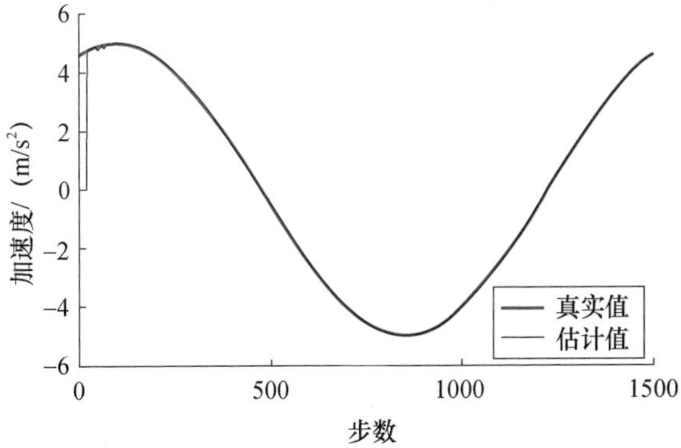

图 9.2.4　X 轴方向上目标机动加速度估计

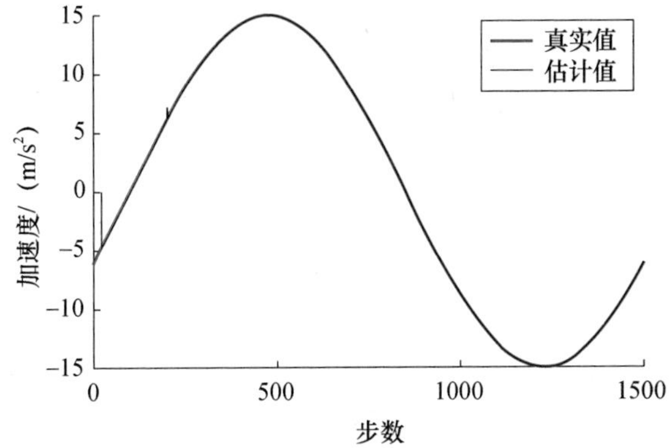

图 9.2.5　Y 轴方向上目标机动加速度估计

图 9.2.6 示出了扩展比例导引律和修正的扩展比例导引律的导引弹道比较，图 9.2.7 示出了扩展比例导引律和修正的扩展比例导引律的导引指令比

较。显而易见,修正的扩展比例导引律的导引弹道和导引指令都要优于扩展比例导引。特别是由于有了目标机动加速度的辅助,修正的扩展比例导引律的导引弹道在导引末段更加平直,弹道上的需用过载更小,因此导引指令也更小,这更有利于打击机动目标。

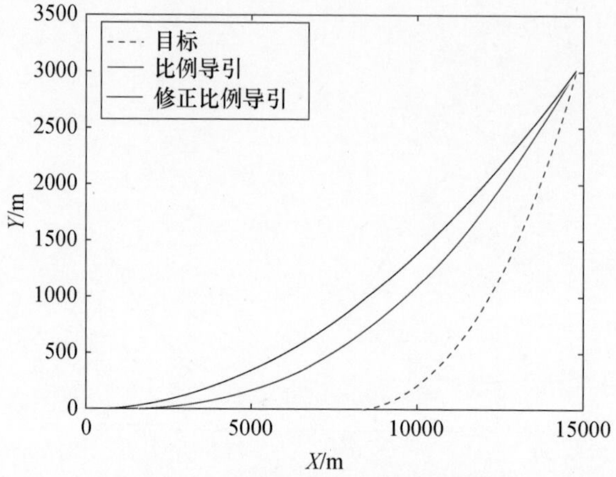

图 9.2.6　两种导引律的导引弹道

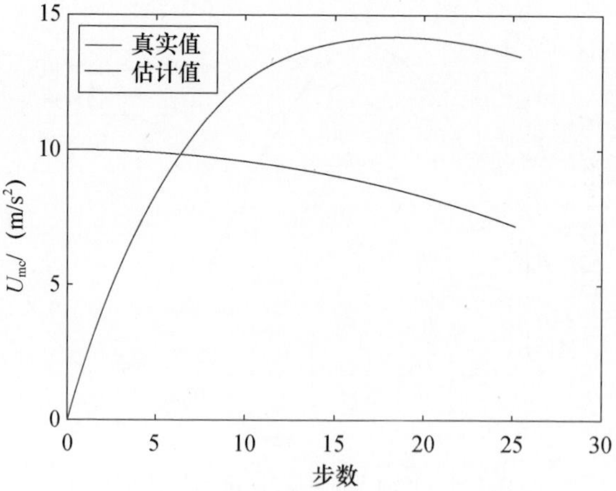

图 9.2.7　两种导引律的导引指令

9.3 视线加速度辅助的自寻的导引律

9.3.1 比例+微分导引律设计与分析

目前,大部分自寻的制导系统采用红外(成像)导引头、主/被动雷达导引头、电视成像导引头等。由于这类自寻的制导系统可以自动获取视线角速度信号,而其他制导信息的获取十分困难,因此,导引律设计受到了制约,往往只能采用比例导引律[1]。为了克服在命中点附近导弹需用法向过载受导弹速度和攻击方向影响的缺点,在不增加制导系统复杂度的前提下,更多采用扩展比例导引律。即使采用扩展比例导引律,也难以对大机动目标,特别是恶意机动目标实施精确打击。

9.2 节将目标机动加速度视为系统的未知输入等方法对目标机动加速度进行估计,在扩展比例导引律的基础上增加与目标机动加速度相关的辅助项。这种目标机动加速度辅助的新型导引律在对付大机动目标,特别是恶意机动目标时取得了良好的效果。但基于滤波的方法对目标机动加速度进行估计往往需要在导弹上增加惯导系统,且火控系统还需要提供目标的初始位置及目标速度信息,工程实施上有一定困难。特别是对于采用红外(成像)导引头、被动雷达导引头、电视成像导引头等一类被动制导系统,可以直接获取的制导信息仅为目标视线角速度一个信号,仅仅利用视线角速度信息来对目标的位置、速度和加速度信息进行最优估计,所得到的目标机动信息的估值精度一般较低,且有些情况下会造成滤波不稳定,无法获得较高精度的目标机动信息估计值。因而,这种目标机动加速度辅助的导引律在工程上受到一定的制约。

从原理上讲,为了能够打击大机动,特别是恶意机动目标,最好能够知道目标机动加速度(包括大小和方向)信息。但对于采用红外(成像)导引头、被动雷达导引头、电视成像导引头等被动制导系统,仅利用视线角速度信号来估计目标机动加速度信息有困难。研究发现,视线角加速度信号中包含目标机动加速度信息。若能利用某种手段获取视线角加速度信号,则利用视线角加速度作为辅助信号构成新的导引律比利用目标机动加速度作为辅助信号构造导引律更为容易工程实现。

下面在文献[2]的基础上,改进一种非线性比例导引方法。通过引入视线角加速度作为辅助信号,形成比例+微分导引律。其设计思路:比例+微分导引律是在扩展比例导引律的基础上实现的。利用非线性信息估计器提取视线角加速度信号,并将其加入导引律设计中实现。比例+微分导引律的基本形式为

$$a_c(t)=K_P V_r \dot{q}(t)+K_D V_r \ddot{q}(t) t_{go} \tag{9.3.1}$$

式中:$a_c(t)$为导弹的导引指令;K_P为比例导引的导航比系数;K_D为视线角加速度辅助项的系数(视线角加速度是视线角速度的微分,故K_D也称为微分导引系数);V_r为导弹与目标的接近速度;$\dot{q}(t)$为视线角速度;$\ddot{q}(t)$为视线角加速度;t_{go}为导弹的剩余飞行时间。

式(9.3.1)中$\ddot{q}(t)$为视线角加速度,可由视线角速度的微分而得到。但直接微分视线角速度会使视线角速度信号中的噪声过分放大,因此,可考虑利用跟踪微分器来对$\ddot{q}(t)$进行估计得到$\hat{\ddot{q}}(t)$[3]。估计$\ddot{q}(t)$的跟踪微分器可由下面的引理导出:

引理9.1 设二阶非线性系统

$$\begin{cases}\dot{x}_1=x_2\\ \dot{x}_2=-g(x_1,x_2)\end{cases} \tag{9.3.2}$$

在原点渐近稳定,则以有界可测信号$v(t)$为输入的二阶非线性系统

$$\begin{cases}\dot{x}_1=x_2\\ \dot{x}_2=-Kg(x_1-v(t),x_2/\sqrt{K})\end{cases} \tag{9.3.3}$$

的解$x_1(t)$对任意$T>0$满足

$$\lim_{K\to\infty}\int_0^T |x_1(t)-v(t)|\mathrm{d}t=0 \tag{9.3.4}$$

引理9.1说明,只要K选择适当,由式(9.3.4)说明$x_1(t)$将以一定的精度跟踪$v(t)$,若将$v(t)$视为广义函数,由式(9.3.4)可推出$x_2(t)$弱收敛于$x_1(t)$的广义导数,即$x_2(t)$可视为$v(t)$的近似微分。K越大,近似精度越高,只要K选得足够大。上面的引理给出了一种跟踪微分器的形式。

令$\hat{\dot{q}}(t)$、$\hat{\ddot{q}}(t)$分别为$\dot{q}(t)$、$\ddot{q}(t)$的估计值。取估计状态量$x_1=\hat{\dot{q}}(t)$,$x_2=\hat{\ddot{q}}(t)$,则设计的跟踪微分器为

$$\begin{cases}\dot{x}_1 = x_2 \\ \dot{x}_2 = -Kg(x_1 - v(t), x_2/\sqrt{K})\end{cases} \tag{9.3.5}$$

式中：$v(t)$为估计器的输入量，$v(t)=\dot{q}(t)$；$g(x_1,x_2)=\text{sgn}(x_1+|x_2|x_2/2)$；$K$为滤波系数，且$K>0$。

$g(x_1,x_2)$和K对于视线角加速度的估计值$\hat{\ddot{q}}(t)$的相位滞后以及估计精度影响较大。K值越大，$\hat{\ddot{q}}(t)$的估计精度就越高，$g(x_1,x_2)$会有效地减少$\hat{\ddot{q}}(t)$的相位滞后，但会使得$\hat{\ddot{q}}(t)$包含高频抖动噪声分量；相反，K值越小，$\hat{\ddot{q}}(t)$的估计精度就越低，$g(x_1,x_2)$会增加$\hat{\ddot{q}}(t)$的相位滞后，但会使得$\hat{\ddot{q}}(t)$包含高频抖动噪声分量影响减少。所以K的选择是关键，将影响跟踪微分器的性能，进而影响比例+微分导引律的导引效果。与此同时，可以设计滤波器来减少噪声对于估计精度的影响。

设计二阶低通滤波器：

$$\frac{\hat{\ddot{q}}_{\text{f}}(s)}{\hat{\ddot{q}}(s)} = \frac{1}{T_{\text{f}}^2 s^2 + 2\xi_{\text{f}} T_{\text{f}} s + 1} \tag{9.3.6}$$

式中：$\hat{\ddot{q}}_{\text{f}}(s)$为滤波估计的视线角加速度；$T_{\text{f}}$为滤波器的时间常数；$\xi_{\text{f}}$为滤波器的阻尼比。

另外，在制导过程的初始阶段和末段还存在着跟踪微分器给出的视线角加速度估计值$\hat{\ddot{q}}(t)$超调过大的问题。这也会大大增加非线性跟踪微分器的误差，因此必须对跟踪微分器输出做一定的限幅处理。

综上所述，综合视线角加速度估计以及滤波处理的跟踪微分器可表示如下：

$$\begin{cases}\dot{x}_1 = x_2 \\ \dot{x}_2 = -K\text{sgn}(x_1 - \dot{q} + |x_2|x_2/(2K)) \\ \dot{x}_3 = x_4 \\ \dot{x}_4 = (\bar{\ddot{q}} - 2\xi_{\text{f}} T_{\text{f}} x_4 - x_3)/T_{\text{f}}^2\end{cases} \tag{9.3.7}$$

式中：$\bar{\ddot{q}}$为$\hat{\ddot{q}}(t)$的限幅控制。

假设$\hat{\ddot{q}}(t)$的限幅最大值为$\ddot{q}_{\max}$，则限幅器的方程为

$$\bar{\ddot{q}} = \begin{cases}\hat{\ddot{q}}, & |\hat{\ddot{q}}| \leqslant \ddot{q}_{\max} \\ \ddot{q}_{\max}\text{sgn}(\hat{\ddot{q}}), & |\hat{\ddot{q}}| > \ddot{q}_{\max}\end{cases} \tag{9.3.8}$$

滤波器输出方程为

$$\begin{cases}\hat{\dot{q}} = x_1 \\ \hat{\ddot{q}} = x_2 \\ \hat{\ddot{q}}_{\mathrm{f}} = x_3\end{cases} \tag{9.3.9}$$

比例+微分导引律式(9.3.1)中,所用的视线角加速度信息为滤波器最终的输出信息 $\hat{\ddot{q}}_{\mathrm{f}}$ 而并不是估计值 $\hat{\ddot{q}}(t)$。

比例+微分导引律利用跟踪微分器获取视线角加速度信息,并将其引入导引律设计中,主要利用了视线角加速度对于目标机动比较敏感的特性,加入微分项后可有效抑制目标机动带来的影响。另外,跟踪微分器毕竟是一个微分器,对输入信号,即视线角速度信号中包含的高频噪声具有放大作用。因此滤波器的设计,可有效抑制高频噪声对于制导系统带来的影响,从而形成了一种制导效果良好的导引律,并且保证了系统的稳定性。

在比例+微分导引律中引入了视线角加速度信号,其依据是视线角加速度信号中包含有目标机动信息,利用视线角加速度信号也可以对付机动目标。下面以平面制导问题为例给出简单分析。

为分析方便,此处重述导弹与目标的相对运动关系和相对运动方程(此处简化变量的时间函数描述形式,即将 $V_{\mathrm{m}}(t)$ 记为 V_{m})。导弹与目标相对运动示意图如图 9.2.1 所示,导弹与目标的相对运动关系方程式为

$$\begin{cases}\dot{q} = \dfrac{1}{r}[V_{\mathrm{m}}\sin\eta_{\mathrm{m}} - V_{\mathrm{t}}\sin\eta_{\mathrm{t}}] \\ \dot{r} = -V_{\mathrm{m}}\cos\eta_{\mathrm{m}} + V_{\mathrm{t}}\cos\eta_{\mathrm{t}} \\ q = \theta_{\mathrm{m}} + \eta_{\mathrm{m}} = \theta_{\mathrm{t}} + \eta_{\mathrm{t}} \\ \varepsilon = 0\end{cases} \tag{9.3.10}$$

对方程组(9.3.10)中第一式求微分,并将结果带入第二式和第三式,可得

$$\begin{aligned} r\ddot{q} + 2\dot{r}\dot{q} = {} & \dot{V}_{\mathrm{m}}\sin(\dot{q} - \dot{\theta}_{\mathrm{m}}) - \dot{V}_{\mathrm{t}}\sin(\dot{q} - \dot{\theta}_{t}) + \\ & \dot{\theta}_{\mathrm{t}}V_{\mathrm{t}}\cos(\dot{q} - \dot{\theta}_{\mathrm{t}}) - \dot{\theta}_{\mathrm{m}}V_{\mathrm{m}}\cos(\dot{q} - \dot{\theta}_{\mathrm{m}}) \end{aligned} \tag{9.3.11}$$

整理可得

$$r\ddot{q} = -2\dot{r}\dot{q} + a_{\mathrm{t}}\cos\eta_{\mathrm{t}} - a_{\mathrm{m}}\cos\eta_{\mathrm{m}} \tag{9.3.12}$$

采用形如式(9.3.1)的导引律,将式(9.3.12)中的 $\ddot{q}$ 代入导引律表达式中,可得

$$a_c = K_P V_r \dot{q} + K_D V_r t_{go} \frac{1}{r}[-2\dot{r}\dot{q} + a_t\cos\eta_t - a_m\cos\eta_m]$$

$$= [K_P - \frac{2}{r}K_D t_{go}\dot{r}]V_r\dot{q} + K_D V_r t_{go}\frac{1}{r}[a_t\cos\eta_t - a_m\cos\eta_m] \tag{9.3.13}$$

假设剩余飞行时间由 $t_{go}=\frac{r}{V_r}$估算，则有

$$a_c = [K_P - \frac{2}{r}K_D \frac{r}{V_r}\dot{r}]V_r\dot{q} + K_D V_r \frac{1}{r}[a_t\cos\eta_t - a_m\cos\eta_m]\frac{r}{V_r}$$

$$= [K_P V_r - 2K_D\dot{r}]\dot{q} + K_D[a_t\cos\eta_t - a_m\cos\eta_m] \tag{9.3.14}$$

从式(9.3.14)可以看出，比例+微分导引律中，由于视线角速度的微分，即视线角加速度相的引入，一方面使比例项的导航比系数由 $K_P V_r$ 变为 $K_P V_r - 2K_D\dot{r}$。一般来讲，$\dot{r}<0$，$(K_P V_r - 2K_D\dot{r}) > K_P V_r$，这就是说，视线角加速度项的引入有增大导航比系数的作用。但又不是直接增大导航比系数的，在目标不机动或不是大机动情况下，导航比系数增大幅度较小，这样更有利于保证制导系统的稳定性；另一方面，视线角加速度项的引入，使得导引指令中增加了 $K_D(a_t\cos\eta_t - a_m\cos\eta_m)$项，实质上是对导弹机动加速度和目标机动加速度的补偿项。当目标机动，特别是大机动时，这一项将对目标机动起到良好的补偿作用，大大削弱目标机动对导引精度的影响，同时也可以改善导引弹道特性。

暂不考虑导弹的动力学特性，则可近似认为 $a_m = a_c$。将导引律式(9.3.1)代入式(9.3.12)中可得

$$r\ddot{q} + 2\dot{r}\dot{q} = a_t\cos\eta_t - \cos\eta_m[K_P V_r\dot{q} + K_D V_r\ddot{q}t_{go}]$$

$$= a_t\cos\eta_t - K_P V_r\dot{q}\cos\eta_m - K_D V_r\ddot{q}t_{go}\cos\eta_m \tag{9.3.15}$$

整理可得

$$(r + K_D V_r t_{go}\cos\eta_m)\ddot{q} + (2\dot{r} + K_P V_r\cos\eta_m)\dot{q} = a_t\cos\eta_t \tag{9.3.16}$$

$$\frac{r + K_D V_r t_{go}\cos\eta_m}{2\dot{r} + K_P V_r\cos\eta_m}\ddot{q} + \dot{q} = \frac{a_t\cos\eta_t}{2\dot{r} + K_P V_r\cos\eta_m} \tag{9.3.17}$$

若取 $K_D=0$，则导引律变为扩展比例导引，此时有

$$\frac{r}{2\dot{r} + K_P V_r\cos\eta_m}\ddot{q} + \dot{q} = \frac{a_t\cos\eta_t}{2\dot{r} + K_P V_r\cos\eta_m} \tag{9.3.18}$$

比较式(9.3.17)和式(9.3.18)中 $\ddot{q}$ 项的系数(决定系统时间常数)

$$T_{PD} \propto \frac{r + K_D V_r t_{go}\cos\eta_m}{2\dot{r} + K_P V_r\cos\eta_m},\ T_P \propto \frac{r}{2\dot{r} + K_P V_r\cos\eta_m}$$

可知 $T_{PD} > T_P$。也就是说,引入视线角加速度后的比例 + 微分导引律导引弹道上视线角速度对目标加速度的响应更加平稳,导引弹道更加平直,进而使得其导引效果更好。

9.3.2 分数阶微分导引律设计与分析

在比例 + 微分导引律中,由于视线角加速度项的引入,一方面有增大导航比系数的作用,但又不是直接增大导航比系数的,更有利于保证制导系统的稳定性;另一方面,视线角加速度项的引入,是对目标机动加速度的有效补偿。当目标机动,特别是大机动时,补偿项将大大削弱目标机动对导引精度的影响,同时也可以改善导引弹道特性。目前,视线角加速度的获取大都利用跟踪微分器对 $\ddot{q}(t)$ 进行估计得到。但跟踪微分器毕竟是一个微分器,对输入信号——视线角速度信号中包含的高频噪声具有放大作用,不仅影响导引精度,严重时还会影响制导系统的稳定性。因此,下面将探索利用新的理论,即分数阶微积分理论来设计比例 + 微分导引律。

分数阶微积分概念最早由 Leibniz 于 1695 年提出。分数阶微积分的概念刚被提出时,就受到很多学者的青睐。但由于分数阶微积分的定义计算较为复杂,而且其物理意义并不十分明显,所以人们更多地在数学领域中对其进行探讨,而较少地将其应用于工程实践中。随着伽马函数、分数阶微积分方程组的精确求解方法等数学工具的出现,分数阶微积分才真正开始应用于工程实践。分数阶微积分在工程上的应用涉及材料记忆、材料力学、电解化学、电子电路、数字图像处理、控制器设计等方面。针对分数阶微积分在控制器设计上的优势,在扩展比例导引律的基础上,利用分数阶微积分理论可设计出形如式(9.3.1)所示的带有视线角加速度辅助项的新型导引律,只不过这里引入的视线角速度的微分项不是一般意义上的微分,而是视线角速度的分数阶微分。

1. 分数阶微积分的基本定义

分数阶微积分有多种不同的定义方式,这里重点介绍两种著名的定义方式:RL 分数阶微分和 Caputo 分数阶微分[4]。

设 f 在 $(0, +\infty)$ 上连续,且 f 在 $J = [0, +\infty)$ 的任意有限子区间内可积,对于 $t > 0, a > 0$ 且 $n < \alpha \leqslant n+1 (n \in N)$,则有 RL 分数阶微分定义:

$$ {}_{a}D_{t}^{\alpha}f(t) = \frac{1}{\Gamma(n-\alpha)} \frac{\mathrm{d}^{n}}{\mathrm{d}t^{n}} \int_{a}^{t} \frac{f(\tau)}{(t-\tau)^{\alpha-n+1}} \mathrm{d}\tau \tag{9.3.19} $$

式中：Γ 为伽马函数，其定义如下：

$$ \Gamma(n) = \int_{0}^{\infty} \mathrm{e}^{-t} t^{n-1} \mathrm{d}t = (n-1)! \tag{9.3.20} $$

相同条件下，可以定义

$$ {}_{0}^{C}D_{t}^{\alpha}f(t) = \frac{1}{\Gamma(n-\alpha)} \int_{0}^{t} \frac{f(\tau)}{(t-\tau)^{\alpha-n+1}} \mathrm{d}\tau \tag{9.3.21} $$

为 f 的 Caputo 分数阶微分定义。其中，$n < \alpha \leqslant n+1\ (n \in \mathbf{N})$。

RL 定义简化了分数阶导数的计算；Caputo 定义简化了拉普拉斯变换的形式。通过简单的推导可知，当阶数 α 为正整数时，RL 定义与 Caputo 定义是等价的；否则它们不等价。Caputo 定义的优点在于其初值与整数阶导数一样具有明确的物理意义。两个定义的关系可表示为

$$ {}_{a}D_{t}^{\alpha}f(t) = \sum_{k=0}^{n} \frac{f^{(k)}(a)\,(t-a)^{-\alpha+k}}{\Gamma(-\alpha+k+1)} + {}_{a}^{C}D_{t}^{\alpha}f(t) \tag{9.3.22} $$

上面给出的分数阶微分定义是针对连续函数的定义，下面给出分数阶微积分的差分定义。

从连续函数整数阶导数的经典定义出发，人们又给出了 GL 差分定义：

$$ {}_{a}^{G}D_{t}^{\alpha}f(t) = \lim_{h \to 0} \frac{1}{h^{\alpha}} \sum_{k=0}^{\frac{t-a}{h}} (-1)^{k} \frac{\Gamma(\alpha+1)}{k!\,\Gamma(\alpha-k+1)} f(t-kh) \tag{9.3.23} $$

从而将微积分由整数阶扩展到分数阶。若将信号 $f(t)$ 的的持续区间 $[a,t]$ 按照单位 $h=1$ 进行等分，令 $n=[t-a]$ 可推出 $f(t)$ 的分数阶微分的差分表达式为

$$ \begin{aligned} \frac{\mathrm{d}^{\alpha}f(t)}{\mathrm{d}t^{\alpha}} \approx & f(t) + (-\alpha)f(t-1) + \frac{(-\alpha)(-\alpha+1)}{2}f(t-2) + \cdots \\ & + \frac{\Gamma(-\alpha+1)}{n!\ \Gamma(-\alpha+n+1)}f(t-n) \end{aligned} \tag{9.3.24} $$

分数阶微积分的差分定义更好地解释了分数阶微积分的含义，并且其 GL 差分定义也更利于工程上对于离散信号的处理应用。

2. 分数阶微分导引律设计

经典扩展比例导引律为

$$a_c = -KV_r\dot{q} \tag{9.3.25}$$

在扩展比例导引律的基础上，将视线角速度的微分引入到导引律中，构成了比例+微分导引律，基本形式如下：

$$a_c(t) = K_p V_r \dot{q}(t) + K_d V_r \ddot{q}(t) t_{go} \tag{9.3.26}$$

根据分数阶微积分控制器的设计实现原理，采用比例+微分导引律的设计思路，推出如下形式的分数阶微分导引律：

$$a_c(t) = K_p V_r a(t) + K_d V_r \frac{d^\alpha a(t)}{dt^\alpha} \tag{9.3.27}$$

式中：K_P 为扩展比例导引项的系数；K_d 为分数阶微分导引项的系数。

为了叙述方便，令 $a(t) = \dot{q}(t)$ 为视线角速度，$\frac{d^\alpha a(t)}{dt^\alpha}$ 为 $a(t)$ 的分数阶微分项，α 为分数阶微分的阶数。

通过分数阶微积分的 GL 差分定义及分数阶微分导引律的形式不难看出，系统下一时刻状态不仅与当前时刻的状态有关，而且与系统当前时刻之前的系统运行情况有关。比例+微分导引律的视线角加速度信号下一时刻的估计值仅与当前时刻的估计值有关，而分数阶微分导引律中的下一时刻的视线角速度的微分信号不仅与当前时刻的视线角速度值有关，而且与之前时刻的视线角速度值有关。也就是说，分数阶微积分控制器本身就是一个滤波器，并且表现出一定的"记忆"特性。分数阶微分导引律具有更好的滤波特性，对噪声更加不敏感，因而系统拥有更好的抗干扰性。

3. 分数阶微分导引律稳定性分析

为将问题简化，假设导弹速度矢量与目标速度矢量在同一平面内，称此平面为攻击平面。以垂直攻击平面内的导弹与目标的运动为研究对象，导弹与目标的相对运动关系如图 9.2.1 所示，导弹与目标的相对运动方程式为

$$\begin{cases} \dot{q} = \frac{1}{r}[V_m \sin\eta_m - V_t \sin\eta_t] \\ \dot{r} = -V_m \cos\eta_m + V_t \cos\eta_t \\ q = \theta_m + \eta_m = \theta_t + \eta_t \\ \varepsilon = 0 \end{cases} \tag{9.3.28}$$

对方程组(9.3.28)中第一个公式变形求微分，并将结果代入第二个公式和第三个公式，可得

$$r\ddot{q}+2\dot{r}\dot{q}=\dot{V}_{\mathrm{m}}\sin(\dot{q}-\dot{\theta}_{\mathrm{m}})-\dot{V}_{\mathrm{t}}\sin(\dot{q}-\dot{\theta}_{\mathrm{t}})+\dot{\theta}_{\mathrm{t}}V_{\mathrm{t}}\cos(\dot{q}-\dot{\theta}_{\mathrm{t}})-\dot{\theta}_{\mathrm{m}}V_{\mathrm{m}}\cos(\dot{q}-\dot{\theta}_{\mathrm{m}}) \tag{9.3.29}$$

根据实际工程问题中，一般情况下 $\dot{V}_{\mathrm{m}}$、$\dot{V}_{\mathrm{t}}$ 和 $\dot{\theta}_{\mathrm{t}}$ 很小，可近似认为趋近于0。进而得到

$$\frac{\dot{q}}{\dot{\theta}_{\mathrm{m}}}=\frac{-V_{\mathrm{m}}\cos(q-\theta_{\mathrm{m}})}{rs+2\dot{r}}=\frac{-K_{\mathrm{G}}}{T_{\mathrm{G}}s-1} \tag{9.3.30}$$

式中

$$K_{\mathrm{G}}=\frac{V_{\mathrm{m}}\cos(q-\theta_{\mathrm{m}})}{2|\dot{r}|},T_{\mathrm{G}}=\frac{r}{2|\dot{r}|}$$

由此可得

$$\begin{cases}\dot{q}=\dfrac{-K_{\mathrm{G}}}{T_{\mathrm{G}}s-1}\dot{\theta}_{\mathrm{m}}\\ \dot{\theta}_{\mathrm{m}}=\dfrac{V_r}{V_{\mathrm{m}}}(K_{\mathrm{p}}\dot{q}+K_{\mathrm{d}}\dot{q}s^{\alpha})\end{cases} \tag{9.3.31}$$

式中：s^{α} 为$\dfrac{\mathrm{d}^{\alpha}a(t)}{\mathrm{d}t^{\alpha}}$的拉普拉斯变换。

从而得到制导系统的特征方程为

$$\frac{V_{\mathrm{r}}}{V_{\mathrm{m}}}K_{\mathrm{G}}K_{\mathrm{d}}s^{\alpha}+T_{\mathrm{G}}s+\left(\frac{V_{\mathrm{r}}}{V_{\mathrm{m}}}K_{\mathrm{G}}K_{\mathrm{p}}-1\right)=0 \tag{9.3.32}$$

根据劳斯稳定判据可以得出系统稳定的充要条件为

$$\begin{cases}\dfrac{V_{\mathrm{r}}}{V_{\mathrm{m}}}K_{\mathrm{G}}K_{\mathrm{d}}>0\\ T_{\mathrm{G}}>0\\ \dfrac{V_{\mathrm{r}}}{V_{\mathrm{m}}}K_{\mathrm{G}}K_{\mathrm{p}}-1>0\end{cases} \tag{9.3.33}$$

在式(9.3.33)的三个条件中，前两个不等式容易满足，只要能保证第三个不等式成立，制导系统就是稳定的。第三个不等式可转化为

$$K_{\mathrm{p}}\cos(q-\theta_{\mathrm{m}})>1 \tag{9.3.34}$$

由于 K_{p}、$K_{\mathrm{d}}>0$，若取比例导引系数 $K_{\mathrm{p}}=4$，可得 $\cos(q-\theta_{\mathrm{m}})>\dfrac{1}{4}$从而可得，当导弹弹道倾角与视线角之差在 $-75°\sim75°$范围内时，制导系统稳定。若

取比例导引系数 $K_{\mathrm{p}}=3$，则弹道倾角与视线角之差在 $-70^\circ \sim 70^\circ$ 范围内时制导系统稳定。传统的比例导引律中的导航比 K_{p} 一般取 $\{3\sim6\}$，则弹道倾角与视线角之差至少在 $-70^\circ\sim70^\circ$ 范围内时制导系统稳定。

综上所述，分数阶微积分利用其特有的滤波性质，不但可以得到视线角速度微分信号，而且可以一定程度上较少噪声的影响，同时在一定条件下保证系统稳定。

4. 分数阶微分导引律弹道分析

导引弹道特性与视线角增量关系密切，若导引律能保证视线角增量越小，则导引弹道特性越好。也就是说，弹道越平直，弹道上的需用过载越小。

定义视线角增量为

$$\Delta q = q_{\mathrm{f}} - q_0$$

假设导引方程可简化为

$$\dot{\theta}_{\mathrm{m}} = K_{\mathrm{p}} a(t) + K_{\mathrm{d}} \frac{\mathrm{d}^{\alpha} a(t)}{\mathrm{d}t^{\alpha}}$$

根据 $q=\theta_{\mathrm{m}}+\eta_{\mathrm{m}}$，导弹的前置角 $\eta_{\mathrm{m}}=q-\theta_{\mathrm{m}}$，进而 $\dot{\eta}_{\mathrm{m}}=\dot{q}-\dot{\theta}_{\mathrm{m}}$。

根据分数阶微分的定义，有

$$\begin{aligned}\eta_{\mathrm{mf}} &= \eta_{\mathrm{m0}} + (1+k_1)(q_{\mathrm{f}}-q_0) - k_2\int_0^{t_f} D_{\mathrm{t}}^{\alpha}\alpha\mathrm{d}t \\ &= \eta_{\mathrm{m0}} + (1+k_1)(q_{\mathrm{f}}-q_0) - k_2 h^{-\lambda}\sum_{j=0}^{\frac{t}{h}} \omega_j^{\lambda}(q_{\mathrm{f}}-q_0)\end{aligned} \tag{9.3.35}$$

又因为

$$\begin{cases}\eta_{\mathrm{mf}} = \arcsin\left|\dfrac{V_{\mathrm{t}}\sin\eta_{\mathrm{tf}}}{V_{\mathrm{m}}}\right| \\ \eta_{\mathrm{m0}} = 0\end{cases}$$

令

$$\tilde{k}_2 = k_2 h^{-\lambda}\sum_{j=0}^{\frac{t}{h}}\omega_j^{\lambda}$$

则有

$$\eta_{\mathrm{mf}} = (1+k_1)(q_{\mathrm{f}}-q_0) - \tilde{k}_2(q_{\mathrm{f}}-q_0) \tag{9.3.36}$$

$$(q_f - q_0) = \frac{1}{(1 + k_1 - \tilde{k}_2)}\arcsin\left|\frac{V_t\sin\eta_{tf}}{V_m}\right| \tag{9.3.37}$$

$$(q_f - q_0)|_{PD\lambda} = \frac{1}{(k_1 + \tilde{k}_2 - 1)}\arcsin\left|\frac{V_t\sin\eta_{tf}}{V_m}\right| \tag{9.3.38}$$

$$(q_f - q_0)|_{PN} = \frac{1}{(k_1 - 1)}\arcsin\left|\frac{V_t\sin\eta_{tf}}{V_m}\right| \tag{9.3.39}$$

比较式(9.3.38)和式(9.3.39)可知$(q_f - q_0)|_{PN} > (q_f - q_0)|_{PD\lambda}$，也就是说，采用视线角速度分数阶微分作为补偿项的导引律导引过程中视线角的变化要比比例导引律导引过程中视线角的变化小。换而言之，采用视线角速度分数阶微分作为补偿项的导引律的导引弹道更为平直。

9.3.3　视线加速度辅助的自寻的导引律仿真分析

1. 仿真条件设定

拦截方案为空空拦截弹迎头拦截战机。初始条件：仿真周期为 0.001s，目标速度为马赫数 5，速度方向指向攻击平面的 X 轴的负半轴。导弹速度为马赫数 5，导弹初始的速度方向指向目标。导弹与目标的初始距离为 30000m。拦截弹的最大过载为 15g。初始导弹与目标的视线角为 10°。

目标机动模式 1：目标连续机动，在 8s 之前目标不机动，8s 后以 5g 的 Y 轴正向过载持续机动。

目标机动模式 2：目标周期性阶跃机动。在 6s 前，目标不机动。在 6s 后，目标开始以 5g 向 Y 轴正向机动。1s 后，以 5g 向 Y 轴负方向机动，以此往复。

将扩展比例导引律、比例 + 微分导引律和分数阶微分导引律在相同的条件下仿真，可得如下结果。

2. 导引效果分析

目标机动模式 1 下，可得三种导引律的导引指令如图 9.3.1 所示。

由图可以看到，其中比例 + 微分导引指令会有类似噪声的摄动。这是由于导引律设计中的跟踪微分器的参数 $g(X_1, X_2)$ 和 K 有关。

将三种导引律的脱靶量精度仿真结果进行对比(表 9.3.1)，比例 + 微分导引律与分数阶微分导引律的脱靶量明显小于扩展比例导引律的脱靶量。并且，分数阶微分导引律的效果要优于非线性比例微分导引律，使用分数阶微分导引律的仿真结果几乎直接命中目标。

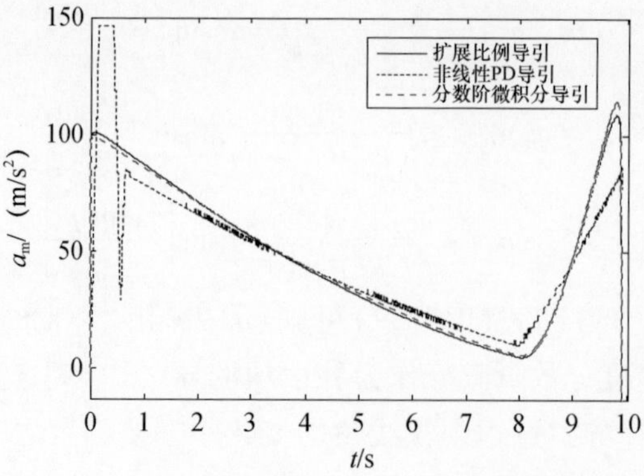

图 9.3.1　目标机动模式 1 下三种导引律的制导指令

表 9.3.1　目标机动模式 1 下三种导引律的脱靶量

导引律	扩展比例导引律	比例 + 微分导引律	分数阶微分导引律
脱靶量/m	1.1687	0.3406	0.0322

对于机动模式 2，有类似的仿真结果，如图 9.3.2 所示。

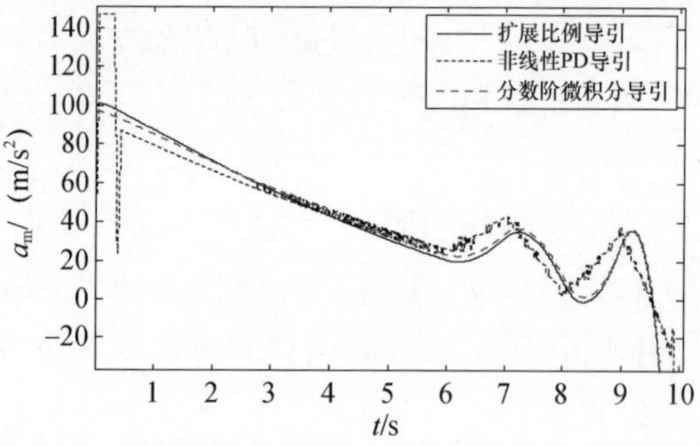

图 9.3.2　目标机动模式 2 下三种导引律的制导指令

目标机动模式 2 下三种导引律的脱靶量如表 9.3.2 所列。

表 9.3.2　目标机动模式 2 下三种导引律的脱靶量

导引律	扩展比例导引律	比例 + 微分导引律	分数阶微分导引律
脱靶量/m	0.7525	0.4151	0.0294

同样，将三种导引律的脱靶量仿真结果进行对比，非线性比例微分导引律与分数阶微分导引律的脱靶量要小于扩展比例导引律的脱靶量。

综上所述,在两种目标机动模式下,比例 + 微分导引律与分数阶微分导引律与扩展比例导引律相比都有更好的导引效果。而分数阶微分导引律的制导效果更好。单从拦截精度方面,分数阶微分导引律适于拦截打击相应条件下的高速大机动目标。

3. 鲁棒性分析

假设目标采用模式1机动,在视线角速度信号上加入0.5(°)/s、1.5(°)/s、2.5(°)/s不同的白噪声,经过多次实验,计算获得脱靶量的期望值与方差,如表9.3.3～表9.3.5所列。

表9.3.3　三种导引律加0.5(°)/s噪声实验结果

参数	扩展比例导引律	比例 + 微分导引律	分数阶微分导引律
期望/m	1.1648	0.3332	0.0396
方差	0.0043	0.0014	6.7768×10^{-4}

表9.3.4　三种导引律加1.5(°)/s噪声实验结果

参数	扩展比例导引律	比例 + 微分导引律	分数阶微积分导引律
期望/m	1.1477	0.5842	0.0786
方差	0.0814	0.0274	0.0036

表9.3.5　三种导引律加2.5(°)/s噪声实验结果

参数	扩展比例导引律	比例 + 微分导引律	分数阶微分导引律
期望/m	1.2043	1.0092	0.1457
方差	0.4820	0.2044	0.0091

通过三组实验可以得出,比例 + 微分导引律和分数阶微分导引律的脱靶量期望值维持原来的水平上,同时方差较经典扩展比例导引律更小。比例 + 微分导引律的优势并不明显,而分数阶微分导引律的鲁棒性要更加出色。

综上实验可得结论:增加视线角速度微分信号为补偿项的导引律在拦截精度以及鲁棒性上要优于扩展比例导引律。特别是分数阶微分导引律,由于其独特的滤波性质,使其拦截精度及鲁棒性上表现更加良好。

9.4 目标位置辅助的自寻的导引律

9.4.1 预测碰撞点辅助的自寻的导引律设计

当人们基于卡尔曼滤波等方法对目标机动进行估计时，常常需要在导弹上配置惯导系统；此外，火控系统还需要提供目标的初始位置及目标速度信息，或利用地基雷达等手段获取关于目标的位置、速度等运动信息。受目前的测量手段限制，还可采用目标跟踪技术对目标运动信息进行估计得到。也就是说，可利用能够直接测量获得的相关信息，采用合适的估计方法估计得到目标的位置、速度、加速度等运动信息。但得到的目标运动信息精度还难以令人满意，这些精度不高的目标运动信息也难以直接加入到导引律中。理论分析和研究表明，估计得到目标的位置、速度、加速度等运动信息中，位置信息的估计精度是最高的，能否在导引律设计中利用估计得到的目标位置信息构成新的导引律呢？答案是肯定的。预测碰撞点导引律就是基于这种思路设计的一种自寻的导引律。

预测碰撞点导引律的设计思路来源于中制导的设计思想。中制导的目标为将导弹导引至指定的攻击区域。当已知目标精确位置、速度、加速度等信息时，目标的运动轨迹便可以计算得到；进而根据当前导弹的运动信息计算出导弹与目标的碰撞点，这个点称为预测碰撞点。参照这个预测碰撞点，按照一定的规律给出导引指令，从而将导弹导引至预测碰撞点。

预测预测点导引律设计中导弹与目标的相对运动示意图如图 9.4.1 所示。

图中：a_{mr}为导弹自身速度坐标系下的法向加速度；V_m 为导弹速度；a_{tr}为目标自身速度坐标系下的法向加速度；a_{tl}为目标自身速度坐标系下的轴向加速度；V_t 为目标速度；θ_m 为导弹速度方向与 x 轴的夹角；θ_t 为目标速度方向与 x 轴的夹角；θ 为导弹与预测碰撞点连线和 x 轴的夹角；θ_{ap}为导弹与预测碰撞点连线和导弹速度方向的夹角；q 为目标视线角，方向以逆时针为正。

目标速度可以表示为

$$V_t(t) = V_{t0} + a_{tl}t \tag{9.4.1}$$

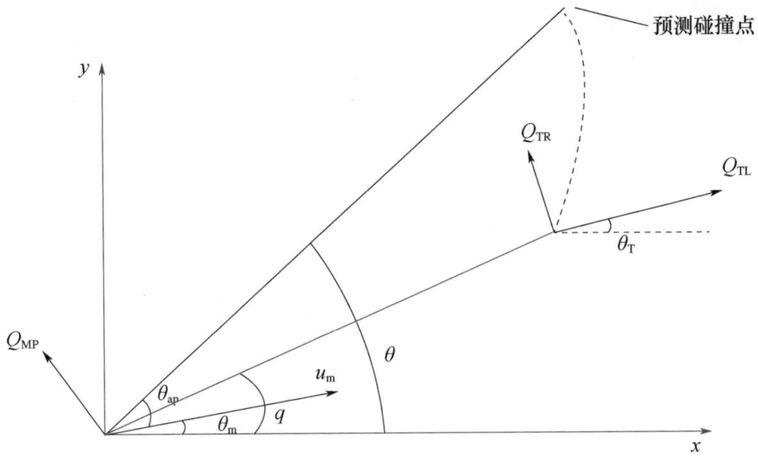

图 9.4.1 导弹与目标相对运动示意图

目标速度在地面坐标系下的分量可按下式求得

$$\begin{cases} V_{tx}(t) = V_t(t)\cos\theta_t(t) \\ V_{ty}(t) = V_t(t)\sin\theta_t(t) \end{cases} \tag{9.4.2}$$

目标速度与地面坐标系 x 轴的夹角 θ_t 可计算如下：

$$\begin{cases} \theta_t(t) = \theta_{t0}(t) + \alpha(t) \\ \dot{\theta}_t(t) = \dfrac{a_{tr}}{V_{t0} + a_{tl}t} \\ \alpha(t) = \dfrac{a_{tp}}{a_{tl}}\ln\left(\dfrac{u_{T0} + a_{tl}t}{u_{T0}}\right) \end{cases} \tag{9.4.3}$$

计算出目标速度与地面坐标系 x 轴的夹角 θ_t 之后，目标运动轨迹可以通过下式求得

$$y_t - y_{t0} = \int_0^t V_t\sin\theta_t \mathrm{d}t = \mathrm{EQ}_1 + \mathrm{EQ}_2 \tag{9.4.4}$$

式(9.4.4)中的 EQ_1 和 EQ_2 分别由下式计算：

$$\begin{cases} \mathrm{EQ}_1 = \displaystyle\int_{V_{t0}}^{V_t} \frac{V_t}{a_{tl}}\sin\theta_{t0}\cos\alpha \mathrm{d}V_t \\ \mathrm{EQ}_2 = \displaystyle\int_{V_{t0}}^{V_t} \frac{V_t}{a_{tl}}\cos\theta_{t0}\sin\alpha \mathrm{d}V_t \end{cases} \tag{9.4.5}$$

对 EQ_1 和 EQ_2 两部分分部积分可得

$$\begin{cases} EQ_1 = \left(\dfrac{V_{t0}^2 a_{tr} \sin\theta_{t0}}{a_{tr}^2 + 4a_{tl}^2}\right)\left(\sin\alpha \exp\left(\dfrac{2a_{tl}\alpha}{a_{tr}}\right) + \cos\alpha \dfrac{2a_{tl}}{a_{tr}} \exp\left(\dfrac{2a_{tl}\alpha}{a_{tr}}\right) - \dfrac{2a_{tl}}{a_{tr}}\right) \\ EQ_2 = \left(\dfrac{V_{t0}^2 a_{tr} \cos\theta_{t0}}{a_{tr}^2 + 4a_{tl}^2}\right)\left(1 - \cos\alpha \exp\left(\dfrac{2a_{tl}\alpha}{a_{tr}}\right) + \sin\alpha \dfrac{2a_{tl}}{a_{tr}} \exp\left(\dfrac{2a_{tl}\alpha}{a_{tr}}\right)\right) \end{cases} \tag{9.4.6}$$

将式(9.4.6)代入式(9.4.4)可得

$$\begin{aligned} y_t(t) = y_{t0} + \frac{1}{a_{tr}^2 + 4a_{tl}^2}(&\sin\theta_{t0}(a_{tr}V_t^2 \sin\alpha + 2a_{tl}\cos\alpha V_t^2 - 2a_{tl}V_{t0}^2) \\ &+ \cos\theta_{t0}(a_{tr}V_{t0}^2 - \cos\alpha a_{tr}V_t^2 + 2a_{tl}\sin\alpha V_t^2)) \end{aligned} \tag{9.4.7}$$

同理,可以得到对于目标 x 轴方向位置坐标的求解,即

$$\begin{aligned} x_t(t) = x_{t0} + \frac{1}{a_{tr}^2 + 4a_{tl}^2}[&\cos\theta_{t0}(a_{tr}V_t^2 \sin\alpha + 2a_{tl}\cos\alpha V_t^2 - 2a_{tl}V_{t0}^2) \\ &- \sin\theta_{t0}(a_{tr}V_{t0}^2 - \cos\alpha a_{tr}V_t^2 + 2a_{tl}\sin\alpha V_t^2)] \end{aligned} \tag{9.4.8}$$

之后需要对碰撞时间 t_{go} 进行求解,利用经典的牛顿法可得

$$\begin{cases} V_m t_{go} = [x_t^2(t_{go}) + y_t^2(t_{go})]^{1/2} \\ t_{go} = \dfrac{[x_t^2(t_{go}) + y_t^2(t_{go})]^{1/2}}{V_m} = f(t_{go}) \\ t_{go_{n+1}} = \dfrac{f(t_{go_n}) - f'(t_{go_n})t_{go_n}}{1 - f'(t_{go_n})} \\ |t_{go_{n+1}} - t_{go_n}| \leqslant |t_{go_{n+1}}| \mathrm{err} \end{cases} \tag{9.4.9}$$

当 err 取得足够小时,便解算出较为精确的碰撞时间 t_{go},从而求得预测碰撞点的坐标,进而得到导弹目前位置与预测碰撞点连线与 x 轴的夹角 θ,即

$$\theta = \arctan\left(\frac{y_t(t_{go})}{x_t(t_{go})}\right) \tag{9.4.10}$$

进而获得导弹与预测碰撞点连线同导弹目前速度方向的夹角 θ_{ap},即

$$\theta_{ap} = \theta - \theta_m \tag{9.4.11}$$

根据比例导引的思想,可得预测碰撞点导引律为

$$a_c = k_a V_m \theta_{ap} \tag{9.4.12}$$

式中:k_a 为比例系数;V_m 为导弹速度;θ_{ap} 为导弹与预测碰撞点连线与导弹目前

速度方向的夹角。

由于是利用角度信息作为制导信息进行的导引律设计，与之前利用视线角速度设计的导引律相比响应速度较慢，难以对机动目标实现有效的跟踪。同时，需要先进目标跟踪系统的支持，精确获取目标的位置、速度以及加速度信息。

预测碰撞点导引律的劣势较为明显，但是其优势也是其他导引律所没有的。预测碰撞点导引律可以更好地利用导弹的可用过载，过载使用较为提前并且更加充分；可实现直接碰撞，且碰撞时具有较好的碰撞姿态，更接近于正碰形式，可克服利用视线角速度作为制导信息带来的缺陷。

另外，还可以将这种导引律和其他导引律组合使用，使其扬长避短。比如，在制导前期采用预测碰撞点导引律，充分利用导弹的可用过载，并调整导弹的碰撞姿态；在接近目标时切换为跟踪目标机动较好的导引律，实现对机动目标的有效打击。

9.4.2　目标位置辅助的自寻的导引律仿真分析

1. 仿真条件

拦截方案为空空拦截弹迎头拦截战机。初始条件：目标速度为马赫数 5，速度方向指向攻击平面的 x 轴的负半轴。导弹速度为马赫数 5，导弹初始的速度方向指向目标。导弹与目标的初始距离为 30000m。拦截弹的最大过载为 $15g$。初始导弹与目标的视线角为 10°。

目标机动模式 1：不机动。

目标机动模式 2：目标连续机动，在 8s 之前目标不机动，8s 后以 $5g$ 的 y 轴正向过载持续机动。

将扩展比例导引律，预测碰撞点导引律在相同的条件下仿真，可得如下结果。

2. 导引效果仿真分析

目标无机动情况下，得到扩展比例导引律和预测碰撞点导引律的制导指令如图 9.4.2 和图 9.4.3 所示，视线角速度变化如图 9.4.4 和图 9.4.5 所示。扩展比例导引律和预测碰撞点导引律的脱靶量分别为 0.4997m 和 0.3087m。

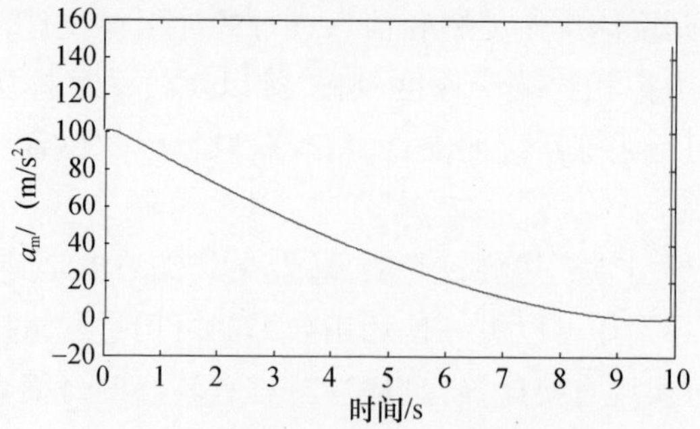

图 9.4.2　扩展比例导引律的导引指令

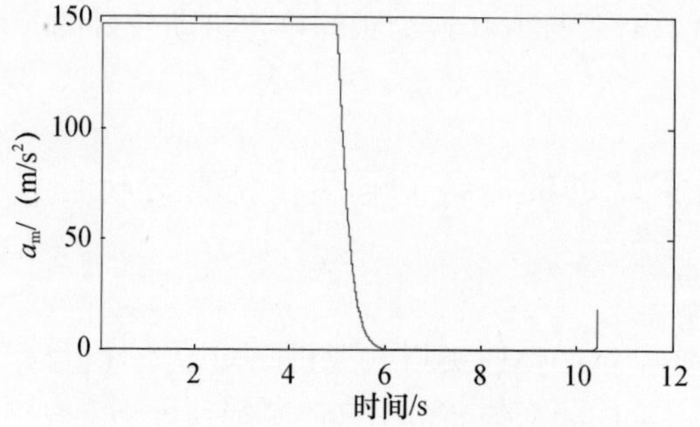

图 9.4.3　预测碰撞点导引律的导引指令

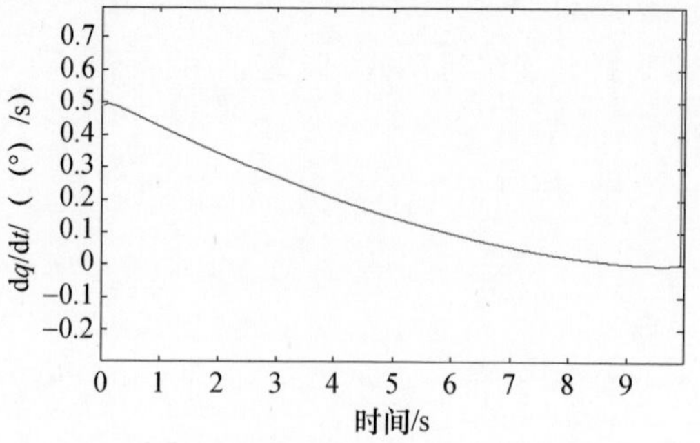

图 9.4.4　扩展比例导引律的视线角速度

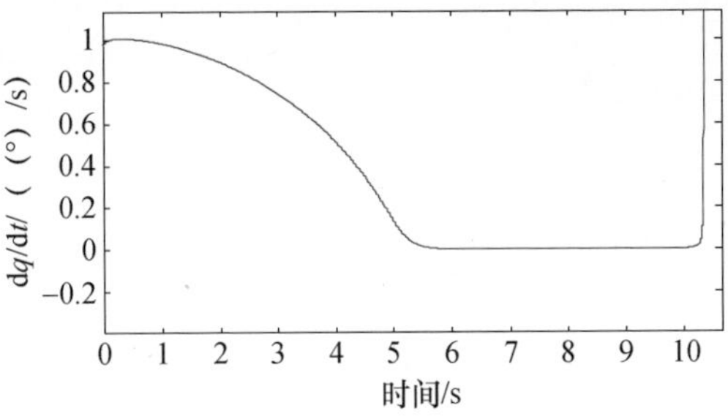

图 9.4.5　预测碰撞点导引律的视线角速度

通过扩展比例导引律与预测碰撞点导引律在目标无机动情况下的仿真对比可以得出：在无机动情况下，预测碰撞点导引律的拦截精度要略高于扩展比例导引律，说明了预测碰撞点导引的可行性。

对比两种导引律的制导指令形式可以得出，预测碰撞点导引律拦截前期的导引指令要明显大于扩展比例导引律的导引指令，这也印证了预测碰撞点导引律拦截前期的过载使用更加充分。

对比两种导引律的视线角速度信号可以得出，预测碰撞点导引律的视线角速度信号收敛的更快，为 5 ~ 6s，视线角速度信号已经基本为零。而扩展比例导引律在 8s 之后，视线角速度信号才趋于零。因此，预测碰撞点导引律可以有充分的时间调整碰撞姿态，进而达到更好的拦截效果。

目标机动模式 2 下，目标有机动。仿真得到扩展比例导引律和预测碰撞点导引律的制导指令如图 9.4.6 和图 9.4.7 所示，视线角速度信号如图 9.4.8 和图 9.4.9 所示。扩展比例导引律和预测碰撞点导引律的脱靶量分别为 1.1687m 和 9.2597m。

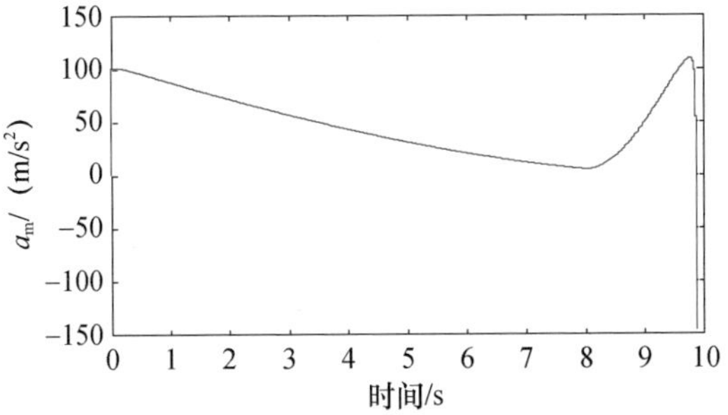

图 9.4.6　扩展比例导引律导引指令

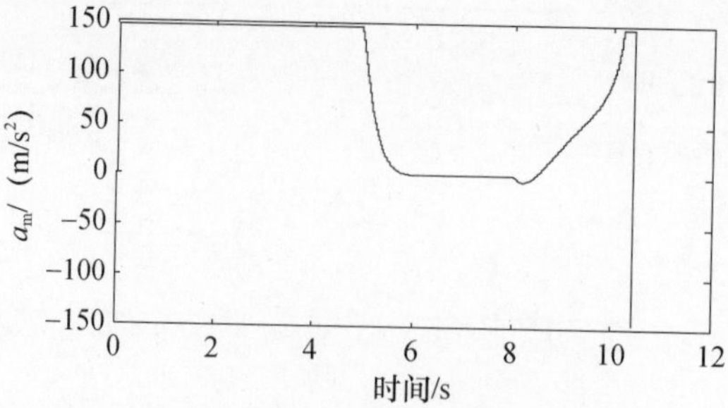

图 9.4.7　预测碰撞点导引律的导引指令

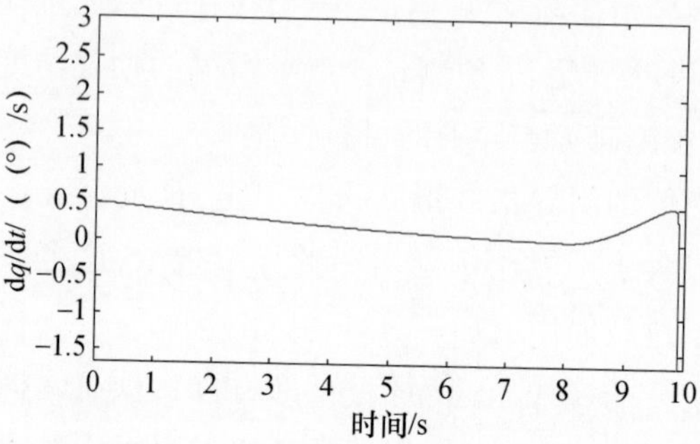

图 9.4.8　扩展比例导引律的视线角速度

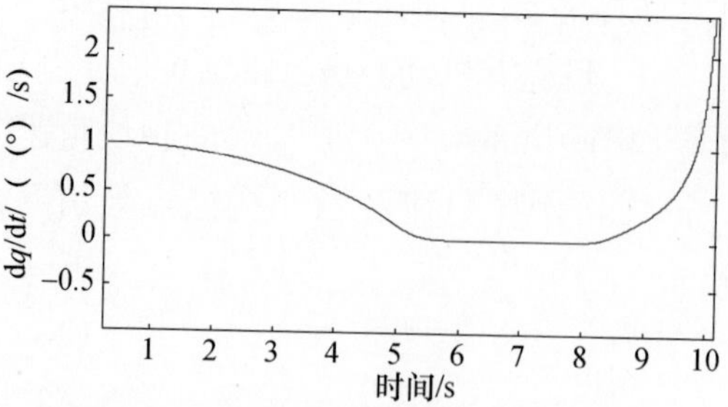

图 9.4.9　预测碰撞点导引律的视线角速度

在目标机动情况，预测碰撞点导引律的拦截精度要明显低于扩展比例导引律，说明由于目标机动的影响，预测碰撞点导引律难以有效的拦截机动目标。

对比两种导引律的制导指令仍然可以得出，预测碰撞点导引律拦截前期的制导指令要明显大于扩展比例导引律的制导指令，预测碰撞点导引律拦截前期的过载使用更加充分。

对比两种导引律的视线角速度信号可以得出，预测碰撞点导引律的视线角速度信号收敛的更快，为 5 ~ 6s，视线角速度信号已经基本为零，但是当目标机动时，由于预测碰撞点导引律利用的是目标的位置信息，在对目标机动的响应速度慢于视线角速度信息，因此，预测碰撞点导引律无法快速抑制视线角速度信号的发散，进一步说明了预测碰撞点导引律不太适用于拦截机动目标。

通过上述两个仿真条件下的实验可以得出，针对机动目标，预测碰撞点导引律无法胜任拦截任务；但在拦截过程前期，预测碰撞点导引律的优势也是不可忽视的，它为设计组合导引律提供了一个新的思路。如果能与适用于拦截末段机动的目标的导引律组合，并设计一种合理可行的切换方案，使其充分发挥拦截前期的可用过载使用充分的优点，为导引末段提供更好的条件，将会进一步提高导引精度。

9.5　图像信息辅助的自寻的导引律

在自寻的导引段，导弹主要依靠导引头探测目标运动信息。目前，适合用于导引头的探测手段主要有射频雷达探测和光学探测以及复合探测等。可直接测量的仅是目标与导弹的相对距离和相对方位信息，光学等被动探测形式的导引头只能测量目标与导弹的相对方位信息，相对距离也无法直接获得。于是，基于目标跟踪技术，人们研究了利用导引头直接测量得到的弹 - 目相对距离和相对方位信息来估计目标相对于导弹的其他运动信息，如目标相对于导弹的位置，速度、加速度等信息，并将其引入到导引律的设计中。研究表明，将估计得到的目标相对于导弹的位置、速度、加速度等信息，特别是目标机动加速度用于构造导引指令，则可大大提高导引系统的导引精度，增大对大机动目标，特别是恶意机动目标的命中概率。截至目前，对机动目标的运动信息的估计大都是建立在机动目标建模和自适应滤波技术基础上的。随着成像探测技术的迅猛发展和日渐成熟，导引头获取的目标信息不再是点目标，而是包含目标在内的图像信息。目前主要是基于光学探测的成像探测，仍属于被动探测。经过处理以后也只能获得目标与导弹的相对方位信息。仅利用相对方位信息和滤波估计技术对目标相对于导弹的位置、速度、加速度等信息进行估计时,滤波方程的可观性较差,严重时会导致滤波发散。为解决这一问题,本节将利用成像探测器的特性和优势,探索利用获取的目标图像信息,将其引入到导引律的设计中,进一步提高导引精度。

9.5.1 图像信息辅助的自寻的导引律结构

成像探测导弹拦截目标时,拦截几何关系如图 9.5.1 所示,其中 M 代表导弹质点,T 代表目标质点,T_p 代表目标在探测器相平面上的投影。平移惯性坐标系 $O_IX_IY_IZ_I$ 与视线坐标系 $O_SX_SY_SZ_S$ 的原点重合。在图 9.5.1 中,惯性坐标系的原点 O_I 和视线坐标系的原点 O_S 与导弹的质心点 M 重合,统一表示成 O。另外,λ_v 为视线高低角,λ_h 为视线方向角,$\dot{\lambda}_v$ 为视线高低角的变化率,$\dot{\lambda}_h$ 为视线方向角的变化率,s_p 为目标在相平面上投影的大小,r 为导弹与目标的相对距离。$\dot{q}_y$、$\dot{q}_z$ 为视线角速度,也称为视线转率,在高低和方位方向的投影。

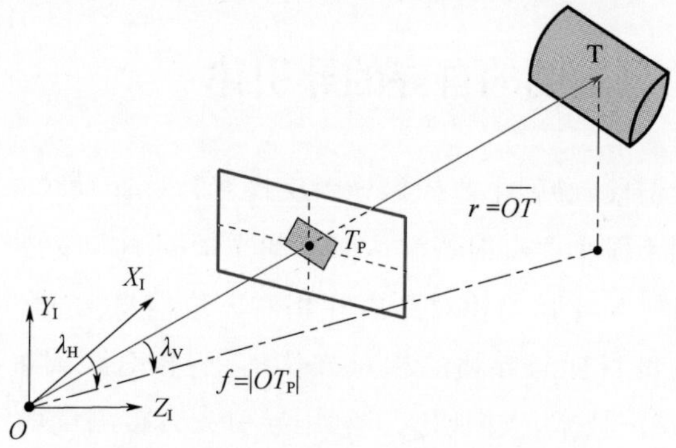

图 9.5.1 成像探测器的三维拦截几何关系

参考图 9.5.1,根据导弹与目标的相对运动学关系

$$\begin{cases}\ddot{r}=r(\dot{q}_y^2+\dot{q}_z^2)+a_x^s\\ \ddot{q}_y=-2\dfrac{\dot{r}}{r}\dot{q}_y+\dot{q}_x\dot{q}_z-\dfrac{1}{r}a_z^s\\ \ddot{q}_z=-2\dfrac{\dot{r}}{r}\dot{q}_z-\dot{q}_x\dot{q}_y+\dfrac{1}{r}a_y^s\end{cases} \tag{9.5.1}$$

有相对运动学模型

$$\begin{cases}\ddot{r}=r(\dot{q}_y^2+\dot{q}_z^2)-a_{mx}^s+a_{tx}^s\\ \ddot{q}_y=-2\dfrac{\dot{r}}{r}\dot{q}_y+\dot{q}_y\dot{q}_z\tan\lambda_v+\dfrac{1}{r}(a_{mz}^s-a_{tz}^s)\\ \ddot{q}_z=-2\dfrac{\dot{r}}{r}\dot{q}_z-\dot{q}_y^2\tan\lambda_v-\dfrac{1}{r}(a_{my}^s-a_{ty}^s)\end{cases}\tag{9.5.2}$$

式中：$\dot{r}$ 为相对距离变化率，也称为接近速率；a_{tx}^s、a_{ty}^s、a_{tz}^s为目标在视线坐标系下的加速度分量；a_{mx}^s、a_{my}^s、a_{mz}^s 为导弹在视线坐标系下的加速度分量；$a_x^s=a_{tx}^s-a_{mx}^s$，$a_z^s=a_{tz}^s-a_{mz}^s$分别为导弹与目标在视线坐标系下的相对加速度分量。

由于成像探测器的焦距远小于导弹与目标间的相对距离，可以使用小孔成像的原理来描述图9.5.1中的相似几何关系。小孔成像原理假设来自于目标的光线均通过一个小孔，也就是焦平面上的焦点，投影到相平面上。令 s_r 为目标的实际特征尺寸，s_p 为目标在相平面上投影的尺寸，则相对距离与成像尺寸间的几何关系为

$$\frac{r}{f}=\frac{s_r}{s_p}\tag{9.5.3}$$

式中：相对距离 r 是时变且未知的，探测器的焦距 f 是已知的常值，目标的真实尺寸 s_r 是未知的常值，目标的成像尺寸 s_p 可以通过图像处理算法实时获取。

根据式(9.5.3)可得

$$r=\frac{s_r}{s_p}f\tag{9.5.4}$$

$$\dot{r}=-\frac{\dot{s}_p}{s_p^2}s_r f=-\frac{\dot{s}_p}{s_p}r\tag{9.5.5}$$

式中：$\dot{s}_p$ 为 s_p 的导数。

将式(9.5.5)和式(9.5.3)代入式(9.5.2)可得

$$\begin{cases}\ddot{r}=r(\dot{q}_y^2+\dot{q}_z^2)-a_{mx}^s+a_{tx}^s\\ \ddot{q}_y=2\dfrac{\dot{s}_p}{s_p}\dot{q}_y+\dot{q}_y\dot{q}_z\tan\lambda_v+\dfrac{1}{s_r}\dfrac{s_p}{f}a_{mz}^s-\dfrac{s_p}{f}\left(\dfrac{a_{tz}^s}{s_r}\right)\\ \ddot{q}_z=2\dfrac{\dot{s}_p}{s_p}\dot{q}_z-\dot{q}_y^2\tan\lambda_v-\dfrac{1}{s_r}\dfrac{s_p}{f}a_{my}^s+\dfrac{s_p}{f}\left(\dfrac{a_{ty}^s}{s_r}\right)\end{cases}\tag{9.5.6}$$

导引律设计的思路是如何零化视线角速度或抑制视线角速度的发散，所以在研究导引律设计时暂忽略方程组(9.5.6)的第一个方程。

将方程组(9.5.6)的后两个方程写成如下的状态方程形式：

$$\dot{\boldsymbol{x}} = \boldsymbol{A}x + \boldsymbol{\delta} + bk\boldsymbol{u} + k\boldsymbol{d} \tag{9.5.7}$$

式中：$\boldsymbol{x}$ 为系统状态，$\boldsymbol{x} = [x_1, x_2]^{\mathrm{T}} = [\dot{q}_y, \dot{q}_z]^{\mathrm{T}}$；$\boldsymbol{A}$ 为控制矩阵，$\boldsymbol{A} = \mathrm{diag}(a_1, a_2) = \mathrm{diag}(2\dot{s}_{\mathrm{p}}/s_{\mathrm{p}}, 2\dot{s}_{\mathrm{p}}/s_{\mathrm{p}})$，$\boldsymbol{\delta}$ 为已知的时变非线性耦合项，$\boldsymbol{\delta} = [\delta_1, \delta_2]^{\mathrm{T}} = [\dot{q}_y\dot{q}_z\tan\boldsymbol{\lambda}_{\mathrm{v}}, -\dot{q}_y^2\tan\boldsymbol{\lambda}_{\mathrm{v}}]^{\mathrm{T}}$；$b$ 为未知的常值控制系数，$b = 1/s_{\mathrm{r}}$；k 为已知的时变控制系数，$k = s_{\mathrm{p}}/f$；u 为控制量，$\boldsymbol{u} = [u_1, u_2]^{\mathrm{T}} = [a_{\mathrm{mz}}^{\mathrm{s}}, -a_{\mathrm{my}}^{\mathrm{s}}]^{\mathrm{T}}$；$\boldsymbol{d}$ 为未知的时变外部干扰，$\boldsymbol{d} = [d_1, d_2]^{\mathrm{T}} = [-a_{\mathrm{tz}}^{\mathrm{s}}/s_{\mathrm{r}}, a_{\mathrm{ty}}^{\mathrm{s}}/s_{\mathrm{r}}]^{\mathrm{T}}$。

这样，自寻的导引律的设计可以转化为设计一个合适的控制器使得系统式(9.5.7)的状态在存在未知常值控制系数和未知时变外部干扰的条件下收敛到零。

导引系统的原理结构如图9.5.2所示。

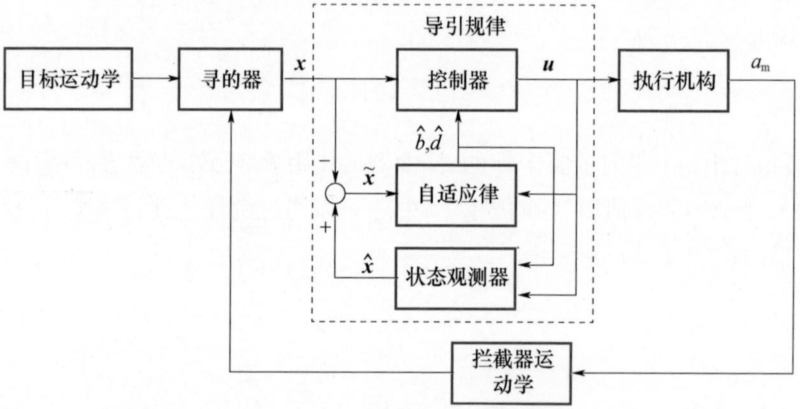

图9.5.2　导引系统的原理结构图

图9.5.2中，系统状态 $\boldsymbol{x} = [\dot{q}_y, \dot{q}_z]^{\mathrm{T}}$ 由导引头提供，而自适应导引律由自适应估计算法和控制器两部分组成。自适应估计算法包括状态观测器和自适应调整规律，整个自适应估计算法的任务是估计未知的常值控制系数 b 和时变的外部干扰 $\boldsymbol{d}$。而控制器的任务是利用系统状态 $\boldsymbol{x}$ 和估计值 $\hat{b}$、$\hat{d}$ 来构成制导指令 $\boldsymbol{u}$，控制导弹攻击目标。

值得注意的是，由于导引系统的状态 $\boldsymbol{x}$ 可以由导引头的探测装置直接提供，因此，这里不用状态观测器输出的估计值 $\hat{\boldsymbol{x}}$ 来构成控制器，而是利用估计误差 $\tilde{\boldsymbol{x}} = \hat{\boldsymbol{x}} - \boldsymbol{x}$ 仅作为指示器来监督控制系数和外部干扰的估计性能。

9.5.2 图像信息辅助的自寻的导引律设计

图像信息辅助的自寻的导引律的设计分为自适应估计算法和控制器两部分。这里将应用 Nussbaum 函数和平滑投影算子的概念和方法来设计自适应导引律。为此,首先介绍 Nussbaum 函数和平滑投影算子的概念。

定义 9.1 如果连续函数 $N(\zeta)$ 满足条件

$$\lim_{s\to\infty}\ \sup\int_{s_0}^{s}N(\zeta)\,\mathrm{d}\zeta=\infty \tag{9.5.8}$$

$$\lim_{s\to\infty}\ \inf\int_{s_0}^{s}N(\zeta)\,\mathrm{d}\zeta=-\infty \tag{9.5.9}$$

则称为 Nussbaum 函数。

通常使用的 Nussbaum 函数有 $\exp(\zeta^2)\cos[(\pi/2)\zeta]$、$\zeta^2\cos\zeta$ 和 $\zeta^2\sin\zeta$。此处 Nussbaum 函数取为 $N(\zeta)=\exp(\zeta^2)\cos[(\pi/2)\zeta]$。

定义 9.2 令 $\boldsymbol{\vartheta}(t)\in\Omega$ 为一个未知的时变参数矢量,$\hat{\boldsymbol{\vartheta}}(t)$ 为 $\boldsymbol{\vartheta}(t)$ 的估计值,$\Omega\subset\mathbf{R}^p$ 为半径 r_Ω 已知的闭球。投影算子 $\mathrm{Proj}(y,\hat{\vartheta})$ 由下式给出:

$$\mathrm{Proj}(y,\hat{\boldsymbol{\vartheta}})=\begin{cases}y,p(\hat{\boldsymbol{\vartheta}})\leqslant 0\\ y,p(\hat{\boldsymbol{\vartheta}})\geqslant 0,(\partial p/\partial\hat{\vartheta})y\leqslant 0\\ y-\dfrac{p(\hat{\boldsymbol{\vartheta}})(\partial p/\partial\hat{\boldsymbol{\vartheta}})y}{\|\partial p/\partial\hat{\boldsymbol{\vartheta}}\|^2}(\partial p/\partial\hat{\boldsymbol{\vartheta}})^{\mathrm{T}},\ \text{其他}\end{cases} \tag{9.5.10}$$

式中:$p(\hat{\boldsymbol{\vartheta}})=(\hat{\boldsymbol{\vartheta}}^{\mathrm{T}}\hat{\boldsymbol{\vartheta}}-r_\Omega^2)/(\varepsilon^2+2\varepsilon r_\Omega)$,$\varepsilon$ 为任意的正实数。

由式(9.5.10)可以得到关于该投影算子的如下特性:

(1) $\|\hat{\boldsymbol{\vartheta}}(t)\|\leqslant r_\Omega+\varepsilon,\forall t>0$;

(2) $\|\mathrm{Proj}(y,\hat{\boldsymbol{\vartheta}})\|\leqslant\|y\|$;

(3) $\tilde{\boldsymbol{\vartheta}}^{\mathrm{T}}\mathrm{Proj}(y,\hat{\boldsymbol{\vartheta}})\geqslant\tilde{\boldsymbol{\vartheta}}^{\mathrm{T}}y,(\tilde{\vartheta}=\vartheta-\hat{\vartheta})$。

引理 9.2[5] 已知 $V(\cdot)$ 和 $\zeta(\cdot)$ 都是定义在 $[0,t_f)$ 上的光滑函数,且有 $V(\cdot)\geqslant 0,\forall t\in[0,t_f)$,$N(\zeta)$ 为 Nussbaum 函数,如果下列不等式成立:

$$V(t)\leqslant c_0+\mathrm{e}^{-c_1t}\int_0^t g(\tau)N(\zeta)\dot{\zeta}\mathrm{e}^{c_1\tau}\mathrm{d}\tau+\mathrm{e}^{-c_1t}\int_0^t\dot{\zeta}\mathrm{e}^{c_1\tau}\mathrm{d}\tau \tag{9.5.11}$$

式中:c_0 为适当的常值;c_1 为常值,$c_1>0$;$g(t)$ 为时变的参数,且属于未知的闭集 $I:=[l^-,l^+]\ (0\notin I)$。

因此,有 $V(t)$、$\zeta(t)$ 和 $\int_0^t g(\tau)N(\zeta)\dot{\zeta}\mathrm{e}^{c_1\tau}\mathrm{d}\tau$ 在 $[0,t_f)$ 上是有界的。

1. 观测器的设计

下面首先设计观测器来估计式(9.5.7)中的未知控制系数 b 和外部干扰 $\boldsymbol{d}$。由于目标在运动过程中的加速度是有界的,则下面的假设成立。

假设 9.1 存在常数 μ_d 和 $\mu_{\dot{d}}$ 使得

$$\begin{cases} |d_i| \leqslant \mu_d < \infty \\ |\dot{d}_i| \leqslant \mu_{\dot{d}} < \infty \end{cases} \tag{9.5.12}$$

式中:$d_i(i=1,2)$为式(9.5.7)中的未知时变有界干扰。

令 $\hat{b}$ 为 b 的估计值,$\hat{\boldsymbol{d}}$ 为 $\boldsymbol{d}$ 的估计值。观测器的形式如下:

$$\dot{\hat{\boldsymbol{x}}} = -\boldsymbol{K}_a\tilde{\boldsymbol{x}} + \boldsymbol{A}\boldsymbol{x} + \boldsymbol{\delta} + \hat{b}ku + k\hat{\boldsymbol{d}} \tag{9.5.13}$$

式中:$\boldsymbol{K}_a$ 为适当的正定矩阵;$\hat{b}$ 和 $\hat{\boldsymbol{d}}$ 由如下自适应律调整,即

$$\begin{cases} \dot{\hat{b}} = -\gamma \mathrm{Proj}(k\tilde{\boldsymbol{x}}^{\mathrm{T}}\boldsymbol{P}u, \hat{b}) \\ \dot{\hat{\boldsymbol{d}}} = -\Gamma \mathrm{Proj}(k\boldsymbol{P}\tilde{\boldsymbol{x}}, \hat{\boldsymbol{d}}) \end{cases} \tag{9.5.14}$$

式中:$\tilde{\boldsymbol{x}}$ 为状态估计误差,$\tilde{\boldsymbol{x}} = \hat{\boldsymbol{x}} - \boldsymbol{x}$;$\gamma$ 和 Γ 为自适应调整律的增益,且 $\gamma \in \mathbf{R}^+$,$\Gamma \in \mathbf{R}^+$。

定理 9.1 根据假设 9.1,对于式(9.5.7)所描述的系统及式(9.5.13)和式(9.5.14)描述的观测器,观测器的状态估计误差是有界的,其界限满足

$$\|\tilde{x}\| \leqslant \sqrt{\frac{\theta_{\mathrm{m}}}{\lambda_{\min}(\boldsymbol{P})}} \tag{9.5.15}$$

式中

$$\theta_{\mathrm{m}} = 4\left(\gamma^{-1}\max_{\hat{b}\in\Omega}\tilde{b}^2 + \Gamma^{-1}\max_{\hat{d}\in\Sigma}\|\tilde{\boldsymbol{d}}\|^2\right) + 2\Gamma^{-1}\frac{\lambda_{\max}(\boldsymbol{P})}{\lambda_{\min}(Q)}\mu_{\mathrm{d}}\mu_{\dot{\mathrm{d}}} \tag{9.5.16}$$

证明:考虑如下形式的李雅普诺夫函数

$$V(t) = \tilde{\boldsymbol{x}}^{\mathrm{T}}\boldsymbol{P}\tilde{\boldsymbol{x}} + \gamma^{-1}\tilde{b}^2 + \Gamma^{-1}\tilde{\boldsymbol{d}}^{\mathrm{T}}\tilde{\boldsymbol{d}} \tag{9.5.17}$$

式中:$\tilde{b} = \hat{b} - b$,$\tilde{\boldsymbol{d}} = \hat{\boldsymbol{d}} - \boldsymbol{d}$,则明显有 $\dot{\tilde{b}} = \dot{\hat{b}}$,$\dot{\tilde{\boldsymbol{d}}} = \dot{\hat{\boldsymbol{d}}} - \dot{\boldsymbol{d}}$;$\boldsymbol{P}$ 为正定矩阵,且为黎卡提方程 $\boldsymbol{K}_a{}^{\mathrm{T}}\boldsymbol{P} + \boldsymbol{P}\boldsymbol{K}_a = -\boldsymbol{Q}$ 的解,$\boldsymbol{Q}$ 为正定矩阵。

根据式(9.5.7)和式(9.5.13)可得

$$\dot{\tilde{\boldsymbol{x}}} = -\boldsymbol{K}_a\tilde{\boldsymbol{x}} + \tilde{b}k\boldsymbol{u} + k\tilde{\boldsymbol{d}} \tag{9.5.18}$$

李雅普诺夫函数沿着系统式(9.5.18)的轨迹的导数有如下形式:

$$\begin{aligned}\dot{V} &= \dot{\tilde{\boldsymbol{x}}}^{\mathrm{T}}\boldsymbol{P}\tilde{\boldsymbol{x}} + \tilde{\boldsymbol{x}}^{\mathrm{T}}\boldsymbol{P}\dot{\tilde{\boldsymbol{x}}} + 2\gamma^{-1}\tilde{b}\dot{\tilde{\boldsymbol{b}}} + 2\Gamma^{-1}\tilde{\boldsymbol{d}}^{\mathrm{T}}\dot{\tilde{\boldsymbol{d}}} \\ &= -\tilde{\boldsymbol{x}}^{\mathrm{T}}(\boldsymbol{K}_a{}^{\mathrm{T}}\boldsymbol{P} + \boldsymbol{P}\boldsymbol{K}_a)\tilde{x} + (\tilde{b}ku + k\tilde{\boldsymbol{d}})^{\mathrm{T}}\boldsymbol{P}\tilde{x} + \tilde{\boldsymbol{x}}^{\mathrm{T}}\boldsymbol{P}(\tilde{b}ku + k\tilde{\boldsymbol{d}}) + 2\gamma^{-1}\tilde{b}\dot{\tilde{b}} + 2\Gamma^{-1}\tilde{\boldsymbol{d}}^{\mathrm{T}}\dot{\tilde{\boldsymbol{d}}} \\ &= -\tilde{\boldsymbol{x}}^{\mathrm{T}}Q\tilde{\boldsymbol{x}} + 2\tilde{\boldsymbol{x}}^{\mathrm{T}}\boldsymbol{P}(\tilde{b}ku + k\tilde{\boldsymbol{d}}) + 2\gamma^{-1}\dot{\tilde{b}}\tilde{b} + 2\Gamma^{-1}\tilde{\boldsymbol{d}}^{\mathrm{T}}\dot{\tilde{\boldsymbol{d}}} \\ &= -\tilde{\boldsymbol{x}}^{\mathrm{T}}Q\tilde{\boldsymbol{x}} + 2\tilde{b}(k\tilde{\boldsymbol{x}}^{\mathrm{T}}\boldsymbol{P}u + \gamma^{-1}\dot{\hat{b}}) + 2\tilde{\boldsymbol{d}}^{\mathrm{T}}(k\boldsymbol{P}\tilde{\boldsymbol{x}} + \Gamma^{-1}\dot{\hat{\boldsymbol{d}}}) - 2\Gamma^{-1}\tilde{\boldsymbol{d}}^{\mathrm{T}}\dot{\boldsymbol{d}}\end{aligned} \tag{9.5.19}$$

根据投影算子式(9.5.10)的第三个公式和式(9.5.14)的自适应调整律，有如下关系：

$$\begin{cases}\tilde{b}(k\tilde{\boldsymbol{x}}^{\mathrm{T}}\boldsymbol{P}u + \gamma^{-1}\dot{\hat{b}}) = \tilde{b}[k\tilde{\boldsymbol{x}}^{\mathrm{T}}\boldsymbol{P}u - \mathrm{Proj}(k\tilde{\boldsymbol{x}}^{\mathrm{T}}\boldsymbol{P}u, \hat{b})] \leqslant 0 \\ \tilde{\boldsymbol{d}}^{\mathrm{T}}(k\boldsymbol{P}\tilde{\boldsymbol{x}} + \Gamma^{-1}\dot{\hat{\boldsymbol{d}}}) = \tilde{\boldsymbol{d}}^{\mathrm{T}}[k\boldsymbol{P}\tilde{\boldsymbol{x}} - \mathrm{Proj}(k\boldsymbol{P}\tilde{\boldsymbol{x}}, \hat{\boldsymbol{d}})] \leqslant 0\end{cases} \tag{9.5.20}$$

则可以得到 $\dot{V}$ 的上界为

$$\dot{V} \leqslant -\tilde{\boldsymbol{x}}^{\mathrm{T}}Q\tilde{x} - 2\Gamma^{-1}\tilde{d}\dot{d} \tag{9.5.21}$$

投影算子确保对于所有的 $t>0$ 满足 $\hat{b}\in\Omega, \hat{d}\in\Sigma$，因此

$$\max_{t>0}(\gamma^{-1}\tilde{b}^2 + \Gamma^{-1}\tilde{\boldsymbol{d}}^{\mathrm{T}}\tilde{\boldsymbol{d}}) \leqslant 4(\gamma^{-1}\max_{\hat{b}\in\Omega}\tilde{b}^2 + \Gamma^{-1}\max_{\hat{d}\in\Sigma}\|\tilde{\boldsymbol{d}}\|^2) \tag{9.5.22}$$

对于任意 $t\geqslant 0$，如果在任意时刻 t，有

$$V(t) > \theta_{\mathrm{m}} \tag{9.5.23}$$

式中：θ_{m} 的定义由式(9.5.16)给出。那么，根据式(9.5.23)可得

$$\tilde{\boldsymbol{x}}^{\mathrm{T}}\boldsymbol{P}\tilde{\boldsymbol{x}} > 2\Gamma^{-1}\frac{\lambda_{\max}(\boldsymbol{P})}{\lambda_{\min}(Q)}\mu_d\mu_{\dot{d}} \tag{9.5.24}$$

所以

$$\tilde{\boldsymbol{x}}^{\mathrm{T}}Q\tilde{\boldsymbol{x}} \geqslant \frac{\lambda_{\min}(Q)}{\lambda_{\max}(\boldsymbol{P})}\tilde{\boldsymbol{x}}^{\mathrm{T}}\boldsymbol{P}\tilde{\boldsymbol{x}} > 2\Gamma^{-1}\mu_d\mu_{\dot{d}} \tag{9.5.25}$$

如果 $V>\theta_{\mathrm{m}}$，那么由式(9.5.21)可得

$$\dot{V}(t) < 0 \tag{9.5.26}$$

由于 $\hat{x}(0)=x(0)$，因此

$$V(0) \leqslant \gamma^{-1}\tilde{b}^2 + \Gamma^{-1}\tilde{\boldsymbol{d}}^{\mathrm{T}}\tilde{\boldsymbol{d}} < \theta_{\mathrm{m}} \tag{9.5.27}$$

根据式(9.5.26)，对于任意 $t\geqslant 0$，有 $V(t)\leqslant\theta_{\mathrm{m}}$。由于 $\lambda_{\min}(\boldsymbol{P})\|\tilde{\boldsymbol{x}}\|^2 \leqslant \tilde{\boldsymbol{x}}^{\mathrm{T}}\boldsymbol{P}\tilde{\boldsymbol{x}} \leqslant V(t)$，有

$$\|\tilde{x}\| \leqslant \sqrt{\frac{\theta_{\mathrm{m}}}{\lambda_{\min}(\boldsymbol{P})}} \tag{9.5.28}$$

定理 9.1 得证。

2.控制器的设计

式(9.5.7)所描述的拦截运动学方程是一个纵向通道和横侧向通道耦合的多输入多输出系统,但根据制导系统的特点,由于纵向通道和横侧向通道间的耦合关系可以根据导引头的探测信息精确获得,因此将整个三维拦截问题分解为两个单输入单输出系统的控制问题。这样,系统式(9.5.7)被分解为如下两个子系统:

$$\dot{x}_i = a_i x_i + \delta_i + bku_i + kd_i, i = 1,2 \tag{9.5.29}$$

自适应导引律由下式给出:

$$\begin{cases} u_i = k^{-1}N(\zeta_i)\boldsymbol{\eta}_i \\ \dot{\zeta}_i = x_i\boldsymbol{\eta}_i \\ \boldsymbol{\eta}_i = k_i x_i + a_i x_i + \delta_i + k\hat{d}_i + \boldsymbol{\phi}_i \\ \boldsymbol{\phi}_i = \dfrac{1}{4}\rho_i x_i \end{cases} \tag{9.5.30}$$

式中:ρ_i 为正的常值参数;$\hat{d}_i$ 为式(9.5.14)中的外部干扰估计值($i=1,2$)。

定理 9.2 通过恰当的选择常值参数,式(9.5.30)所描述的自适应导引律和式(9.5.13)、式(9.5.14)所描述的状态观测器可以确保在拦截机动目标时,视线角速度全局一致收敛,并最终有界。

证明:令 $\tilde{d}_i = \hat{d}_i - d_i$,考虑如下形式的李雅普诺夫函数

$$V(t) = \frac{1}{2}x_i^{\ 2} \tag{9.5.31}$$

李雅普诺夫函数沿着系统式(9.5.29)的轨迹对时间求导,可得

$$\begin{aligned} \dot{V}(t) &= x_i[a_i x_i + \delta_i + bN(\zeta_i)\boldsymbol{\eta}_i + kd_i] + \dot{\zeta}_i - x_i\boldsymbol{\eta}_i \\ &= x_i(a_i x_i + \delta_i + kd_i - \boldsymbol{\eta}_i) + bN(\zeta_i)x_i\boldsymbol{\eta}_i + \dot{\zeta}_i \\ &= -k_i x_i^2 + \left(-kx_i\tilde{d}_i - \frac{1}{4}\rho_i x_i^2\right) + [bN(\zeta_i) + 1]\dot{\zeta}_i \end{aligned} \tag{9.5.32}$$

将式(9.5.32)整理成平方形式,则有

$$-kx_i\tilde{d}_i - \frac{1}{4}\rho_i x_i^2 = -\left(\frac{1}{\sqrt{\rho_i}}k\,\tilde{d}_i + \frac{1}{2}\sqrt{\rho_i}\,x_i\right)^2 + \frac{1}{\rho_i}k^2\tilde{d}_i^2 \leqslant \rho_i^{-1}k^2\tilde{d}_i^2 \tag{9.5.33}$$

式(9.5.32)可以进一步写为

$$\dot{V}\leqslant -k_i x_i^2+\rho_i^{-1}k^2\tilde{d}_i^2+[bN(\zeta_i)+1]\dot{\zeta}_i \tag{9.5.34}$$

令 $c_1=2k_i$,将式(9.5.34)写为

$$\dot{V}\leqslant -c_1 V+\rho_i^{-1}k^2\tilde{d}_i^2+[bN(\zeta_i)+1]\dot{\zeta}_i \tag{9.5.35}$$

用 $e^{c_1 t}$ 乘以式(9.5.35),可得

$$\frac{d}{dt}(Ve^{c_1 t})\leqslant\rho_i^{-1}k^2\tilde{d}_i^2 e^{c_1 t}+[bN(\zeta_i)+1]\dot{\zeta}_i e^{c_1 t} \tag{9.5.36}$$

在[0,t]上积分式(9.5.36),可得

$$0\leqslant V(t)\leqslant V(0)e^{-c_1 t}+\int_0^t\rho_i^{-1}k^2\tilde{d}_i^2 e^{-c_1(t-\tau)}d\tau+\int_0^t[bN(\zeta_i)+1]\dot{\zeta}_i e^{-c_1(t-\tau)}d\tau \tag{9.5.37}$$

投影算子确保了 $\tilde{d}$ 的有界性,且 θ 属于某一紧集,所以存在一个正常数 c_0,使得

$$V(0)e^{-c_1 t}+\int_0^t\rho_i^{-1}k^2\tilde{d}_i^2 e^{-c_1(t-\tau)}d\tau\leqslant c_0 \tag{9.5.38}$$

由式(9.5.37)和式(9.5.38)可得

$$V(t)\leqslant c_0+\int_0^t[bN(\zeta_i)+1]\dot{\zeta}_i e^{-c_1(t-\tau)}d\tau \tag{9.5.39}$$

由于 b 是一个不确定常量,根据引理9.1,$V(t)$、ζ_i 和 $\int_0^t\bar{b}N(\zeta_i)\dot{\zeta}_i d\tau$ 在$[0,t_f]$是有界的。当 $t_f=\infty$时,闭环系统是有界的[6]。因此 x_i 是全局一致收敛,并最终有界的。定理9.2得证。

9.5.3 图像信息辅助的自寻的导引律仿真分析

在仿真中,假设导弹最大可用过载为10g。导弹与目标的执行机构的动态特性由一阶系统来近似,执行机构的传递函数为

$$\begin{cases}\dfrac{a_m(s)}{a_{mc}(s)}=\dfrac{1}{\tau_m s+1}\\[2ex]\dfrac{a_t(s)}{a_{tc}(s)}=\dfrac{1}{\tau_t s+1}\end{cases} \tag{9.5.40}$$

式中:$\tau_m=0.2$s;$\tau_t=0.5$s;a_{mc}、a_{tc}分别为导弹与目标的制导指令。

拦截初始条件为相对距离 $r_0 = 5000\text{m}$，接近速率 $\dot{r}_0 = -600\text{m/s}$，视线方位角 $\lambda_{h0} = 10°$，视线高低角 $\lambda_{v0} = 20°$，视线角速度在视线坐标系 y 轴的分量 $\omega_{y0} = 0.06(°)/\text{s}$，视线角速度在视线坐标系 z 轴的分量 $\omega_{z0} = 0.52(°)/\text{s}$。

拦截过程的终止条件为 $r < 30\text{m}$。假设拦截过程中目标采用两种机动方式。

目标机动方式1：对于目标采取阶跃形式机动，有

$$\begin{cases} a_{tcy} = 0,\ a_{tcz} = 0, t \in [0,2) \\ a_{tcy} = 6g, a_{tcz} = -6g, t \in [2,5) \\ a_{tcy} = -6g,\ a_{tcz} = 6g, t \in [5,\infty) \end{cases} \tag{9.5.41}$$

目标机动方式2：目标采取正弦形式机动，有

$$\begin{cases} a_{tcy} = 0, a_{tcz} = 0, t \in [0,2) \\ a_{tcy} = 8g \cdot \sin[3(t-2)] \\ a_{tcz} = 8g \cdot \sin[3(t-2)], t \in [2,\infty) \end{cases} \tag{9.5.42}$$

取式(9.5.4)中目标的特征尺寸 $s_r = 12$，式(9.5.7)中的未知常值系数 $b \in [0.05, 0.2]$。式(9.5.30)中的系数 $\rho_i(i=1,2)$ 选择为 $\rho_1 = \rho_2 = 10$。根据式(9.5.5)，$\dot{r} \approx \dot{s}_p f / \hat{b} s_p^2$。式(9.5.30)中的参数 $k_i(i=1,2)$ 选择为 $k_1 = k_2 = 2\dot{r} \approx 2\dot{s}_p f / \hat{b} s_p^2$。式(9.5.13)中的状态观测器的初始值设为 $\hat{x}(0) = x(0)$，$K = \text{diag}(100,100)$。式(9.5.14)中的自适应增益取为 $\gamma = 10^2$，$\Gamma = 10^4$。

两种目标机动情况下的视线角速度分别如图9.5.3和图9.5.4所示。

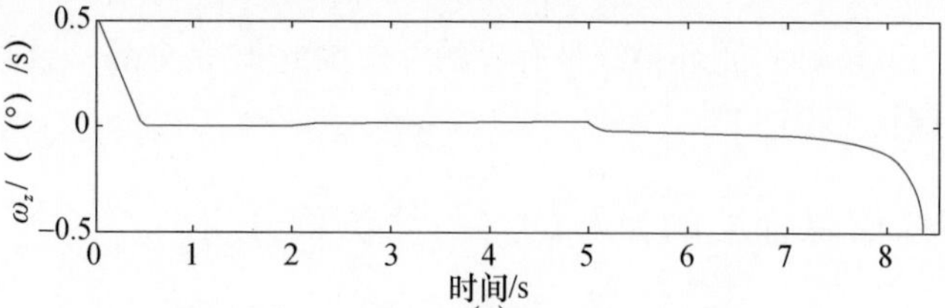

(a)

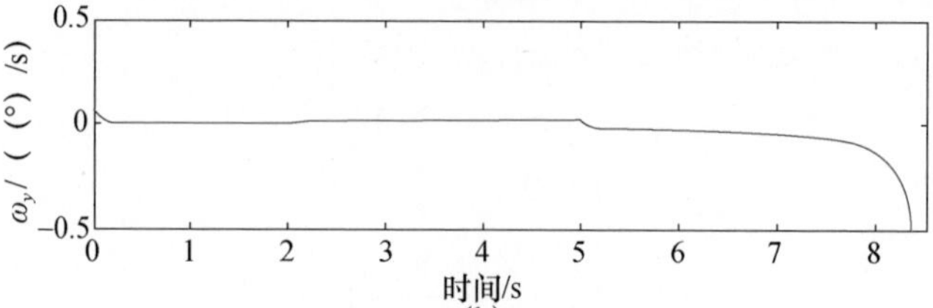

(b)

图9.5.3　目标阶跃机动情况下的视线角速度

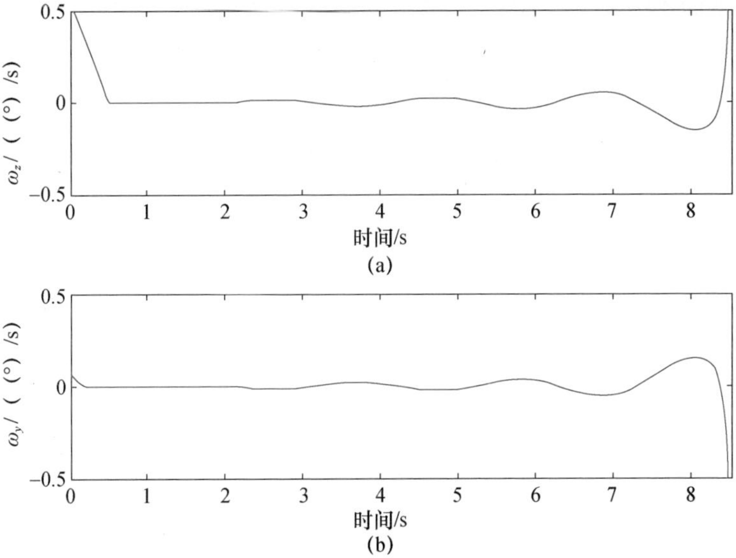

图 9.5.4 目标正弦机动情况下的视线角速度

仿真结果表明，在图像信息辅助的导引律的作用下，导弹能够成功地零化视线角速度，实现对机动目标的拦截。

两种目标机动情况下的导引指令分别如图 9.5.5 和图 9.5.6 所示。

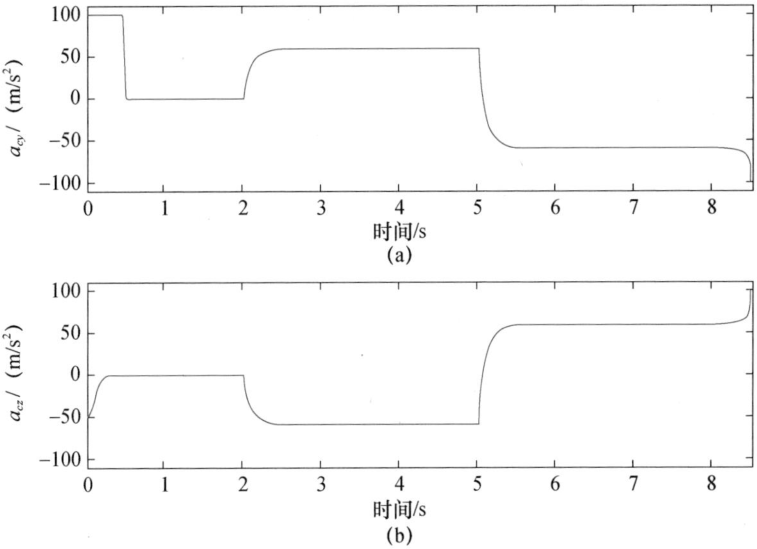

图 9.5.5 目标阶跃机动情况下的导引指令

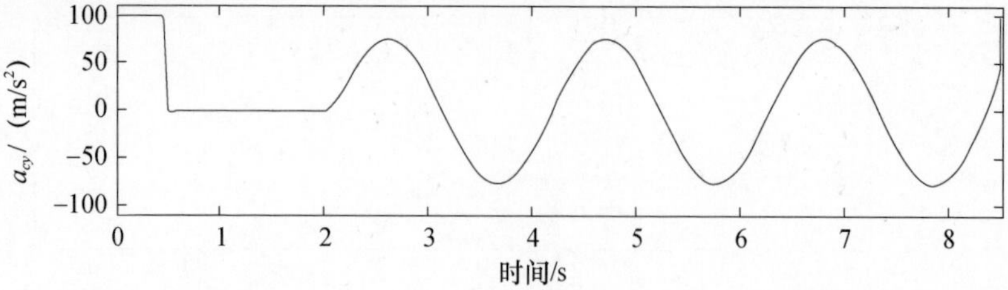

(a)

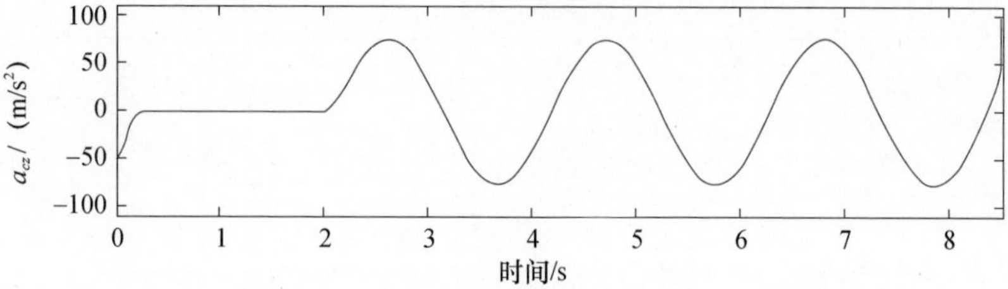

(b)

图 9.5.6　目标正弦机动情况下的导引指令

从拦截过程中的导引指令仿真结果看，在拦截的初始阶段，导引指令能够迅速减小视线角速度。随着导弹与目标的接近，导引律始终能够把视线角速度抑制在较小的值上。

目标阶跃机动下的脱靶量为 0.0248m，目标正弦机动下的脱靶量为 0.0115m，表明在图像信息辅助的导引律的作用下，导弹能够实现对机动目标的拦截。

参 考 文 献

[1] Gurfil P. Zero – miss – distance Buidance Law Based on Line – of Sight Rate Measurement only [J]. Control Engineering Practice, 2003(11):819 – 832.

[2] 侯明善，张金鹏. 非线性比例导引系统研究[J]. 上海航天, 2002, 18(6): 14 – 17.

[3] 侯明善. 一种改进的视线角加速度非线性估计与滤波方法研究[J]. 上海航天,23(5): 12 – 15.

[4] 刘彦，蒲亦非，沈晓东，等. 分数阶 Unscented 卡尔曼滤波器研究[J]. 电子与信息学报, 2012,34(6):1388 – 1392.

[5] Ge S S, Wang J. Robust Adaptive Tracking for Time – varying Uncertain Nonlinear Systems with Unknown Control Coefficients[J]. IEEE Transactions on Automatic Control, 2003, 48 (8): 1463 – 1469.

[6] Ryan E. P.. A Universal Adaptive Stabilizer for a Class of Nonlinear Systems[J]. Systems & Control Letters, 1991, 16(3): 209 – 218.

第 10 章
总结与展望

本书基本内容是作者近 10 年来在导弹精确制导、智能自寻的导引方向科研成果的汇集。在系统研究自寻的导弹动力学、运动学模型,深入分析导弹特性的基础上,从分析包括追踪法、平行接近法、比例导引法等经典的自寻的比列导引方法及其相应的导引弹道特性入手,以对经典自寻的比例导引方法中的追踪法和比例导引法组合导引方法研究起步,通过引入模糊智能技术,形成了智能追踪 + 比例导引智能组合导引方法;在深入研究微分对策导引方法的基础上,将增强学习方法与微分对策有机结合,形成了基于增强学习的智能导引方法;同时将预测控制理论引入自寻的比例导引律设计中,形成了基于预测控制的智能导引方法;针对大气层外空间飞行器的拦截问题,根据 KKV 一类拦截器控制操纵的配置特点,研究了直接力控制下的自寻的智能导引方法;在分别研究气动操纵、直接力操纵下自寻的导引方法的基础上,研究了直接力/气动力复合控制下的自寻的导引方法,形成了适合复合控制模式的比例 + 开关型新型导引律,引入模糊智能控制直接力的开启和过渡,形成了比例 + 开关型智能比例导引律;针对打击高速大机动目标时对目标运动信息的迫切需求,研究了目标运动信息辅助的智能导引方法,采用先进的估计方法对目标运动信息进行估计,将估计得到的目标运动信息融入导引律设计,形成了目标运动信息辅助的智能导引方法。这些针对不同情况下智能自寻的导引方法的研究,展现了智能自寻的导引技术的最新研究成果。

自寻的导引技术是精确制导技术领域的一个重要研究方向,针对近年来对高速大机动目标、特殊机动目标的拦截打击需求以及精确制导技术的发展趋势,将人工智能技术引入自寻的导引律的设计中,系统深入研究了智能自寻的导引技术的基本原理和关键技术,取得了显著的研究进展与最新的研究成果,构成了本书的主要内容。另外,这些研究成果的取得有赖于有关科研课题的资助和多位研究生研究工作的积累。近年来,作者及其领导的研究团队以打击高速大机动目标为研究目标,获得了20余项与智能自寻的导引有关的科研课题的资助支持。并先后有3名博士研究生、5名硕士研究生发表了60余篇与智能自寻的比例导引律相关的学术论文。实际上这些科研课题和研究生论文的研究成果构成了本书的大部分章节内容,是本书的主要著述基础。

作者近10年聚焦在导弹精确制导、智能自寻的导引技术研究方向,投入了大量的人力与精力潜心研究,将人工智能技术引入自寻的导引律的设计中,系统研究了智能自寻的导引技术,突破了一系列的关键技术。主要创新性研究成果体现在以下方面:

(1)借助模糊智能理论工具设计了模糊组合导引律,并通过神经网络来离线优化模糊组合导引律参数,得到的模糊导引律可在导引过程中实现智能变参的目的,对付目标大机动规避时,可自适应的采用合适的提前量攻击目标,从而大大提高导引精度。

(2)针对增强学习存储状态-动作对需要很大的空间,利用CMAC神经网络泛化强化函数,很大程度上提高了系统学习能力。将增强学习与微分对策相结合,在制导律中根据环境的状态信息估计目标可能的突防机动策略,并采取相应的对策智能地应对目标的机动。

(3)深入分析了微分对策导引方法,在对比实验结果和分析微分对策导引方法工程实现困难的基础上,提出了利用预测控制对微分对策导引律进行改进的方案,利用基于神经网络的运算能力和最优控制理论设计了预测最优命中点智能导引律,可有效地应对目标的恶意机动。

(4)针对拦截大气层外高速大机动目标的需求和KKV一类拦截器的操控配置特点,提出了极限开关控制方式的末导引律、脉宽调制控制方式的末导引律,实现了大气层外动能碰撞杀伤的目的。

(5)针对配置有直接侧向力和气动力两种控制操纵面的复合控制模式导

弹制导系统,探讨了新的设计思路,基于滑模变结构理论、最优控制理论和鲁棒控制理论,提出了三种“连续 + 开关”形式的复合导引律设计方法,并采用模糊智能方法控制直接侧向力的开启逻辑,形成了“连续 + 开关”型智能复合导引律,直接力的引入大大增加了拦截攻击范围,可实现对高速大机动目标的精确打击。

(6) 拦截打击高速大机动目标时最好能够获取目标运动、机动信息,如能将这些信息融入导引律的设计中,即可大大提高对付目标恶意机动的能力。基于这一思路,提出了目标加速度辅助的修正比例导引律、视线加速度辅助的修正比例导引律、目标位置辅助的导引律以及图像信息辅助的导引律,在传统比例导引律的基础上,通过增加相应的目标运动信息辅助项,可大大提高导弹的拦截精度和鲁棒性。

本书结合我国精确制导武器,特别是高速大机动目标拦截武器发展的需要,为了满足我国精确制导武器精确制导能力提升的实际工程需求,以未来战争中打击高速大机动目标的自寻的导弹为对象,通过引入人工智能技术,重点对智能自寻的导引律设计的理论、方法,以及导引弹道特性、打击效果等进行了系统深入的研究;同时,本书还介绍了直接力控制、直接力/气动力复合控制模式下的智能导引技术,目标运动信息辅助的自寻的导引技术等方面新的研究成果。这些研究成果为拦截高速大机动目标的智能自寻的导引律设计提供了新的设计理念和设计思路,将对我国防空导弹、反导武器、临近空间拦截弹、大气层外拦截器等自寻的制导武器实战能力的提高提供技术支持,具有较大的潜在应用价值,对我国自寻的导引技术发展和应用具有深远的影响和意义。

智能自寻的导引技术在未来战争的攻防对抗中不可或缺,将在未来的实战中发挥重大作用。另外,未来战争从模式到对先进技术的需求也将发生重大变化。目前,世界正在进行新军事变革,在这场新军事变革中,导弹武器系统伴随着人工智能技术、信息技术、电子技术、材料技术、数字设计与制造技术等高新技术的发展而朝着远程化、精确化、智能化方向快速发展。其中,智能化将成为导弹发展的一个必然方向。

未来战争是体系对抗下的信息化战争,对导弹武器的要求不仅要求拥有智能自寻的导引律,更要求导弹是一枚“智能导弹”,在制导、控制过程中更加

“智能”。未来的战争将在更广阔的空间、更复杂的环境下进行，导弹武器要在有限的时间内将目标摧毁，仅依靠“发射后不管”显然不够，更要求导弹能够分清敌我目标，能从复杂的回波中区分不同类型的目标，也就是导弹应具有感知、理解、识别、思考、证明、判断、推理、决策、设计、规划、学习、问题求解和人机交互等类似于人类的思维活动。总的来说，智能导弹就是要使导弹从探测、跟踪、寻的、拦截到最后摧毁目标的整个过程实现完全自主。具体来讲，智能化导弹应具有如下特征：

(1) 自主选择飞行航迹的能力。

(2) 重新选择目标及待机(或巡逻)攻击能力。

(3) 实时毁伤效果评估能力。

(4) 灵活使用多种战斗部及攻击机动目标的能力。

(5) 智能抗干扰和电子对抗能力。

(6) 自动目标识别和瞄准点选择能力。

(7) 自主感知与认知战场环境能力。

此外，智能导弹还应具有类似人脑思维的其他能力，如容错控制、系统重构、自修复、自愈合等能力。

智能导弹可以自主地探测、识别和跟踪目标，但仍离不开战场监视、探测系统对目标的监视、探测和提供的目标初始信息，其自主性仍受到一定的限制。但当智能导弹飞到与目标一定距离时，导弹进入自寻的导引阶段。此时，智能导弹需要的远不止是目前研究的“智能自寻的导引律”，而是更为“智能”的导引律，才能实现导弹的智能化。因此，智能自寻的导引技术后续的研究应聚焦在如下几个方面：

(1) 要使导弹具有自主选择飞行航迹的能力、灵活使用多种战斗部及攻击机动目标的能力、智能抗干扰和电子对抗能力、自动目标识别和瞄准点选择能力等，就不能像研究拦截打击高速大机动目标时，要求导弹能够获取目标运动、机动信息，仅将这些信息融入导引律的设计中，大大提高对付目标恶意机动的能力；更要求了解目标的历史运动信息，甚至未来运动信息。更重要的是，在设计智能导引律时，要求将战场环境信息、导弹的任务信息甚至目标的任务信息等更多信息融入导引律设计中，以使导引律更加“智能”，可智能抗干扰和电子对抗，灵活使用多种战斗部攻击复杂机动的目标。

(2) 随着人工智能技术的快速发展和广泛应用，借助模糊智能以及新的人工智能技术设计组合导引律仍是今后智能自寻的导引技术发展的一个重要方向。在未来的智能组合导引律设计中，不再仅是追踪法和比例导引法的简单组合，而是更多种、更复杂导引律的组合。也不再是仅用神经网络来离线优化模糊组合导引律参数即可完成。组合导引律中诸多参数更需要实时在线优化、调整，多种导引律需要根据战场环境的变化和目标的运动情况等智能切换，重新组合。这些工作更需要借助人工智能技术来完成。

(3) 深度学习是新一代人工智能技术的突出优势。在智能导引律设计中，利用深度学习可根据环境的状态信息快速准确估计目标可能的突防机动策略，并与微分对策相结合，使导弹采取相应的对策智能地应对目标的机动，可形成新的基于深度学习 + 微分对策的新型智能导引律。新一代深度学习算法比传统增强学习具有更强的学习能力和更优异的性能。基于深度学习 + 微分对策的新型智能导引律设计也是将来智能自寻的导引技术研究的一个重要方向。

(4) 微分对策导引方法是最能体现智能导引的方法，其基本原理来源于博弈理论。对于用微分方程描述的动态过程，利用敌我双方窥测控制的理论和方法构成了微分对策导引的基本思路。随着人工智能技术和智能博弈理论的发展，基于人工智能 + 微分对策的智能导引技术将为成为未来智能自寻的导引技术研究的一个重要方向。在此基础上，再结合预测控制等先进控制理论，形成人工智能 + 微分对策 + 预测控制的智能自寻的导引方法，也是值得研究的课题。

(5) 未来配置有直接侧向力和气动力两种控制操纵面的复合控制模式导弹会越来越多，甚至还会出现集更多操纵模式于一弹的复合控制导弹，且对制导控制系统的要求会越来越高。从自寻的导引技术发展来讲，这种复合控制模式的导弹也需要复合导引律，更需要智能复合导引律。如何探索新的设计思路，基于新的控制理论，设计多种形式复合的智能自寻的导引律也是未来研究的一个重要方向。

(6)伴随着战争由机械化向信息化转化过程，现代战争逐渐变成各体系之间的智能对抗。由多枚同构或异构的导弹或弹头(如侦察型导弹、攻击型导弹和干扰型导弹等)通过无线网络技术实现自主组网的导弹集群系统将成为体系对抗的主角。通过集群内各个节点间的信息交互,完成功能、时间、空间等多个维度的协同,形成探测、干扰、突防和打击等多种能力的协同制导技术是多弹集群编队任务实现的关键。其中,导弹集群系统各节点的协同导引技术是研究的重要方向,需要充分考虑战场环境变化、作战任务动态需求、弹间通信冗余以及编队成员避碰等约束条件,设计智能协同导引律,最大限度地减少成员相互干扰,提高导弹集群系统的打击效果和适应战场能力。

所以,如上所述的6个方面将会成为未来智能自寻的导引技术后续研究的重要方向。

内 容 简 介

本书作者及其研究团队将人工智能技术引入到自寻的导引律的设计中，系统深入研究了智能自寻的导引技术的基本原理和关键技术，取得了显著的研究进展与最新的研究成果，构成了本书的主要内容。在分析经典自寻的导引方法及其相应的导引弹道特性的基础上，从研究追踪 + 比例导引智能组合导引方法起步；分别研究了基于增强学习的智能导引方法，基于预测控制的智能导引方法，直接力控制下的自寻的智能导引方法，直接力/气动力复合控制下的比例 + 开关型智能导引方法；以及基于目标运动信息辅助的智能导引方法。这些针对不同情况下智能自寻的导引方法的研究，展现了智能自寻的导引技术的最新研究成果。

本书读者对象为从事精确制导武器总体设计、制导控制系统设计的研发工程师，从事精确制导技术发展战略研究的专家，以及高等院校制导控制专业教师和研究生。了解掌握本书研究内容和研究成果，对他们的科学研究、武器研发及实验教学将有重要的帮助作用。

The author and his research team introduced artificial intelligence technology into the design of self - seeking guidance law, studied the basic principles and key technologies of intelligent self - seeking guidance technology thoroughly and systematically, and achieved remarkable research progress and the latest research results. The research results constitute the main content of this book. Based on the analysis of the classical homing guidance method and its corresponding guidance trajectory characteristics, started from the tracking + proportional - guided intelligent combination guidance method, the following guidance methods are studied respectively: the intelligent guidance method based on reinforcement learning; the intelligent guidance method based on the predictive control; the homing intelligent guidance method under direct force control; the proportional + switch type intelligent guidance method under direct force/aerodynamic compound control; and the intelligent guidance method based on target motion information assistance. These researches on inteuigent homing guidance methods in different situations show the latest research results of intelligent homing guidance technology.

The readers of this book are R&D engineers who are engaged in the design of precision guided weapons and the design of guidance and control systems, the experts engaged in strategic research on the development of precision guidance technology, as well as the teachers and graduate students majoring in guidance and control in higher education institutions. Understanding the research contents and research results of this book will be very benefitial to their scientific research, weapon development and teaching experimentation.